普通高等教育机械类专业系列教材

机 械 设 计

主　编　罗　旋　　尹晓伟　　姜壹夫
副主编　孟海星　　张晨晨　　荆海城
　　　　郝　杰　　赵　璐
主　审　王　琳

西安电子科技大学出版社

内 容 简 介

本书依据高等学校机械基础课程教学指导委员会提出的《机械设计课程教学基本要求》和《机械基础课程教学质量工程与教学改革实施方案》的精神，融合课程思政内容，考虑应用型高校教学特点，由拥有多年教学经验的高校教师和高水平企业专家共同编写而成。本书的编写以"实用、适用"为基本原则，以"工程应用"为核心思想，旨在培养学生的工程实践意识和机械创新能力。

本书共 14 章，包括绪论、机械设计概论、机械零件的强度、带传动设计、链传动设计、齿轮传动设计、蜗杆传动设计、螺纹连接设计、键销连接设计、滑动轴承、滚动轴承、联轴器与离合器、轴的设计、弹簧。全书内容紧扣教学要求，各章均设置了本章小结、习题和思政案例等模块，旨在培养学生的综合能力。

本书可作为普通高等院校机械类、近机类、非机械类专业的教材，也可作为相关技术人员的参考书。

图书在版编目（CIP）数据

机械设计 / 罗旋，尹晓伟，姜壹夫主编. -- 西安：西安电子科技
大学出版社，2024. 7. -- ISBN 978-7-5606-7308-0

Ⅰ. TH122

中国国家版本馆 CIP 数据核字第 20243E89K9 号

策　　划　吴祯娥
责任编辑　于文平
出版发行　西安电子科技大学出版社（西安市太白南路 2 号）
电　　话　(029) 88202421　88201467　　　邮　　编　710071
网　　址　www.xduph.com　　　　　　电子邮箱　xdupfxb001@163.com
经　　销　新华书店
印刷单位　咸阳华盛印务有限责任公司
版　　次　2024 年 7 月第 1 版　2024 年 7 月第 1 次印刷
开　　本　787 毫米×1092 毫米　1/16　印张 19
字　　数　449 千字
定　　价　61.00 元
ISBN 978-7-5606-7308-0
XDUP 7609001-1

＊＊＊如有印装问题可调换＊＊＊

前　言

机械设计是理工科院校机械及机械相近专业开设的一门培养专业基本素养的课程。它主要介绍机械通用零部件的基本结构、工作原理、设计理论、计算方法，旨在培养学生设计通用零部件的能力，以及对于机械系统的创新思维和创新能力。

编者从机械设计的总体要求和培养学生机械设计的基本素养、能力着手，在机械设计传统内容的基础上，将正确的价值观引导融入知识传授中，巧妙地设计了思想政治教育在专业课教学中的融入点。本书在内容上取舍有度，在取材上考虑实用，在思维上考虑创新，基本概念清晰，基本理论深刻，基本方法由浅入深。

全书共 14 章，包括绪论、机械设计概论、机械零件的强度、带传动设计、链传动设计、齿轮传动设计、蜗杆传动设计、螺纹连接设计、键销连接设计、滑动轴承、滚动轴承、联轴器与离合器、轴的设计、弹簧。本书的主要特点如下：

（1）本书采用最新国家标准规定的名词术语和符号，引用最新的标准、规范和资料。

（2）本书概念把握准确，叙述深入浅出、主次分明、详略得当、层次清晰、文句流畅，力求体现较好的"易教性"和"易学性"。

（3）本书保持基本理论与设计方法的均衡，着重于基本概念的理解和基本方法在设计中的应用。

（4）本书突出机械零部件的材料选择、失效形式、设计准则、结构设计及工程计算等基本内容。

（5）本书强调学生实践能力的培养，突出训练学生对工程问题的观察能力、分析能力，以及对通用零部件的独立设计能力，并注意培养学生的应用型创新能力。

（6）本书在突出重点和保证主要内容的同时，增加知识点，扩大知识面，提高学生的整体认知。例如，适度增加了新颖零部件等内容的介绍，以扩大学生的认知范围。

（7）本书编排了典型例题，并给出了翔实的解题步骤。各章小结便于学生把握主要内容，课后习题方便学生巩固练习所学知识，为教师教学和学生自学提供方便。

（8）本书注重课程思政培养，响应"二十大"精神进教材的号召，巧妙设置了"课程思政案例"模块，实现了思想政治教育内容与专业知识教育内容的有机融合。

本书由沈阳工程学院罗旋、尹晓伟、姜壹夫担任主编，孟海星、张晨晨、荆海城、郝杰、赵璐担任副主编。具体编写分工如下：沈阳工程学院的罗旋编写第 1、6、11 章并负责全书统稿，尹晓伟编写第 2 章，姜壹夫编写第 3 章，孟海星编写第 4、5、7 章，张晨晨编写第 8 章；国家电投集团东北电力有限公司的荆海城编写第 9、10 章；沈阳工程学院的郝杰编写第 12、13 章，赵璐编写第 14 章。王琳教授对本书进行了审阅及详细指导，王石、刘劲涛等人也对本书的编写作出了重要贡献，在此一并表示感谢。

在本书的编写过程中编者参考了众多教材、论文和其他资料，限于篇幅未能一一列出，在此向有关作者和编写人员表示衷心的感谢！

由于编者水平有限，书中不足之处在所难免，恳请广大读者提出宝贵意见，以便我们进一步完善本书。

编　者

2024 年 1 月

目　录

第 1 章　绪　　论

本章主要介绍机械设计课程的研究对象、内容、性质、任务和学习方法，使读者对本课程有一个总体的认识。

机械设计是为了满足机器某些特定功能要求而进行的创造过程，即应用新的原理或新的概念开发创造出新的产品，或对现有机器的局部进行创造性的改革，来减轻人的劳动强度，改善劳动条件，提高产品质量和生产率。设计能满足人们生产、生活需要，具有市场竞争力的产品是机械设计的核心任务。

1.1　本课程的研究对象

机械设计是为了满足机器的某些特定功能要求而进行的创造过程，或者说是根据使用要求对机械的工作原理、结构、运动方式、力和能量的传递方式、各个零件的材料和形状尺寸、润滑方法等进行构思、分析和计算，并将其转化为具体的描述以作为制造依据的工作过程。机械设计是机械工程的重要组成部分，是机器生产的第一步，是决定机器性能的最主要的因素。

一个机械系统包含着机械结构系统、动力驱动系统、检测与控制系统等。一台完整的机器的组成如图 1-1 所示。

一台机器的机械结构总是由一些机构组成的，每个机构又是由若干零件组成的。有些零件是在各种机器中常用的，称为通用零件；有些零件只有在特定的机器中才用到，称为专用零件。

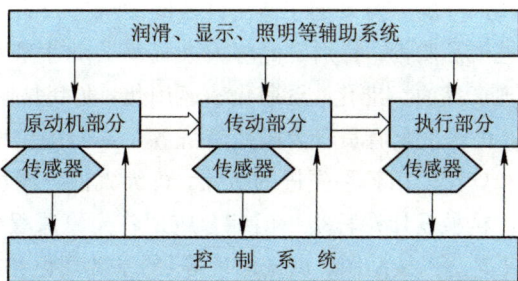

图 1-1　机器的组成

通用零件包括如下几种：

（1）传动件：齿轮、链传动、带传动、蜗杆传动、螺旋传动。

（2）轴系零部件：轴、联轴器、离合器、滚动轴承、滑动轴承。

（3）连接件：螺栓、键、花键、销、铆、焊、胶结构件。

（4）其他零件：弹簧、机架、箱体等。

专用零件应用的具体实例有如下几种：风力发电机使用的叶片、农耕使用的犁铧、步枪使用的枪栓等。

通用零件的设计和选用是机械设计的基础，是本课程的主要学习对象，而专用零件的设计方法应在有关专业课中学习。

课程思政案例 1.1　众志成城，防控疫情（团结/友爱/互助）

【对应知识点】　机器的组成

【思政元素案例】　众志成城，防控疫情

1.2　本课程的研究内容

本课程重点讨论一般尺寸和常用工作参数下的通用零部件的设计。概括地说，本课程的主要内容包括以下几个方面。

（1）机械设计总论，包括机械设计的基本要求、机械设计的一般程序、机械零件的主要失效形式和设计准则、机械零件的设计方法与基本原则、机械设计中的强度问题等。

（2）连接件设计，包括螺纹连接、键连接、花键连接、销连接、其他连接等设计。

（3）机械传动设计，包括带传动、链传动、齿轮传动、蜗杆传动等设计。

（4）轴系零部件及弹簧设计，包括轴、滑动轴承、滚动轴承、联轴器、离合器、弹簧等设计。

1.3　本课程的性质与任务

机械工业的生产水平是一个国家现代化建设水平的重要标志。机器是代替人们体力劳动和部分脑力劳动的工具，机器既能承担人力所不能或不便进行的工作，又能较人工生产改进产品质量，特别是能够大大提高劳动生产率和改善劳动条件。只有使用机器，才便于实现产品的标准化、系列化和通用化，尤其是便于实现高度的机械化、电气化和自动化。因此，机械工业肩负着为国民经济各个部门提供装备和促进技术改造的重任。大量地设计制造和广泛采用各种先进的机器，可大大促进国民经济的发展，加速我国的现代化建设。

机械设计课程是一门综合应用各先修课程（如数学、物理学、材料力学、理论力学、金属工艺、机械制图、机械原理等）的基础理论和实践性质的设计性技术基础课，是机械工程的一门主干课程，同时也是以一般通用零件的设计计算为核心的设计性课程，其设计性、综合性和实践性都很强。

本课程的主要任务是培养学生的以下素质和能力：

（1）具有正确的设计思想和勇于创新探索的精神。

（2）掌握通用零部件的设计原理、方法和机械设计的一般规律，进而具有综合运用所学知识研究改进或开发新的基础件及设计简单的机械装置的能力。

（3）具有运用标准、规范、手册、图册和查阅有关技术资料的能力。

（4）掌握典型的机械零件及机械系统的实验方法，获得实验技能的基本训练。

（5）了解国家当前有关的技术经济政策，并对机械设计的新发展有所了解。

课程思政案例 1.2 中国光刻机技术(奋发图强/自主创新)

【对应知识点】 为什么要学习机械设计

【思政元素案例】 中国光刻机技术

1.4 本课程的学习方法

机械设计课程涉及的内容广泛,具有系统性、综合性和工程性等特点,因此,部分学生在学习本课程时往往难以适应。为使学生尽快适应本课程的特点,下面给出本课程的学习方法:

(1) 着重基本概念的理解和基本设计方法的掌握,不强调系统性的理论分析。

(2) 着重理解公式建立的前提、意义和应用,不强调对理论公式的具体推导。

(3) 密切联系生产实际,努力培养解决工程实际问题的能力。

(4) 在机械零部件的参数设计中,其分析问题的大致思路是:根据零部件的工作状况、运动特点进行受力分析→确定该零部件工作时可能出现的主要失效形式→建立该工况下零部件不失效的设计准则→导出设计(或校核)公式→计算(或校核)该零部件的主要几何尺寸(或许用应力)→进行该零部件结构设计→绘制零部件工作图。

(5) 重视公式的应用和具体设计方法的掌握,不要把主要精力放在公式的数学推导和公式的记忆上。

本 章 小 结

机械设计是一个系统性工程。机械设计课程是一门综合应用各先修课程的基础理论解决机械工程问题,设计性、综合性和实践性都很强的技术基础课程。本章是机械设计课程的绪论,又是本课程的总纲。因而它的内容贯穿全课程的始末,并涉及本课程的前后关联。因此,学好本章对于了解本课程以及做好学习本课程的思想准备等,是至关重要的。

习 题

1-1 本课程的性质和任务是什么?与先修课程相比,本课程有什么特点?

1-2 一台完整的机器通常由哪些基本部分组成?各部分的作用是什么?

1-3 为什么说机械零件是组成机器的基本要素?什么是通用零件和专用零件?

1-4 如何学好本课程?

第 2 章　机械设计概论

本章介绍机械和机械零件设计的基本要求和一般程序，概述机械零件的失效形式、计算准则、常用材料选择原则和结构工艺性、机械零件的标准化等内容，并简单介绍一些现代机械设计方法。

2.1　机械设计的要求

2.1.1　机械设计的基本要求

机械的类型虽然很多，但其设计的基本原则却大致相同，主要包括以下几个方面。

1. 满足使用功能要求

满足使用功能要求就是要求所设计的机械能在预定工作期限内和预定环境条件下可靠地工作，有效地实现预期的功能。

2. 满足工艺性要求

所设计的机械在满足使用功能要求的前提下，应尽量简单、实用，选用最简单、合理的机构组合方案；要求制造装配的劳动量最少，装拆维修方便；合理地选用材料，尽可能地选用标准件。

3. 满足可靠性要求

可靠性是指机械在规定的工况条件下和规定的使用期限内，使零件能正常工作而不发生断裂、过度变形、过度磨损，能完成预定功能的特性。

4. 满足经济性要求

经济性是一项综合指标，它要求设计和制造的机械在制造上周期短、成本低，在使用上生产率高、效率高、适应范围广，能源和辅助材料消耗少，操作方便，以及维护费用低等。

5. 满足劳动保护的要求

劳动保护是指操作的安全性，它包括最大限度地减少工人操作时的体力和脑力消耗，改善操作者的工作条件，降低噪声等。

6. 满足其他特殊要求

有些机械还有本身的特殊要求，如航空航天产品要求质量轻，需要经常搬运的机械要求便于拆装和运输等。

课程思政案例 2.1　2008 年北京"绿色奥运"（环境保护/节约资源）

【对应知识点】　对机器设计的主要要求

【思政元素案例】　2008 年北京"绿色奥运"

2.1.2　机械零件设计的主要要求

1. 强度要求

机械零件应满足强度要求，即防止它在工作中发生整体断裂或产生过大的塑性变形或出现疲劳点蚀。机械零件的强度要求是最基本的要求。

提高机械零件的强度是机械零件设计的核心之一，为此可以采用以下几项措施：

（1）采用强度高的材料。

（2）使零件的危险截面具有足够的尺寸。

（3）用合理的热处理方法提高材料的力学性能。

（4）提高运动零件的制造精度，以降低工作时的动载荷。

（5）合理布置各零件在机器中的相互位置，减小作用在零件上的载荷等。

2. 刚度要求

机械零件应满足刚度要求，即防止它在工作中产生的弹性变形超过允许的限度。通常只是当零件过大的弹性变形会影响机器的工作性能时，才需要满足刚度要求。一般对机床主轴、导轨等零件需做刚度计算。

提高机械零件的刚度可以采用以下几项措施：

（1）增大零件的截面尺寸。

（2）缩短零件的支承跨距。

（3）采用多点支承结构等。

3. 结构工艺性要求

机械零件应有良好的工艺性，即在一定的生产条件下，以最小的劳动量、花最少的加工费用制成能满足使用要求的零件，并能以最简单的方法在机器中进行装拆与维修。因此，零件的结构工艺性应从毛坯制造、机械加工及装配等几个生产环节进行综合考虑。

4. 经济性要求

经济性是机械产品的重要指标之一。从产品设计到产品制造应始终贯彻经济性原则。设计中在满足零件使用要求的前提下，可以从以下几个方面考虑零件的经济性：

（1）采用先进的设计理论和方法及现代化设计手段，提高设计质量和效率，缩短设计周期，降低设计费用。

（2）尽可能选用一般材料，以减少材料费用，同时应降低材料消耗。例如，多用无切削或少切削加工，减少加工余量等。

（3）零件结构应简单，尽量采用标准零件，选用允许的最大公差和最低精度。

（4）提高机器效率，节约能源，例如尽可能减少运动件、创造优良润滑条件等，包装与运输费用也应注意考虑。

5. 减轻质量的要求

在设计机械零件时，应力求减轻质量，这样可以节约材料，对运动零件来说，可以减小惯性，改善机器的动力性能，减小作用于构件上的惯性载荷。减轻机械零件质量的措施有以下几种：

（1）从零件上应力较小处挖去部分材料，以改善零件受力的均匀性，提高材料的利用率。

（2）采用轻型薄壁的冲压件或焊接件来代替铸、锻零件。

（3）采用与工作载荷相反方向的预载荷。

（4）减小零件上的工作载荷等。

机械零件的强度、刚度是从设计上保证它能够可靠工作的基础，而零件可靠工作是保证机器正常工作的基础。零件具有良好的结构工艺性和较轻的质量是机器具有良好经济性的基础。在实际设计中，经常会遇到基本要求不能同时得到满足的情况，这时应根据具体情况，合理地做出选择，保证主要的要求能够得到满足。

课程思政案例 2.2　一个高温熔点导致价值数百万的桨毂报废（细节决定成败）

【对应知识点】　设计机械零件时的结构工艺性要求

【思政元素案例】　一个高温熔点导致价值数百万的桨毂报废

2.2　机械设计的一般程序

机械设计是生产机械产品的第一道工序。设计时不仅要考虑机械功能本身，还要考虑制造和装配、生产成本、生产周期以及售后服务（维修）和用后回收等产品生命周期全过程的各个方面。

一部新机器从设计到使用，要经过调查研究、设计、制造和运行考核等一系列过程。机械设计并没有一个通用的固定程序，要视具体情况而定。机械设计的基本程序如图 2-1 所示。

1. 编制设计任务书

根据社会、市场或用户的使用要求确定机器的功能范围和工作指标，研究实现的可能性；明确设计需要解决的课题；编制出完整的设计任务书及明细表。设计任务书大体应包括：对机器的功能、经济性以及环保性的评估，制造要求方面的大致评估，基本要求以及完成设计任务的预期期限等。

2. 拟定设计方案

根据设计任务书的要求，确定机器的工作原理和技术要求；拟定机器的总体布置、传动方案和机构简图等。在这一

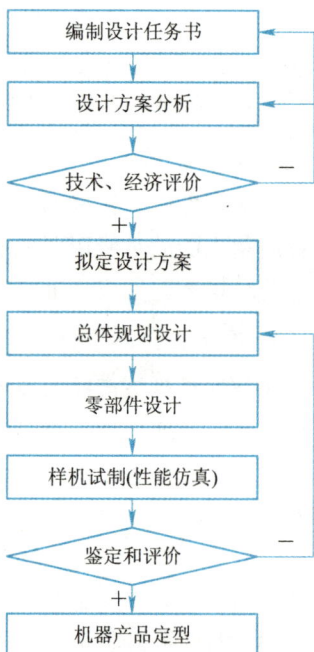

图 2-1　机械设计的基本程序

阶段中，往往要进行多种方案的比较和技术、经济评价，从中选出最佳方案。

3. 总体规划设计

机器的总体规划设计是根据方案设计中选出的最佳方案进行的，其内容包括：零部件的布置；机构的运动学和动力学分析；动力计算；零部件的工作能力计算，必要时可进行模型试验和测试以取得设计数据；确定零部件和机器的主要参数和尺寸。在这一阶段中，要结合分析和计算绘制出总体设计图。

4. 零部件设计

根据总体规划设计的结果，考虑零部件的工作能力和结构工艺性，将零部件的全部尺寸和形状、装配关系和安装尺寸等确定下来，绘制出零部件和整机的全部工程图，编写各种技术文件和产品说明书。

5. 鉴定和评价

设计结果是否能满足使用要求，机器的预定功能能否全部实现，可靠性和经济性指标是否合理，与同类机器相比有何改进效果，制造部门能否制造等，均须经过鉴定，给予科学的评价。通常新设计的机器要先经过样机试制，并进行模型或样机试验，有的还要进行破坏性测试，以鉴定机器的质量。

6. 机器产品定型

经过鉴定和评价，对设计进行必要的修改后就可进行小批量的试制和成品试验，必要时还应在实际使用条件下试用，对机器进行各种考核和测试。通过小批量生产，在进一步考察和验证的基础上将原设计进行改进，之后即可进行适用与成批生产的机器产品定型。

从以上机械设计的全过程可见，整个设计过程的各个阶段是紧密关联的，某一阶段中发现的问题和不当之处，必须返回到前面有关阶段去修改。因此，设计过程是一个不断返回、不断修改和完善，逐渐接近最优结果的过程。

综上所述，完成整个设计过程需要进行一系列艰巨的工作。设计者首先应树立正确的设计思想，努力掌握先进的科学技术知识和科学、辩证的思想方法。同时，设计者还要坚持理论联系实际，并在实践中不断总结和积累设计经验，向有关领域的科技工作者和从事生产实践的工作者学习，不断发展和创新，较好地完成机械设计任务。

课程思政案例 2.3 阿丽亚娜 5 型火箭事故（科学严谨/一丝不苟）

【对应知识点】 设计机器的一般程序
【思政元素案例】 阿丽亚娜 5 型火箭事故

2.3 机械零件的主要失效形式与设计准则

机械零件因某种原因不能正常工作或丧失了工作能力，称为失效。零件失效将直接影响机器的正常工作，因此研究机械零件的失效现象并分析失效的原因对机械零件设计具有重要意义。

2.3.1　机械零件的主要失效形式

机械零件常见的失效形式有以下几种。

1. 断裂

断裂主要表现为零件在外载荷作用下，由于某一危险截面上的应力超过零件的强度极限所发生的断裂，或当零件在循环变应力的作用下危险截面所发生的疲劳断裂，如螺栓的断裂、齿轮轮齿根部的断裂。断裂是一种严重的失效形式，它不但使零件失效，有时还会造成严重的人身及设备事故。

2. 过大的变形

机械零件在载荷作用下工作时，可能发生过大的弹性变形或由于零件上的应力超过材料的屈服极限而产生残余塑性变形。过大的变形会造成零件的尺寸和形状改变，破坏零件之间正确的相对位置和配合关系，有时还会产生较大振动，导致零件不能正常工作。例如，机床主轴的过大变形会导致被加工零件的精度下降。

3. 表面损伤

表面损伤主要表现为如下形式：

(1) 表面疲劳(亦称点蚀)：零件表面在接触变应力的长期作用下产生的微粒剥落的现象。

(2) 磨损(主要指磨粒磨损)：两个接触零件表面在相对运动过程中表面物质丧失或转移的现象。

(3) 胶合(亦称黏着磨损)：在重载作用和较高的温度下，润滑失效导致金属表面直接接触发生黏着并撕裂的现象。

(4) 腐蚀：金属表面与周围的介质发生的电化学或化学侵蚀现象。

表面损伤发生后，通常都会改变零件的形状和尺寸，降低表面精度，增大表面间的间隙，破坏正常的配合关系，增大摩擦和能量消耗，引起振动和噪声，最终造成零件报废。80%以上的零件失效是由表面损伤引起的，而零件的使用寿命在很大程度上受到零件表面损伤的限制。

4. 破坏正常工作条件引起的失效

有些零件只有在一定的工作条件下才能正常工作，若破坏了这些必备条件，则将发生不同类型的失效。例如：对于 V 带传动，当传递的有效拉力大于摩擦力的极限值时，将发生打滑失效；对于高速转动的零件，当其转速与系统的固有频率一致时，会发生共振，导致断裂失效；对于液体润滑的滑动轴承，当润滑油膜被破坏时，将发生胶合失效等。

2.3.2　机械零件的设计准则

在设计零件时所依据的准则是与零件的失效形式紧密地联系在一起的。对于一个具体零件，要根据其主要失效形式采用相应的设计准则。现将一些主要准则分述如下。

1. 强度准则

强度准则针对的是零件的整体断裂失效(包括静应力作用产生的静强度断裂和变应力作用产生的疲劳断裂)、塑性变形失效和点蚀失效。对于这几种失效形式，强度准则要求零

件的应力分别不超过材料的强度极限、零件的疲劳极限、材料的屈服极限和材料的接触疲劳极限。强度准则的一般表达式为

$$\sigma \leqslant \frac{\sigma_{\lim}}{S} \tag{2-1}$$

式中：σ 为零件的工作应力（单位：MPa）；$\sigma_{\lim}$ 为零件材料的极限应力（单位：MPa）；S 为安全系数。

2. 刚度准则

刚度是零件抵抗弹性变形的能力。刚度准则针对的是零件的过大弹性变形失效，它要求零件在载荷作用下产生的弹性变形量不能超过机器工作性能允许的值。有些零件，如机床主轴、电动机轴等，其基本尺寸是由刚度条件确定的。对于重要的零件，要验算刚度是否足够。刚度准则的一般表达式为

$$y \leqslant [y], \theta \leqslant [\theta], \varphi \leqslant [\varphi] \tag{2-2}$$

式中：y, θ, φ 分别为零件工作时的挠度（单位：mm）、转角和扭转角（单位：°）；$[y]$, $[\theta]$, $[\varphi]$ 分别为该零件允许的挠度（单位：mm）、转角和扭转角（单位：°）。

3. 寿命准则

影响零件寿命的主要失效形式有腐蚀、磨损及疲劳，它们产生的机理及发展规律完全不同。迄今为止，关于腐蚀与磨损的寿命计算尚无法进行。关于疲劳寿命计算，通常是求出使用寿命时的疲劳极限作为计算的依据。

4. 耐磨性准则

耐磨性准则针对的是零件的表面失效，它要求零件在正常条件下工作的时间能达到零件的寿命。腐蚀和磨损是影响零件耐磨性的两个主要因素。目前，关于材料耐腐蚀和耐磨损的计算尚无实用有效的方法。因此，在工程上对零件的耐磨性只能进行条件性计算。

（1）验算压强使其不超过许用值，以防止压强过大使零件工作表面的油膜被破坏而产生过快磨损，其验算式为

$$p \leqslant [p] \tag{2-3}$$

式中：p 为压强（单位：MPa），$[p]$ 为 p 的许用值。

（2）验算滑动速度 v 比较大的摩擦表面，还要防止摩擦表面因温升过高而使油膜破坏，导致磨损加剧，严重时产生胶合。因此，要使单位接触面上单位时间内产生的摩擦功不要过大。如果摩擦系数 f 为常数，则可验算 pv 值不超过许用值 $[pv]$，即

$$pv \leqslant [pv] \tag{2-4}$$

式中：pv 为压强速度（单位：MPa·m/s）；p 为工作表面上的压强（单位：MPa）；$[p]$ 为材料的许用压强（单位：MPa）；v 为工作表面线速度（单位：m/s）；$[pv]$ 为 pv 的许用值（单位：MPa·m/s）。

5. 振动稳定性准则

振动稳定性准则主要针对的是高速机器中零件出现的振动、振动的稳定性和共振。它要求零件的振动应控制在允许的范围内，而且是稳定的；对于强迫振动，应使零件的固有频率与激振频率错开。高速机械中存在着许多激振源，如齿轮的啮合、滚动轴承的运转、滑动轴承中的油膜振荡、柔性轴的偏心转动等。设计高速机械的运动零件除应满足强度准则外，还要满足振动准则。对于强迫振动，振动准则的表达式为

$$f < 0.85 f_n \text{ 或 } f > 1.15 f_n \qquad\qquad (2-5)$$

式中：f 为零件的固有频率（单位：Hz），f_n 为激振频率（单位：Hz）。

2.4　机械零件的材料选择

2.4.1　机械零件的设计方法

机械零件所用的材料是多种多样的，常用的有金属材料、非金属材料和复合材料等。从各种各样的材料中选择出合适的材料和热处理方式是机械设计中一个重要的问题，也是一个受多方面因素制约的问题。在以后各有关章节中，将分别介绍根据经验推荐的适用材料。以下仅提出选择材料的一般原则，作为选择材料时的依据。

选择机械零件材料的原则是：所需材料应满足零件的使用要求，有良好的工艺性和经济性等。

2.4.2　使用要求

机械零件的使用要求表现在以下方面。

1. 零件受载情况

零件受载情况是指载荷、应力的大小和性质。这方面的因素主要是从强度观点来考虑的，应在充分了解材料机械性能的前提下进行选择。通常，受载大的零件应选用机械强度高的材料，在静应力作用下工作的零件可选用脆性材料，在冲击、振动及变载荷作用下工作的零件则应选用塑性材料。

2. 零件的工作情况

零件的工作情况是指零件所处的环境特点、工作温度和摩擦磨损的程度等。通常，在湿热环境下工作的零件应选用防锈和耐腐蚀能力好的材料，如不锈钢、铜合金等。当工作温度变化很大时，一方面要考虑互相配合的两零件材料的线膨胀系数不能相差过大，以免在温度变化时产生过大的热应力，或使配合松动；另一方面也要考虑材料的机械性能随温度而改变的情况。当零件在工作中有可能发生摩擦磨损时，要提高其表面硬度，以增强其耐磨性，应选用适于进行表面处理的淬火钢、渗碳钢、氮化钢等品种或选用减摩和耐磨性能好的材料。

3. 零件尺寸和质量

零件尺寸和质量与材料的品种及毛坯制取方法有关。用铸造材料制造毛坯时，一般可以不受零件尺寸和质量的限制；而用锻造材料制造毛坯时，则需考虑锻造机械设备的生产能力，一般用于零件尺寸和质量较小的情况。此外，应尽可能选用强度高而密度小的材料，以减小零件尺寸和质量。

2.4.3　工艺性要求

要考虑所用的材料从毛坯到成品都能方便地制造出来。结构复杂的零件宜用铸造毛坯，此时应选用铸造工艺性好的铸造材料，如铸铁、铸钢等；也可以用板材冲压出元件后再焊接而成，此时应选用冲压工艺性与焊接工艺性好的材料；结构简单的零件可用锻造毛坯，此时应选用锻造工艺性好的材料，如锻钢等。

根据所选的工艺，还要考虑材料对该工艺加工的可能性。

2.4.4　材料的经济性

首先，应考虑材料本身的价格，在达到使用要求的前提下，尽可能选用价格低廉的材料。

其次，应综合考虑选用材料的经济效果。对于大量生产的零件，宜选用铸造材料，采用铸造毛坯；对于单件生产的零件，则可选用焊接材料或锻造材料，采用焊接毛坯或自由锻造毛坯。对于某些机械零件，则可采用精密的毛坯制造方法，如精铸、精锻、冲压等，这样既可提高材料的利用率，又节省了机械加工的费用，如此可获得良好的经济效益。

2.4.5　材料的供应情况

选择材料时，还应考虑当时、当地的材料供应情况。应在满足使用要求的条件下，首先选用库存材料或当地材料。

2.5　机械结构设计的基本要求

结构设计是机械设计的基本内容之一，也是设计过程中涉及问题最多、工作量最大的环节。它在产品的形成过程中起着十分重要的作用。

结构设计不但要使零部件的形状和尺寸满足原理设计方案的要求，还必须解决与零部件结构有关的力学、工艺、材料、装配、使用、美观、成本、安全和环保等一系列问题。只有深入了解以上问题对零部件结构的影响和限制后，才能设计出合理的结构形式。

在机械结构设计过程中，要充分考虑以下各方面的基本要求。

1. 功能要求

机械零件结构设计就是将原理设计方案具体化，即构造一个能够满足功能要求的三维实体零部件。概括地讲，各种零件的结构功能主要有承受载荷、传递运动和动力以及保证或保持有关零部件之间的相对位置或运动轨迹关系等。功能要求是结构设计的主要依据和必须满足的要求。当具有两种以上的功能要求时，应分清主次，在优先满足主要功能的前提下，尽量满足其他功能要求。

2. 使用要求

对于承受载荷的零件，为保证零件在规定的使用期限内正常地实现其功能，在结构设计中应使零部件的结构受力合理，降低应力，减少变形，以利于提高零件的强度、刚度和延长使用寿命。

3. 结构工艺性要求

机器及其组成零件应经济地制造和装配，具有良好的结构工艺性。机器的成本主要取决于制造费用，因此工艺性与经济性是密切相关的。通常应从以下几个方面考虑结构工艺性：

（1）应使零件形状简单合理。

（2）适应生产条件和规模。

（3）合理选用毛坯类型。

（4）便于切削加工。

（5）便于装配和拆卸。

（6）易于维护和修理。

4. 人机学要求

在结构设计中必须考虑安全问题，应优先采用具有直接（本身）安全作用的结构方案。此外，应使结构造型美观，操作舒适，有利于环境保护。

结构设计是机械设计中的活跃因素，涉及多方面的知识。初学设计时，要努力熟悉材料、工艺等方面的知识，细心观察和分析所接触到的各种零件的结构设计情况，通过在工程实践中不断学习、探索和积累经验，逐步提高结构设计水平。

2.6　机械零件的标准化

标准化是指对零件的尺寸、结构要素、材料性能、检验方法、设计方法和制图要求等方面制定的大家共同遵守的标准。标准化是组织现代化大生产的重要手段，也是实行科学管理的重要措施之一。与标准化密切相关的是零部件的通用化、产品的系列化。

通用化是指最大限度地减少和合并产品的形式、尺寸和材料的品种，使零部件尽量在不同规格的同类产品中通用，以减少企业内部的零部件种数，从而简化生产管理并获得较高的经济效益。

系列化是指将尺寸和结构拟定出一定数量的原始模型，然后根据需要，按照一定的规律优化组合成产品系列。

标准化、通用化和系列化统称为"三化"，"三化"的优越性表现在：

（1）采用了标准结构及标准零部件，可以简化设计工作，缩短设计周期，提高设计质量。

（2）便于安排专门的工厂采用先进技术进行专业化大生产，保证产品质量，降低成本。

（3）统一了材料和零件的性能指标，使其能够进行比较，提高了零件性能的可靠性。

（4）零件的标准化便于互换，便于机器的维修。

我国现已颁布的与机械设计有关的标准可以分为国家标准（GB）、行业标准（如 JB、YB 等）、专业标准和企业标准四个等级。在设计机械零件时必须自觉地执行标准。我国已加入国际标准化组织（ISO），许多新的国家标准已采用相应的国际标准。设计时应执行和采用各项标准。

课程思政案例 2.4　一个尺寸符号错误导致数百万经济损失
（严谨求实）

【对应知识点】　机械零件设计中的标准化

【思政元素案例】　一个尺寸符号错误导致数百万经济损失

本 章 小 结

　　机械设计就是从使用要求、工艺性要求、可靠性要求、经济性要求等基本要求出发，对机器的工作原理、结构、运动形式、力和能量的传递方式，乃至各个零件的材料、形状和尺寸以及使用维护等问题进行构思、分析和决策的工作过程。在这一过程中应考虑各个设计阶段所涉及的内容之间的相互关联、相互影响、相互交叉，经过反复循环与不断修正，使设计不断完善直至得到较优结果。只有了解了现代机械设计的特点、机械设计的创新与优化、机械设计的一般进程和机械设计的基本要求，才能在进行机械设计时明确应考虑的基本问题和一般程序。此外，还应重点掌握机械设计的结构设计。

习　　题

　　2-1　设计机器应满足的基本要求有哪些？

　　2-2　绘图说明对称循环应力、脉动循环应力和一般循环应力的 σ_{max}、σ_{min}、σ_m、σ_a 和 r 值的意义。

　　2-3　失效的定义是什么？它与破坏的含义相同吗？

　　2-4　机械零件的计算准则与失效形式有什么关系？常用的计算准则有哪些？它们各针对的是什么失效形式？

　　2-5　什么是机械零件的可靠度？可靠度与失效概率有何关系？

　　2-6　合理选择零件材料的原则是什么？

　　2-7　结构设计有哪些基本要求？

第3章　机械零件的强度

在规定的条件下机械产品、零部件能满足其设计要求，则称该产品具有可靠性。可靠性是机械设计中一项重要的技术质量指标，它关系到所设计的产品能否持续正常工作，甚至关系到设备和人身安全的问题，设计时必须引起重视。本章将介绍机械零部件设计中有关强度方面的问题。

3.1　载荷和应力的分类

3.1.1　载荷及其种类

机器工作时，作用在机械零部件上的力或力矩，称为载荷。

通常，作用在机械零部件上的载荷可分为静载荷和变载荷两大类。静载荷是指大小、作用位置和方向不随时间变化或缓慢变化的载荷，如零部件的重力、锅炉压力等。变载荷是指大小、作用位置和方向随时间变化的载荷，如汽车悬架弹簧和自行车的链条工作时所受的载荷。

此外，作用在机械零部件上的载荷还可分为名义载荷、工作载荷、计算载荷。名义载荷是指在理想的平稳工作条件下作用在零件上的载荷。工作载荷是指机器正常工作时所受的实际载荷。由于在实际工作中，零件还会受到各种附加载荷的作用，所以工作载荷难以确定。在通常情况下引入载荷系数 K（有时只考虑工作情况的影响，引入工作情况系数 K_A）来考虑这些因素的影响。载荷系数与名义载荷的乘积称为计算载荷，即

$$F_c = KF \text{ 或 } T_c = KT \tag{3-1}$$

式中：F、T 为名义载荷（单位分别为 N、N·m），F_c、T_c 为计算载荷（单位分别为 N、N·m），K 为载荷系数。

如当原动机的功率为 P（单位：kW），额定转速为 n（单位：r/min）时，作用在传动零件上的名义转矩 T（单位：N·m）为

$$T = 9550 \frac{P\eta i}{n} \tag{3-2}$$

式中：i 为从原动机到所计算零件之间的总传动比，η 为从原动机到所计算零件之间传动链的总效率。

3.1.2　应力及其种类

在载荷作用下，机械零部件的剖面（或表面）上将产生应力，根据应力随时间变化的特

性不同，它可分为静应力和变应力。静应力是指不随时间变化或缓慢变化的应力，如图 3-1(a)所示；变应力是指随时间变化的应力，它可分为稳定循环变应力和非稳定循环变应力两大类。

1. 稳定循环变应力

应力随时间按一定的规律变化，而且变化幅度保持常数的变应力称为稳定循环变应力。在工程上最典型的稳定循环变应力有以下 3 种形式。

（1）非对称循环变应力。变应力中的最大应力 σ_{max} 和最小应力 σ_{min} 的绝对值不相等，其变化规律如图 3-1(b)所示。

（2）对称循环变应力。变应力中的最大应力 σ_{max} 和最小应力 σ_{min} 的绝对值相等而符号相反，其变化规律如图 3-1(c)所示。

（3）脉动循环变应力。变应力中的最小应力 $\sigma_{min}=0$，其变化规律如图 3-1(d)所示。

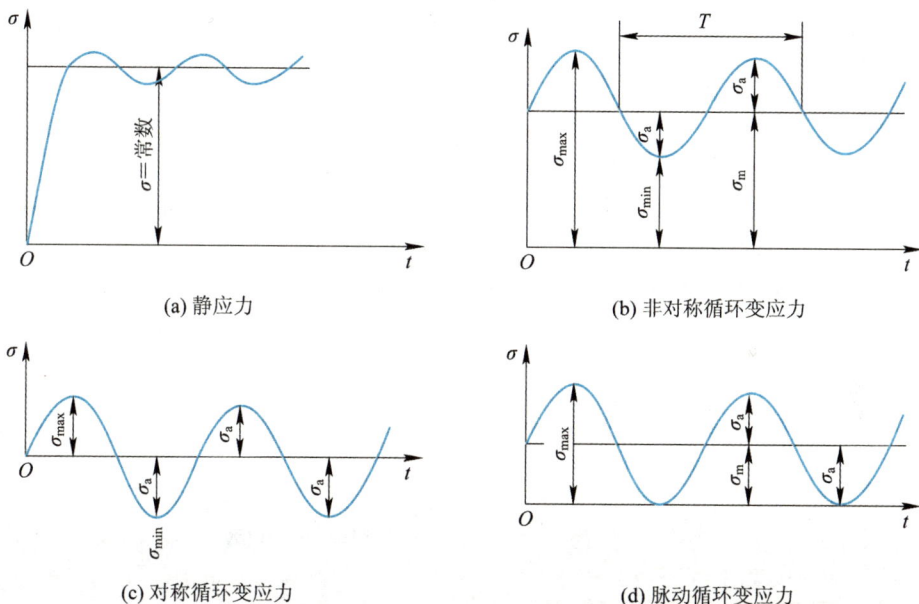

(a) 静应力　　　　　　　　　　　　(b) 非对称循环变应力

(c) 对称循环变应力　　　　　　　　(d) 脉动循环变应力

图 3-1　静应力及稳定循环变应力

在图 3-1(b)、图 3-1(c)、图 3-1(d)中，设平均应力为 σ_{m}，应力幅为 σ_{a}，由图可知它们的关系如下：

平均应力：

$$\sigma_{m}=\frac{\sigma_{max}+\sigma_{min}}{2} \tag{3-3}$$

应力幅：

$$\sigma_{a}=\frac{\sigma_{max}-\sigma_{min}}{2} \tag{3-4}$$

最大应力：

$$\sigma_{max}=\sigma_{m}+\sigma_{a} \tag{3-5}$$

最小应力：

$$\sigma_{min} = \sigma_m - \sigma_a \tag{3-6}$$

应力循环中的最小应力 σ_{min} 与最大应力 σ_{max} 之比，可用来表示变应力变化的情况，称为变应力的循环特性，用 r 表示，即

$$r = \frac{\sigma_{min}}{\sigma_{max}} \tag{3-7}$$

非对称循环变应力中，$\sigma_m = \frac{\sigma_{max} + \sigma_{min}}{2}$，$\sigma_a = \frac{\sigma_{max} - \sigma_{min}}{2}$，$-1 < r < 1$，如图3-1(b)所示。

对称循环变应力中，$\sigma_m = 0$，$\sigma_a = |\sigma_{max}| = |\sigma_{min}|$，$r = -1$，如图3-1(c)所示。

脉动循环变应力中，$\sigma_{min} = 0$，$\sigma_a = |\sigma_m|$，$\sigma_{max} = 2\sigma_m$，$r = 0$，如图3-1(d)所示。

静应力中，$\sigma_a = 0$，$\sigma_{max} = \sigma_{min}$，$r = 1$，如图3-1(a)所示。

当零部件受到切应力作用时，以上概念和公式仍适用，只需将上述公式中的 σ 改成 τ 即可。

2. 非稳定循环变应力

在工程上，常见的非稳定循环变应力有以下两种形式。

(1) 规律性非稳定循环变应力。应力随时间按一定的规律周期性地变化，而且变化幅度也按一定的规律呈周期性变化，如图3-2(a)所示。

(2) 随机性非稳定循环变应力。应力随时间不按一定的规律周期性地变化，而是带有偶然性，如图3-2(b)所示。

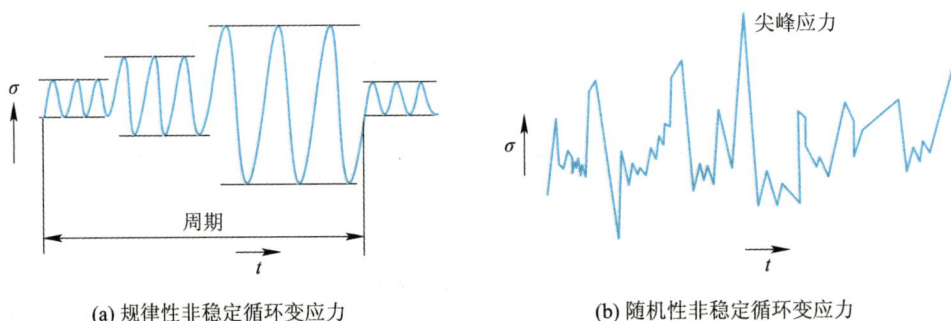

(a) 规律性非稳定循环变应力　　　　(b) 随机性非稳定循环变应力

图3-2　非稳定循环变应力

一般来说，静应力只能在静载荷作用下产生。变应力可能由变载荷产生，也可能由静载荷产生。工程上许多零部件绝大多数是在变应力状态下工作的，如转轴、齿轮、滚动轴承等。

3.1.3　静应力作用下的强度问题

机械零部件在静应力作用下，其强度条件可用下列两种不同的方式表示。

(1) 危险剖面处的最大工作应力(σ_{max}、τ_{max})不超过材料的许用应力($[\sigma]$、$[\tau]$)，即

$$\sigma_{max} \leqslant [\sigma] = \frac{\sigma_{lim}}{[S]} \text{ 或 } \tau_{max} \leqslant [\tau] = \frac{\tau_{lim}}{[S]} \tag{3-8}$$

(2) 危险剖面处的安全系数 S_σ、S_τ 不应小于机械零部件的许用安全系数 $[S]$，即

$$S_\sigma = \frac{\sigma_{\lim}}{\sigma_{\max}} \geqslant [S] \quad \text{或} \quad S_\tau = \frac{\tau_{\lim}}{\tau_{\max}} \leqslant [S] \tag{3-9}$$

式中：$\sigma_{\lim}$ 为机械零部件材料的极限正应力（单位：MPa），$\tau_{\lim}$ 为机械零部件材料的极限切应力（单位：MPa）。

在静应力状态下，塑性材料的主要失效形式是塑性变形，取其屈服极限（σ_s、τ_s）作为材料的极限应力，即 $\sigma_{\lim} = \sigma_n$、$\tau_{\lim} = \tau_s$。

脆性材料的主要失效形式是脆性破坏，取其强度极限（σ_b、τ_b）作为材料的极限应力，即 $\sigma_{\lim} = \sigma_b$、$\tau_{\lim} = \tau_b$。

如果零件所受的应力状态为双向、三向时，需按材料力学的强度理论来计算零件的最大工作应力。

3.2　静应力作用下机械零件的强度

在静应力作用下工作的零件，其强度失效形式是塑性变形（plastic deformation）或断裂（fracture）。

1. 单向应力作用下的塑性材料零件

按照不发生塑性变形的条件进行强度计算，这时零件危险剖面上的工作应力即为计算应力 σ_{ca}，其强度条件为

$$\begin{cases} \sigma_{ca} \leqslant [\sigma] = \dfrac{\sigma_s}{[S]_\sigma} \\[3mm] \tau_{ca} \leqslant [\tau] = \dfrac{\tau_s}{[S]_\tau} \end{cases} \tag{3-10}$$

$$\begin{cases} S_\sigma = \dfrac{\sigma_s}{\sigma_{ca}} \geqslant [S]_\sigma \\[3mm] S_\tau = \dfrac{\tau_s}{\tau_{ca}} \geqslant [S]_\tau \end{cases} \tag{3-11}$$

式中：σ_s、τ_s 分别为正应力和切应力作用下材料的屈服极限（yield stress）；S_σ、S_τ 分别为正应力和切应力作用下的计算安全系数；$[S]_\sigma$、$[S]_\tau$ 分别为正应力（normal stress）和切应力（shear stress）作用下的许用安全系数。

2. 复合应力作用下的塑性材料零件

根据第三或第四强度理论确定其强度条件，弯扭复合应力用第三或第四强度理论计算时的强度条件式分别为

$$\begin{cases} \sigma_{ca} = \sqrt{\sigma^2 + 4\tau^2} \leqslant [\sigma] = \dfrac{\sigma_s}{[S]} \\[3mm] \sigma_{ca} = \sqrt{\sigma^2 + 3\tau^2} \leqslant [\sigma] = \dfrac{\sigma_s}{[S]} \end{cases} \tag{3-12}$$

按第三强度理论计算时近似取 $\dfrac{\sigma_s}{\tau_s} = 2$，按第四强度理论计算时近似取 $\dfrac{\sigma_s}{\tau_s} = \sqrt{3}$，可得复合

应力计算时安全系数为

$$S_{ca} = \frac{\sigma_s}{\sqrt{\sigma^2 + \left(\frac{\sigma_s}{\tau_s}\right)^2 \tau^2}} \leqslant [S] \quad 或 \quad S_{ca} = \frac{S_\sigma S_\tau}{\sqrt{S_\sigma^2 + S_\tau^2}} \leqslant [S] \tag{3-13}$$

式中：S_σ、S_τ 分别为单向正应力和切应力作用下的安全系数，可由式(3-11)求得。

3. 脆性材料和低塑性材料的零件

脆性材料和低塑性材料零件的极限应力应为材料的强度极限 σ_b 或 τ_b。

(1) 单向应力状态下的零件应按不发生断裂作为强度计算的条件。强度条件为将式(3-10)和式(3-11)中的 σ_s、τ_s 分别改为 σ_b 和 τ_b 即可。

(2) 复合应力作用下工作的零件，其强度条件应按第一强度理论确定，即

$$\begin{cases} \sigma_{ca} = \frac{1}{2}\left(\sigma + \sqrt{\sigma^2 + 4\tau^2}\right) \leqslant [\sigma] = \frac{\sigma_b}{[S]} \\ S_{ca} = \frac{2\sigma_b}{\sigma + \sqrt{\sigma^2 + 4\tau^2}} \geqslant [S] \end{cases} \tag{3-14}$$

对组织均匀的低塑性材料(如低温回火的高强度钢)进行强度计算时，应考虑应力集中的影响。而对于组织不均匀的材料(如灰铸铁)，因为其材料内部不均匀引起的局部应力要远远大于零件形状和机械加工等所引起的局部应力，所以在强度计算中不考虑应力集中的影响。

根据设计经验及材料的特性，一般认为机械零件在整个工作寿命期间应力变化次数小于 10^3 次的零件均可近似按静应力强度计算。

3.3 变应力作用下机械零件的疲劳强度

多数机械零件在工作时受变应力的作用，在变应力作用下，机械零件的失效形式主要是疲劳断裂。疲劳断裂具有以下特征：

(1) 疲劳断裂的最大应力远比静应力作用下材料的强度极限低，甚至比屈服极限低。

(2) 无论是用塑性材料还是脆性材料制成的零件，其疲劳断裂处均表现为无明显塑性变形的脆性突然断裂。

(3) 疲劳断裂是损伤的积累，它的初期现象是在零件表面或表层形成微裂纹，这种微裂纹随着应力循环次数的增加而逐渐扩展，直至余下的未裂开的截面积不足以承受外载荷，零件就突然断裂。

疲劳断裂是损伤达到一定程度后，即裂纹扩展到一定程度后才发生的突然断裂。因此，疲劳断裂与应力循环次数(使用期限或寿命)密切相关。

课程思政案例3.1 F-111 飞行 105 小时部件失效坠毁

(严谨求实/安全意识)

【对应知识点】 机械零件的疲劳强度

【思政元素案例】 F-111 飞行 105 小时部件失效坠毁

3.3.1　疲劳曲线

机械零件材料的抗疲劳性能是通过实验确定的。在材料的标准试件上施加一定循环特性的应力（通常取 $r=1$ 或 $r=0$），经过 N 次循环后材料不发生疲劳破坏的最大应力值称为疲劳极限，用 σ_{rN} 表示。表示应力 σ 与应力循环次数 N 之间的关系曲线称为疲劳曲线或$\sigma\text{-}N$ 曲线，如图 3-3 所示，横坐标为循环次数 N，纵坐标为断裂时的循环应力 σ。

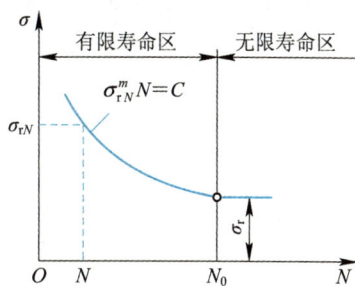

图 3-3　疲劳曲线

实验表明，零件（或材料）所能承受的最大变应力随循环次数增加而减小，当应力循环次数超过 N_0 后，疲劳曲线为水平直线，材料的疲劳极限不再减小，即应力循环次数可达"无数"次而不发生疲劳破坏。N_0 为应力循环基数，它随材料不同而有不同的数值。通常，对硬度≤350 HBS 的钢，$N_0 \approx 1 \times 10^7$；硬度＞350 HBS 的钢，$N_0 \approx 25 \times 10^7$。$N < N_0$ 的部分称为有限寿命区，$N \geqslant N_0$ 的部分称为无限寿命区。疲劳曲线可用下列方程表示，即

$$\sigma_{rN}^m N = \sigma_r^m N_0 = C \tag{3-15}$$

式中：C 为实验常数；m 为与材料性能和应力状态有关的特性系数，如对受弯钢制零件，$m=9$；σ_r 为对应于应力循环基数 N_0 的疲劳极限，称为材料的疲劳极限。

由式(3-15)可求得对应于循环次数 N 的弯曲疲劳极限，即

$$\sigma_{rN} = \sqrt[m]{\frac{N_0}{N}} \cdot \sigma_r = k_N \sigma_r \tag{3-16}$$

式中：k_N 为寿命系数，$k_N = \sqrt[m]{\dfrac{N_0}{N}}$，当 $N \geqslant N_0$ 时，取 $N = N_0$，$k_N = 1$，疲劳极限为 σ_r。本书如不特别指明疲劳极限，都是指无限寿命疲劳极限。

3.3.2　稳定变应力状态下机械零件的强度计算

1. 材料的疲劳极限应力图

当材料相同但应力循环特性 r 不同时，其疲劳极限 σ_r 也不同，可用疲劳极限应力图表示，以平均应力 σ_m 为横坐标，应力幅 σ_a 为纵坐标，根据实验数据，即可作出塑性材料的疲劳极限应力图，即如图 3-4 所示的 $A'B'C$ 曲线。曲线上 $A'(0, \sigma_{-1})$ 点表示对称循环点，$B'\left(\dfrac{\sigma_0}{2}, \dfrac{\sigma_0}{2}\right)$ 点表示脉动循环点，$C(\sigma_b, 0)$ 点表示静强度极限点。

工程上为了减少实验次数及计算方便，通常将塑性材料的极限应力图进行简化。对于任意一种材料，若 σ_{-1}、σ_0、σ_s 和 σ_b 为已知，则简化的极限应力图就可按下述方法作出：以平均应力 σ_m 为横坐标，应力幅 σ_a 为纵坐标；在纵坐标上取 OA' 等于 σ_{-1}，取纵坐标和横坐标均为 $\sigma_0/2$，得点 $B'\left(\dfrac{\sigma_0}{2}, \dfrac{\sigma_0}{2}\right)$，在横坐标上取 OS 等于 σ_s，得点 $S(\sigma_s, 0)$，过 S 点作与横坐标呈 $135°$ 的斜线与 $A'B'$ 的延长线相交于点 E'，折线 $A'B'E'S$ 即为循环特征为 r 时塑性材料的简化疲劳极限应力曲线，如图 3-4 所示。连接 OE'，OE' 连线将简化疲劳极限应力

图分为 $OA'E'$ 和 $OE'S$ 两个区域，在 $A'E'$ 线段上任意一点的极限应力为

$$\sigma_r = \sigma_{rm} + \sigma_{ra} \tag{3-17}$$

式中：σ_r 为循环特征为 r 时的疲劳极限，σ_{rm} 为循环特征为 r 时的极限平均应力；σ_{ra} 为循环特征为 r 时的极限应力幅。

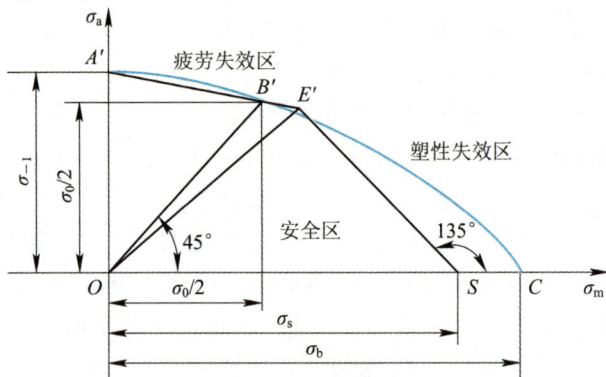

图 3-4　简化疲劳极限应力图

在 $E'S$ 线段上任意一点的极限应力均为

$$\sigma_s = \sigma_{ra} + \sigma_{rm} \tag{3-18}$$

当零件工作应力 (σ_m, σ_a) 点处于折线以内时，其最大应力既不超过疲劳极限，也不超过屈服极限，故为疲劳和塑性安全区，而在折线范围以外为疲劳或塑性失效区。

2. 影响机械零件疲劳强度的主要因素

零件几何形状、尺寸、加工质量及强化因素等的影响，使得零件的疲劳极限小于材料试件的疲劳极限。影响机械零件疲劳强度的因素很多，有应力集中、尺寸效应、表面状态、环境介质等，其中前三种因素最为重要。

由实验得知，应力集中、尺寸效应和表面状态只对应力幅有影响，对平均应力没有影响。考虑上述三种因素的综合影响，可用一个综合影响系数 $(K_\sigma)_D$ 或 $(K_\tau)_D$ 来表示，即

$$\begin{cases} (K_\sigma)_D = \dfrac{K_\sigma}{\varepsilon_\sigma \beta} \\[2mm] (K_\tau)_D = \dfrac{K_\tau}{\varepsilon_\tau \beta} \end{cases} \tag{3-19}$$

式中：$(K_\sigma)_D$ 为综合影响系数；K_σ 为零件的有效应力集中系数；ε_σ 为零件的尺寸系数；β 为零件的表面质量系数；K_τ、ε_τ 的含义分别与上述 K_σ、ε_σ 相对应，下标 τ 则表示在应力条件下。

3. 稳定变应力下机械零件的疲劳强度计算

材料相同但应力循环特征 r 不同时，其极限应力 σ_r 不同。对称循环变应力 $(r=-1)$ 下的极限应力最小；脉动循环变应力 $(r=0)$ 下的极限应力次之；静应力 $(r=1)$ 下的极限应力最大。上述极限应力均可通过实验取得。非对称循环变应力 $(-1<r<1, r\neq0)$ 下的极限应力可利用简化的极限应力图直接求得。

对于塑性材料，若应力循环特征 r 在 $OA'E'$ 区域内，可以导出其极限应力的计算公式：

$$\sigma_r = \frac{\sigma_{-1}(\sigma_m + \sigma_a)}{(K_\sigma)_D \sigma_a + \psi_\sigma \sigma_m} \tag{3-20}$$

式中：$(K_\sigma)_D$ 为综合影响系数，只影响应力幅，不影响平均应力；σ_{-1} 为对称循环的极限应力；σ_m 为零件的平均应力；σ_a 为零件的应力幅；ψ_σ 为试件受循环弯曲应力时的材料特性系数，也称为平均应力折合为应力幅的等效系数，$\psi_\sigma = \dfrac{2\sigma_{-1} - \sigma_0}{\sigma_0}$，其值由实验决定：对非合金钢，$\psi_\sigma \approx 0.1 \sim 0.2$；对合金钢，$\psi_\sigma \approx 0.2 \sim 0.3$。

当应力循环特征 r 在 $OE'S$ 区域内时，其相应的极限应力由线段 $E'S$ 决定，由图 3-4 得

$$\sigma_r = \sigma'_{ae} + \sigma'_{me} = \sigma_s \tag{3-21}$$

式中：σ_s 为塑性材料的屈服极限。

当零件受切应力时，可仿照上述各式，将 σ 换成 τ 即可。

课程思政案例 3.2　起重机吊耳断裂　载荷坠落造成伤亡
（严谨求实/安全意识）

【对应知识点】　机械零件的抗断裂强度
【思政元素案例】　起重机吊耳断裂　载荷坠落造成伤亡

3.3.3　复合应力状态下安全系数的强度计算

很多零件(如轴)工作时，同时受有弯曲应力和扭转应力的复合作用，通过试验研究并结合理论分析可导出，当零件受对称循环变应力作用时，在对称循环弯扭复合应力状态下的疲劳强度安全系数计算公式为

$$S = \frac{S_\sigma S_\tau}{\sqrt{S_\sigma^2 + S_\tau^2}} \tag{3-22}$$

$$S_\sigma = \frac{\sigma_{-1}}{(K_\sigma)_D \sigma_a}, \quad S_\tau = \frac{\sigma_{-1}}{(K_\tau)_D \tau_a} \tag{3-23}$$

课程思政案例 3.3　螺钉松动导致大众汽车召回事件(精益求精)

【对应知识点】　机械零件可靠性设计
【思政元素案例】　螺钉松动导致大众汽车召回事件

3.4　机械零件的表面接触强度

有些机械零件(如齿轮、滚动轴承等)，在理论分析时都将力的作用看成是点或线接触的。而实际上，零件工作时受载接触部分要产生局部的弹性变形而形成面接触。由于接触的面积很小，因而产生的局部应力很大，可将这种局部应力称为接触应力，这时的零件强度称为接触强度。

实际工作中遇到的接触应力多为变应力，产生的失效属于接触疲劳破坏。接触疲劳破坏产生的特点是：零件接触应力在载荷反复作用下，先在表面或表层内 $15 \sim 25\,\mu m$ 处产生

初始疲劳裂纹，然后在不断的接触过程中，润滑油被挤进裂纹内形成高压，使裂纹加速扩展，当裂纹扩展到一定深度以后，导致零件表面的小片状金属剥落下来，使金属零件表面形成一个个小坑，如图 3-5 所示，这种现象称为疲劳点蚀。疲劳点蚀会引起接触面积的减小，破坏零件的光滑表面，因而也降低了承载能力，并引起振动和噪声。齿轮、滚动轴承就常易发生疲劳点蚀这种形式的失效。

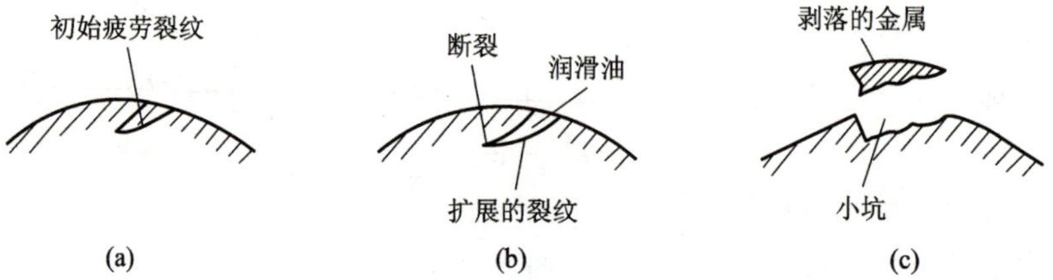

图 3-5　疲劳点蚀

对于图 3-5 所示的两圆柱体接触，按照弹性力学的理论，两个曲率半径分别为 ρ_1、ρ_2 的圆柱体，在压力 F_n 作用下的接触区为一狭长矩形，最大接触应力发生在接触区中线的各点上，其接触应力 σ_H 的计算公式为

$$\sigma_H = \sqrt{\frac{F_n}{\pi b} \cdot \frac{\dfrac{1}{\rho_1} \pm \dfrac{1}{\rho_2}}{\dfrac{1-\mu_1^2}{E_1} + \dfrac{1-\mu_2^2}{E_2}}} \qquad (3-24)$$

式中：F_n 为作用在接触面上的总压力，b 为接触线长度，ρ_1、ρ_2 为圆柱体 1、2 接触线处的曲率半径，E_1、E_2 为圆柱体 1、2 材料的弹性模量（单位：MPa），μ_1、μ_2 为圆柱体 1、2 的泊松比。

式(3-24)称为赫兹(Hertz)公式。令 $\dfrac{1}{\rho} = \dfrac{1}{\rho_1} \pm \dfrac{1}{\rho_2}$，$\rho = \dfrac{\rho_1 \rho_2}{\rho_1 \pm \rho_2}$ 为综合曲率半径，"+"号用于外接触（见图 3-6(a)），"−"号用于内接触（见图 3-6(b)）。

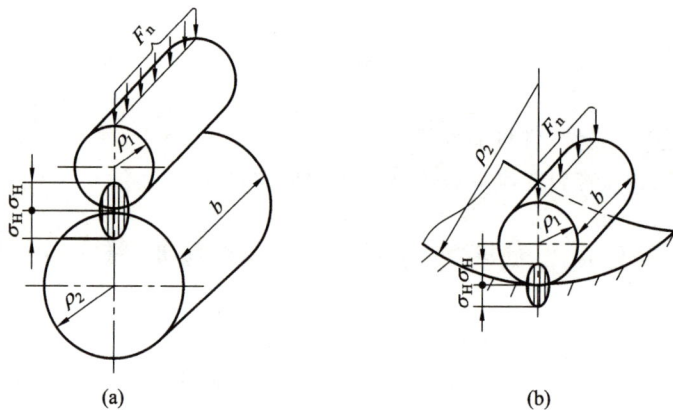

图 3-6　两圆柱体的接触应力

影响疲劳点蚀的主要因素是接触应力的大小，因此，在接触应力作用下的强度条件是最大接触应力不超过其许用值，即

$$\sigma_{Hmax} \leqslant [\sigma_H] \tag{3-25}$$

$$[\sigma_H] = \frac{\sigma_{Hmax}}{S_H} \tag{3-26}$$

式中：$[\sigma_H]$ 为材料的许用接触应力（单位：MPa），σ_{Hmax} 为接触应力的最大值（单位：MPa），S_H 为接触疲劳安全系数。

本 章 小 结

本章要求掌握变应力的类型、疲劳曲线、简化疲劳极限应力图、稳定变应力下机械零件的强度计算，并了解表面强度的概念。

本章的重点是掌握机械设计中零部件疲劳强度的条件与计算方法及影响机械零件疲劳强度的主要因素。

习　题

3-1　什么叫静载荷、变载荷、名义载荷和计算载荷？

3-2　什么叫静应力、变应力和稳定循环变应力？

3-3　表示变应力的基本参数有哪些？它们之间的关系式是什么？

3-4　什么叫极限应力、许用应力？

3-5　影响零件疲劳极限的因素有哪些？在计算疲劳强度时如何考虑这些因素的影响？

3-6　什么是循环基数 N_0？为什么当 $N > N_0$ 时称为无限寿命区？

3-7　已知某钢制零件材料的疲劳极限 $\sigma_r = 112$ MPa，若取疲劳曲线表达式中的指数 $m = 9$，$N_0 = 5 \times 10^6$。试求相应于寿命分别为 5×10^4、7×10^4 次循环时的疲劳极限 σ_{rN} 之值。

3-8　已知材料的机械性能为 $\sigma_s = 260$ MPa，$\sigma_{-1} = 170$ MPa，$\psi_\sigma = 0.2$，试绘制该材料的简化疲劳极限应力图。

第4章　带传动设计

带传动是通过中间挠性传动带传递运动和动力的，是一种常用的、成本较低的动力传动装置，在工业中有着广泛的应用。本章主要介绍带传动的类型、工作原理、特点及应用，带传动的受力情况、带的应力、弹性滑动和打滑，V带传动的设计以及带传动的张紧等内容。

4.1　概　　述

带传动是一种通过中间挠性体(传动带)，将主动轴上的运动和动力传递给从动轴的机械传动形式。带传动一般由主动带轮1、从动带轮2、紧套在两带轮上的传动带3组成，如图4-1(a)所示。当主动轮转动时，通过带和带轮工作表面之间的摩擦力或啮合作用促使传动带运动，再通过传动带驱动从动轮转动并传递动力。

由于采用挠性带作为中间元件来传递运动和动力，带传动具有如下一般特点：具有缓冲和吸振作用，传动平稳无噪声；能够实现较大距离间两轴的传动；通过改变带长，能满足不同的中心距要求。工程实际中，带传动通常应用于传动功率不大(50～100 kW)、速度适中(带速一般为5～30 m/s)、传动距离较大的场合。在多级传动系统中，通常将摩擦型带传动置于第一级(直接与原动机相连)，起到过载保护并减小其结构尺寸和质量的效能。

课程思政案例4.1　古代纺纱机具——手摇纺车(民族文明)

【对应知识点】　带传动的基本概念
【思政元素案例】　古代纺纱机具——手摇纺车

4.2　带传动类型及其工作原理

根据工作原理不同，带传动分为摩擦型和啮合型两种类型，如图4-1(a)、(b)所示。

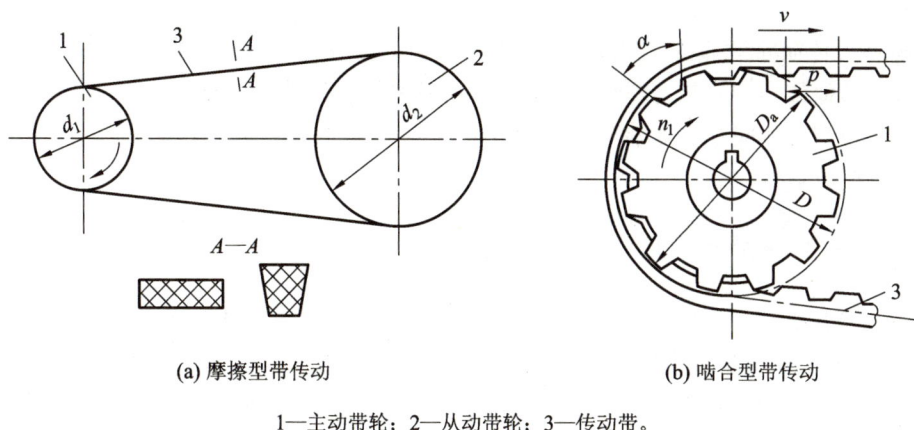

(a) 摩擦型带传动   (b) 啮合型带传动

1—主动带轮；2—从动带轮；3—传动带。

图 4-1 带传动类型简图

4.2.1 摩擦型带传动

摩擦型带传动如图 4-1(a)所示，传动带张紧在主、从动带轮上，带与两带轮的接触面间产生正压力。当主动带轮 1 旋转时，由这个正压力产生的摩擦力拖拽带运动；同样，带又拖拽从动带轮 2 旋转。如此，依靠挠性带与带轮接触面间的摩擦力来传递运动和动力。

摩擦型带传动中，根据挠性带截面形状的不同，可划分为平带传动、V 带传动、多楔带传动、圆带传动等形式，其截面形状分别如图 4-2(a)、(b)、(c)、(d)所示。

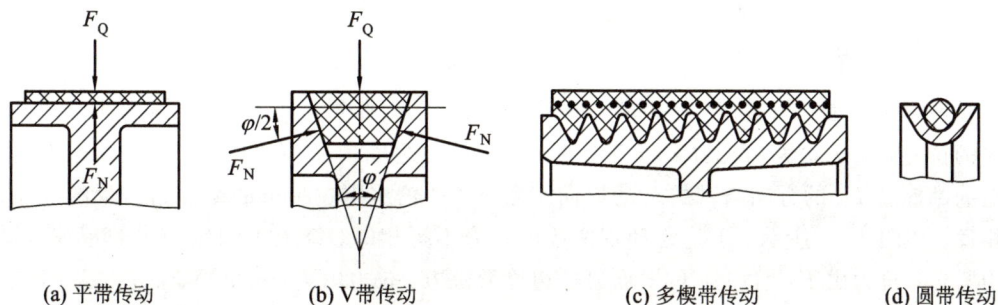

(a) 平带传动   (b) V 带传动   (c) 多楔带传动   (d) 圆带传动

图 4-2 摩擦型带传动类型

平带的截面形状为矩形，与带轮轮面相接触的内表面为工作面；带的挠性较好，带轮制造方便，适合于两轴平行、转向相同的较远距离传动。尤其是轻质薄型的各式高速平带，较为广泛地应用于高速传动，或中心距较大或两轴交叉或半交叉传动等使用场合。

V 带的截面形状为等腰梯形，与带轮轮槽相接触的两侧面为工作面，在相同初拉力和相同摩擦系数的情况下，V 带传动产生的摩擦力比平带传动的摩擦力更大，因而 V 带传动能力强，结构更加紧凑，广泛应用于机械传动中。

多楔带相当于平带与多根 V 带的组合，兼有两者的优点，多用于结构要求紧凑的大功率传动中。与 V 带传动一样，多楔带传动也具有带的厚度较大、挠性较差、带轮制造比较复杂等不足。

圆带的截面形状为圆形，仅用于载荷很小、速度较低的小功率场合，如缝纫机、仪器、牙科医疗器械中。

摩擦型带传动除了具备带传动的一般特点以外，过载时带将沿着带轮工作表面产生打滑，能够对其他传动零件起到安全保护作用；并且其结构简单、制造成本低、装拆方便。但是，由于带与带轮之间存在弹性滑动现象，摩擦型带传动存在传动效率较低、传动比不准确、带的寿命较短等缺点。

4.2.2 啮合型带传动

啮合型带传动依靠同步带上的齿与带轮齿槽之间的啮合来传递运动和动力，如图4-1(b)所示，通常称为同步带传动。

同步带传动兼有摩擦型带传动和啮合传动的优点，既可以保证准确的传动比和较高的传动效率(98%以上)，也可以满足较大轴间传动距离和较大传动比的要求(可达12~20)；且传动运行平稳，允许较高的带速(带速可达50 m/s)，冲击振动和噪声较小。其缺点在于同步带及带轮制造工艺复杂，安装要求较高。

同步带传动主要用于中小功率、传动比要求精确的场合，如打印机、绘图仪、录音机、电影放映机等精密机械中。

4.3 带传动的工作情况分析

4.3.1 带传动的受力分析

1. 带传动的初拉力及松、紧边拉力与有效圆周拉力的关系

摩擦型带传动在安装时，传动带以一定的初拉力 F_0 张紧在带轮上。不工作时，带两边所受的拉力相等，均为初拉力 F_0。工作时，带与带轮之间的摩擦力作用，使主动轮作用在带上的摩擦力 F_f 的方向与带的运动方向一致，从动轮作用在带上的摩擦力与带的运动方向相反，如图4-3所示。于是传动带两边的拉力不再相等。绕上主动轮一边的带被拉紧，称为紧边，拉力由 F_0 增加到 F_1；而另一边称为松边，拉力由 F_0 减小到 F_2。

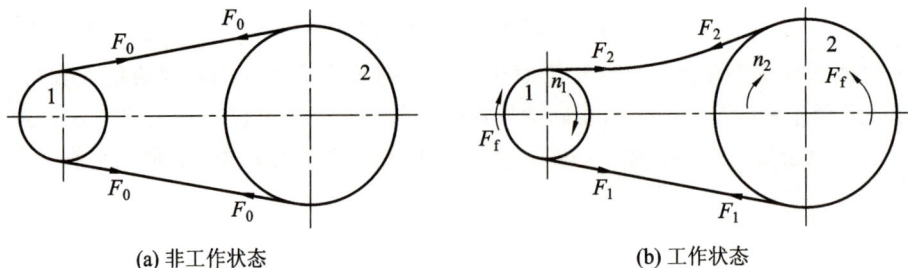

(a) 非工作状态   (b) 工作状态

图4-3 带的受力分析

假设带工作时的总长度不变，根据胡克定律可知，紧边拉力的增加量与松边拉力的减少量应相等，即

$$\begin{cases} F_1 - F_0 = F_0 - F_2 \\ F_1 + F_2 = 2F_0 \end{cases} \tag{4-1}$$

紧边拉力 F_1 与松边拉力 F_2 之差称为带传动的有效圆周拉力,用 F_e 表示,即

$$F_e = F_1 - F_2 \qquad (4-2)$$

若取主动轮一端的带为分离体,则由力的平衡条件可得

$$F_f = F_1 - F_2 \qquad (4-3)$$

即有效圆周拉力等于带与带轮接触面上摩擦力的总和 F_f。根据有效圆周拉力 F_e 与带传动传递的功率 P、带速 v 之间的关系,得

$$P = \frac{F_e v}{1000} \qquad (4-4)$$

则

$$F_e = \frac{1000P}{v} = F_1 - F_2 = F_f \qquad (4-5)$$

将式(4-2)代入式(4-1),可得

$$F_1 = F_0 + \frac{F_e}{2}, \quad F_2 = F_0 - \frac{F_e}{2} \qquad (4-6)$$

由式(4-6)可知,带两边的拉力 F_1 和 F_2 的大小取决于初拉力 F_0 和带的有效拉力 F_e。由式(4-5)可知,当传动功率增大时,带两边拉力的差值 $F_e = F_1 - F_2$ 也要相应地增大。带两边拉力的这种变化实际上反映了带和带轮接触面上摩擦力的变化。显然,当其他条件不变且初拉力 F_0 一定时,这个摩擦力有一极限值(临界值)。当带所传递的有效圆周拉力超过这个极限值时,带与带轮将发生显著的相对滑动,这种现象称为打滑。出现打滑将使带的磨损加剧、传动效率降低,进而使带传动失效。

2. 带传动的最大有效拉力及其影响因素

带传动中,当带有打滑趋势时,摩擦力达到极限值,即带传动的有效圆周拉力达到最大值,用 F_{ec} 表示最大(临界)有效拉力。这时,忽略离心力的影响,带的紧边拉力与松边拉力的临界值间的关系为

$$\frac{F_1}{F_2} = e^{f\alpha} \qquad (4-7)$$

式中:e 为自然对数的底,e=2.718……; f 为摩擦因数(对于 V 带,用当量摩擦因数 f_v 代替 f); α 为带在带轮上的包角(单位:rad)。

式(4-7)为著名的柔韧体摩擦的欧拉公式。

将式(4-1)、式(4-2)、式(4-5)、式(4-6)联立求解可得

$$\begin{cases} F_1 = F_e \cdot \dfrac{e^{f\alpha}}{e^{f\alpha} - 1} \\[2mm] F_2 = F_e \cdot \dfrac{1}{e^{f\alpha} - 1} \\[2mm] F_e = 2F_0 \cdot \dfrac{e^{f\alpha} - 1}{e^{f\alpha} + 1} = 2F_0 \cdot \dfrac{1 - 1/e^{f\alpha}}{1 + 1/e^{f\alpha}} \end{cases} \qquad (4-8)$$

由式(4-8)可知,最大有效拉力 F_e 与下列因素有关:

(1) 初拉力 F_0。当 F_0 增大时,带与带轮间的正压力增大,则两者间的摩擦力也增大,即最大有效拉力 F_e 增大,带传动的工作能力将增强。但当 F_0 过大时,带的磨损将加剧,导致带过快松弛,使用寿命降低。当 F_0 过小时,带传动的工作能力不足,使得带相对于带

轮易发生跳动和打滑。因此，在设计带传动时应合理确定 F_0 的大小。

（2）包角 α。包角 α 越大，最大有效拉力 F_{ec} 越大，带和带轮接触面间的总摩擦力越大，带传动的工作能力越高。

（3）摩擦因数 f。摩擦因数 f 越大，摩擦力越大，带传动的工作能力越高。摩擦因数 f 取决于带及带轮的材料和表面状况、工作环境等。

4.3.2　带传动的应力分析

带传动工作时，带中的应力有以下三种。

1. 拉应力

$$\sigma_1 = \frac{F_1}{A}, \quad \sigma_2 = \frac{F_2}{A} \tag{4-9}$$

式中：σ_1 为紧边的拉应力（单位：MPa），σ_2 为松边的拉应力（单位：MPa），F_1 为紧边拉力（单位：N），F_2 为松边拉力（单位：N），A 为带的横截面积（单位：mm^2）。

2. 弯曲应力

带绕过带轮时，因弯曲而产生的弯曲应力为

$$\sigma_b = E \cdot \frac{h}{d_d} \tag{4-10}$$

式中：h 为带的整体高度（单位：mm），d_d 为带轮的基准直径（单位：mm），E 为带的弹性模量（单位：MPa）。

显然，当 h 越大、d_d 越小时，带的弯曲应力 σ_b 越大，故带绕在小带轮上的弯曲应力 σ_{b1} 大于绕在大带轮上的弯曲应力 σ_{b2}。为避免产生过大的弯曲应力，应对小带轮的直径加以限制。

3. 离心拉应力

当带以切线速度 v 沿带轮轮缘做圆周运动时，带自身的质量将引起离心力 F_c，离心力在带的横截面上产生的离心拉应力 σ_c 为

$$\sigma_c = \frac{F_c}{A} = \frac{qv^2}{A} \tag{4-11}$$

式中：q 为带的线密度（单位长度质量，单位：kg/m），v 为带的线速度（单位：m/s），A 为带的横截面积（单位：mm^2）。

尽管离心力只存在于传动带做圆周运动的弧段上，但由此而产生的离心力却作用于全部带长的各个截面上。由式（4-11）可知，离心力 σ_c 与 q 及 v^2 成正比，故设计高速带传动时宜采用轻质带，以利于减小离心力；一般带传动时，带速不易过高。

将上述三种应力进行叠加，可得到带工作时的应力分布情况，如图4-4所示。从图中可以看出，带在工作时受到周期性变应力的作用，最大应力发生在带的紧边开始绕上小带轮处，此时的最大应力可表示为

$$\sigma_{max} = \sigma_c + \sigma_1 + \sigma_{b1} \tag{4-12}$$

当传动带的应力循环次数达到一定数值时，传动带将发生疲劳破坏，如脱层、松散、撕裂或拉断。

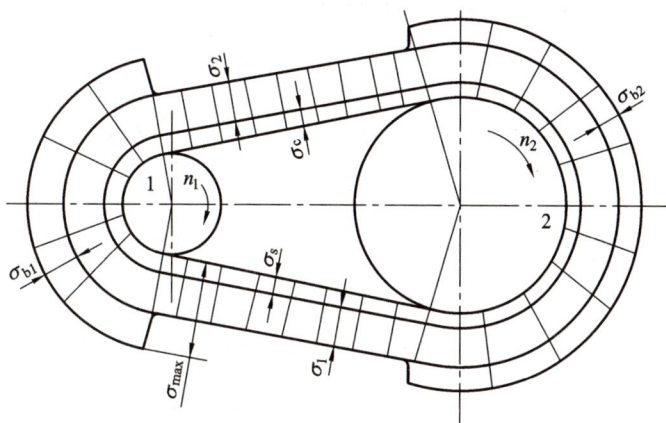

图 4-4　带工作时的应力分布

4.3.3　带传动的弹性滑动与打滑

1. 弹性滑动

由于带是弹性体，因此当其受到拉力作用时会产生弹性变形，且受力越大，弹性变形量越大；受力越小，弹性变形量越小。如图 4-5 所示，当带绕上小带轮时，带的拉力从紧边拉力 F_1 逐渐降低到松边拉力 F_2，带的弹性变形量逐渐减少，因此带相对于小带轮向后退缩，使得带的速度低于小带轮的线速度 v_1；在大带轮上，带的拉力从松边拉力 F_2 逐渐上升为紧边拉力 F_1，带的弹性变形量逐渐增加，带相对于大带轮向前伸长，使得带的速度高于大带轮的线速度 v_2。这种由于带的弹性变形而引起的带与带轮间的微小滑动，称为带传动的弹性滑动。弹性变形是带的紧边和松边的拉力差引起的，因此弹性滑动是带传动正常工作时本身固有的特性，总是存在的，是无法避免的。

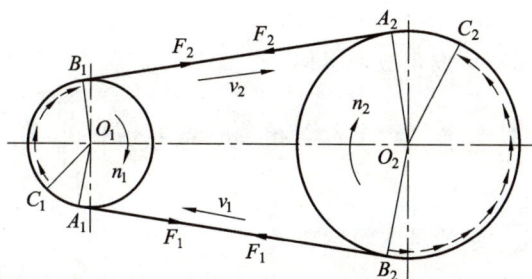

图 4-5　带的弹性滑动示意图

由于弹性滑动的影响，从动轮的圆周速度 $v_2 = \dfrac{\pi d_{d2} n_2}{60 \times 1000}$ 低于主动轮的圆周速度 $v_1 = \dfrac{\pi d_{d1} n_1}{60 \times 1000}$，其降低程度可用滑动率 ε 表示，即

$$\varepsilon = \frac{v_1 - v_2}{v_1} = \frac{d_{d1} n_1 - d_{d2} n_2}{d_{d1} n_1} = 1 - \frac{d_{d2}}{d_{d1}} \cdot \frac{n_2}{n_1} \qquad (4-13)$$

式中：n_1 为主动轮的转速（单位：r/min），n_2 为从动轮的转速（单位：r/min），d_{d1} 为主动轮的基准直径（单位：mm），d_{d2} 为从动轮的基准直径（单位：mm）。

由式(4-13)可得带传动的实际平均传动比为

$$i = \frac{n_1}{n_2} = \frac{d_{d2}}{d_{d1}(1-\varepsilon)} \qquad (4-14)$$

在一般的带传动中，由于滑动率并不大($\varepsilon = 1\% \sim 2\%$)，故可不予考虑，而取传动比为

$$i = \frac{n_1}{n_2} \approx \frac{d_{d2}}{d_{d1}} \qquad (4-15)$$

2. 打滑

带传动正常工作时，带的弹性滑动只发生在带离开主、从动轮之前的那一段接触弧上，如图4-5中所示的 $\overset{\frown}{C_1 B_1}$ 和 $\overset{\frown}{C_2 B_2}$，这些弧段称为滑动弧，所对应的中心角称为滑动角；而把没有发生弹性滑动的接触弧($\overset{\frown}{A_1 C_1}$ 和 $\overset{\frown}{A_2 C_2}$)称为静止弧，所对应的中心角称为静止角。在带传动速度不变的情况下，当传递的外载荷增大时，要求有效拉力 F_e 随之增大，即带传动的传递功率逐渐增加，带和带轮间的总摩擦力增加，弹性滑动所发生的弧段的长度也相应扩大。当总摩擦力增加到临界值时，弹性滑动的区域扩大到整个接触弧。此时如果再继续增加外载荷，则带与带轮间就会发生显著的相对滑动，即整体打滑。带传动一旦出现打滑，将使传动带严重磨损和发热，从动轮转速急剧下降，即失去传动能力。因此，应避免打滑现象的发生。

带的弹性滑动和打滑是两个完全不同的概念。弹性滑动是挠性带两边存在拉力差而引起的，是传动中不可避免的现象。只有当传递的有效拉力 F_e 超过极限摩擦力时，带才在带轮的全部接触弧上产生显著的相对滑动，即打滑。打滑是带传动的一种失效形式，打滑总是首先产生在小带轮上，是可以避免的。

课程思政案例 4.2 CR-V 皮带故障案例（细节决定成败）

【对应知识点】 带传动工作情况的分析
【思政元素案例】 CR-V 皮带故障案例

4.4 普通 V 带传动的设计计算

1. 设计准则和单根 V 带的基本额定功率

带传动的主要失效形式为打滑和疲劳破坏。因此，带传动的设计准则应为：在保证带传动不打滑的条件下，具有一定的疲劳强度和寿命。

由式(4-2)、式(4-7)、式(4-9)，并对 V 带用当量摩擦系数 f_v 代替平面摩擦系数 f，则可推导出带在有打滑趋势时的有效拉力(最大有效拉力 F_{ec})为

$$F_{ec} = F_1 \left(1 - \frac{1}{e^{f_v \alpha}}\right) = \sigma_1 A \left(1 - \frac{1}{e^{f_v \alpha}}\right) \qquad (4-16)$$

再由式(4-12)可知，V 带的疲劳强度条件为

$$\sigma_{max} = \sigma_1 + \sigma_{b1} + \sigma_c \leqslant [\sigma]$$

或
$$\sigma_1 \leqslant [\sigma] - \sigma_{b1} - \sigma_c \qquad (4-17)$$

式中：$[\sigma]$ 为在一定条件下由带的疲劳强度所决定的许用应力。

将式(4-17)代入式(4-16)，则得

$$F_{ec} = ([\sigma] - \sigma_{b1} - \sigma_c) A \left(1 - \frac{1}{e^{f_v \alpha}}\right) \qquad (4-18)$$

将式(4-18)代入式(4-4)，即可得出单根 V 带所允许传递的功率为

$$P_0 = \frac{([\sigma] - \sigma_{b1} - \sigma_c)\left(1 - \dfrac{1}{e^{f_v \alpha}}\right) A v}{1000} \quad (\text{kW}) \qquad (4-19)$$

在包角 $\alpha = 180°$、特定长度、平稳工作的条件下，单根 V 带的基本额定功率 P_0 见表 4-1(a)、表 4-1(c)。

表 4-1(a) 单根普通 V 带的基本额定功率 P_0 单位：kW

带型	小带轮基准直径 D_1/mm	小带轮转速 n_1/(r/min)						
		400	730	800	980	1200	1460	2800
Z 型	50	0.06	0.09	0.10	0.12	0.14	0.16	0.26
	63	0.08	0.13	0.15	0.18	0.22	0.25	0.41
	71	0.09	0.17	0.20	0.23	0.27	0.31	0.50
	80	0.14	0.20	0.22	0.26	0.30	0.36	0.56
A 型	75	0.27	0.42	0.45	0.52	0.60	0.68	1.00
	90	0.39	0.63	0.68	0.79	0.93	1.07	1.64
	100	0.47	0.77	0.83	0.97	1.14	1.32	2.05
	112	0.56	0.93	1.00	1.18	1.39	1.62	2.51
	125	0.67	1.11	1.19	1.40	1.66	1.93	2.98
B 型	125	0.84	1.34	1.44	1.67	1.93	2.20	2.96
	140	1.05	1.69	1.82	2.13	2.47	2.83	3.85
	160	1.32	2.16	2.32	2.72	3.17	3.64	4.89
	180	1.59	2.61	2.81	3.30	3.85	4.41	5.76
	200	1.85	3.05	3.30	3.86	4.50	5.15	6.43
C 型	200	2.41	3.80	4.07	4.66	5.29	5.86	5.01
	224	2.99	4.78	5.12	5.89	6.71	7.47	6.08
	250	3.62	5.82	6.23	7.18	8.21	9.06	6.56
	280	4.32	6.99	7.52	8.65	9.81	10.74	6.13
	315	5.14	8.34	8.92	10.23	11.53	12.48	4.16
	400	7.06	11.52	12.10	13.67	15.04	15.51	—

表 4－1(b)　单根普通 V 带额定功率的增量 ΔP_0　　　单位：kW

带型	小带轮转速 n_1/(r/min)	传动比 i									
		1.00~1.01	1.02~1.04	1.05~1.08	1.09~1.12	1.13~1.18	1.19~1.24	1.25~1.34	1.35~1.51	1.52~1.99	≥2.0
Z 型	400	0.00	0.00	0.00	0.00	0.00	0.00	0.00	0.00	0.01	0.01
	730	0.00	0.00	0.00	0.00	0.00	0.00	0.01	0.01	0.01	0.02
	800	0.00	0.00	0.00	0.00	0.01	0.01	0.01	0.01	0.02	0.02
	980	0.00	0.00	0.00	0.01	0.01	0.01	0.01	0.02	0.02	0.02
	1200	0.00	0.00	0.01	0.01	0.01	0.01	0.02	0.02	0.02	0.03
	1460	0.00	0.00	0.01	0.01	0.01	0.02	0.02	0.02	0.02	0.03
	2800	0.00	0.01	0.02	0.02	0.03	0.03	0.03	0.04	0.04	0.04
A 型	400	0.00	0.01	0.01	0.02	0.02	0.03	0.03	0.04	0.04	0.05
	730	0.00	0.01	0.02	0.03	0.04	0.05	0.06	0.07	0.08	0.09
	800	0.00	0.01	0.02	0.03	0.04	0.05	0.06	0.08	0.09	0.10
	980	0.00	0.01	0.03	0.04	0.05	0.06	0.07	0.08	0.10	0.11
	1200	0.00	0.02	0.03	0.05	0.07	0.08	0.10	0.11	0.13	0.15
	1460	0.00	0.02	0.04	0.06	0.08	0.09	0.11	0.13	0.15	0.17
	2800	0.00	0.04	0.08	0.11	0.15	0.19	0.23	0.26	0.30	0.34
B 型	400	0.00	0.01	0.03	0.04	0.06	0.07	0.08	0.10	0.11	0.13
	730	0.00	0.02	0.05	0.07	0.10	0.12	0.15	0.17	0.20	0.22
	800	0.00	0.03	0.06	0.08	0.11	0.14	0.17	0.20	0.23	0.25
	980	0.00	0.03	0.07	0.10	0.13	0.17	0.20	0.23	0.26	0.30
	1200	0.00	0.04	0.08	0.13	0.17	0.21	0.25	0.30	0.34	0.38
	1460	0.00	0.05	0.10	0.15	0.20	0.25	0.31	0.36	0.40	0.46
	2800	0.00	0.10	0.20	0.29	0.39	0.49	0.59	0.69	0.79	0.89
C 型	400	0.00	0.04	0.08	0.12	0.16	0.20	0.23	0.27	0.31	0.35
	730	0.00	0.07	0.14	0.21	0.27	0.34	0.41	0.48	0.55	0.62
	800	0.00	0.08	0.16	0.23	0.31	0.39	0.47	0.55	0.63	0.71
	980	0.00	0.09	0.19	0.27	0.37	0.47	0.56	0.65	0.74	0.83
	1200	0.00	0.12	0.24	0.35	0.47	0.59	0.70	0.82	0.94	1.06
	1460	0.00	0.14	0.28	0.42	0.58	0.71	0.85	0.99	1.14	1.27
	2800	0.00	0.27	0.55	0.82	1.10	1.37	1.64	1.92	2.19	2.47

表 4-1(c)　单根窄 V 带的基本额定功率 P_0　　　　　单位：kW

带型	小带轮基准直径 D_1/mm	小带轮转速 n_1/(r/min)						
		400	730	800	980	1200	1460	2800
SPZ 型	63	0.35	0.56	0.60	0.70	0.81	0.93	1.45
	71	0.44	0.72	0.78	0.92	1.08	1.25	2.00
	80	0.55	0.88	0.99	1.15	1.38	1.60	2.61
	90	0.67	1.12	1.21	1.44	1.70	1.98	3.26
SPA 型	90	0.75	1.21	1.30	1.52	1.76	2.02	3.00
	100	0.94	1.54	1.65	1.93	2.27	2.61	3.99
	112	1.16	1.91	2.07	2.44	2.86	3.31	5.15
	125	1.40	2.33	2.52	2.98	3.50	4.06	6.34
	140	1.68	2.81	3.03	3.58	4.23	4.91	7.64
SPB 型	140	1.92	3.13	3.35	3.92	4.55	5.21	7.15
	160	2.47	4.06	4.37	5.13	5.98	6.89	9.52
	180	3.01	4.99	5.37	6.31	7.38	8.5	11.62
	200	3.54	5.88	6.35	7.47	8.74	10.07	13.41
	224	4.18	6.97	7.52	8.83	10.33	11.86	15.14
SPC 型	224	5.19	8.82	10.43	10.39	11.89	13.26	—
	250	6.31	10.27	11.02	12.76	14.61	16.26	—
	280	7.59	12.40	13.31	15.40	17.60	19.49	—
	315	9.07	14.82	15.90	18.37	20.88	22.92	—
	400	12.56	20.41	21.84	25.15	27.33	29.40	—

表 4-1(d)　单根窄 V 带额定功率的增量 ΔP_0　　　　　单位：kW

带型	小带轮转速 n_1/(r/min)	传动比 i									
		1.00~1.01	1.02~1.05	1.06~1.11	1.12~1.18	1.19~1.26	1.27~1.38	1.39~1.57	1.58~1.94	1.95~3.38	≥3.39
SPZ 型	400	0.00	0.01	0.01	0.03	0.03	0.04	0.05	0.06	0.06	0.06
	730	0.00	0.01	0.03	0.05	0.06	0.08	0.09	0.10	0.11	0.12
	800	0.00	0.01	0.03	0.05	0.07	0.08	0.10	0.11	0.12	0.13
	980	0.00	0.01	0.04	0.06	0.08	0.10	0.12	0.13	0.15	0.15
	1200	0.00	0.02	0.04	0.08	0.10	0.13	0.15	0.17	0.18	0.19
	1460	0.00	0.02	0.05	0.09	0.13	0.15	0.18	0.20	0.22	0.23
	2800	0.00	0.04	0.10	0.18	0.24	0.30	0.35	0.39	0.43	0.45

带型	小带轮转速 n_1/(r/min)	传动比 i									
		1.00～1.01	1.02～1.05	1.06～1.11	1.12～1.18	1.19～1.26	1.27～1.38	1.39～1.57	1.58～1.94	1.95～3.38	≥3.39
SPA 型	400	0.00	0.01	0.04	0.07	0.09	0.11	0.13	0.14	0.16	0.16
	730	0.00	0.02	0.07	0.12	0.16	0.20	0.23	0.26	0.28	0.30
	800	0.00	0.03	0.08	0.13	0.18	0.23	0.25	0.29	0.31	0.33
	980	0.00	0.03	0.09	0.16	0.21	0.26	0.30	0.34	0.37	0.40
	1200	0.00	0.04	0.11	0.20	0.27	0.33	0.38	0.43	0.47	0.49
	1460	0.00	0.05	0.14	0.24	0.32	0.39	0.46	0.51	0.56	0.59
	2800	0.00	0.10	0.26	0.46	0.63	0.76	0.89	1.00	1.09	1.15
SPB 型	400	0.00	0.03	0.08	0.14	0.19	0.22	0.26	0.30	0.32	0.34
	730	0.00	0.05	0.14	0.25	0.33	0.40	0.47	0.53	0.58	0.62
	800	0.00	0.06	0.16	0.27	0.37	0.45	0.53	0.59	0.65	0.68
	980	0.00	0.07	0.19	0.33	0.45	0.54	0.63	0.71	0.78	0.82
	1200	0.00	0.09	0.23	0.41	0.56	0.67	0.79	0.89	0.97	0.30
	1460	0.00	0.10	0.28	0.49	0.67	0.81	0.95	1.07	1.16	1.23
	2800	0.00	0.20	0.55	0.96	1.30	1.57	1.85	2.08	2.26	2.40
SPC 型	400	0.00	0.09	0.24	0.41	0.56	0.68	0.79	0.89	0.97	1.03
	730	0.00	0.16	0.42	0.74	1.00	1.22	1.43	1.60	1.75	1.85
	800	0.00	0.17	0.47	0.82	1.12	1.35	1.58	1.78	1.94	2.06
	980	0.00	0.21	0.56	0.98	1.34	1.62	1.90	2.14	2.33	2.47
	1200	0.00	0.26	0.71	1.23	1.67	2.03	2.38	2.67	2.91	3.09
	1460	0.00	0.31	0.85	1.48	2.01	2.43	2.85	3.21	3.50	3.70

2. 原始数据及设计内容

设计 V 带传动给定的原始数据为：传递的功率（nominal power）P、转速 n_1、n_2（或传动比 i）、传动位置要求及工作条件等。

设计内容包括：确定带的截型、长度、根数、传动中心距、带轮直径及结构尺寸等。

3. 设计步骤和方法

1）确定计算功率（design power）P_{ca}

计算功率 P_{ca} 是根据传递的功率 P，并考虑到载荷性质和每天运转时间长短等因素的影响而确定的，即

$$P_{ca} = K_A P$$

式中：P 为传递的额定功率（单位：kW）；K_A 为工作情况系数（application factor），见表 4 - 2。

表 4-2 工作情况系数 K_A

工 况		K_A					
		软 起 动			负载起动		
		每天工作小时数/h					
		<10	10~16	>16	<10	10~16	>16
载荷变动微小	液体搅拌机，通风机和鼓风机（≤7.5 kW），离心式水泵和压缩机，轻型输送机	1.0	1.1	1.2	1.1	1.2	1.3
载荷变动小	带式输送机（不均匀载荷），通风机（>7.5 kW），旋转式水泵和压缩机，发电机，金属切削机床，印刷机，旋转筛，锯木机和木工机械	1.1	1.2	1.3	1.2	1.3	1.4
载荷变动较大	制砖机，斗式提升机，往复式水泵和压缩机，起重机，磨粉机，冲剪机床，橡胶机械，振动筛，纺织机械，重载输送机	1.2	1.3	1.4	1.4	1.5	1.6
载荷变动很大	破碎机（旋转式、颚式等），磨碎机（球磨、棒磨、管磨）	1.3	1.4	1.5	1.5	1.6	1.8

注：① 软起动——电动机（变流起动、三角形起动、直流并励），四缸以上的内燃机，装有离心式离合器、液力联轴器的动力机。

负载起动——电动机（联机交流起动、直流复励或串励），四缸以下的内燃机。

② 反复起动、正反转频繁、工作条件恶劣等场合，K_A 应乘 1.2。

③ 增速传动时，K_A 应乘下列系数：

增速比：1.25~1.74，1.75~2.49，2.5~3.49，≥3.5；

系　数：1.05，　　　1.11，　　　1.18，　　　1.28。

2）选择带型

根据计算功率 P_{ca} 和小带轮转速 n_1 选取，普通 V 带见图 4-6，窄 V 带见图 4-7。

3）确定带轮的基准直径 D_1 和 D_2

(1) 最小带轮直径 D_{min}。带轮越小，弯曲应力越大。弯曲应力是引起带疲劳损坏的重要原因。

(2) 验算带的速度 v。应使 $v \leqslant v_{max}$，若 $v > v_{max}$，则离心力过大，带的承载能力下降。对于普通 V 带，$v_{max} = 25 \sim 30$ m/s；对于窄 V 带，$v_{max} = 35 \sim 40$ m/s。但 v 也不可过小，一般要求 $v > 5$ m/s，如 $v < 5$ m/s，则所需的有效拉力 F_e 过大，所需带的根数 Z 增加，轴径、轴承尺寸要随之增大。一般取 $v \approx 20$ m/s 为宜。

(3) 计算从动轮的基准直径 D_2。$D_2 = iD_1$，并按 V 带轮的基准直径系列表 4-3 加以圆整。

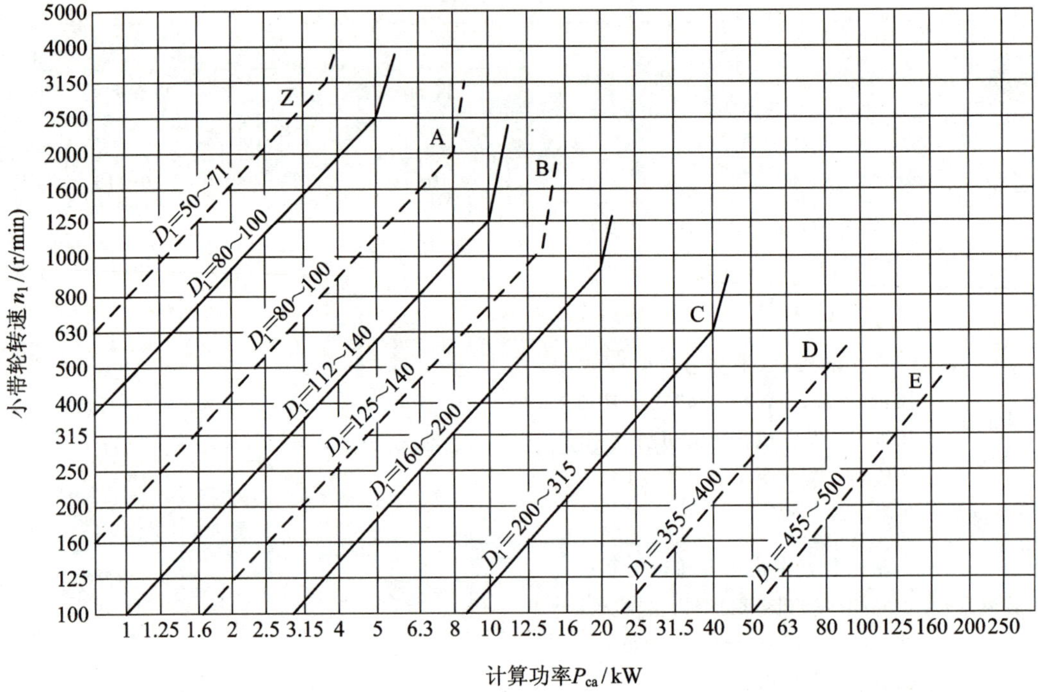

图 4-6　普通 V 带选型图

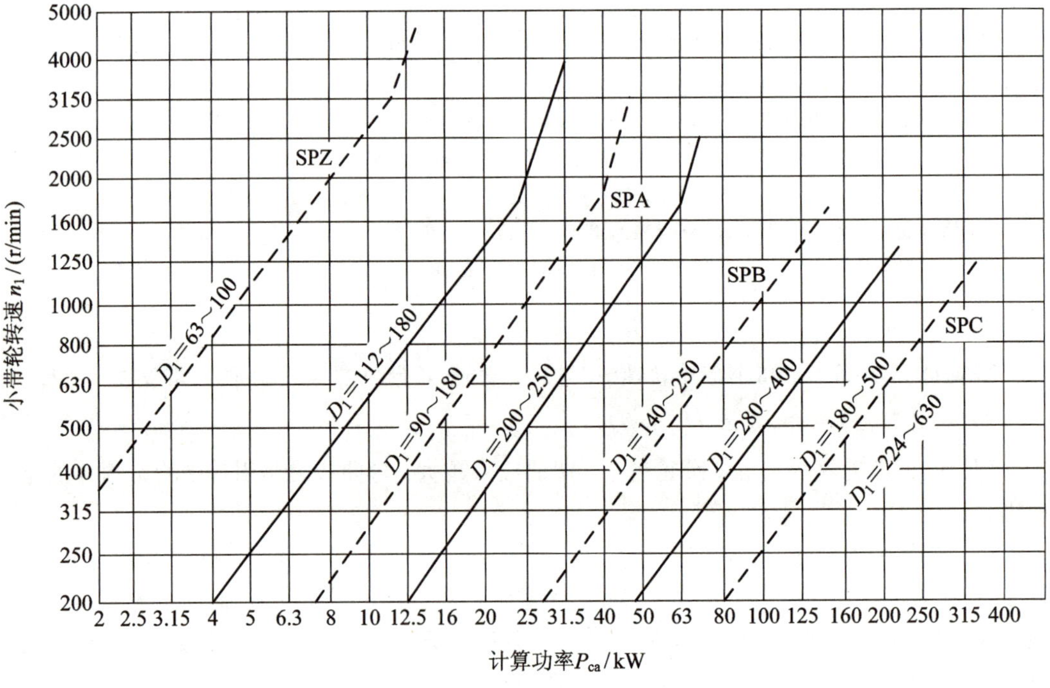

图 4-7　窄 V 带选型图

表 4 - 3   V 带轮的基准直径系列

基准直径 D/mm	带 型						
	Y	Z(SPZ)	A(SPA)	B(SPB)	C(SPC)	D	E
	外径 D_w/mm						
50	53.2	54*					
63	66.2	67					
71	74.2	75					
75	—	79	80.5*				
80	83.2	84	85.5*				
85	—	—	90.5*				
90	93.2	94	95.5				
95	—	—	100.5				
100	103.2	104	105.5				
106	—	—	111.5				
112	115.2	116	117.5				
118	—	—	123.5				
125	128.2	129	130.5	132			
132		136	137.5	139			
140		144	145.5	147			
150		154	155.5	157			
160		164	165.5	167			
170		—	—	177			
180		184	185.5	187			
200		204	205.5	207	209.6		
212		—	—	219	221.6		
224		228	229.5*	231	233.6		
236		—	—	243	245.6		
250		254	255.5	257	259.6		
265		—	—	—	274.6		
280		284	285.5*	287	289.6		
315		319	320.5	322	324.6		
355		359	360.5*	362	364.6	371.2	
375		—	—	—	391.2		
400		404	405.5	407	409.6	416.2	
425		—	—	—	—	441.2	
450		—	455.5*	457*	459.6	466.2	
475		—	—	—	—	491.2	
500		504	505.5	507	509.6	516.2	519.2

注：① D_w 参见图 4-10。② 直径的极限偏差：基准直径按 c_{11}，外径按 h_{12}。③ 没有外径值的基准直径不推荐采用。④ * 仅限于普通 V 带轮。

（4）确定中心距 a 和带的基准长度 L_d。对于 V 带传动，中心距 a 一般可初选 a_0，为

$$0.7(D_1+D_2)<a_0<2(D_1+D_2)$$

决定 a_0 后，由带传动的几何关系，按下式计算所需带的基准长度 L'_d：

$$L'_d \approx 2a_0 + \frac{\pi}{2}(D_2+D_1) + \frac{(D_2-D_1)^2}{4a_0} \qquad (4-20)$$

根据 L'_d 选定相近的基准长度 L_d。再根据 L_d 来计算实际中心距，近似计算如下：

$$a \approx a_0 + \frac{L_d-L'_d}{2} \qquad (4-21)$$

考虑安装调整和补偿张紧力（如胶带伸长而松弛后的张紧）的需要，中心距的变动范围为：$(a-0.015 L_d) \sim (a+0.03 L_d)$。

（5）验算主动轮上的包角 α_1。包角 α_1 的计算公式如下：

$$\alpha_1 \approx 180° - \frac{D_2-D_1}{a} \times 60° \geqslant 120° \qquad (4-22)$$

个别情况下 α_1 至少为 90°。如 α_1 不满足要求，可采取的措施有：① 增大中心距 a，② 加张紧轮。

（6）确定带的根数 z。z 的计算公式如下：

$$z = \frac{P_{ca}}{(P_0+\Delta P_0)K_\alpha K_L K} \qquad (4-23)$$

式中：K_α 为包角系数（wrap angle factor），查表 4-4 可得；K_L 为长度系数（belt length factor），查表 4-5 可得；K 为材质系数，对于棉帘布和绳芯结构的三角胶带，取 $K=1$，对于化学纤维线绳结构的三角胶带，取 $K=1.33$；P_0 为单根 V 带的基本额定功率，查表 4-1(a) 或表 4-1(c) 可得；ΔP_0 为考虑 $i \neq 1$ 时传动功率的增量（由于 P_0 是在 $\alpha_1=\alpha_2=180°$ 的条件下得到的，当 $i \neq 1$ 时，从动轮直径比主动轮直径大，带绕过大带轮时的弯曲应力较绕过小带轮时小，故其传动能力有所提高），其值见表 4-1(b) 或表 4-1(d)。

表 4-4　包角系数 K_α

小带轮包角/(°)	K_α	小带轮包角/(°)	K_α
180	1	145	0.91
175	0.99	140	0.89
170	0.98	135	0.88
165	0.96	130	0.86
160	0.95	125	0.84
155	0.93	120	0.82
150	0.92		

在确定 V 带的根数 z 时，为了使各根 V 带受力均匀，根数不宜太多（通常 $z<10$），否则应改选带的截型，重新计算。

（7）确定带的预紧力 F_0。

预紧力的大小是带传动能否正常工作的重要因素。若预紧力过小，则摩擦力小，容易发生打滑；若预紧力过大，则轴和轴承所受的压力大，带的寿命低。

表 4-5 长度系数 K_L

基准长度 L_d/mm	K_L										
	普通 V 带							窄 V 带			
	Y	Z	A	B	C	D	E	SPZ	SPA	SPB	SPC
400	0.96	0.87									
450	1.00	0.89									
500	1.02	0.91									
560		0.94									
630		0.96	0.81					0.82			
710		0.99	0.82					0.84			
800		1.00	0.85					0.86	0.81		
900		1.03	0.87	0.81				0.88	0.83		
1000		1.06	0.89	0.84				0.90	0.85		
1120		1.08	0.91	0.86				0.93	0.87		
1250		1.11	0.93	0.88				0.94	0.89	0.82	
1400		1.14	0.96	0.90				0.96	0.91	0.84	
1600		1.16	0.99	0.93	0.84			1.00	0.93	0.86	
1800		1.18	1.01	0.95	0.85			1.01	0.95	0.88	
2000			1.03	0.98	0.88			1.02	0.96	0.90	0.81
2240			1.06	1.00	0.91			1.05	0.98	0.92	0.83
2500			1.09	1.03	0.93			1.07	1.00	0.94	0.86
2800			1.11	1.05	0.95	0.83		1.09	1.02	0.96	0.88
3150			1.13	1.07	0.97	0.86		1.11	1.04	0.98	0.90
3500			1.17	1.10	0.98	0.89		1.13	1.06	1.00	0.92
4000			1.19	1.13	1.02	0.91			1.08	1.02	0.94
4500				1.15	1.04	0.93	0.90		1.09	1.04	0.96
5000				1.18	1.07	0.96	0.92			1.06	0.98

对于 V 带传动,既能保证传动功率又不出现打滑的单根传动带最合适的预紧力 F_0 可由下式计算:

$$F_0 = 500 \frac{P_{ca}}{vz}\left(\frac{2.5 - K_\alpha}{K_\alpha}\right) + qv^2 \qquad (4-24)$$

式中各符号的意义同前。

由于新带容易松弛,因此对自动张紧的带传动,安装新带时的预紧力应取为 $1.5F_0$。

预紧力是通过在带与两带轮的切点跨距的中点 M,加上一个垂直于两轮外公切线的适当载荷 G,使带沿跨距每长 100 mm 所产生的挠度 y 为 1.6 mm(挠角为 1.8°)来控制的(见图 4-8)。G 值见表 4-6。

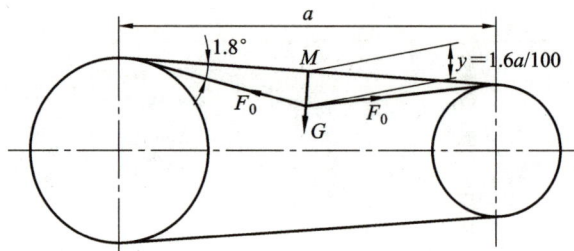

图 4-8　预紧力的控制

表 4-6　载 荷 G 值

截型		小带轮直径 D_1/mm	带速 v/(m/s)			截型		小带轮直径 D_1/mm	带速 v/(m/s)		
			0~10	10~20	20~30				0~10	10~20	20~30
普通V带	Z	50~100 >100	5~7 7~10	4.2~6 6~8.5	3.5~5.5 5.5~7	窄V带	SPZ	67~95 >95	9.5~14 14~21	8~13 13~19	6.5~11 11~18
	A	75~140 >140	9.5~14 14~21	8~12 12~18	6.5~10 10~15		SPA	100~140 >140	18~26 26~38	15~21 21~32	12~18 18~27
	B	125~200 >200	18.5~28 28~42	15~22 22~33	12.5~18 18~27		SPB	160~265 >265	30~45 45~58	26~40 40~52	22~34 34~47
	C	200~400 >400	36~54 54~85	33~45 45~70	25~38 38~56		SPC	224~355 >355	58~82 82~106	48~72 72~96	40~64 64~90

注：表中高值用于新安装的 V 带或必须保持高张紧的传动。

（8）计算作用在轴上的载荷 Q。

为了设计带轮的轴和轴承，需已知作用在轴上的载荷 Q，Q 可近似地由下式确定（见图 4-9）：

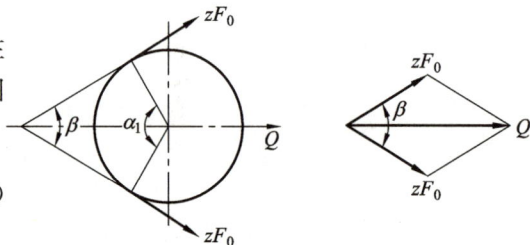

$$Q = 2zF_0 \sin \frac{\alpha_1}{2} \qquad (4-25)$$

式中各符号的意义同前。

图 4-9　带作用在轴上的力

课程思政案例 4.3　皮带输送机事故案例（科学严谨/一丝不苟）

【对应知识点】　带传动的设计计算

【思政元素案例】　皮带输送机事故案例

4.5　V 带轮的设计

4.5.1　V 带轮的设计内容

根据带轮的基准直径和带轮转速等已知条件，确定带轮的材料、结构形式、轮槽、轮辐和轮毂的几何尺寸、公差和表面粗糙度及相关技术要求。

4.5.2　V 带轮的结构形式

V 带轮一般由轮缘、轮毂和轮辐 3 部分组成。根据轮辐的结构不同，V 带轮可分为如下 4 种形式。

（1）实心式（简称 S 型）。实心式主要适用于带轮基准直径 $d_d \leqslant (2.5 \sim 3)d_s$（$d_s$ 为带轮轴孔直径）的场合，其结构形式和主要尺寸如图 4-10(a) 所示。

（2）腹板式（简称 P 型）。腹板式主要适用于带轮基准直径 $d_d \leqslant 300$ mm 的场合，其结构形式和主要尺寸如图 4-10(b) 所示。

（3）孔板式（简称 H 型）。孔板式主要适用于带轮基准直径 $d_d \leqslant 300$ mm 且 $d_r - d_b \geqslant 100$ mm 的场合，其结构形式和主要尺寸如图 4-10(c) 所示。

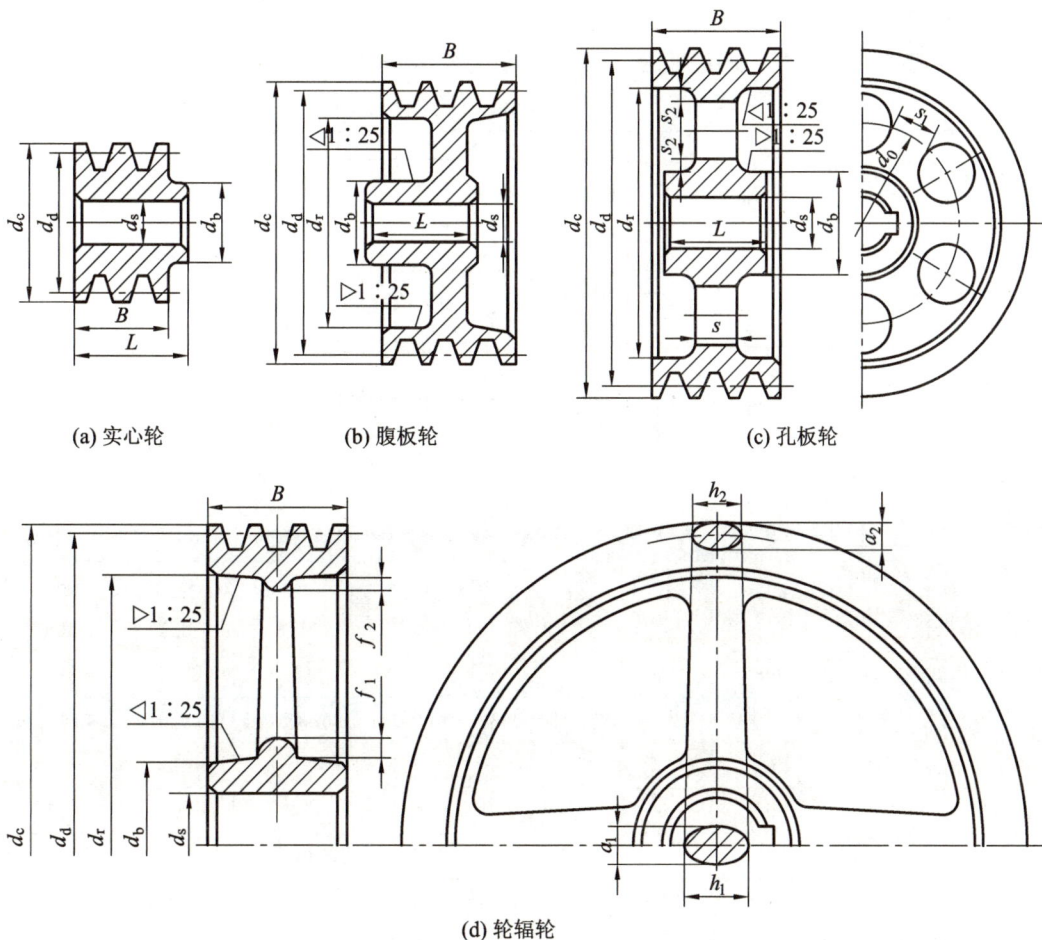

(a) 实心轮　　　　　(b) 腹板轮　　　　　(c) 孔板轮

(d) 轮辐轮

$d_b = (1.8 \sim 2)d_s$；　$d_r = d_e - 2(h_f + \delta)$；　$h_1 = 290\sqrt[3]{\dfrac{P}{nA}}$；　$h_2 = 0.8h_1$；　$d_0 = \dfrac{d_b + d_r}{2}$；　h_f，δ 见表 5-10；P—功率；$a_1 = 0.4h_1$；

$s = (0.2 \sim 0.3)B$；　$L = (1.5 \sim 2)d$；　n—转速；$a_2 = 0.8a_1$；　$s_1 \geqslant 1.5s$；　$s_2 \geqslant 0.5s$；　A—辐条数；$f_1 = f_2 = 0.2h$。

图 4-10　V 带轮的结构及尺寸

(4) 轮辐式(简称 E 型)。轮辐式主要适用于带轮基准直径 $d_d > 300$ mm 的场合,其结构形式和主要尺寸如图 4-10(d)所示。

4.5.3 V 带轮的材料

在工程上,V 带轮的材料通常为灰铸铁,当带速 $v < 25$ m/s 时,采用 HT150;当带速 $v = 25 \sim 30$ m/s 时,采用 HT200;当带速 v 更高时,宜采用铸钢或钢的焊接结构;当传递小功率时,V 带轮也可采用铝合金或塑料等。

4.5.4 V 带轮的结构设计

在 V 带轮的结构设计中,其设计步骤如下:

(1) 根据带轮基准直径 d_d 选择 V 带轮的结构形式。

(2) 根据 V 带型号确定其轮缘横截面尺寸,其中 V 带轮的轮缘横截面尺寸见表 4-7。

(3) 参考图 4-10 所列的经验公式计算 V 带轮的其他结构尺寸。

表 4-7 V 带轮轮缘横截面的尺寸

参　数			带　型						
			Y	Z	A	B	C	D	E
b_0			6.3	10.1	13.2	17.2	23	32.7	38.7
h_a			1.6	2.0	2.75	3.5	4.8	8.1	9.6
$b_{f_{min}}$			4.7	7.0	8.7	10.8	14.3	19.9	23.1
e			8 ± 0.3	12 ± 0.1	15 ± 0.3	19 ± 0.4	25.5 ± 0.5	37 ± 0.6	45 ± 0.6
f_{min}			6	7	9	11.5	16	22	28
δ			5	5.5	6	7.5	10	12	15
B			$B = (z-1)e + 2f$(z 为轮槽数)						
d_a			$d_a = d_d + 2h_d$						
ϕ	32°	对应的 d_d	$\leqslant 60$						
	34°			$\leqslant 80$	$\leqslant 118$	$\leqslant 190$	$\leqslant 315$		
	36°		> 60					$\leqslant 475$	$\leqslant 600$
	38°			> 80	> 118	> 190	> 315	> 475	> 600

（4）确定了 V 带轮各部分的尺寸后，就可绘制出 V 带轮的零件工作图。

总之，V 带轮结构设计的基本要求是：具有足够的强度，结构工艺性好，质量分布均匀，质量轻，轮槽两侧工作面具有一定的表面粗糙度和尺寸精度，以减少带的磨损和载荷分布的不均匀。

4.5.5　V 带轮的技术要求

铸造、焊接的带轮轮槽工作面不应有砂眼、气孔，轮辐及轮毂不应有缩孔和较大的凹陷。带轮外缘棱角要倒圆和倒钝。轮毂孔公差多取 H7 或 H8，毂长上偏差为 IT14，下偏差为零。转速高于极限转速的带轮要做静平衡，反之要做动平衡。其他条件参见 GB/T 13575.1 — 2008 中的规定。

例 4 - 1　设计破碎机用电动机与减速器之间的三角胶带传动。已知电动机额定功率 $P=4$ kW，转速 $n_1=1440$ r/min，从动轴（减速器输入轴）转速 $n_2=720$ r/min，16 h 连续工作。

解　（1）确定计算功率 P_{ca}。由表 4 - 2 查得工况系数 $K_A=1.4$，故

$$P_{ca}=K_A P=1.4\times 4 \text{ kW}=5.6 \text{ kW}$$

（2）选择三角胶带型号。根据 P_{ca}、n_1，由图 4 - 6 确定 A 型普通 V 带。

（3）确定带轮计算直径。取主动轮直径 $D_1=100$ mm，则从动轮直径为

$$D_2=iD_1=\frac{n_1}{n_2}D_1=\frac{1440}{720}\times 100 \text{ mm}=200 \text{ mm}$$

验算带的速度

$$v=\frac{\pi D_1 n_1}{60\times 1000}=\frac{\pi\times 100\times 1440}{60\times 1000} \text{ m/s}=7.54 \text{ m/s}<25 \text{ m/s}$$

带的速度合适。

（4）确定胶带的长度和传动中心距。根据 $0.7(D_1+D_2)<a_0<2(D_1+D_2)$，初步确定中心距 $a_0=400$ mm。

根据式（4 - 20）确定带的计算长度：

$$L_d'=2a_0+\frac{\pi}{2}(D_2+D_1)+\frac{(D_2-D_1)^2}{4a_0}$$

$$=2\times 400+\frac{\pi}{2}(200+100)+\frac{(200-100)^2}{4\times 400} \text{ mm}$$

$$=1278 \text{ mm}$$

选取基准长度 $L_d=1250$ mm。

按式（4 - 21）计算实际中心距：

$$a=a_0+\frac{L_d-L_d'}{2}=400+\frac{1250-1278}{2} \text{ mm}=386 \text{ mm}$$

（5）验算主动轮的包角 α_1。由式（4 - 22）得

$$\alpha_1=180°-\frac{D_2-D_1}{a}\times 60°=180°-\frac{200-100}{386}\times 60°=164.45°>120°$$

主动轮上的包角合适。

(6) 计算三角胶带的根数 z。由式(4-23)可知

$$z = \frac{P_{ca}}{(P_0 + \Delta P_0)K_{\alpha}K_LK}$$

由 $n_1 = 1440 \text{ r/min}$，$D_1 = 100 \text{ mm}$，$i = 2$，查表 4-1(a)和表 4-1(b)得

$$P_0 = 1.32 \text{ kW}, \quad \Delta P_0 = 0.17 \text{ kW}$$

查表 4-4 得 $K_{\alpha} = 0.96$，查表 4-5 得 $K_L = 0.93$。

采用棉线绳结构的三角胶带，$K = 1$，则

$$z = \frac{5.6}{(1.32 + 0.17) \times 0.96 \times 0.93 \times 1} = 4.21$$

取 $z = 5$。

(7) 计算预紧力 F。

由式(4-24)知

$$F_0 = 500 \frac{P_{ca}}{vz}\left(\frac{2.5 - K_{\alpha}}{K_{\alpha}}\right) + qv^2$$

查表得 $q = 0.1 \text{ kg/m}$，故

$$F_0 = 500 \times \frac{5.6}{7.54 \times 5} \times \left(\frac{2.5 - 0.96}{0.96}\right) + 0.1 \times 7.54^2 \text{ N}$$

$$= 124.83 \text{ N}$$

(8) 计算轴上的压轴力 Q。

由式(4-25)得

$$Q = 2zF_0\sin\frac{\alpha_1}{2}$$

$$= 2 \times 5 \times 124.83\sin\frac{164.45°}{2} \text{ N}$$

$$= 1236.8 \text{ N}$$

(9) 设计带轮结构(略)。

4.6　带传动的张紧、安装和维护

4.6.1　带传动的张紧

带工作一段时间后，其塑性变形和磨损会导致带松弛，张紧力减小，带的传动能力因之下降。为了保证带传动能正常工作，就必须对其重新张紧。目前常见的张紧方法和装置如下。

1. 定期张紧装置

如图 4-11(a)所示，通过调节螺杆可改变电动机在滑道上的位置，以增大中心距，从而达到张紧的目的。此方法常用于水平布置的带传动。

如图 4-11(b)所示，通过调节螺杆可改变摆动架的位置，以增大中心距，从而达到张紧的目的。此方法常用于近似垂直布置的带传动。

2. 自动张紧装置

如图 4-11(c)所示,靠电动机和机座的自重可使带轮绕固定轴摆动,以自动调整中心距达到张紧的目的。此方法常用于小功率近似垂直布置的带传动。

3. 采用张紧轮的张紧装置

图 4-11(d)所示是利用张紧轮张紧,张紧轮一般安装在带的松边内侧,尽量靠近大带轮,以避免带受到双向弯曲及小带轮包角 α_1 减小太多。此方法常用于中心距不可调节的场合。

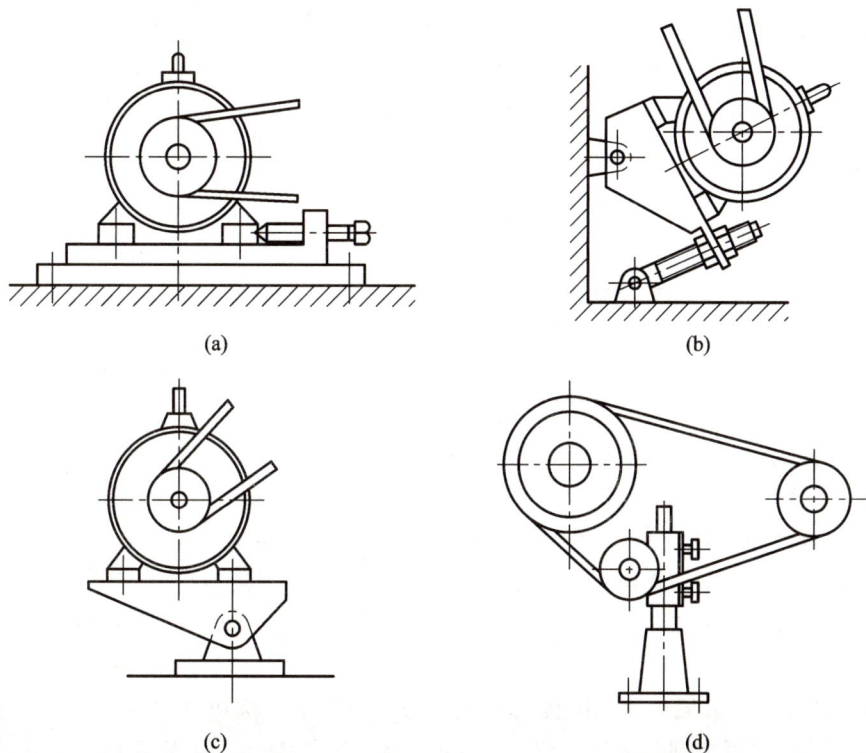

(a)

(b)

(c)

(d)

图 4-11 常见的张紧方法和装置

4.6.2 V 带的安装和维护

为了保证带传动的正常工作,延长 V 带的使用寿命,必须正确地安装、使用和维护 V 带。在安装和使用 V 带时,应注意以下几点。

(1) 安装 V 带时,两带轮轴线应平行,轮槽应对齐;对于水平安装的带传动,应尽可能使紧边在下、松边在上,以增大小带轮的包角。

(2) 安装 V 带时,应先缩小中心距,将带套入带轮槽中后,再增大中心距并张紧,严禁硬撬,以免损坏带的工作表面和降低带的弹性。

(3) 定期检查 V 带,当发现其中一根需要更换时,必须全部同时更换;另外,为了使每根 V 带受力均匀,同组 V 带的型号、基准长度、公差等级及生产厂家应相同。

(4) V 带传动需要有防护罩,以免发生意外事故。

(5) 安装 V 带时,应保证和控制适当的初拉力 F_0,一般可凭经验来确定,即在 V 带与两带轮切点的跨度中点，以大拇指能按下 15 mm 为宜。

（6）V 带一般不宜与酸、碱、油等化学物质接触，工作温度不宜超过 60℃，以免带的损坏。

本 章 小 结

带传动常用在中心距较远的两轴间传递运动和动力，结构简单，制造容易，在各种机械上得到了广泛应用。本章让学生了解带传动的类型、特点、应用及张紧方式，重点应掌握带传动的受力分析、应力分析、弹性滑动与打滑，能够根据工程实际需要进行带传动的设计计算和带轮的结构设计，同时能够分析主要参数对传动性能的影响。

习　　题

4-1　常用带传动有哪几种类型？各有何特点？

4-2　带传动中的弹性滑动和打滑有什么区别？

4-3　已知 V 带传递的实际功率 $P=5.5\,kW$，带速 $v=10\,m/s$，紧边拉力是松边拉力的 2 倍。试求有效圆周力 F 和紧边拉力 F_1 的值。

4-4　有一 A 型普通 V 带传动，主动轴转速 $n_1=1480\,r/min$，从动轴转速 $n_2=600\,r/min$，传递的最大功率 $P=1.5\,kW$。假设带速 $v=7.75\,m/s$，中心距 $a=800\,mm$，当量摩擦因数 $f_v=0.5$。试求带轮基准直径 D_1、D_2，带基准长度 L_d 和初拉力 F_0。

4-5　设计一破碎机装置，用普通 V 带传动：已知电动机型号为 Y132S-4，电动机额定功率 $P=5.5\,kW$，转速 $n_1=1440\,r/min$，传动比 $i=2$，两班制工作，希望中心距不超过 600 mm。

4-6　试设计一鼓风机使用的普通 V 带传动：已知电动机功率 $P=8.5\,kW$，主动轴转速 $n_1=970\,r/min$，从动轴转速 $n_2=370\,r/min$，每天工作 16 h，由 Y 系列三相异步电动机驱动，中心距约为 1000 mm。

4-7　某车床的电动机和主轴箱之间采用普通 V 带传动，已知电动机额定功率 $P=7.5\,kW$，转速 $n_1=1460\,r/min$，要求传动比 $i=2.1$，取工况系数 $K_A=1.2$。试设计该带传动。

第5章 链传动设计

链传动依靠链轮轮齿与链节的啮合来传递运动和动力，兼有啮合传动和挠性传动的特点。本章主要介绍链传动的特点和应用，套筒滚子链的结构及标准，链轮的齿形、材料和结构，链传动的运动特性和动载荷，链传动的失效形式、设计计算及主要参数选择，链传动的润滑、布置和张紧方法。

5.1 概　述

链传动是在两个或两个以上链轮之间以链作为中间挠性件的一种非共轭啮合传动方式，如图5-1所示。因其经济、可靠，故广泛应用于农业、采矿、冶金、起重、运输、石油、化工、纺织等机械的动力传动中。

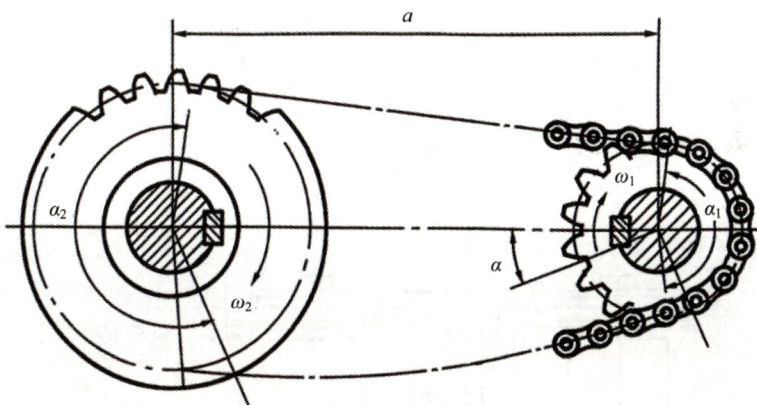

图5-1　链传动

课程思政案例5.1　链传动在中国古代的应用——
水运仪象台（民族文明）

【对应知识点】　链传动的基本概念
【思政元素案例】　链传动在中国古代的应用——水运仪象台

5.1.1　链传动的特点

链传动是属于带有中间挠性件的啮合传动。与属于摩擦传动的带传动相比，链传动无弹性滑动和打滑现象，因而能保持准确的平均传动比，传动效率较高；又因链条不需要像带那样张得很紧,故作用于轴上的径向压力较小;在同样的使用条件下,链传动的结构较为紧凑;并且链传动能在高温及速度较低的情况下工作。与齿轮传动相比,链传动的制造与安装精度要求较低,成本低廉;在远距离传动(中心距最大可达十多米)时,其结构比齿轮传动轻便得多。链传动的主要缺点是在两根平行轴间只能用于同向回转的传动,运转时不能保持恒定的瞬时传动比,磨损后易发生跳齿,工作时有噪声,不宜在载荷变化很大和急速反向的传动中应用。链传动主要应用在要求工作可靠,且两轴相距较远,以及其他不宜采用齿轮传动的场合。

按用途的不同,链可分为传动链、输送链和起重链。输送链和起重链主要用在运输和起重机械中,而在一般机械传动中,常用的是传动链。

5.1.2　链传动的种类

链传动主要有下列几种形式:滚子链、套筒链和齿形链等。

1. 滚子链和套筒链

滚子链的结构如图 5-2 所示。滚子链由内链板、外链板、销轴、套筒和滚子组成。销轴与外链板、套筒与内链板分别用过盈配合连接,套筒与销轴之间、滚子与套筒之间为间隙配合。套筒链除没有滚子外,其他结构与滚子链相同。当链节屈伸时,套筒可在销轴上自由转动。

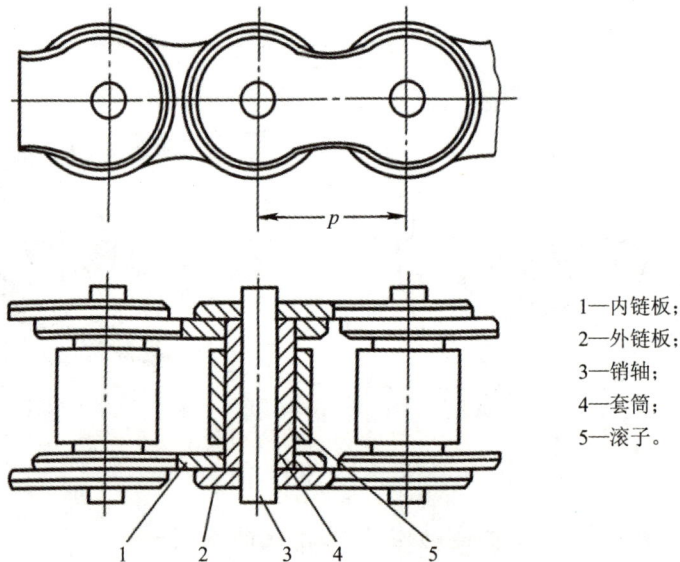

1—内链板;
2—外链板;
3—销轴;
4—套筒;
5—滚子。

图 5-2　滚子链结构

当套筒链和链轮进入啮合和脱离啮合时,套筒将沿链轮轮齿表面滑动,容易引起轮齿磨损。滚子链则不同,滚子起着变滑动摩擦为滚动摩擦的作用,有利于减小链与链轮间的摩擦和磨损。

套筒链结构比较简单、质量较轻、价格较便宜,常在低速传动中应用。滚子链较套筒链贵,但使用寿命长,且有减低噪声的作用,故应用范围很广。

节距 p 是链的基本特征参数。滚子链的节距是指链在拉直的情况下，相邻滚子外圆中心之间的距离。

把一根以上的单列链并列、用长销轴连接起来的链称为多排链，图 5-3 所示为双排链。链的排数越多，承载能力越高，但链的制造与安装精度要求也越高，且越难使各排链受力均匀，将大大降低多排链的使用寿命，故排数不宜超过 4 排。当传动功率较大时，可采用两根或两根以上的双排链或三排链。

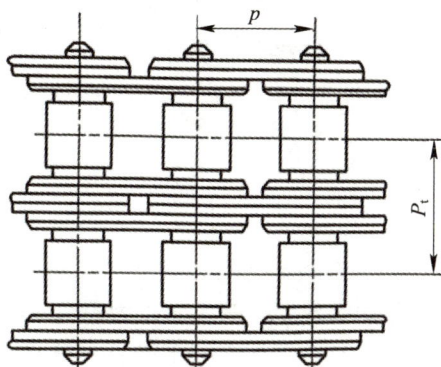

图 5-3　双排链

滚子链已标准化，其规格和主要参数如表 5-1 所示。

表 5-1　滚子链规格和主要参数(GB/T 1243—2006)

ISO 链号	节距 p	滚子直径 $d_1 \max$	内链节内宽 $b_1 \min$	销轴直径 $d_2 \max$	内链板高度 $h_2 \max$	排距 P_t	单排链抗拉载荷 min
	/mm						/kN
05B	8	5	3	2.31	7.11	5.64	4.4
06B	9.525	6.35	5.72	3.28	8.26	10.24	8.9
08A	12.7	7.92	7.85	3.98	12.07	14.38	13.8
08B	12.7	8.51	7.75	4.45	11.81	13.92	17.8
10A	15.875	10.16	9.4	5.09	15.09	18.11	21.8
10B	15.875	10.16	9.65	5.08	14.73	16.59	22.2
12A	19.05	11.91	12.57	5.96	18.08	22.78	31.1
12B	19.05	12.07	11.68	5.72	16.13	19.46	28.9
16A	25.4	15.88	15.75	7.94	24.13	29.29	55.6
16B	25.4	15.88	17.02	8.28	21.08	31.88	60
24A	38.1	22.23	25.22	11.11	36.2	45.44	124.6
24B	38.1	25.4	25.4	14.63	33.4	48.36	160

注：① 链号中的后缀 A 表示 A 系列。② 使用过渡链节时，其极限拉伸载荷按表列数值的 80% 计算。

链接头形式如图 5-4 所示。当一根链的链节数为偶数时采用连接链节，其形状与链节相同，仅连接链板与销轴为间隙配合，用弹簧卡片或钢丝锁销等止锁件将销轴与连接链板固定；当链节数为奇数时，则必须增加一个过渡链节。过渡链节的链板上有附加弯矩（最好不用），但在重载、冲击、反向等繁重条件下工作时，采用全部由过渡链节构成的链，柔性较好，能缓和冲击和振动。

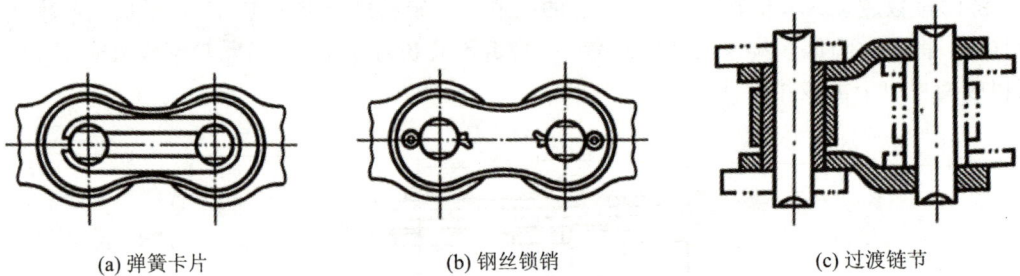

(a) 弹簧卡片   (b) 钢丝锁销   (c) 过渡链节

图 5-4   链接头

2. 齿形链

齿形链传动是利用特定齿形的链板与链轮相啮合来实现传动的。齿形链由彼此用铰链连接起来的齿形链板组成，链板两工作侧面间的夹角为 60°。齿形链的铰链形式主要有圆销式、轴瓦式、滚柱式 3 种（见图 5-5(a)）。圆销式铰链的链板孔与销轴为间隙配合。轴瓦式铰链在链板销孔两侧有长、短扇形槽各一条，且在同一销轴上，相邻链板左右相间排列，故长短扇形槽也相间排列；在销孔中装入销轴后，就在销轴左右的槽中嵌入与短轴相配的轴瓦。这就使得相邻链节在做屈伸动作时，左右轴瓦将各在其对应的长槽中摆动，同时轴瓦内面又沿销轴表面滑动。滚柱式铰链没有销轴，在链板孔上制作有直边，相邻链板也是左右相间排列的，孔中嵌入摇块。滚柱式齿形链的特点是当链节屈伸时，两摇块间的相对运动为滚动。

为了防止齿形链在轮齿上沿轴向窜动，齿形链上设有导向装置，图 5-5(b) 所示为带内导板的齿形链，图 5-5(c) 所示为带外导板的齿形链。

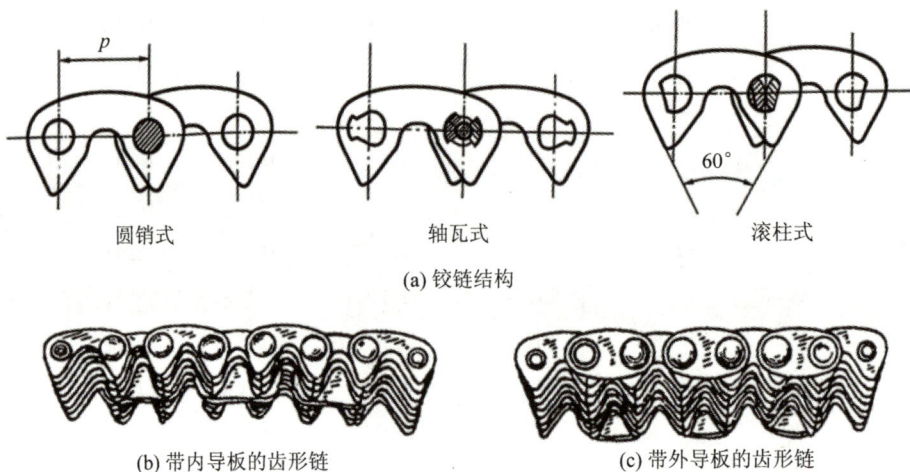

圆销式   轴瓦式   滚柱式

(a) 铰链结构

(b) 带内导板的齿形链   (c) 带外导板的齿形链

图 5-5   齿形链

与滚子链比较，齿形链传动具有工作平稳、噪声较小、允许链速较高、承受冲击能力较强和轮齿受力较均匀等优点；但其结构复杂，装拆困难，价格较贵，质量较大，并且对安装和维护的要求也较高。

5.1.3 链轮

链轮轮齿的齿形应保证链节能自由地进入和退出啮合,在啮合时应保证良好的接触,同时它的形状应尽可能简单。

1. 滚子链链轮的几何尺寸

国家标准 GB/T 1243—2006 中只规定了链轮的最大齿槽形状和最小齿槽形状。实际齿槽形状在最大、最小范围内都可用,因而链轮齿廓曲线的几何形状可以有很大的灵活性。常用的齿廓为三圆弧一直线齿形,它由弧 aa、ab、cd 和直线 bc 组成,$abcd$ 为齿廓工作段(见图 5-6)。因为齿形采用标准刀具加工,在链轮工作图中不必画出,所以只需在图上注明"齿形按 GB/T 1243—2006 规定制造"即可。链轮分度圆直径 d、齿顶圆直径 d_a、齿根圆直径 d_f(或最大齿根距离 L_x)的计算公式如下(见图 5-6 和图 5-7)。滚子链链轮的轴面齿形如图 5-8 所示,其几何尺寸可查有关手册获得。

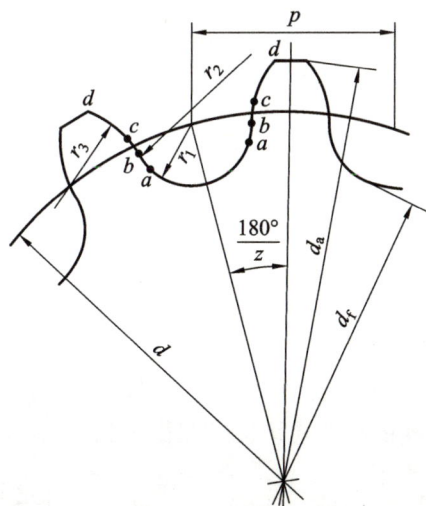

图 5-6 滚子链轮端面齿型

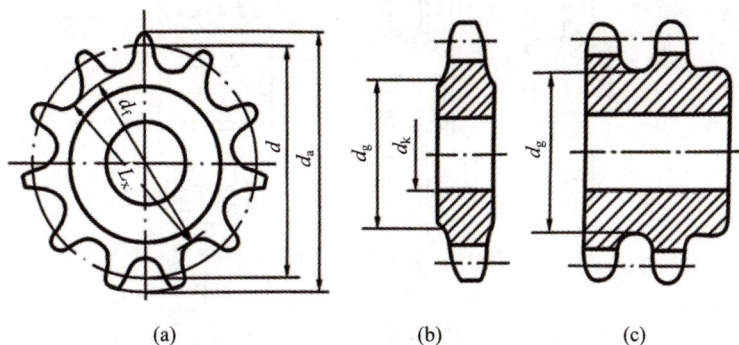

(a)   (b)   (c)

图 5-7 滚子链链轮主要尺寸

图 5-8　滚子链链轮轴面齿形

分度圆直径：

$$d = \frac{p}{\sin \dfrac{180°}{z}}\qquad(5-1)$$

齿顶圆直径：

$$d_a = p\left(0.54 + \cot \frac{180°}{z}\right)\qquad(5-2)$$

齿根圆直径：

$$d_f = d - d_r\qquad(5-3)$$

式中：$d_r = 2r$。

最大齿根距离：偶数齿为 $L_x = d_f$，奇数齿为 $L_x = d\cos\dfrac{90°}{z} - d_r$，齿侧凸缘（或排间槽）直径为

$$d_g < p\cot\frac{180°}{z} - 1.04h - 0.76\qquad(5-4)$$

2. 链轮结构

图 5-9 所示为几种不同形式的链轮结构。小直径链轮可采用实心式（见图 5-9(a)）、腹板式（见图 5-9(b)），或将链轮与轴做成一体。链轮的主要失效形式是齿面磨损，因此，大链轮最好采用齿圈可以更换的组合式结构（见图 5-9(c)）。

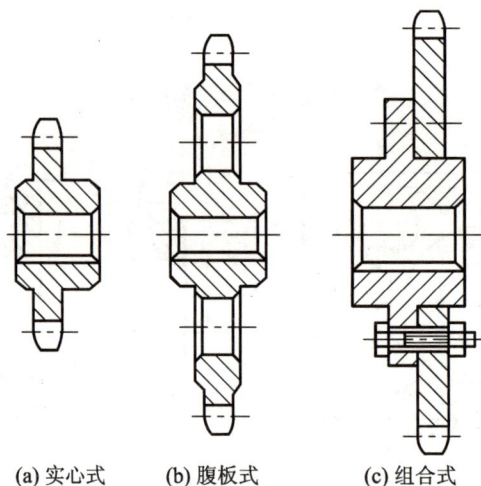

(a) 实心式　　(b) 腹板式　　(c) 组合式

图 5-9　滚子链链轮结构

5.1.4 链和链轮的材料

链轮的材料应能保证轮齿具有足够的耐磨性和强度。由于小链轮轮齿的啮合次数比大链轮轮齿的啮合次数多，所受冲击也较严重，故小链轮应采用较好的材料制造。链轮常用的材料和应用范围如表 5-2 所示。

表 5-2 链轮常用的材料和应用范围

材　料	热处理	热处理后硬度	应 用 范 围
15，20	渗碳、淬火、回火	50～60 HRC	$z \leqslant 25$，有冲击载荷的主、从动链轮
35	正火	160～200 HBS	在正常工作条件下，齿轮较多($z > 25$)的链轮
40，50，ZG310-570	淬火、回火	40～50 HRC	无剧烈振动及冲击的链轮
15Cr，20Cr	渗碳、淬火、回火	50～60 HRC	有动载荷及传递较大功率的重要链轮($z < 25$)
35SiMn，40Cr，25CrMo	淬火、回火	40～50 HRC	使用优质链条，重要的链轮
Q235，Q275	焊接后退火	50～60 HBS	中等速度、传递中等功率的较大链轮
普通灰铸铁(不低于 HT150)	淬火、回火	260～280 HBS	$z > 50$ 的从动链轮
夹布胶木	—	—	功率小于 6 kW、速度较高、要求传动平稳和噪声小的链轮

5.2 链传动的运动特征

5.2.1 链传动的运动不均匀性

因为链是由刚性链节通过销轴铰接而成的，当其与链轮啮合时，链呈一正多边形分布在链轮上，链轮回转一周，链就移动一正多边形周长 zp 的距离，所以链的速度为

$$v = n_1 z_1 p = n_2 z_2 p \qquad (5-5)$$

式中：n_1、n_2 分别为主、从动轮的速度。

由上式可知平均传动比

$$i = \frac{n_1}{n_2} = \frac{z_2}{z_1} \qquad (5-6)$$

平均传动比 i 指的是链轮的平均转速之比，链在每一瞬时的链速和传动比是变化的。

为了方便起见，设链的紧边(主动边)在传动时总处于水平位置，如图 5-10 所示。设主动轮以等角速度 ω_1 转动，其节圆圆周速度 $v_1 = d_1 \omega_1 / 2$，又设链水平运动的瞬时速度为 v，则

$$v = v_1 \cos\beta = \frac{d_1 \omega_1}{2} \cos\beta \qquad (5-7)$$

式中：β 是 A 点的圆周速度与水平线的夹角，β 角的范围为

$$-\frac{\varphi_1}{2} \leqslant \beta \leqslant \frac{\varphi_1}{2} \qquad (5-8)$$

式中：φ_1 为主动轮上一个节距所对的圆心角，$\varphi_1 = 360°/z_1$。

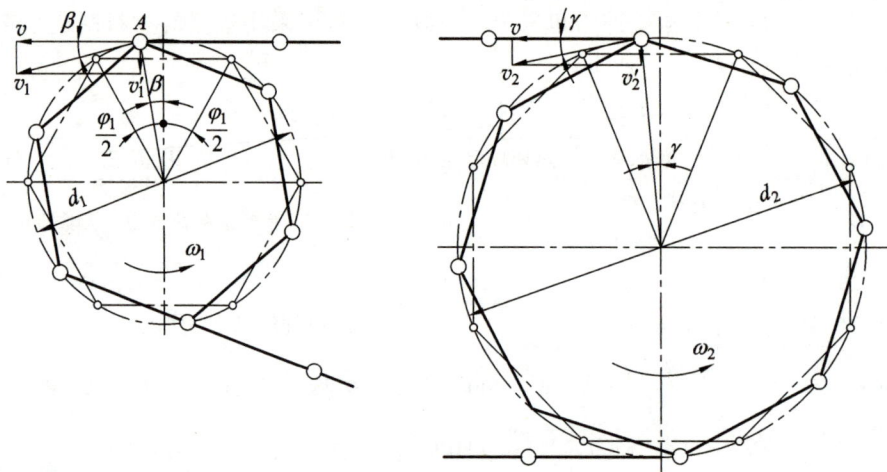

图 5-10　链传动的速度分析

链速 v 随链轮转动的位置变化，每转过一齿反复一次，其变化情况如图 5-11 所示。

设从动轮的角速度为 ω_2，圆周速度为 v_2，由图 5-10 可知：

$$v_2 = \frac{v}{\cos\gamma} = \frac{v_1\cos\beta}{\cos\gamma} = \frac{d_2\omega_2}{2} \quad (5-9)$$

又因为 $v_1 = \dfrac{d_1\omega_1}{2}$，则瞬时传动比为

$$i_t = \frac{\omega_1}{\omega_2} = \frac{\dfrac{v_1}{d_1/2}}{\dfrac{v_1\cos\beta}{(d_2/2)\cos\gamma}} = \frac{d_2\cos\gamma}{d_1\cos\beta} \quad (5-10)$$

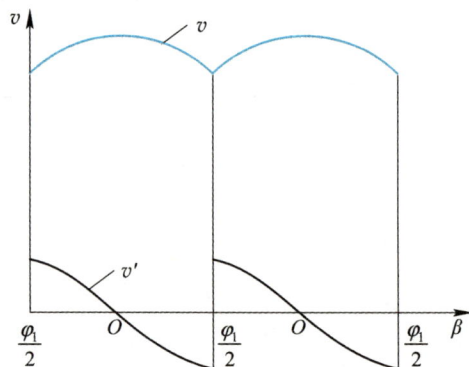

图 5-11　瞬时链速的变化

由于 γ 和 β 随时间而变化，因此虽然主动轮的角速度 ω_1 是常数，但从动轮的角速度 ω_2 却随 γ 和 β 的变化而变化，故瞬时传动比 i_t 也随时间而变，且与齿数有关。这就是链传动的多边形效应，也是链传动工作不平稳的原因。

只有在 $z_1 = z_2$，并且紧边链长为链节距整数倍的特殊情况下，才能保证瞬时传动比 i_t 为常数。通常可以通过合理地选择参数来减少链速和瞬时传动比的变化范围。

5.2.2　链传动的动载荷

链传动在工作时引起动载荷的主要原因是：

（1）因为从动轮的角速度是变化的，所以从动轮及与其相连接的质量也将具有不均匀的回转速度。回转质量的加速和减速，产生了附加的动载荷。

链的加速度为

$$a = \frac{\mathrm{d}v}{\mathrm{d}t} \qquad (5-11)$$

把式(5-7)微分得

$$a = -\frac{d_1\omega_1}{2}\sin\beta \frac{\mathrm{d}\beta}{\mathrm{d}t} = -\frac{d_1\omega_1^2}{2}\sin\beta \qquad (5-12)$$

由式(5-12)知,当 $\beta = \pm\varphi_1/2$ 时得最大加速度 $a_{\max} = \pm\omega_1^2 p/2$;当 $\beta = 0$ 时,加速度 $a_{\min} = 0$ 。

由式(5-12)可得如下结论:链轮转速越高、链节距越大、链轮齿数越少,则动载荷越大。因此一定链节距的链所允许的链轮转速不得超过极限值 n_L(见表5-3)。在转速、链轮大小一定时,采用较多的链轮齿数和较小的链节距对降低动载荷有利。

表 5-3　套筒滚子链链轮推荐用最高转速 n_R 及极限转速 n_L

链轮转速	链节距 p/mm									
	9.525	12.70	15.875	19.05	25.40	31.75	38.10	44.45	50.80	63.50
n_R/(r/min)	2500	1250	1000	900	800	630	500	400	300	200
n_L/(r/min)	5000	3100	2300	1800	1200	1000	900	600	450	300

(2) 在链节进入链轮的瞬间,链节和轮齿以一定的相对速度相啮合,从而使链和链齿受到冲击并产生附加的动载荷。链节对链齿的连续冲击,使传动产生振动和噪声,并加速了链的损坏和轮齿的磨损,同时也增加了能量的消耗。

链节对轮齿的冲击动能越大,对传动的破坏作用也越大。根据理论分析,冲击动能 $U = qp^3n^2/C$,其中, q 为链单位长度质量, C 为常数。因此,从减少冲击能量来看,应采用较小的链节距并限制链轮的极限转速。

5.3　链传动的受力分析

链传动和带传动相似,在安装时链条也受到一定的张紧力,张紧力是通过使链条保持适当的垂度所产生的悬垂拉力来获得的。链传动张紧的目的主要是使链条工作时的松边不致过松,以免出现链条的不正确啮合,产生跳齿和脱链。所以,链条的张紧力不大,受力分析时可忽略其影响。

若不考虑传动中的动载荷,作用在链条上的力主要有:有效圆周力 F_e 、离心力引起的拉力 F_c 和悬垂拉力 F_f 。链在工作过程中,紧边与松边的拉力是不等的。

(1) 链条的紧边拉力为

$$F_1 = F_e + F_c + F_f \qquad (5-13)$$

(2) 链条的松边拉力为

$$F_2 = F_c + F_f$$

式中: F_e 为链传动的有效圆周力(单位:N), F_c 为链条的离心力所引起的拉力(单位:N), F_f 为链条松边垂度引起的悬垂拉力(单位:N)。

有效圆周力为

$$F_e = 1000\frac{P}{v} \qquad (5-14)$$

离心力引起的拉力为

$$F_c = qv^2 \tag{5-15}$$

悬垂拉力为

$$F_f = \max(F_f' F_f'') \tag{5-16}$$

其中：

$$F_f' = K_f qa \times 10^2$$
$$F_f'' = (K_f + \sin\alpha) qa \times 10^2$$

式中：a 为链传动的中心距(单位：mm)，K_f 为垂度系数，如图 5-12 所示，图中 f 为下垂度，α 为中心线与水平面的夹角。

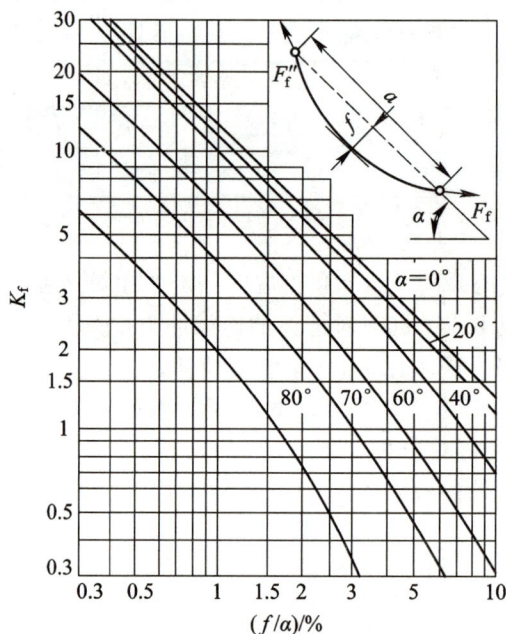

图 5-12   悬垂拉力

5.4   滚子链传动的设计

5.4.1   链传动的失效形式

1. 疲劳破坏

链工作时处于变应力的作用下，经过一定的循环次数后，链板将产生疲劳断裂；套筒、滚子表面将发生冲击疲劳破坏。在正常润滑条件下，疲劳强度是决定链传动承载能力的主要因素。

2. 磨损

链传动时销轴与套筒的工作面承受较大的压力，长时间相对转动会导致铰链磨损，链节距增大，容易引起跳齿和脱链。开式传动、环境条件恶劣或润滑密封不良时，极易引起铰链磨损。导致链条的寿命缩短。

3. 胶合

当润滑不良或转速过高时，销轴与套筒的工作表面将因瞬时温度过高、油膜被破坏而产生胶合。胶合在一定程度上限制了链传动的极限转速。

4. 静力破坏

在低速（$v<0.6$ m/s）传动或过载传动条件下，当链条所受的拉力超过链条的极限拉伸载荷时链条会被拉断，通常也称为过载拉断。

◆▶ **课程思政案例 5.2**　　静安寺站自动扶梯事故（细节决定成败）

【对应知识点】　链传动的失效形式
【思政元素案例】　静安寺站自动扶梯事故

5.4.2　链传动的功率曲线图

1. 极限功率曲线

在不同的工作条件下，链传动的主要失效形式不同。链传动的承载能力受到多种失效形式的限制。在选择链条型号时，应全面考虑各种失效形式产生的原因及条件，从而确定其传递的额定功率。

图 5-13 所示为链传动在一定的使用寿命和润滑良好的条件下，由各种失效形式所限定的极限功率曲线。其中，曲线 1 是在正常润滑条件下链条铰链磨损限定的极限功率；曲线 2 是链板疲劳强度限定的极限功率；曲线 3 是套筒、滚子冲击疲劳强度限定的极限功率；曲线 4 是铰链胶合限定的极限功率；曲线 5 是在润滑良好条件下的额定功率，它在各极限功率曲线范围之内，是实际使用的功率。当润滑密封不良或工况恶劣时，磨损将加剧，极限功率将会大大降低，如图 5-13 中虚线 6 所示。

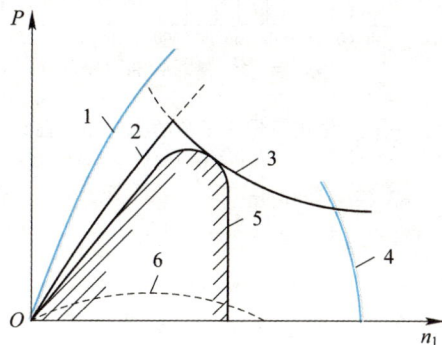

图 5-13　极限功率曲线

2. 额定功率曲线

在链传动设计过程中，通常采用额定功率来衡量链传动的实际工作能力，以确保链传动工作可靠。图 5-14 所示为常用单排滚子链的额定功率曲线，是在标准实验条件下绘制的。

（1）两链轮安装在相互平行的水平轴上，两链轮共面。

（2）小链轮齿数 $z_1 = 19$，链节数 $L_p = 120$ 节。

（3）单排滚子链载荷平稳。

（4）工作环境清洁，按推荐的润滑方式润滑。

（5）链条预期使用寿命为 15 000 h。

（6）链条保持适当张紧，链条节距因磨损引起的相对伸长量不超过 3%。

根据小链轮转速 n_1，由图 5-14 可查出各种型号的链在链速 $v \geqslant 0.6$ m/s 情况下允许传递的额定功率 P_0。当所设计的链传动不符合上述规定的试验条件时，由图 5-14 查出的额定功率 P_0 应进行修正。

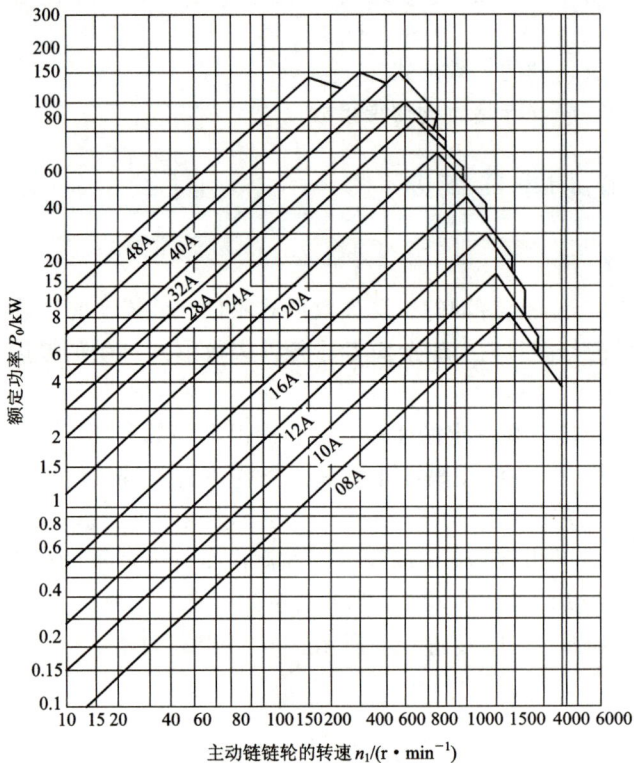

图 5-14 常用单排滚子链的额定功率曲线

5.4.3 滚子链传动的设计计算

1. 已知条件和设计内容

设计链传动时，一般已知条件为传递功率 P、载荷性质、工作条件、传动位置、主动链轮转速 n_1、从动链轮转速 n_2 或传动比 i。

设计内容包括：确定链的型号、链节距和链的排数；确定链轮的齿数 z_1 和 z_2，链轮的结构、材料和几何尺寸；确定链传动的中心距 a、链速、润滑方式和计算作用在轴上的压轴力等。

2. $v \geqslant 0.6$ m/s 的一般链传动的设计步骤和参数选择

1）确定链轮的齿数 z_1、z_2

小链轮齿数 z_1 对链传动的平稳性和使用寿命有较大的影响。齿数少可减小外廓尺寸，但齿数过少，将会导致：传动不均匀和动载荷增大；链条进入和退出啮合时，链节间的相对转角增大，使铰链的磨损加剧；链传递的圆周力增大，从而加速了链条和链轮的损坏。

由此可见，增加 z_1 对传动是有利的，但 z_1 如果选得太大，大链轮的齿数 z_2 将更大，这样除了会增大传动的尺寸和质量，还容易因链节距的伸长而发生跳齿和脱链现象，使链条的使用寿命降低。链节距增量与分度圆增量的关系如图 5-15 所示。由图 5-15 可知，销轴磨细，套筒磨薄，致使链节距增大 Δp，分度圆直径增大 Δd，其关系式为

$$\Delta d = \frac{\Delta p}{\sin \dfrac{180°}{z}} \qquad (5-17)$$

当 Δp 一定时，链轮齿数越多，Δd 越大，则链节向齿顶移动的距离越大，越容易发生跳齿或脱链现象。因此，脱链总是先出现在大链轮上，大链轮的齿数 z_2 不宜过多，通常限定最大齿数 $z_{max} = 120$。小链轮齿数 z_1 按表 5-4 推荐的范围选择。大链轮齿数由 $z_2 = iz_1$ 确定，并圆整。

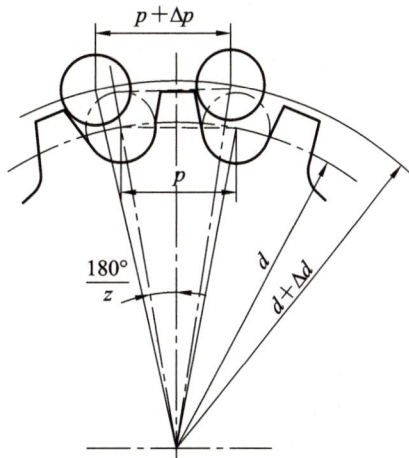

图 5-15　链节距增量与分度圆增量的关系

表 5-4　小链轮齿数 z_1 的选择

链速 $v/(\mathrm{m \cdot s^{-1}})$	0.6~3	3~8	8~25	>25
齿数 z_1	15~17	19~21	23~25	≥35

链条的链节数通常是偶数，从均匀磨损角度考虑，链轮的齿数常取为与链节数互为质数的奇数，并优先选用以下数列：17、19、21、23、25、38、57、76、95、114。

2）确定传动比 i

通常，链传动的传动比 $i \leqslant 7$，在低速载荷平稳时，传动比可达 10。推荐的传动比：$i = 2 \sim 3.5$。若传动比过大，则链条在小链轮上的包角就会过小，参与啮合的齿数减少，每个轮齿承受的载荷增大，将加速轮齿磨损，容易出现跳齿和脱链现象。

3）确定计算功率 P_{ca} 和单排链的额定功率 P

计算功率可根据传递的实际功率 P，并考虑原动机的种类和载荷性质而确定，即

$$P_{ca} = K_A P \qquad (5-18)$$

式中：P_{ca} 为计算功率（单位：kW），P 为传递的实际功率（单位：kW），K_A 为工作情况系数，见表 5-5。

4）确定链的型号、链节距 p 和链的排数

链的型号可根据额定功率 P_0 和主动链链轮转速 n_1 由额定功率曲线（见图 5-14）得到。然后由表 5-1 确定链节距 p。由于链传动的实际工作条件大多与实验条件不同，因而应对链传动的额定功率进行修正，即

$$P_0 \geqslant \frac{P_{ca}}{K_z K_L K_p} \qquad (5-19)$$

式中：P_0 为在特定条件下单排链所能传递的功率(单位：kW)，见图 5-14；K_z 为小链轮齿数系数(查表 5-6)，当工作点落在图 5-14 中某曲线顶点左侧时(链板疲劳)，查表 5-6 中的 K_z；当工作点落在右侧时(套筒、滚子冲击疲劳)，查表 5-6 中的 K'_z。K_p 为多排链系数，当为双排链时，$K_p=1.7$；当为三排链时，$K_p=2.5$。K_L 为链长系数(见图 5-16)，其中曲线 1 为链板疲劳计算用，曲线 2 为套筒、滚子冲击疲劳计算用；当失效形式无法预先估计时，取其中的较小值代入计算。

表 5-5　工作情况系数 K_A

工作机特性		原动机特性		
		平稳运转	轻微冲击	中等冲击
		电动机、汽轮机和燃气轮机、带有液力耦合器的内燃机	6 缸或 6 缸以上带机械式联轴器的内燃机、经常启动的电动机	少于 6 缸带机械式联轴器的内燃机
平稳运转	离心泵、压缩机、印刷机械、均匀加料的带式输送机、自动扶梯、液体搅拌机、回转干燥炉、风机	1.0	1.1	1.3
中等冲击	3 缸或 3 缸以上的泵和压缩机、混凝土搅拌机、载荷非恒定的输送机、固体搅拌机和混料机	1.4	1.5	1.7
严重冲击	刨煤机、电铲、轧机、压力机、橡胶加工机械、剪床、石油钻机	1.8	1.9	2.1

表 5-6　小链轮齿数系数 K_z

z_1	9	10	11	12	13	14	15	16	17	19	21	23	25
K_z	0.446	0.500	0.554	0.609	0.664	0.719	0.775	0.831	0.887	1.00	1.11	1.23	1.34
K'_z	0.326	0.382	0.441	0.502	0.566	0.633	0.701	0.773	0.846	1.00	1.16	1.33	1.51

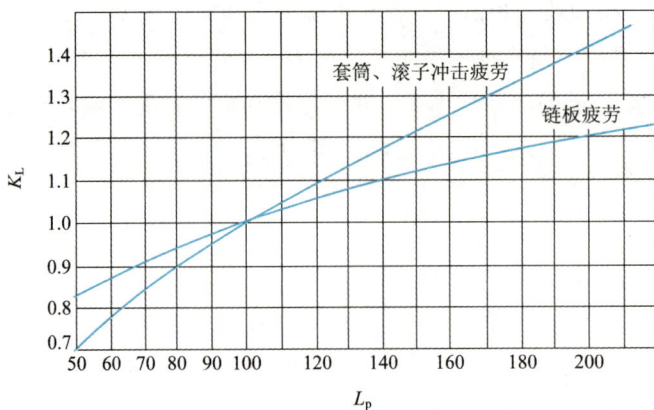

图 5-16　链长系数

在一定条件下,链节距 p 的大小反映了链传动的承载能力。链节距 p 越大,承载能力越强,传动尺寸越大,多边形效应越显著,振动、冲击和噪声也就越严重。设计时,在满足承载能力的条件下,应尽量选用较小链节距的单排链。高速、重载、中心距小时,则选用较小链节距的多排链。

5)确定链传动的中心距 a 和链节数 L_p

中心距的大小对传动性能有较大影响。当链速不变时,中心距过小,单位时间内链节屈伸次数和应力循环次数增多,因而加剧了链的磨损和疲劳。同时,由于中心距小,链条在小链轮上的包角变小,每个轮齿所受的载荷增大。中心距过大,松边垂度增大,传动时造成松边颤动。因此,若中心距不受其他条件限制,一般可取 $a_0 = (30 \sim 50)p$,最大取 $a_{0max} = 30p$。有张紧装置或托板时,可选 $a_{0max} > 80p$;若中心距不能调整,则选 $a_{0max} \approx 30p$。

链的长度以链节数来表示。链节数 L_p 与中心距 a 之间的关系为

$$L_p = \frac{2a_0}{p} + \frac{z_1 + z_2}{2} + \left(\frac{z_2 - z_1}{2\pi}\right)^2 \frac{p}{a_0} \tag{5-20}$$

为了避免使用过渡链节,应将计算出的链节数 L_p 圆整为偶数,然后根据圆整后的链节数计算理论中心距,即

$$a = \frac{p}{4}\left[\left(L_p - \frac{z_1 + z_2}{2}\right) + \sqrt{\left(L_p - \frac{z_1 + z_2}{2}\right)^2 - 8\left(\frac{z_2 - z_1}{2\pi}\right)^2}\right] \tag{5-21}$$

为使松边有合适的垂度,实际中心距应比计算出的中心距小 Δa,$\Delta a = (0.002 \sim 0.004)a$,中心距可调时取大值。为了便于安装链条和调节链的张紧程度,一般中心距设计成可以调节的或可以安装张紧轮。

6)计算链速 v,确定润滑方式

平均链速按式(5-5)计算,根据链速 v 由图 5-17 选择适当的润滑方式。

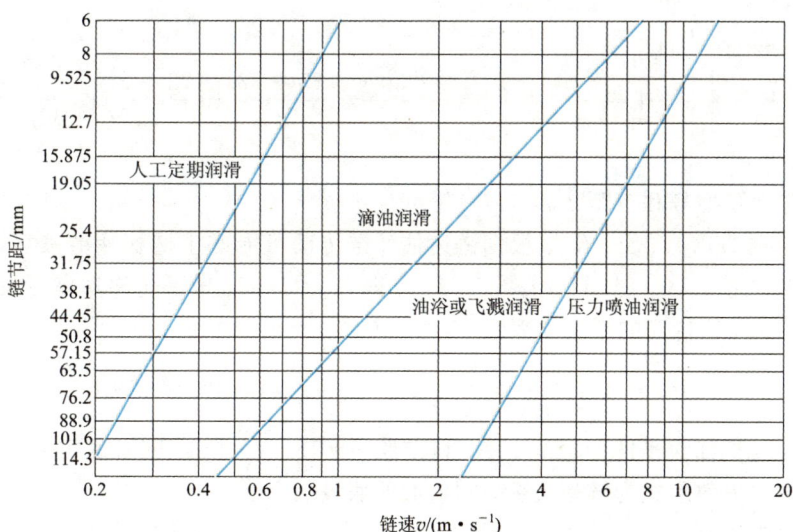

图 5-17 链传动的润滑方式选择

7) 计算作用在轴上的压轴力 F_Q

链作用在轴上的压轴力 F_Q 可近似取为

$$F_Q = (1.15 \sim 1.3)F_e \tag{5-22}$$

式中：F_e 为有效圆周力（单位：N）。

当传递载荷相同时，链传动的压轴力较带传动的压轴力小得多。

3. 低速链传动的设计计算

对于链速 $v < 0.6$ m/s 的低速链传动，因其失效形式主要是链条因过载被拉断，故应按抗拉静强度条件进行计算，即

$$S = \frac{Qn}{K_A F_1} \geqslant 4 \tag{5-23}$$

式中：S 为按静强度条件计算的安全系数；Q 为单排链的极限拉伸载荷（单位：N），见表 5-1；n 为链的排数；K_A 为工作情况系数，见表 5-5；F_1 为链的紧边拉力（单位：N）。

例 5-1　设计一带动压缩机的链传动。已知，电动机的额定转速 $n_1 = 970$ r/min，压缩机转速 $n_2 = 330$ r/min，传递功率 $P = 9.7$ kW，两班制工作，载荷平稳，中心线水平布置，并要求中心距 a 不大于 600 mm，电动机可在滑轨上移动。

解　（1）选择链轮齿数 z_1、z_2。

查表 5-4，取小链轮齿数 $z_1 = 25$，因传动比 $i = \dfrac{n_1}{n_2} = \dfrac{970}{330} = 2.94$，故大链轮齿数 $z_2 = iz_1 = 2.94 \times 25 = 73.5$，取 $z_2 = 73$。

（2）确定计算功率 P_{ca}。

由表 5-5 查得 $K_A = 1.0$，计算功率为

$$P_{cn} = K_A P = 1.0 \times 9.7 \text{ kW} = 9.7 \text{ kW}$$

（3）确定中心距 a_0 及链节数 L_p。

初定中心距 $a_0 = (30 \sim 50)p$，取 $a_0 = 30p$。

由式 (5-20) 求 L_p：

$$L_p = \frac{2a_0}{p} + \frac{z_1 + z_2}{2} + \left(\frac{z_2 - z_1}{2\pi}\right)^2 \frac{p}{a_0} = \frac{2 \times 30p}{p} + \frac{25 + 73}{2} + \left(\frac{73 - 25}{2\pi}\right)^2 \frac{p}{30p} = 110.95$$

取 $L_p = 110$。

（4）确定链条型号和节距 p。

首先确定系数 K_z、K_L、K_p。根据链速估计链传动可能产生链板疲劳破坏，由表 5-6 查得小链轮齿数系数 $K_z = 1.34$。由图 5-16 查得 $K_L = 1.02$。考虑传递功率不大，故选单排链，则 $K_p = 1$，所能传递的额定功率：

$$P_0 = \frac{P_{ca}}{K_z K_L K_p} = \frac{9.7}{1.34 \times 1.02 \times 1} \text{ kW} = 7.10 \text{ kW}$$

由图 5-14 选择滚子链型号为 10A，链节距 $p = 15.875$ mm，同时证实工作点落在曲线顶点左侧，主要失效形式为链板疲劳，则前面的假设成立。

（5）验算链速 v。

$$v = \frac{z_1 p n_1}{60 \times 1000} = \frac{25 \times 15.875 \times 970}{60 \times 1000} \text{ m/s} = 6.42 \text{ m/s}$$

（6）确定链长 L 和中心距 a。

链长：

$$L = \frac{L_\mathrm{p} p}{1000} = \frac{110 \times 15.875}{1000}\,\mathrm{m} = 1.746\,\mathrm{m}$$

中心距：

$$a = \frac{p}{4}\left[\left(L_\mathrm{p} - \frac{z_1 + z_2}{2}\right) + \sqrt{\left(L_\mathrm{p} - \frac{z_1 + z_2}{2}\right)^2 - 8\left(\frac{z_2 - z_1}{2\pi}\right)^2}\,\right]$$

$$= \frac{15.875}{4}\left[\left(110 - \frac{25 + 73}{2}\right) + \sqrt{\left(110 - \frac{25 + 73}{2}\right)^2 - 8\left(\frac{73 - 25}{2\pi}\right)^2}\,\right]\mathrm{mm}$$

$$= 468.47\,\mathrm{mm}$$

（7）求作用在轴上的压轴力。

工作拉力：

$$F_\mathrm{e} = 1000\,\frac{P}{v} = 1000 \times \frac{9.7}{6.42}\,\mathrm{N} = 1511\,\mathrm{N}$$

因载荷平稳，取

$$F_\mathrm{Q} \approx 1.15 F_\mathrm{e} = 1.15 \times 1511\,\mathrm{N} = 1737.7\,\mathrm{N}$$

（8）选择润滑方式。

根据链速 $v = 6.42\,\mathrm{m/s}$，节距 $p = 15.875\,\mathrm{mm}$，按图 5-17 选择油浴或飞溅润滑方式。

设计结果：滚子链型号为 10A——1×110 GB 1243—2006，链轮齿数 $z_1 = 25$，$z_2 = 73$，中心距 $a = 468.47\,\mathrm{mm}$，压轴力 $F_\mathrm{Q} = 1737.7\,\mathrm{N}$。

（9）结构设计（略）。

◆ 课程思政案例 5.3　"新海旭"号挖泥船实现系统 100％ 国产化 （科技创新/强国筑梦）

【对应知识点】　链传动的设计

【思政元素案例】　"新海旭"号挖泥船实现系统 100％ 国产化

5.5　链传动的布置、张紧和润滑

5.5.1　链传动的布置

为使链传动能正常工作，应注意其合理布置，布置的原则简要说明如下：

（1）两链轮的回转平面应在同一垂直平面内，否则易使链条脱落和产生不正常的磨损。

（2）两链轮中心连线最好是水平的，或与水平面成 45° 以下的倾角，尽量避免垂直传动，以免与下方链轮啮合不良或脱离啮合。如确有需要，则应考虑加托板或张紧轮等装置，并且设计较紧凑的中心距。

（3）常见的合理布置形式如表 5-7 所示。

表 5 - 7　链传动的布置

传动参数	正确布置	不正确布置	说　明
$i=2\sim3$ $a=(30\sim50)p$ （i 与 a 较佳场合）	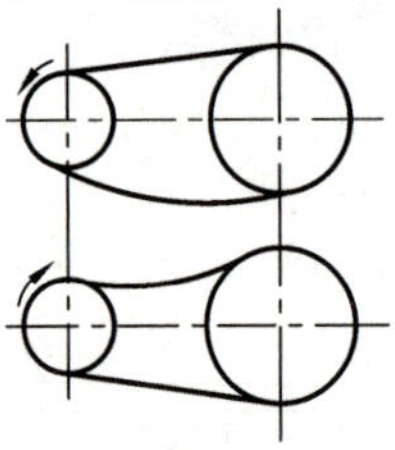		两轮轴线在同一水平面，紧边在上在下都可以，但在上好些
$i>2$ $a<30p$ （i 大 a 小场合）	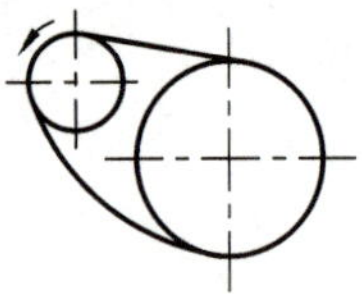	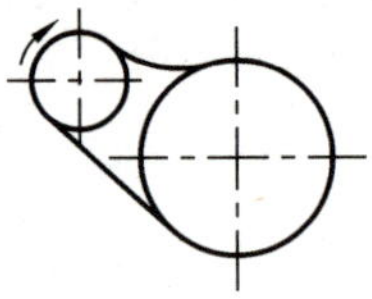	两轮轴线不在同一水平面，松边应在下面，否则松边下垂量增大后，链条易与链轮卡死
$i>1.5$ $a>60p$ （i 小 a 大场合）	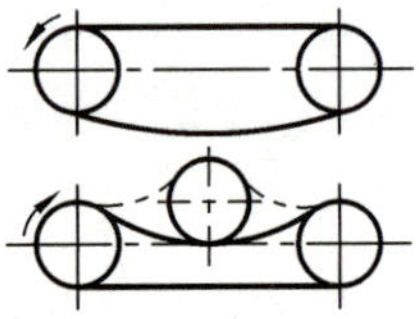		两轮轴线在同一水平面，松边应在下面，否则下垂量增大后，松边会与紧边相碰，需经常调整中心距
i、a 为任意值 （垂直传动场合）	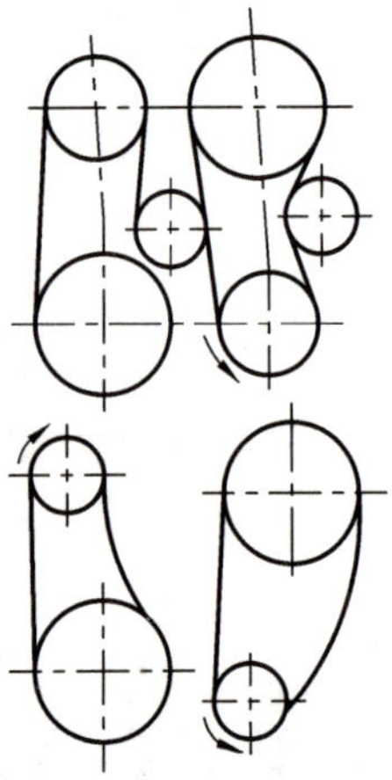	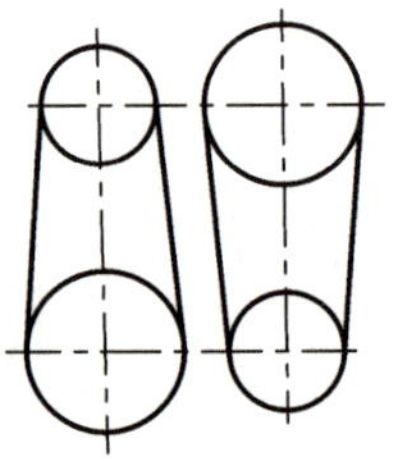	两轮轴线在同一铅垂面内，下垂量增大，会减少下链轮的有效啮合齿数，降低传动能力，为此应采取以下措施： ① 中心距可调； ② 加张紧装置； ③ 上、下两轮偏置，使两轮的轴线不在同一铅垂面内

5.5.2　张紧方法

　　链传动中如松边垂度过大，将引起啮合不良和链条振动现象，因此，链传动张紧的目的和带传动不同，张紧力并不决定链的工作能力，而只决定垂度的大小。

　　张紧方法很多，最常见的是移动链轮以增大两轮的中心距。但若中心距不可调，也可采用张紧轮传动，如图 5 - 18(a)、(b)所示。张紧轮应装在靠近主动链轮的松边上。不论是带齿的还是不带齿的张紧轮，其分度圆直径最好与小链轮的分度圆直径相近。不带齿的张紧轮可以用夹布胶木制成，宽度应比链约宽 5 mm。此外还可用压板或托板张紧(见图 5 - 18(c)、(d))。中心距大的链传动用托板控制垂度更为合理。

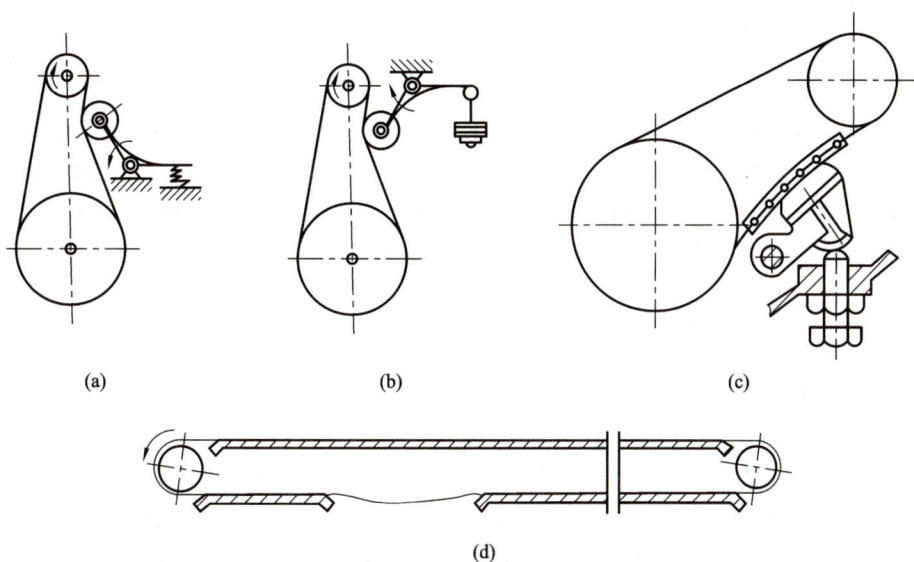

(a)　　　　　　　　(b)　　　　　　　　(c)

(d)

图 5-18　张紧装置

5.5.3　链传动的润滑

铰链中有润滑油，有利于缓和冲击、减小摩擦和降低磨损。润滑条件良好与否对传动工作能力和寿命有很大影响。

链传动的润滑方法可以根据图 5-19 选取。

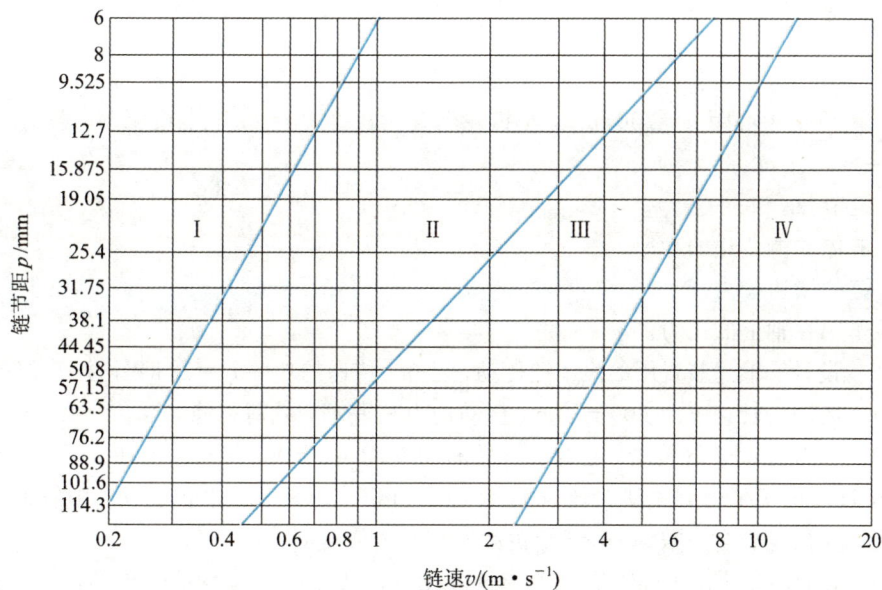

Ⅰ—人工定期润滑；Ⅱ—滴油润滑；Ⅲ—油浴或飞溅润滑；Ⅳ—压力喷油润滑。

图 5-19　推荐使用的润滑方式

润滑时，应设法将油注入链活动关节间的缝隙中，并均匀分布在链宽上。润滑油应加在松边上，因这时链节处于松弛状态，润滑油容易进入各摩擦面之间。

链传动使用的润滑油牌号见有关手册。只有转速很慢又无法供油的地方，才可以用油脂代替。

采用喷镀塑料的套筒或粉末冶金的含油套筒，因有自润滑作用，允许不另加润滑油。

为了工作安全、保持环境清洁、防止灰尘侵入、减小噪声，以及润滑需要等原因，链传动常用铸造或焊接护罩封闭。兼作油池的护罩应设置油面指示器、注油孔、排油孔等。

传动功率较大和转速较高的链传动，常采用落地式链条箱。

本 章 小 结

链传动是由两个链轮和绕在其上的中间挠性件——链条所组成的。靠链条与链轮之间的啮合来传递两平行轴之间的运动和动力。其中，应用最广泛的是滚子链传动。

本章让学生了解链传动的类型、特点、应用、润滑与布置；重点掌握链传动的运动分析、受力分析，能够根据工程实际需要进行链传动的设计计算；同时，能够分析主要参数对传动性能的影响。

(1) 基本知识：链传动的类型、特点、应用、润滑与布置、结构和材料。

(2) 链传动工作情况分析：运动分析、受力分析。

(3) 链传动的设计计算：根据工程实际需要进行链传动的设计计算，分析主要参数对传动性能的影响。

习　　题

5-1　有一滚子链传动，水平布置，采用 10A 单排滚子链，小链轮齿数 $z_1 = 18$，大链轮齿数 $z_2 = 60$，中心距 $a \approx 730\,\mathrm{mm}$，小链轮转速 $n_1 = 730\,\mathrm{r/min}$，电机驱动，载荷平稳。试计算：

(1) 链节数。

(2) 链传动能传递的功率。

(3) 链的紧边拉力。

(4) 作用在轴上的压力。

5-2　设计一输送装置用的滚子链传动，已知：传递的功率 $P = 12\,\mathrm{kW}$，主动轮转速 $n_1 = 960\,\mathrm{r/min}$，从动轮转速 $n_2 = 300\,\mathrm{r/min}$。传动由电机驱动，载荷平稳。

5-3　一双排滚子链传动，已知：传递的功率 $P = 2\,\mathrm{kW}$，传动中心距 $a = 500\,\mathrm{mm}$，采用链号为 10A 的滚子链，主动轮转速 $n_1 = 130\,\mathrm{r/min}$，$z_1 = 17$，电机驱动，中等冲击载荷，水平布置，静强度安全系数为 7，试校核此链传动的强度。

5-4　设计一单排滚子链传动，其主动轮转速 $n_1 = 960\,\mathrm{r/min}$，从动轮转速 $n_2 = 320\,\mathrm{r/min}$。主动轮齿数 $z_1 = 21$，中心距 $a = 762\,\mathrm{mm}$，滚子链极限拉伸载荷为 $31.1\,\mathrm{kN}$，工作情况系数 $K_A = 1.0$。试求该链条所能传递的功率。

第6章 齿轮传动设计

齿轮传动是机械传动中最重要的传动之一，形式多样，应用广泛。齿轮传动具有丰富的内容，经过长期的研究和实践，目前已经建立了系统的齿轮啮合理论和日益完善的强度计算方法，并制定了相应的国家标准。本章只介绍齿轮啮合的基本概念和常用的、经过简化的强度计算方法。齿轮传动设计涉及选择类型、选择材料和热处理方式、选择参数、确定主要尺寸以及选择结构等方面。

6.1 概 述

6.1.1 齿轮传动的分类

齿轮传动的分类如表6-1所示，其中按轴的布置方式和齿线相对于齿轮母线方向分类的传动类型如图6-1所示。本章主要介绍最常用的渐开线齿轮传动。

表6-1 齿轮传动分类

按轴的布置方式分	平行轴，相交轴，交错轴
按齿线相对于齿轮母线方向分	直齿，斜齿，人字齿，曲线齿
按齿轮传动的工作条件分	闭式，开式，半开式
按齿廓曲线分	渐开线齿，摆线齿，圆弧齿
按齿轮硬度分	软齿面，中硬齿面，硬齿面

注：① 闭式传动封闭在箱体内并能得到良好的润滑；开式传动是外露的，不能保证良好的润滑；半开式传动的齿轮浸入油池内，上装护罩，不封闭。② 中硬齿面是指硬度值在350 HB左右。

在图6-1中，图6-1(a)、图6-1(b)和图6-1(c)均属平行轴之间的传动，分别为直齿圆柱齿轮传动、斜齿圆柱齿轮传动和内齿轮传动。图6-1(d)所示为齿轮齿条传动，可实现旋转和直线运动的转换。图6-1(e)和图6-1(f)所示为相交轴之间的传动，分别为直齿圆锥齿轮传动和斜齿圆锥齿轮传动。图6-1(g)、图6-1(h)和图6-1(i)所示为交错轴之间的传动，分别为螺旋齿轮传动、蜗杆传动和准双曲面齿轮传动。其中，蜗杆传动将在第7章介绍。

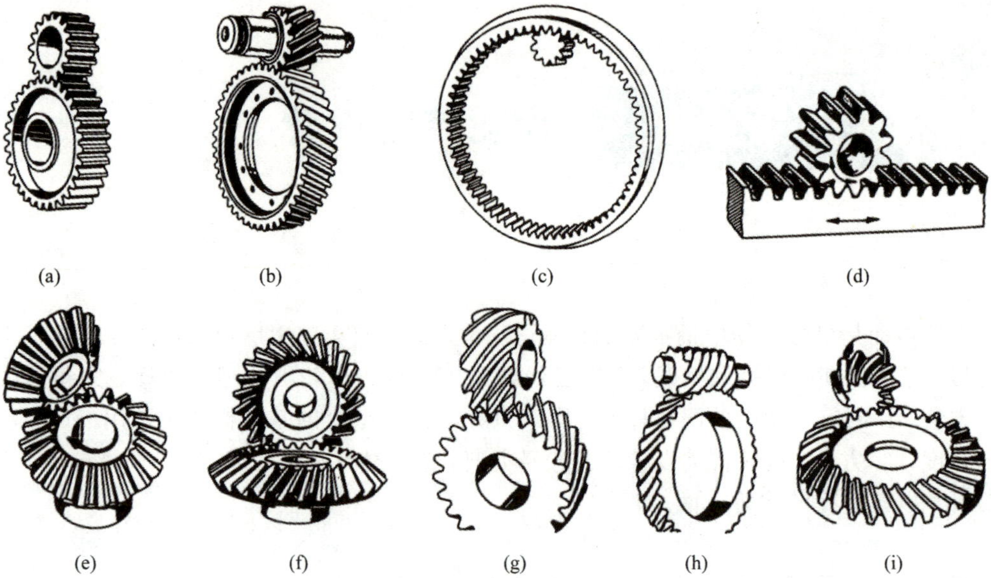

(a)　　　　(b)　　　　(c)　　　　(d)

(e)　　　　(f)　　　　(g)　　　　(h)　　　　(i)

图 6-1　齿轮传动的类型

6.1.2　齿轮传动的特点和应用

齿轮传动的主要特点如下：

（1）瞬时传动比为常数。这是对传动性能的基本要求。

（2）结构紧凑。在同样的使用条件下，齿轮传动的空间尺寸一般较其他传动要小。

（3）传动效率高。在常用的机械传动中，齿轮传动的效率最高，单级传动效率可达 99％。

（4）工作可靠，使用寿命长。如果设计制造正确，使用维护良好，那么正常工作寿命可长达二十年。

（5）功率和速度适用范围广。齿轮传动的传递功率可高达数万千瓦，圆周速度可达 150 m/s（最高可达 300 m/s）。

由于这些特点，齿轮传动应用得非常广泛。但齿轮轮齿的切制较复杂，成本较高，安装精度要求也高，不宜用于周间距过大的传动。

▶▶ **课程思政案例 6.1**　中国古代齿轮的应用（团队合作意识）

【对应知识点】　齿轮

【思政元素案例】　中国古代齿轮的应用

6.2　齿轮传动的失效形式和设计准则

6.2.1　齿轮传动的失效形式

齿轮传动的失效通常是轮齿的失效，主要失效形式有轮齿折断和齿面接触疲劳磨损

（点蚀）、齿面胶合、齿面磨粒磨损及齿面塑性变形等。

1. 轮齿折断

轮齿折断有多种形式，一般发生在轮齿的根部，由于受弯曲应力的作用而发生折断，如图 6 - 2 所示。轮齿主要的折断形式有两种：一种是由于轮齿重复受载和应力集中而形成的疲劳折断，另一种是因短时过载或冲击载荷而产生的过载折断。

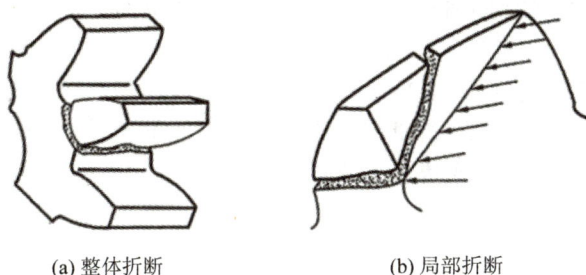

(a) 整体折断　　　　　(b) 局部折断

图 6 - 2　轮齿折断

对于斜齿圆柱齿轮和人字齿轮，由于接触线是倾斜的，常因载荷集中发生轮齿局部折断。若制造及安装不良或轴的弯曲变形过大，即使是直齿圆柱齿轮，也会发生局部折断。

为了提高轮齿的抗折断能力，可采用以下措施：① 增大齿根过渡曲线半径；② 降低表面粗糙度；③ 采用表面强化处理；④ 采用合适的热处理方法；⑤ 提高制造及安装精度；⑥ 增大轴及支承的刚度。

2. 齿面接触疲劳磨损（点蚀）

点蚀是润滑良好的闭式齿轮传动常见的失效形式。齿面在接触变应力作用下，由于疲劳而产生的麻点状损伤称为点蚀。点蚀首先发生在节线附近靠近齿根部分的表面上，当麻点逐渐扩大连成一片时，齿面呈明显损伤，如图 6 - 3 所示。

新齿轮在短期工作后出现痕迹，继续工作不再发展或反而消失的点蚀称为收敛性点蚀。反之，则称为扩展性点蚀。

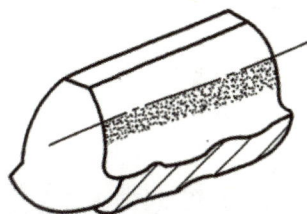

图 6 - 3　齿面点蚀

开式齿轮传动由于齿面磨损较快，因此很少出现点蚀。

增强轮齿抗点蚀能力的措施如下：① 提高齿面硬度和降低表面粗糙度；② 在许可范围内采用大的变位系数和增大综合曲率半径；③ 采用黏度较高的润滑油；④ 减小动载荷。

3. 齿面胶合

胶合是比较严重的黏着磨损。对于高速重载的齿轮传动，因齿面间压力大，滑动速度快，瞬时温度高，使油膜破裂，会造成齿面间的黏焊现象。由于发生相对滑动，黏焊处被撕破，会在轮齿表面沿滑动方向形成伤痕，称为胶合，如图 6 - 4 所示。低速重载齿轮传动不易形成油膜，虽然温度不高，也可能因重载而形成冷焊黏着。

图 6 - 4　齿面胶合

防止或减轻齿面胶合的主要措施如下：① 采用角度变位齿轮传动以降低啮合开始和结束时的滑动系数；② 减小模数和齿高以降低滑动速度；

③ 采用极压润滑油；④ 选用抗胶合性能好的齿轮材料；⑤ 两轮材料相同时，使大、小齿轮保持适当的硬度差；⑥ 提高齿面硬度和降低表面粗糙度。

4. 齿面磨粒磨损

当表面粗糙而硬度较高的齿面与硬度较低的齿面相啮合时，由于相对滑动，软齿面易被划伤而产生齿面磨粒磨损，如图 6-5 所示。相啮合的齿面间落入磨料性物质也会产生磨粒磨损。磨损后，齿厚减薄，将导致轮齿因强度不足而折断。

减轻与防止齿面磨粒磨损的主要措施如下：① 提高齿面硬度；② 降低表面粗糙度值；③ 降低滑动系数；④ 注意润滑油的清洁和定期更换；⑤ 改开式传动为闭式传动。

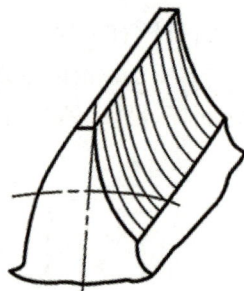

图 6-5　齿面磨粒磨损

5. 齿面塑性变形

齿面较软的轮齿重载时可能在摩擦力的作用下产生齿面塑性流动而形成齿面塑性变形，如图 6-6 所示。由于材料的塑性流动方向和齿面上所受摩擦力的方向一致，因此在主动轮节线附近形成凹槽，而在从动轮节线附近形成凸棱。

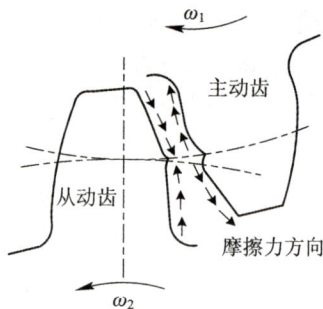

图 6-6　齿面塑性变形

减轻与防止齿面塑性变形的主要措施如下：① 提高齿面硬度；② 采用高黏度的润滑油。

6.2.2　齿轮传动的设计准则

齿轮的失效形式与齿轮的工作条件、材料、强度等有关。因此，设计齿轮传动时，应根据这些条件合理地确定设计准则，以保证齿轮传动有足够的承载能力。

由于目前对于轮齿的齿面磨损、齿面塑性变形尚未建立起实用、完整的设计计算方法和数据，对于一般的齿轮传动，齿轮抗胶合能力的计算又不太必要且计算方法复杂，所以目前在设计一般的齿轮传动时，通常只按齿根弯曲疲劳强度和齿面接触疲劳强度两种准则进行设计计算。

1. 闭式齿轮传动

软齿面闭式齿轮传动常因齿面点蚀而失效，故通常先按齿面接触疲劳强度设计，然后校核齿根弯曲疲劳强度。硬齿面闭式齿轮传动抗齿面点蚀能力较强，常因轮齿折断而失效，故通常先按齿根弯曲疲劳强度确定模数等传动尺寸，然后校核齿面接触疲劳强度。有短时过载时，应进行静强度计算。

2. 开式齿轮传动

开式齿轮传动的主要失效形式是齿面磨损，但因目前对齿面磨损尚无成熟的计算方法，轮齿磨薄后常会发生轮齿折断，故通常按齿根弯曲强度进行计算，并将模数增大 5%～15%，以考虑齿面磨损的影响。有短时过载时，应进行静强度计算。

对于齿轮的轮毂、轮辐、轮缘等部位的尺寸，通常仅进行结构设计，不进行强度计算。

课程思政案例 6.2　古诗——《题西林壁》（多角度分析
思考问题/方法论）

【对应知识点】　齿轮传动的设计
【思政元素案例】　古诗——《题西林壁》

6.3　齿轮常用材料及其选用原则

由齿轮的失效形式分析可知，齿轮材料应具备以下性能：

（1）齿面应有足够的硬度和耐磨性，以获得较高的抗齿面磨损、齿面点蚀、齿面胶合以及齿面塑性变形的能力。

（2）齿芯部应具有足够的韧性以获得较高的抗齿根折断和冲击载荷的能力。

（3）具有良好的加工工艺性能和热处理性能。

齿轮材料的基本要求是：齿面要硬，齿芯要韧。满足要求的齿轮材料很多，常用的齿轮材料主要是各种牌号的钢，其次是铸铁，此外还有非金属材料等。

6.3.1　齿轮材料和热处理

1. 锻钢

锻钢具有强度高、韧性好、便于制造和热处理等优点。大多数齿轮毛坯都采用优质非合金钢和合金钢通过锻造而成，并通过热处理改善和提高力学性能。

（1）软齿面齿轮。软齿面齿轮常用材料为中碳钢和中碳合金钢，如 45、40Cr 钢等材料，进行调质和正火处理。这种齿轮适用于强度、硬度和精度要求不高的场合，轮坯经过热处理后进行插齿或滚齿加工，生产便利、成本较低。精度一般为 8 级，精切可达 7 级。为了使配对的大、小齿轮寿命相当，通常使小齿轮齿面硬度比大齿轮齿面硬度高 30～50 HBS。

（2）硬齿面齿轮。硬齿面齿轮采用中碳钢和中碳合金钢经表面淬火处理，硬度可达 40～55 HRC。采用低碳钢和低碳合金钢，如 20、20Cr 钢等，需渗碳淬火，其硬度可达 56～62 HRC。齿轮毛坯经调质或正火处理后切齿，再经表面硬化处理，最后进行磨齿等精加工，精度可达 5 级或 4 级，常用于高速、重载、要求结构紧凑及精密机器中。硬齿面齿轮组合的齿面硬度可大致相同。

软齿面齿轮制造简便、经济、生产率高,但齿面强度低。若改用硬齿面,则齿面接触强度大为提高,在相同的条件下,传动尺寸要比软齿面齿轮小得多,同时也有利于提高抗磨损、抗胶合和抗塑性变形的能力。因此,采用合金钢硬齿面齿轮是当前发展的趋势。采用硬齿面齿轮时,除应注意材料力学性能外,还应适当减少齿数和增大模数,以保证轮齿具有足够的弯曲强度。

2. 铸钢

对于齿轮的直径尺寸较大(齿顶圆直径大于 400 mm)或结构复杂不易锻造的齿轮毛坯,可用铸钢来制造,但切齿前需经过退火、正火处理,必要时也可进行调质。常用铸钢材料有 ZG310-570、ZG340-640 等。

3. 铸铁

灰口铸铁的铸造性能和切削性能好,价廉,抗齿面点蚀和抗齿面胶合能力强,但弯曲强度低、冲击韧性差,因此常用于工作平稳、速度较低、功率不大的场合。灰口铸铁内的石墨可以起自润滑作用,尤其适于制作润滑条件较差的开式传动齿轮,常用牌号有 HT200～HT350。

球墨铸铁的耐冲击等力学性能比灰口铸铁高很多,具有良好的韧性和塑性。在冲击力不大的情况下,球墨铸铁可代替钢制造齿轮,但因为生产工艺比较复杂,所以目前使用得尚不够普遍。

4. 非金属材料

高速、轻载、噪声小及精度不高的齿轮传动,可采用夹布塑胶、尼龙等非金属材料制作小齿轮。非金属材料的弹性模量较小,可减轻因制造和安装不精确所引起的不利影响,传动时的噪声小。非金属材料的导热性差,与其啮合的配对大齿轮仍采用铸钢或铸铁制造,以利于散热。

6.3.2   齿轮材料的选用原则

齿轮材料的种类很多,在选择时应遵循以下原则:

(1)齿轮材料必须满足工作条件要求。这是选择材料时首先应考虑的。

(2)应考虑齿轮尺寸大小、毛坯成形方法、热处理和制造工艺。大尺寸的齿轮一般采用铸造毛坯,可选用铸钢或铸铁作为齿轮材料。中等或中等以下尺寸要求较高的齿轮常选用锻造毛坯,可选择锻钢制造。尺寸较小而又要求不高时,可选用圆钢作为毛坯。

(3)正火非合金钢,不论毛坯的制作方法如何,只能用于制作载荷平稳或轻度冲击下工作的齿轮,不能承受大的冲击载荷;调质非合金钢可用于制作在中等冲击载荷下工作的齿轮。

(4)合金钢常用于制作高速、重载并在冲击载荷下工作的齿轮。

(5)金属制软齿面齿轮的大、小齿轮的齿面硬度应有一定的硬度差(30～50 HBS),小齿轮和大齿轮采用不同牌号的钢来制造,均有利于提高其抗齿面胶合能力。

常用齿轮材料及其力学性能见表 6-2。

表 6 – 2 常用齿轮材料及其力学性能

类 别	材料牌号	热处理方法	抗拉强度 σ_b/MPa	屈服极限 σ_s/MPa	硬 度
优质非合金钢	35	正火	500	270	150～180 HBS
		调质	550	294	190～230 HBS
	45	正火	588	294	169～217 HBS
		调质	647	373	229～286 HBS
		表面淬火			40～50 HRC
	50	正火	628	373	180～220 HBS
合金结构钢	40Cr	调质	700	500	240～258 HBS
		表面淬火			48～55 HRC
	35SiMn	调质	750	450	217～269 HBS
		表面淬火			45～55 HRC
	40MnB	调质	735	490	241～286 HBS
		表面淬火			45～55 HRC
	20Cr	渗碳淬火后回火	638	397	56～62 HRC
	20CrMnTi		1079	834	56～62 HRC
	38CrMnAlA	渗氮	980	834	850 HV
铸钢	ZG45	正火	580	320	156～217 HBS
	ZG55		650	350	169～229 HBS
灰口铸铁	HT300	—	300		185～278 HBS
	HT350		350	—	202～304 HBS
球墨铸铁	QT600-3	—	600	370	190～270 HBS
	QT700-2		700	420	225～305 HBS
非金属	夹布胶木	—	100	—	25～35 HBS

6.4 齿轮传动的计算载荷

在齿轮传动中，根据齿轮传递的额定功率计算出的载荷称为名义载荷。但是，由于原动机及工作机性能、齿轮制造和安装误差、齿轮及其支撑件变形等因素的影响，齿轮上的实际载荷要比名义载荷大。因此，在计算齿轮传动的强度时，应考虑到影响载荷的各种因素，通常引用载荷系数 K 来考虑上述因素的影响，即将名义载荷 F_n 乘以载荷系数 K，作为计算时用的载荷，称为计算载荷 F_{nc}，即

$$F_{nc} = KF_n \qquad (6-1)$$

载荷系数 K 包括使用系数 K_A、动载系数 K_V、齿间载荷分配系数 K_α 和齿向载荷分配系数 K_β，即

$$K = K_A K_V K_\alpha K_\beta \qquad (6-2)$$

6.4.1　使用系数 K_A

使用系数 K_A 是考虑原动机和工作机的特性、联轴器的缓冲能力等齿轮外部因素而引起附加动载荷影响的系数。它可通过精密测量或对传动系统有关因素全面计算求得，一般可按表 6-3 查取。

表 6-3　使用系数 K_A

工作机		原动机			
工作特性	举　例	均匀平稳	轻微冲击	中等冲击	严重冲击
		电动机、汽轮机	蒸汽机、电动机（经常起动）	多缸内燃机	单缸内燃机
均匀平稳	发电机、均匀传送的带式或板式输送机、螺旋输送机、轻型升降机、通风机、机床进给机构、轻型离心机、均匀密度材料搅拌机等	1.00	1.10	1.25	1.50
轻微冲击	不均匀传送的带式或板式输送机、机床的主传动机构、重型离心泵、重型升降机、工业与矿用风机、变密度材料搅拌机等	1.25	1.35	1.50	1.75
中等冲击	橡胶挤压机、木工机械、轻型球磨机、做间断工作的橡胶和塑料搅拌机、提升装置、单缸活塞泵、钢坯初轧机等	1.50	1.60	1.75	2.00
严重冲击	挖掘机、破碎机、重型球磨机、重型给水泵、带材冷轧机、旋转式钻探装置、压坯机、压砖机等	1.75	1.85	2.00	≥2.25

注：① 表中所列 K_A 值仅适用于减速传动，对增速传动，K_A 值应取为标值的 1.1 倍；② 非经常起动或起动转矩不大的电动机、小型汽轮机按均匀平稳考虑；③ 当外部机械与齿轮装置间有挠性连接时，K_A 可适当减少。

6.4.2　动载荷系数 K_V

动载系数 K_V 是考虑齿轮副自身的啮合误差引起的内部动载荷的影响系数。齿轮加工和载荷引起的轮齿变形产生的基节误差(见图 6-7)、齿形误差，都会引起一对轮齿节点位置的改变，并使瞬时传动比发生变化，即使主动轮转速稳定不变，从动轮转速也会发生变化，从而产生动载荷。齿轮的速度越高、加工精度越低，齿轮动载荷越大。所以，K_V 取决于齿轮的制造精度及圆周速度，由图 6-8 查取。

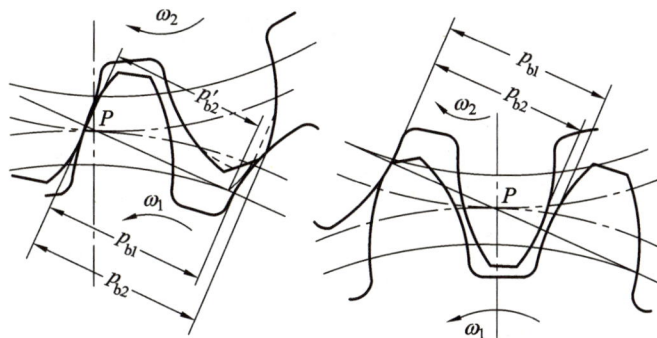

图 6-7　基节误差对传动平稳性的影响

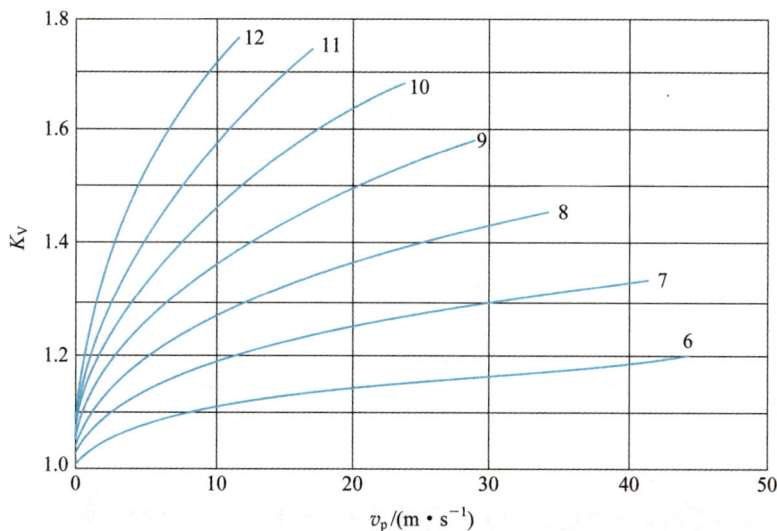

图 6-8　动载系数 K_V

提高齿轮制造精度，减小齿轮直径以降低圆周速度，增加轮齿及支承件的刚度，对齿轮进行适当的齿顶修形等，都可以达到降低动载荷的目的。

6.4.3　齿间载荷分配系数 K_α

齿轮传动的重合度总大于 1，说明一对轮齿在啮合过程中，部分时间必有两对以上齿同时啮合，在理想状态下，载荷应该由啮合对均等分担，但实际上，由于制造误差和轮齿变形等原因，载荷在各啮合齿对之间的分配并不均匀。为考虑总载荷在各齿对间分配不均所造成个别齿对受力增大对齿轮强度的影响，引入齿间载荷分配系数 K_α 加以修正。在齿面接触疲劳强度计算和齿根抗弯疲劳强度计算中，齿间载荷分配系数 K_α 分别以 $K_{H\alpha}$ 和 $K_{F\alpha}$ 表示，可由表 6-4 查得。齿轮精度越低，则齿间载荷分配不均匀现象越严重。齿轮硬度越高，则跑合以减轻载荷分配不均匀的效果越差，齿间载荷分配系数 K_α 越大。

表 6-4　齿间载荷分配系数 $K_{H\alpha}$ 和 $K_{F\alpha}$

$K_A F_t / b$		≥100 N/mm				<100 N/mm
精度等级Ⅱ组		5	6	7	8	5～9
表面硬化直齿轮	$K_{H\alpha}$	1.0		1.1	1.2	≥1.2
	$K_{F\alpha}$					≥1.2
表面硬化斜齿轮	$K_{H\alpha}$	1.0	1.1	1.2	1.4	≥1.4
	$K_{F\alpha}$					
非表面硬化直齿轮	$K_{H\alpha}$	1.0			1.1	≥1.2
	$K_{F\alpha}$					≥1.2
非表面硬化斜齿轮	$K_{H\alpha}$	1.0		1.1	1.2	≥1.4
	$K_{F\alpha}$					

注：① 对修形齿轮，取 $K_{H\alpha} = K_{F\alpha} = 1$。② 当齿轮副中两齿轮分别由软、硬齿面构成时，取其平均值；若大、小齿轮精度等级不同，则按精度等级较低的取值。

6.4.4　齿向载荷分配系数 K_β

当轴承相对于齿轮作不对称配置时，齿轮受载前，轴无弯曲变形，轮齿正常啮合；齿轮受载后，轴产生弯曲变形，引起轴上的齿轮偏斜，导致作用在齿面上的载荷沿齿宽方向分布不均匀(见图 6-9)，齿轮相对轴承布置越不对称，偏载越严重。轴受转矩作用发生扭转变形，同样会产生载荷沿齿宽分布不均匀现象。齿轮离转矩输入(输出)端越近，载荷分布不均现象越严重。此外，轴承、支座的变形以及制造、装配的误差等也会影响齿面上的载荷分布。为减轻这些影响，可以提高相关零件的精度、刚度，减小轴的变形；可以将轮齿做成鼓形齿(见图 6-10)，当轴产生弯曲变形而导致齿轮偏斜时，避免轮齿某一端受载过大。

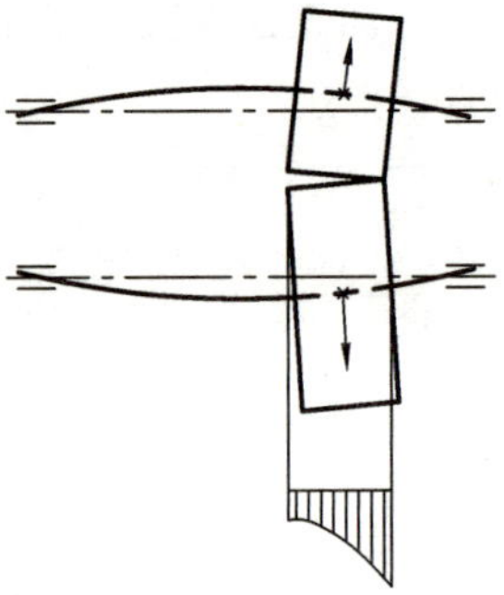

图 6-9　轴变形引起的偏载

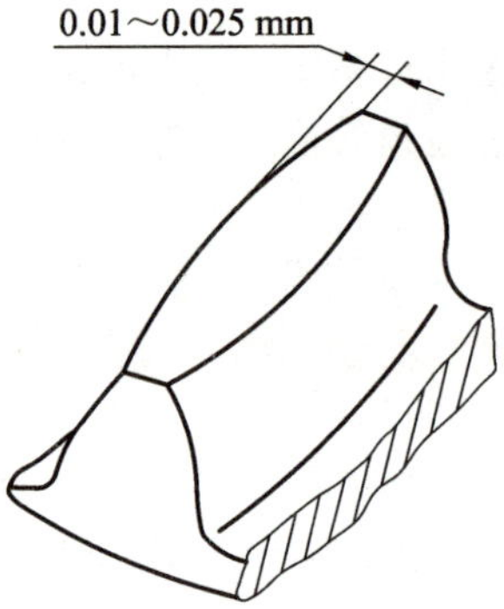

0.01～0.025 mm

图 6-10　鼓形齿

齿向载荷分布系数 K_β 是用以考虑由于轴的弯曲变形和扭转变形以及传动装置的制造和安装误差等原因，引起载荷沿齿宽方向分布不均匀影响的系数，K_β 按图 6-11 选取。

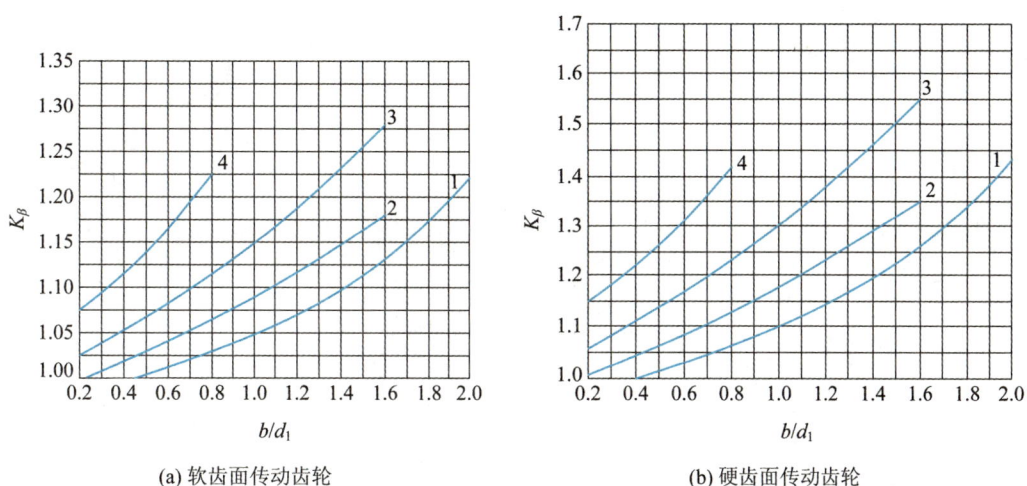

(a) 软齿面传动齿轮　　　　　　　　　　　　　　(b) 硬齿面传动齿轮

1—齿轮在两轴承间对称布置；2—齿轮在两轴承间非对称布置，轴刚度较大；
3—齿轮在两轴承间非对称布置，轴刚度较小；4—齿轮悬臂布置。

图 6-11　齿向载荷分配系数 K_β

6.5　标准直齿圆柱齿轮传动的强度计算

6.5.1　齿轮传动的受力分析

为了计算齿轮强度，设计支承齿轮的轴和轴承装置等，必须先分析齿轮轮齿上的作用力。在理想情况下，齿轮工作时作用于轮齿上的力是沿接触线均匀分布的，为简化分析，常用作用在齿宽中点处的集中力代替，并忽略摩擦力（齿轮传动一般均加以润滑）。

图 6-12 所示为直齿圆柱齿轮传动的轮齿受力情况。轮齿间的作用力沿着啮合线作用在齿面上，该力的方向即为齿面在该点的法线方向，称为法向力 F_n。为了明确力的作用效果，将法向力 F_n 分解为正交的切向力 F_t（切于分度圆的圆周力）和径向力 F_r（沿直径方向的力）。力的大小计算如下：

$$\begin{cases} \text{切向力：} F_t = \dfrac{2T_1}{d_1} = \dfrac{2T_2}{d_2} \\[2mm] \text{径向力：} F_r = F_t \tan\alpha \\[2mm] \text{法向力：} F_n = \dfrac{F_t}{\cos\alpha} \end{cases} \qquad (6-3)$$

式中：d_1、d_2 分别为小、大齿轮的分度圆直径（单位：mm）；T_1、T_2 分别为小、大齿轮的名义转矩（单位：N·mm），$T_1 = 9.55 \times 10^6 \dfrac{P_1}{n_1}$，$P_1$ 为小齿轮传递的功率（单位：kW），n_1 为小齿轮的转速（单位：r/min）；α 为分度圆压力角。

力的方向判断：切向力 F_t 在从动轮上为驱动力，与其回转方向相同，在主动轮上为工作阻力，与其回转方向相反；径向力 F_r，对于外齿轮，指向其齿轮中心，对于内齿轮，则背

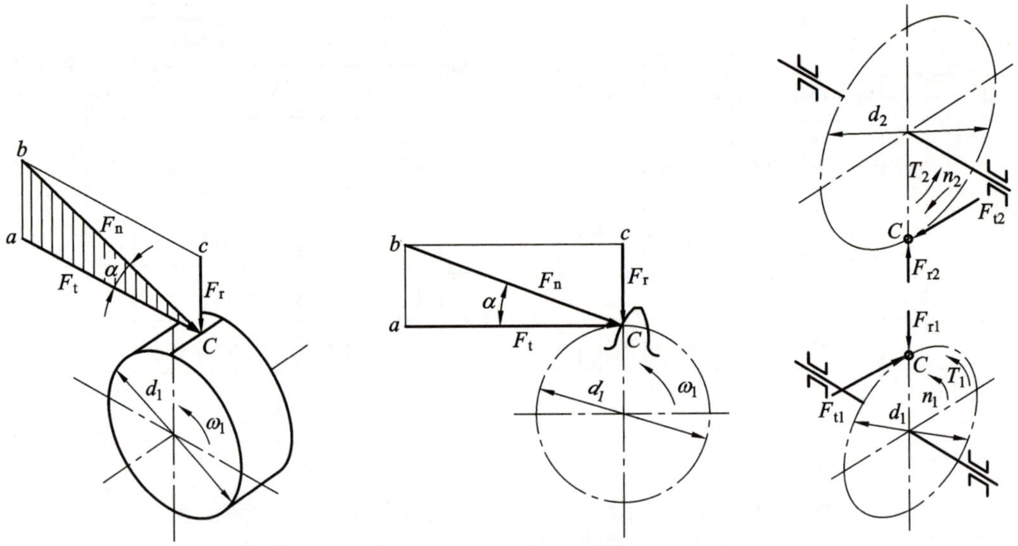

图 6-12　直齿圆柱齿轮传动轮齿受力分析

离其齿轮中心。

两轮所受力之间的关系：作用在主动轮和从动轮上同名力的大小相等、方向相反，即

$$F_{t1} = -F_{t2},\ F_{r1} = -F_{r2}$$

6.5.2　齿面接触疲劳强度计算

齿面疲劳点蚀与齿面接触应力的大小有关。为防止齿面发生疲劳点蚀，应使齿面最大接触应力 σ_H 小于许用接触应力 $[\sigma_H]$，即

$$\sigma_H \leqslant [\sigma_H]$$

1. 齿面接触疲劳强度计算公式

一对齿轮的啮合可以看作以啮合点处齿廓曲率半径 ρ_1、ρ_2 为半径的两圆柱体的接触。因此，齿面最大接触应力 σ_H 可由赫兹公式求得，齿面不发生接触疲劳强度的条件为

$$\sigma_H = \sqrt{\dfrac{F_{nc}}{\pi L} \dfrac{\dfrac{1}{\rho_1} \pm \dfrac{1}{\rho_2}}{\dfrac{1-\mu_1^2}{E_1} + \dfrac{1-\mu_2^2}{E_2}}} \leqslant [\sigma_H] \tag{6-4}$$

式中，F_{nc}、L 分别为轮齿受法向计算载荷(单位：N)、轮齿工作宽度(单位：mm)；E_1、E_2 分别为圆柱体 1、2 材料的弹性模量(单位：MPa)；μ_1、μ_2 分别为圆柱体 1、2 材料的泊松比；ρ_1、ρ_2 分别为圆柱体 1、2 材料的曲率半径(单位：mm)，"+"用于外啮合，"−"用于内啮合。

1) 曲率半径

在齿轮工作过程中，齿廓啮合点的位置是变化的，且渐开线齿廓上各点的曲率半径不等，因此，啮合点的综合曲率半径随其位置的变化而变化。理论上，齿面接触应力的最大值应发生在综合曲率半径最小处；可事实上，综合曲率半径最小处恰好是多对齿啮合区，载荷由它们共同承担。由于实践已证明，点蚀多发生在轮齿节线附近靠齿根一侧，故常取节点处的接触应力为计算依据。齿面上的接触应力如图 6 - 13 所示。

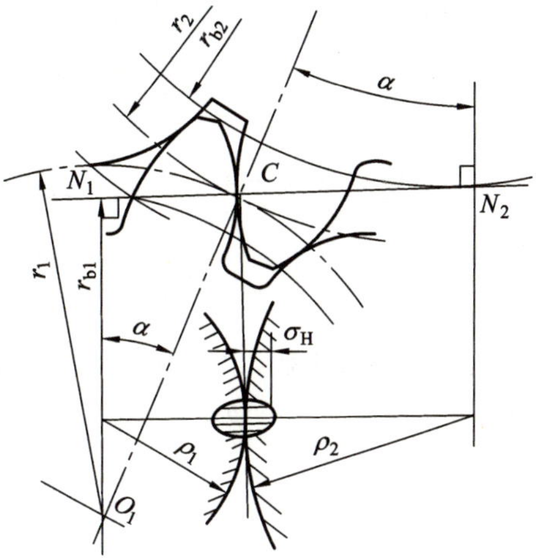

由图 6 - 13 可知，节点处的齿廓曲率半径为

$$\rho_1 = N_1 C = r_1 \sin\alpha = \frac{d_1}{2}\sin\alpha$$

$$\rho_2 = N_2 C = r_2 \sin\alpha = \frac{d_2}{2}\sin\alpha$$

令 $\dfrac{d_2}{d_1} = \dfrac{z_2}{z_1} = u$，则中心距：

$$a = \frac{1}{2}(d_2 \pm d_1) = \frac{d_1}{2}(u \pm 1)$$

图 6 - 13　齿面上的接触应力

式中：u 为大轮与小轮的齿数比，对于减速齿轮传动，$u = i$；对于增速齿轮传动，$u = \dfrac{1}{i}$。

由此可得

$$\frac{1}{\rho_1} \pm \frac{1}{\rho_2} = \frac{\rho_2 \pm \rho_1}{\rho_1 \rho_2} = \frac{2(d_2 \pm d_1)}{d_1 d_2 \sin\alpha}$$

$$= \frac{u \pm 1}{u} \frac{2}{d_1 \sin\alpha} \tag{a}$$

2）轮齿法向计算载荷 F_{nc}、轮齿工作宽度 L

轮齿法向计算载荷 F_{nc} 为

$$F_{nc} = K F_n = \frac{K F_t}{\cos\alpha} = \frac{2 K T_1}{d_1 \cos\alpha} \tag{b}$$

由于重合度 $\varepsilon > 1$，故 $L > b$。可以认为：重合度 ε 越大，承载的接触线总长度越大，单位接触载荷则越小。轮齿工作宽度 L 可按下式计算：

$$L = \frac{b}{Z_\varepsilon^2} \tag{c}$$

式中：b 为齿轮的宽度，Z_ε 为重合度系数。

3）齿面接触强度计算公式

将式（a）、式（b）和式（c）代入式（6 - 4），整理后得

$$\sigma_H = Z_\varepsilon \sqrt{\frac{1}{\pi\left(\dfrac{1-\mu_1^2}{E_1} + \dfrac{1-\mu_2^2}{E_2}\right)}} \sqrt{\frac{2}{\sin\alpha\cos\alpha}} \sqrt{\frac{2 K T_1}{b d_1^2} \frac{u \pm 1}{u}} \leqslant [\sigma_H]$$

令

$$Z_E = \sqrt{\frac{1}{\pi\left(\dfrac{1-\mu_1^2}{E_1} + \dfrac{1-\mu_2^2}{E_2}\right)}}, \quad Z_H = \sqrt{\frac{2}{\sin\alpha\cos\alpha}}$$

得直齿圆柱标准齿轮传动的齿面接触强度验算公式：

$$\sigma_H = Z_H Z_E Z_\varepsilon \sqrt{\frac{2KT_1}{bd_1^2} \frac{u \pm 1}{u}} \leqslant [\sigma_H] \qquad (6-5)$$

引入齿宽系数 $\psi_d = \dfrac{b}{d_1}$，于是得直齿圆柱标准齿轮传动的齿面接触强度设计公式：

$$d_1 \leqslant \sqrt[3]{\frac{2KT_1}{\psi_d} \cdot \frac{u \pm 1}{u}\left(\frac{Z_H Z_E Z_\varepsilon}{[\sigma_H]}\right)^2} \qquad (6-6)$$

式中：Z_E 为弹性系数，由表 6-5 确定；Z_H 为节点区域系数，由图 6-14 确定；Z_ε 为重合度系数，按式(6-7)计算：

$$Z_\varepsilon = \sqrt{\frac{4-\varepsilon}{3}} \qquad (6-7)$$

式中：ε 为重合度，可近似按式(6-8)计算：

$$\varepsilon = 1.88 - 3.2\left(\frac{1}{Z_1} \pm \frac{1}{Z_2}\right) \qquad (6-8)$$

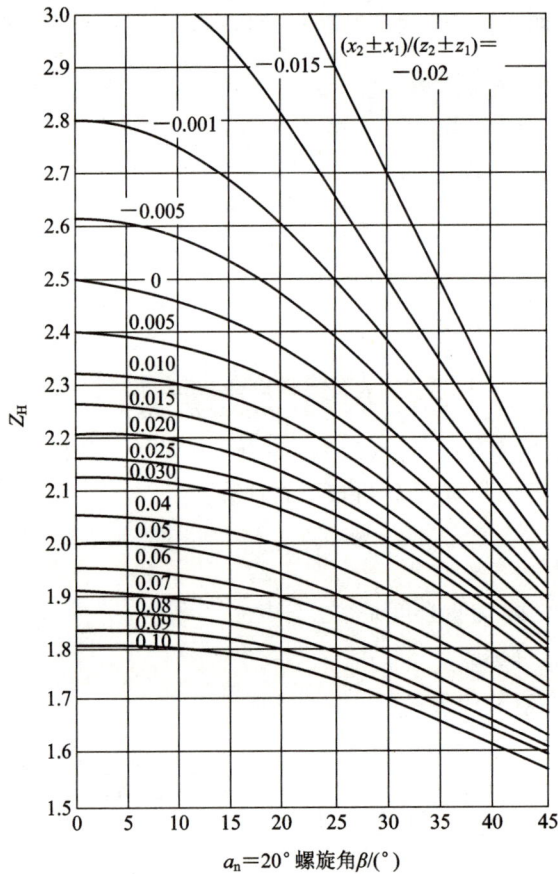

图 6-14　节点区域系数 Z_H

表 6 - 5 材料弹性系数 Z_E 单位：MPa

齿轮材料	配对齿轮材料							
	钢	铸钢	球墨铸铁	灰铸铁	锡青铜	铸锡青铜	铸铝青铜	尼龙
	206	202	173	122	113	103	105	7.85
钢	190	189	182	164	160	155	156	56.4
铸钢		188	181	162				
球墨铸铁			174	157				
灰铸铁				145				

注：表中所列尼龙的泊松比 μ 为 0.5，其余材料的泊松比 μ 均为 0.3。

由式（6-6）可知，当齿轮的材料、齿数比和齿宽系数一定时，齿轮传动的齿面接触疲劳强度取决于其传动的外廓尺寸中心距 a 或分度圆直径，而与模数 m 的大小无关。

2. 许用接触应力

齿轮传动的许用接触应力 $[\sigma_H]$ 是用齿轮试件在特定的试验条件下获得的。当实际工作条件与试验条件不同时，应对试验数据进行修正。对于普通用途的齿轮，可按下式计算：

$$[\sigma_H] = \frac{Z_N \sigma_{Hlim}}{S_H} \quad (MPa) \tag{6-9}$$

式中：σ_{Hlim} 为试件齿轮的接触疲劳极限（单位：MPa）；Z_N 为齿面接触疲劳强度计算的寿命系数；S_H 为齿面接触疲劳强度计算的安全系数。

1）试件齿轮的接触疲劳极限 σ_{Hlim}

σ_{Hlim} 是在试验条件下，经过长期持续的循环载荷作用，失效概率为 1‰ 时的接触疲劳极限。各种材料的齿轮接触疲劳极限 σ_{Hlim} 可按图 6-15~图 6-18 查取。图中 ML、MQ、ME 分别表示当齿轮材料和热处理质量达到最低、中等、很高要求时的疲劳极限取值线。若齿面硬度超出图中推荐的范围，可按外插法取相应的极限应力值。

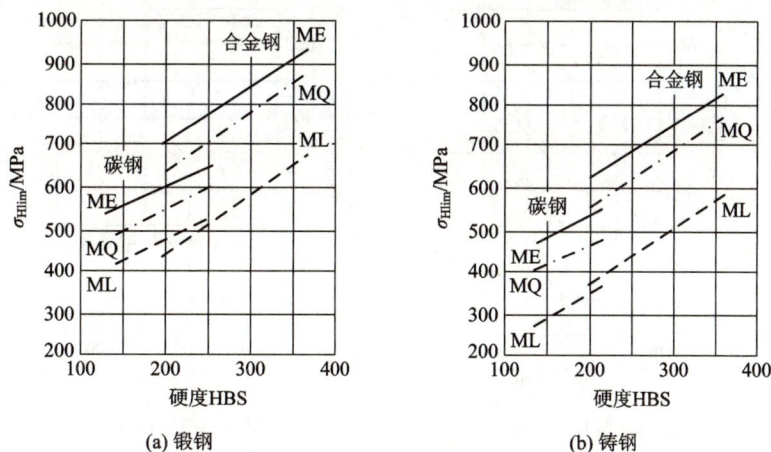

(a) 锻钢

(b) 铸钢

图 6-15 调质钢齿面接触疲劳极限 σ_{Hlim}

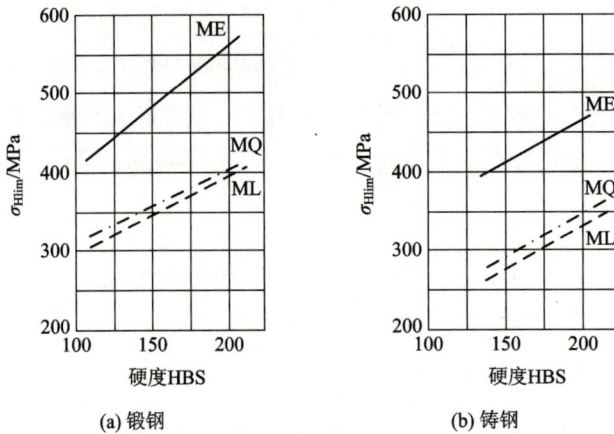

(a) 锻钢

(b) 铸钢

图 6-16　正火钢齿面接触疲劳极限 σ_{Hlim}

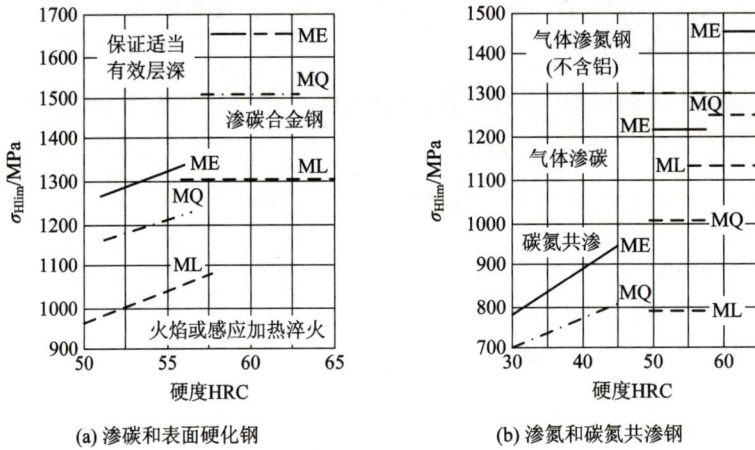

(a) 渗碳和表面硬化钢

(b) 渗氮和碳氮共渗钢

图 6-17　齿轮的接触疲劳极限 $\sigma_{Hlim}(1)$

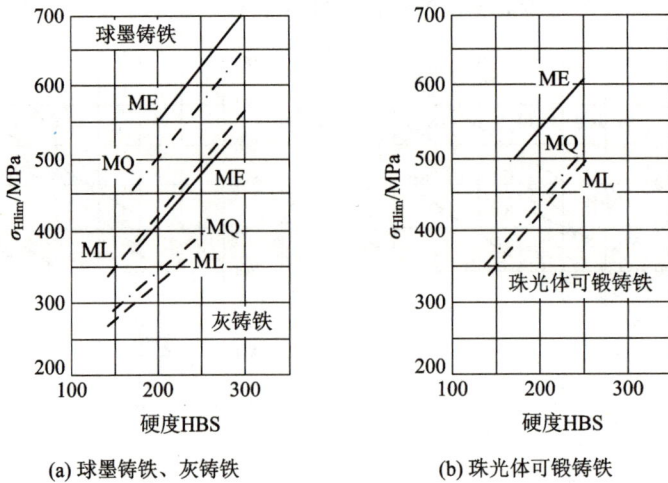

(a) 球墨铸铁、灰铸铁

(b) 珠光体可锻铸铁

图 6-18　齿轮的接触疲劳极限 $\sigma_{Hlim}(2)$

2）齿面接触疲劳强度计算的寿命系数 Z_N

Z_N 是考虑当齿轮只要求有限寿命时，其许用应力可提高的系数，可由图 6-19 查得。

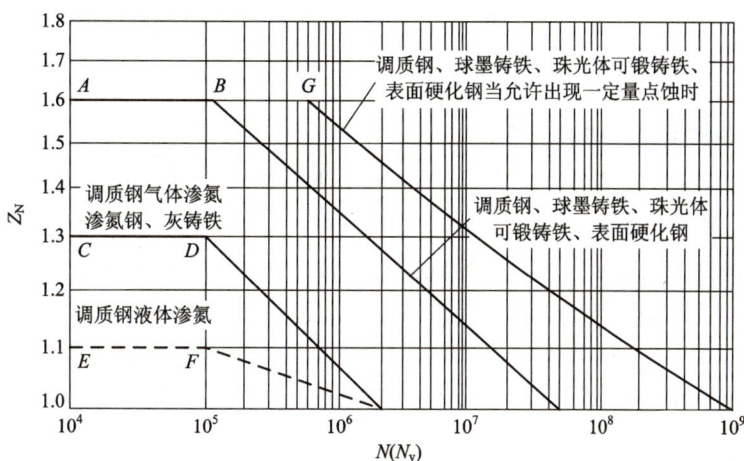

图 6-19　接触寿命系数 Z_N

图 6-19 中横坐标应力循环次数 N 或当量循环次数 N_v 的计算方法有两种情况：

载荷稳定时有

$$N = 60\gamma n t_h$$

载荷不稳定时有

$$N = N_v = 60\gamma \sum_{i=1}^{k} n_i t_{hi} \left(\frac{T_i}{T_{max}}\right)^m \tag{6-10}$$

式中：γ 为齿轮每转一周同一侧齿面的啮合次数；n 为齿轮转速（单位：r/min），i 是指第 i 个循环；t_h 为齿轮的设计寿命（单位：h）；T_{max} 为较长期作用的最大转矩；T_i、n_i、t_{hi} 分别为第 i 个循环的转矩、转速和工作小时数；m 为指数，查表 6-6 可得。

在图 6-19 中，每条接触寿命系数 Z_N 曲线由三部分构成：当 $N_v \geqslant N_0$ 时，Z_N 取最小值的水平直线部分（$Z_N = 1$；当 $N_j < N_v < N_0$ 时，Z_N 为倾斜直线部分；当 $N_v < N_j$ 时，Z_N 取最大值的水平直线部分。这三部分分别对应于齿面接触疲劳强度的无限寿命计算、有限寿命计算和静强度计算。

表 6-6　应力循环基数 N_0 和指数 m

齿轮材料	接触疲劳极限		弯曲疲劳极限	
	应力循环基数 N_0	指数 m	应力循环基数 N_0	指数 m
调质钢、球墨铸铁、珠光体可锻铸铁	5×10^7	6.6	3×10^6	6.2
表面硬化钢				8.7
调质钢或渗氮钢经气体渗氮、灰铸铁	2×10^6	5.7		17
调质钢经液体渗氮或碳氮共渗		15.7		84

3）齿面接触疲劳强度计算的安全系数 S_H

齿面接触疲劳安全系数 S_H 可参照表 6-7 选取。当计算方法粗略、数据准确性不高时，可将查出的 S_{Hmin} 值适当增大到 1.2~1.6 倍。

表 6 - 7   最小安全系数 S_{Hmin} 和 S_{Fmin}

安全系数	软齿面	硬齿面	重要的传动、渗碳淬火齿轮或铸造齿轮
S_H	1.0~1.1	1.1~1.2	1.3
S_F	1.3~1.4	1.4~1.6	1.6~2.2

3. 齿面接触疲劳强度计算说明

（1）若两齿轮的许用应力 $[\sigma_{H1}]$ 和 $[\sigma_{H2}]$ 的值不同，则应代以其中较小者计算。因为配对齿轮的接触应力相等，即 $\sigma_{H1} = \sigma_{H2}$，而它们的材料和热处理方法不尽相同，所以两个齿轮中只要有一个齿轮出现齿面点蚀便可导致传动失效，即 $[\sigma_H]$ 小者首先破坏。

（2）式(6-5)和式(6-6)是计算齿轮传动齿面接触疲劳强度的两种形式，使用中视具体条件选其一。式中"±"的意义："+"用于外啮合，"−"用于内啮合。

（3）提高接触强度措施：增大 a 或 d_1；提高 $[\sigma_H]$；增大 b，但不宜过大。

6.5.3 齿根弯曲疲劳强度计算

轮齿的疲劳折断与齿轮的材料和轮齿的弯曲应力大小有关。为了防止轮齿折断，除了合理选择材料外，还必须使轮齿最大的弯曲应力 σ_F 小于其许用应力 $[\sigma_F]$，即

$$\sigma_F \leqslant [\sigma_F]$$

1. 齿根弯曲强度计算公式

计算齿根弯曲应力时，要确定作用在轮齿上载荷作用点和齿根危险截面的位置。

载荷作用点：计算轮齿弯曲应力时，将轮齿看作悬臂梁(见图6-20)。因此齿根处的弯曲疲劳强度最弱。齿根处最大的弯矩并不发生在齿顶啮合时(因此时参与啮合的齿对数较多)，而是发生在轮齿啮合点位于单对齿啮合区最高点。因此，计算齿根弯曲强度时载荷的作用点也应是单对齿啮合区最高点。但由于这样计算比较复杂，为简化计算，通常假定全部载荷由一对齿承受，且按力作用于齿顶来进行分析。另外，考虑重合度的影响对齿根弯曲应力予以修正。

齿根危险截面：齿根危险截面的具体位置可由 30° 切线法确定，即作与轮齿对称线成30°角的两直线与齿根圆角过渡曲线相切，过两切点并平行于齿轮轴线的截面即为齿根的危险截面。

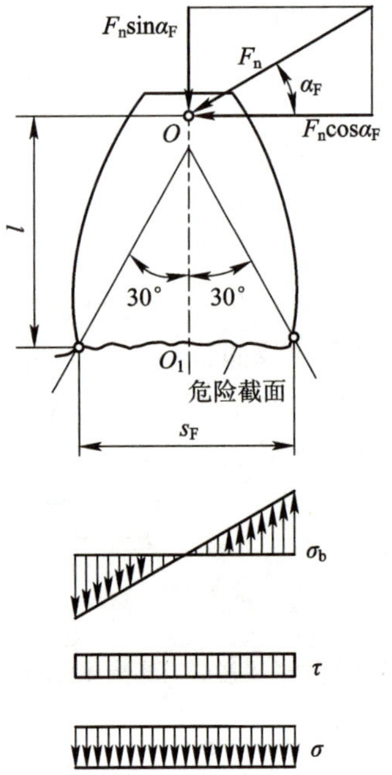

为了计算方便，将作用于齿顶的名义载荷 F_n 沿其作用线滑移至轮齿对称中心线上点 O 处。将 F_n 分解为正交的两个分力 $F_n\cos\alpha_F$ 和 $F_n\sin\alpha_F$，其中 α_F 为法向力与轮齿对称中心线的垂线的夹角。

$F_n\cos\alpha_F$ 在齿根产生弯曲应力 σ_b 和切应力 τ；$F_n\sin\alpha_F$ 产生压应力 σ；切应力 τ 和压应力 σ 与弯曲应力 σ_b 相比均很小，故计算时暂不考虑，因此，齿根危险截面的弯曲强度条件为

图 6 - 20   齿根危险截面应力

$$\sigma_F \approx \sigma_b = \frac{M}{W} \leqslant [\sigma_F]$$

齿根危险截面的弯曲力矩为

$$M = KF_n l \cos\alpha_F = K \frac{2T_1}{d_1 \cos\alpha} l \cos\alpha_F$$

危险截面的弯曲截面系数为

$$W = \frac{bS_F^2}{6}$$

式中：b 为齿宽；S_F 为危险截面处齿厚。

故危险截面的弯曲应力为

$$\sigma_F = \frac{M}{W} = \frac{2KT_1}{bd_1} \frac{6l\cos\alpha_F}{S_F^2 \cos\alpha} = \frac{2KT_1}{bd_1 m} \frac{6\left(\dfrac{l}{m}\right)\cos\alpha_F}{\left(\dfrac{S_F}{m}\right)^2 \cos\alpha}$$

令 $Y_{Fa} = \dfrac{6(l/m)\cos\alpha_F}{(S_F/m)^2 \cos\alpha}$，可得

$$\sigma_F = \frac{2KT_1 Y_{Fa}}{bd_1 m} = \frac{2KT_1 Y_{Fa}}{bm^2 z_1}$$

式中：Y_{Fa} 为载荷作用于齿顶的齿形系数。

实际计算 σ_F 时，还应引入应力修正系数 Y_{sa}、重合度系数 Y_ε，因而得齿根抗弯曲疲劳强度的验算公式：

$$\sigma_F = \frac{2KT_1 Y_{Fa} Y_{sa} Y_\varepsilon}{bd_1 m} = \frac{2KT_1 Y_{Fa} Y_{sa} Y_\varepsilon}{bm^2 z_1} \leqslant [\sigma_F] \quad (\text{MPa}) \qquad (6-11)$$

代入 $b = \psi_d d_1$，$d_1 = mz_1$，可求得齿根抗弯曲疲劳强度设计公式：

$$m \geqslant \sqrt[3]{\frac{2KT_1}{\psi_d z_1^2 [\sigma_F]} Y_{Fa} Y_{sa} Y_\varepsilon} \quad (\text{mm}) \qquad (6-12)$$

齿形系数 Y_{Fa}、应力修正系数 Y_{sa}、重合度系数 Y_ε 说明如下：

（1）齿形系数 Y_{Fa}。齿形系数 Y_{Fa} 为无量纲量，由于其表达式中的 l 和 S_F 均与模数成正比，故标准齿轮外齿轮的 Y_{Fa} 只取决于轮齿的形状、齿数 z 和变位系数 x，而与模数大小无关。齿数少，齿根厚度薄，Y_{Fa} 大，弯曲强度低。正变位齿轮的齿根厚度大，Y_{Fa} 变小，弯曲强度提高。对外齿轮，齿形系数 Y_{Fa} 可由图 6-21 查取；对内齿轮，取 $Y_{Fa} = 2.053$。

（2）应力修正系数 Y_{sa}。应力修正系数 Y_{sa} 是考虑齿根过渡曲线处的应力集中效应及弯曲应力以外的其他应力对齿根应力的影响系数。对于外齿轮，Y_{sa} 可由图 6-22 查取；对于内齿轮，取 $Y_{sa} = 2.65$。

（3）重合度系数。复合度系数 Y_ε 可理解为载荷作用于单对齿啮合区的上界点与载荷作用于齿顶时引起的应力之比。它可按下式计算：

$$Y_\varepsilon = 0.25 + \frac{0.75}{\varepsilon} \qquad (6-13)$$

式中：ε 为重合度，按式（6-8）计算。

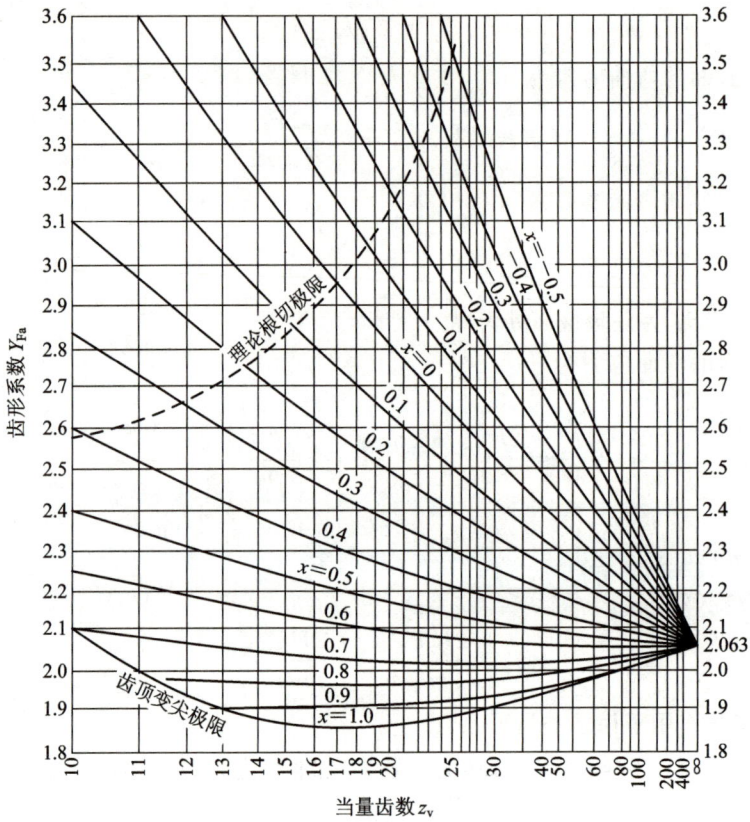

图 6-21　外齿轮齿形系数 Y_{Fa}

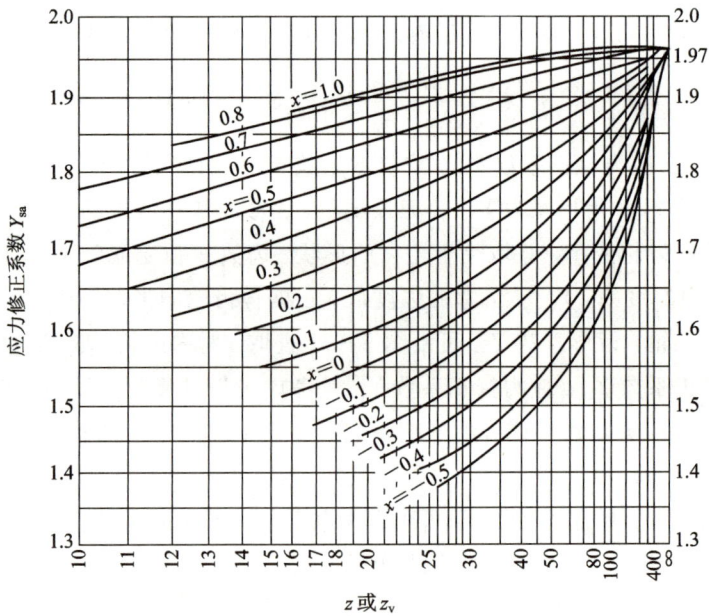

图 6-22　外齿轮齿根应力修正系数 Y_{sa}

式(6-9)、式(6-11)、式(6-12)中各参数的单位：T_1 为 N·mm；b、m 为 mm；σ_H、$[\sigma_H]$ 为 MPa。

2. 许用弯曲应力

许用弯曲应力 $[\sigma_F]$ 按下式计算：

$$[\sigma_F] = \frac{2\sigma_{Flim} Y_N Y_x}{S_F} \tag{6-14}$$

式中：S_F 为齿根弯曲疲劳安全系数，σ_{Flim} 为试验齿轮的齿根弯曲疲劳极限，Y_N 为抗弯疲劳强度计算的寿命系数（弯曲寿命系数），Y_x 为尺寸系数。

（1）齿根弯曲疲劳安全系数 S_F。由于材料抗弯疲劳强度的离散性比接触疲劳强度离散性大，同时断齿比点蚀的危害更为严重，因此抗弯疲劳强度的安全裕量更大一些，可按表 6-7 查取。当计算方法粗略、数据准确性不高时，可将查出的 S_{Fmin} 值适当增大到 1.3～3 倍。

（2）试验齿轮的齿根弯曲疲劳极限 σ_{Flim} 按图 6-23～图 6-26 查取。试验齿轮的齿根弯曲疲劳极限图是用各种材料的齿轮在单侧工作时测得的，对于长期双侧工作的齿轮传动（如行星轮、惰轮等），因齿根弯曲应力为对称循环变应力，应将图中 σ_{Flim} 的数据乘以 0.7。双向运转时，所乘系数可稍大于 0.7。

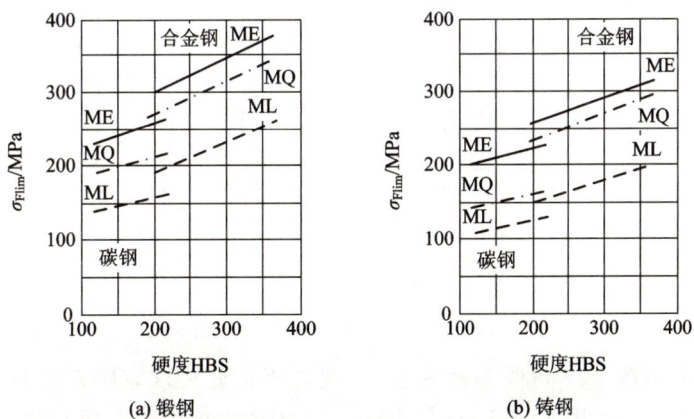

图 6-23 调质钢齿根弯曲疲劳极限 σ_{Flim}

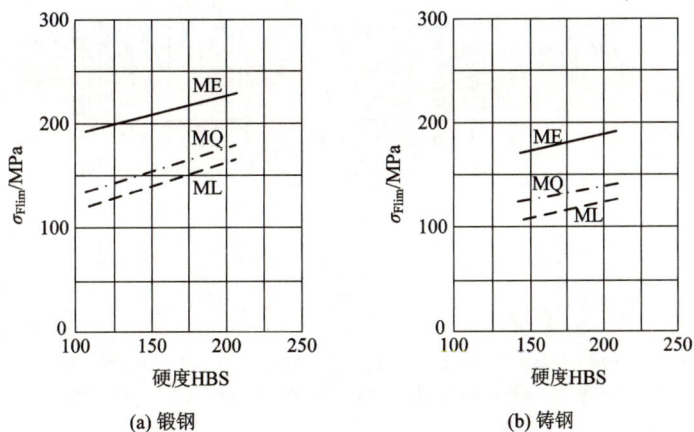

图 6-24 正火钢齿根弯曲疲劳极限 σ_{Flim}

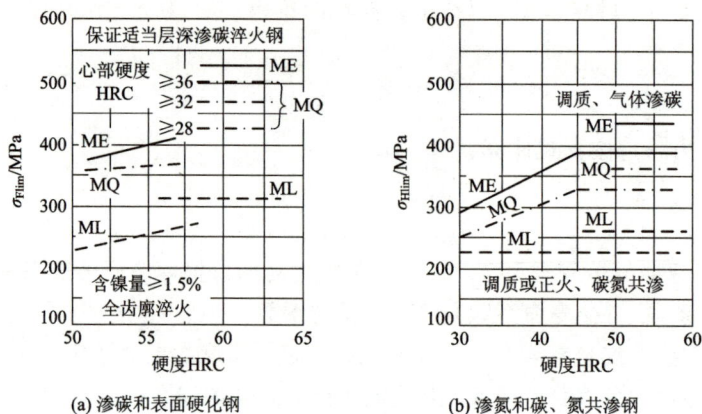

(a) 渗碳和表面硬化钢   (b) 渗氮和碳、氮共渗钢

图 6-25 表面硬化钢齿根弯曲疲劳极限 σ_{Flim}

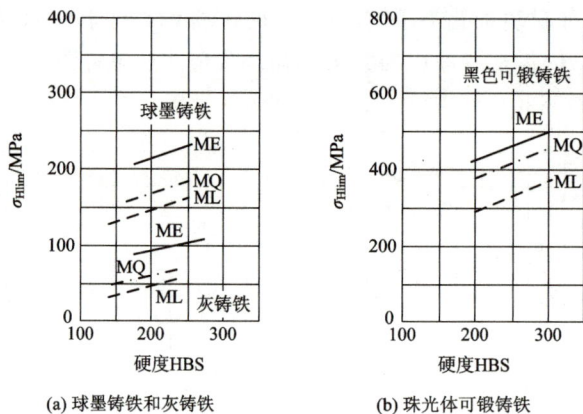

(a) 球墨铸铁和灰铸铁   (b) 珠光体可锻铸铁

图 6-26 铸铁的齿根弯曲疲劳极限 σ_{Flim}

（3）弯曲寿命系数 Y_N。弯曲寿命系数 Y_N 是考虑齿轮要求有限寿命时，其许用弯曲应力可以提高的系数，可由图 6-27 查取。图 6-27 中横坐标应力循环次数 N 或当量循环次数 N_v 仍按式（6-10）计算。

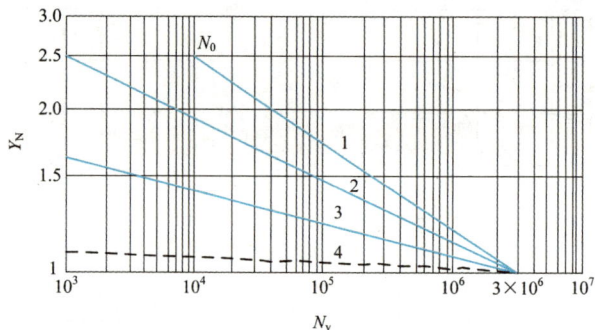

1—调质钢、结构钢、球墨铸铁、珠光体可锻铸铁；2—渗碳钢、表面硬化钢；
3—经气体渗氮的调质钢或渗氮钢、灰铸铁；4—经液体渗氮的调质钢。

图 6-27 弯曲寿命系数 Y_N

（4）尺寸系数 Y_x。尺寸系数 Y_x 是考虑计算齿轮的尺寸比试验的齿轮大时，使材料强度降低而引入的修正系数。Y_x 可由图 6-28 确定。

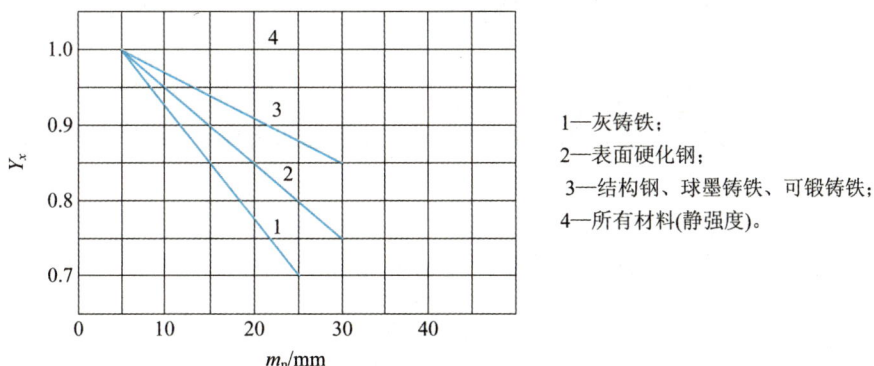

1—灰铸铁；
2—表面硬化钢；
3—结构钢、球墨铸铁、可锻铸铁；
4—所有材料(静强度)。

图 6-28　尺寸系数 Y_x

3. 齿根弯曲强度计算说明

（1）式（6-11）是按小齿轮的扭矩和几何参数推导出来的。在验算大齿轮的齿根弯曲疲劳强度时，仍可用该式，即式中仍代入小齿轮的扭矩 T_1 和小齿轮的齿数 z_1，但大齿轮的齿形系数 Y_{Fa2} 和应力修正系数 Y_{sa2} 应按大齿轮的齿数 z_2 查取，许用齿根弯曲疲劳应力 $[\sigma_{F2}]$ 也按大齿轮材料计算。

（2）一般情况下，配对齿轮的齿数不相等，所以它们的弯曲应力是不相等的。配对齿轮的材料或热处理方式不尽相同，其许用弯曲应力也不相等，故在进行轮齿弯曲强度校核时，两齿轮应分别计算。而在使用式（6-12）设计时，配对齿轮的轮齿弯曲强度可能不同，$Y_{Fa}Y_{sa}[\sigma_F]$ 应代入两齿轮的 $Y_{Fa1}Y_{sa1}[\sigma_{F1}]$ 和 $Y_{Fa2}Y_{sa2}[\sigma_{F2}]$ 中的较大者计算。

（3）由式（6-12）求得模数后，应圆整成标准模数系列值。为防止轮齿太小引起意外断齿，传递动力的齿轮模数一般不小于 1.5 mm。

当有短时过载时，还应进行静强度计算，可参考有关资料进行设计。

4. 齿轮主要参数和传动精度的选择

在齿轮传动设计中，齿宽系数、齿轮齿数和齿轮精度等级的选择将直接影响到齿轮传动的外廓尺寸及传动质量。

（1）齿宽系数 $\psi_d(b/d_1)$。增大齿宽 b 可提高承载能力；当载荷一定时，增大齿宽 b 可减小齿轮直径，使传动外廓尺寸减小，圆周速度降低；但若齿宽 b 过大，则由于结构的刚性不够，齿轮制造、安装不准确等原因，载荷沿齿向分布不均的现象严重，使齿轮承载能力降低。因此，齿宽系数 ψ_d 应适当选择。对于一般用途的齿轮，可按表 6-8 选取。

表 6-8　齿宽系数 ψ_d

齿轮相对于轴承的位置	软 齿 面	硬 齿 面
对称布置	0.8～1.4	0.4～0.9
非对称布置	0.6～1.2	0.3～0.6
悬臂布置	0.3～0.4	0.2～0.25

选取 ψ_d 时应注意：直圆柱齿轮取较小值，斜圆柱齿轮取较大值；载荷平稳、支承刚度大时取较大值，否则取较小值。

对于多级齿轮传动，由于转矩从低速级向高速级逐渐递增，为使各级传动尺寸趋于协调，一般低速级的齿宽系数适当取大些。

根据 d_1 和 ψ_d 可计算出齿轮的工作齿宽 $b=\psi_d d_1$。考虑到圆柱齿轮装配时可能需作轴向挪动，为保证齿轮传动时有足够的啮合宽度，一般取小齿轮的齿宽 $b_1=b+(5\sim10)$ mm，取大齿轮的齿宽 $b_2=b$，b 为啮合宽度（圆整值）。在进行齿轮强度计算时，应按大齿轮齿宽计算。

（2）齿数 z。中心距 a 一定时，齿轮齿数增多，齿轮传动的重合度增大，可改善传动的平稳性；齿数多，则模数小，齿顶圆直径小，降低了齿高，可节省材料、减轻质量；模数小则齿槽小，可减少加工量，降低成本；此外，降低齿高能减小滑动速度，降低磨损及胶合的危险性。但模数过小，轮齿弯曲强度可能不足。因此，当齿轮传动的承载能力主要取决于齿面接触强度时，如闭式软齿面齿轮传动，可选取较多的齿数，通常取 $z_1=20\sim40$；当齿轮传动的承载能力主要取决于轮齿的抗弯强度时，如硬齿面或开式（半开式）齿轮传动，应适当取较小的齿数，一般可取 $z_1=17\sim20$。对于开式齿轮传动，载荷平稳、不重要的或手动机械中，甚至可取 $z_1=13\sim14$（有轻微切齿干涉）。

对于高速齿轮传动，不论闭式还是开式，软齿面还是硬齿面，应取 $z_1\geqslant25$。

大齿轮齿数 $z_2=iz_1$。对于载荷平稳的齿轮传动，为利于跑合，两轮齿数 z_1 和 z_2 取为简单的整数比；对于载荷不稳定的齿轮传动，两轮齿数 z_1 和 z_2 应互为质数，以防止轮齿失效集中发生在几个齿上。齿数圆整或调整后，传动比 i 可能与要求的有出入，一般允差不超过 $\pm3\%\sim\pm5\%$。

（3）中心距 a。中心距 a 按承载能力求得后，如不为整数，应尽可能调整齿数使中心距为整数，最好尾数为 0 或 5。a 的值不得小于按齿面接触承载能力计算出的中心距值，否则齿面接触承载能力可能不足。

（4）齿轮精度。齿轮精度等级应根据传动的用途、使用条件、传动功率、运动精度和圆周速度等确定。齿轮副中两个齿轮的精度一般应相同，也允许相差一级。单个齿轮一般是按节圆圆周速度确定第Ⅱ公差组的精度等级，如无特殊要求，其他两组的精度等级应与第Ⅱ公差组的相同。表 6-9 所示为常用 5～9 级精度齿轮的允许最大圆周速度，可供选择时参考。

表 6-9　动力齿轮传动的最大圆周速度 v　　　　单位：m/s

第Ⅱ公差组 精度等级	圆柱齿轮传动		锥齿轮传动	
	直 齿	斜 齿	直 齿	斜 齿
5 级及其以上	$\geqslant15$	$\geqslant30$	$\geqslant12$	$\geqslant20$
6 级	<15	<30	<12	<20
7 级	<10	<15	<8	<10
8 级	<6	<10	<4	<7
9 级	<2	<4	<1.5	<3

注：锥齿轮传动的圆周速度按平均直径计算。

例 **6 - 1**　试设计螺旋输送机的二级圆柱齿轮减速器中的高速级圆柱直齿轮传动(见图 6 - 29)。已知:高速级主动轮输入功率 $P_1 = 8\,\text{kW}$,转速 $n_1 = 970\,\text{r/min}$,齿数比 $u = 3.8$,单向运转,载荷平稳,每天工作 8 h,预期寿命为 10 a,每年工作 300 d,电动机驱动。

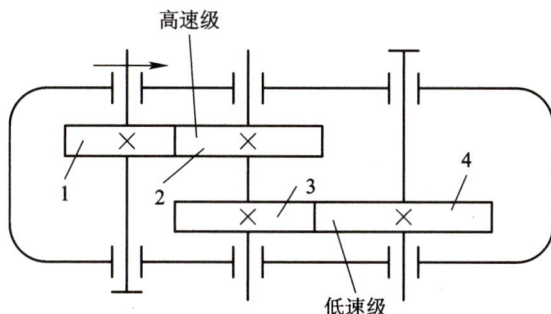

图 6 - 29　二级圆柱齿轮减速器

解　(1)选定齿轮的材料及齿数。

① 材料及热处理。

由表 6 - 2 选择小齿轮材料为 45 钢(调质),硬度为 230 HBS,大齿轮材料为 45 钢(正火),硬度为 190 HBS,两种材料的硬度差为 40 HBS。

② 试选小齿轮齿数 $z_1 = 21$,大齿轮齿数 $z_2 = uz_1 = 3.8 \times 21 = 79.8$,取 $z_2 = 80$。

(2)按齿面接触疲劳强度设计。按式(6 - 6)计算,即

$$d_1 \leqslant \sqrt[3]{\frac{2KT_1}{\psi_\text{d}} \cdot \frac{u \pm 1}{u} \left(\frac{Z_\text{H} Z_\text{E} Z_\epsilon}{[\sigma_\text{H}]} \right)^2}$$

① 确定公式内的各计算数值。

a. 试选 $K = 1.6$。

b. 小齿轮转矩 $T_1 = \dfrac{9.55 \times 10^6 P_1}{n_1} = \dfrac{9.55 \times 10^6 \times 8}{970}\,\text{N} \cdot \text{mm} = 7.876 \times 10^4\,\text{N} \cdot \text{mm}$。

c. 由表 6 - 5 查得材料的弹性影响系数 $Z_\text{E} = 189.8\,\text{MPa}^{\frac{1}{2}}$。查表取齿宽系数 $\varphi_\text{d} = 1$。

d. 由图 6 - 15 按齿面硬度查得小齿轮的接触疲劳强度极限 $\sigma_\text{Hlim1} = 550\,\text{MPa}$;按图 6 - 16 查得大齿轮的接触疲劳强度极限 $\sigma_\text{Hlim2} = 370\,\text{MPa}$。

e. 计算应力循环次数。

因齿轮每旋转一圈,同一齿面只啮合一次,故 $j = 1$,则有

$$N_1 = 60 n_1 j L_\text{h} = 60 \times 970 \times 1 \times (8 \times 300 \times 10) = 1.397 \times 10^9$$

$$N_2 = \frac{1.397 \times 10^9}{3.8} = 3.676 \times 10^8$$

f. 由图 6 - 19 查得接触疲劳寿命系数 $K_\text{HN1} = 0.85$,$K_\text{HN2} = 0.91$。

g. 计算接触疲劳许用应力。

取安全系数 $S = 1$,由式(6 - 9)得

$$[\sigma_\text{H1}] = \frac{K_\text{HN1} \sigma_\text{Hlim1}}{S} = 0.85 \times 550 / 1\,\text{MPa} = 467.5\,\text{MPa}$$

$$[\sigma_{H2}] = \frac{K_{HN2}\sigma_{Hlim2}}{S} = 0.91 \times 370/1 \text{ MPa} = 336.7 \text{ MPa}$$

② 计算。

a. 计算小齿轮分度圆直径 d_{1t}，可得

$$d_{1t} \leqslant 2.32\sqrt[3]{\frac{KT_1}{\varphi_d}\left(\frac{u \pm 1}{u}\right)\left(\frac{Z_E}{[\sigma_H]}\right)^2} = 2.32\sqrt[3]{\frac{1.6 \times 7.876 \times 10^4}{1} \times \frac{4.8}{3.8} \times \left(\frac{189.8}{336.7}\right)^2} \text{ mm} = 85.799 \text{ mm}$$

b. 计算圆周速度 v。

$$v = \frac{\pi d_{1t} n_1}{60 \times 1000} = \frac{\pi \times 85.799 \times 970}{60 \times 1000} \text{ m/s} = 4.36 \text{ m/s}$$

由表 6-9 选择 8 级精度。

c. 计算齿宽 b 及齿宽与齿高比 $\dfrac{b}{h}$。

$$b = \varphi_a d_{1t} = 1 \times 85.799 \text{ mm} = 85.799 \text{ mm}$$

模数 $m_1 = \dfrac{d_{1t}}{z_1} = \dfrac{85.799}{21} \text{ mm} = 4.09 \text{ mm}$。

齿高 $h = 2.25 m_1 = 2.25 \times 4.09 \text{ mm} = 9.20 \text{ mm}$，则

$$\frac{b}{h} = \frac{85.799}{9.20} = 9.33$$

d. 计算载荷系数 K。

已知载荷平稳，由表 6-3 选取使用系数，取 $K_A = 1$。

根据 $v = 4.36 \text{ m/s}$，8 级精度，由图 6-8 查得动载系数 $K_V = 1.15$。

直齿轮的 $K_{H\alpha} = K_{F\alpha} = 1$，用插值法查得 $K_{H\beta} = 1.465$；因 $\dfrac{b}{h} = 9.33$，$K_{H\beta} = 1.465$，故由图 6-11 查得 $K_{F\beta} = 1.37$。

故载荷系数

$$K = K_A K_V K_{H\alpha} K_{H\beta} = 1 \times 1.15 \times 1 \times 1.465 = 1.68$$

e. 按实际的载荷系数修正所得的分度圆直径，可得

$$d_1 = d_{1t}\sqrt[3]{\frac{K}{K_t}} = 85.799 \times \sqrt[3]{\frac{1.68}{1.6}} \text{ mm} = 87.21 \text{ mm}$$

f. 计算模数：

$$m = \frac{d_1}{z_1} = \frac{87.21}{21} \text{ mm} = 4.15 \text{ mm}$$

(3) 按齿根弯曲强度设计。

由式(6-12)得

$$m \leqslant \sqrt[3]{\frac{2KT_1}{\psi_d z_1^2 [\sigma_F]} Y_{Fa} Y_{sa} Y_\varepsilon}$$

① 确定计算参数。

a. 由图 6-23 查得小齿轮的弯曲疲劳极限 $\sigma_{Flim1} = 380 \text{ MPa}$，由图 6-24 查得大齿轮的弯曲疲劳极限 $\sigma_{Flim2} = 220 \text{ MPa}$。

b. 由图 6-27 查得弯曲疲劳寿命系数 $Y_{N1} = 0.91$，$Y_{N2} = 0.93$。

c. 计算弯曲疲劳许用应力。

取弯曲疲劳安全系数 $S_H = 1.3$，由式(6-9)得

$$[\sigma_{F1}] = \frac{Y_{N1}\sigma_{Flim1}}{S} = \frac{0.91 \times 380}{1.3}\, \text{MPa} = 266\, \text{MPa}$$

$$[\sigma_{F2}] = \frac{Y_{N2}\sigma_{Flim2}}{S} = \frac{0.93 \times 220}{1.3}\, \text{MPa} = 157.38\, \text{MPa}$$

d. 计算载荷系数：

$$K = K_A K_V K_{Fa} K_{F\beta} = 1 \times 1.15 \times 1 \times 1.37 = 1.58$$

e. 查取齿型系数。

由图 6-21 和图 6-22 查得 $Y_{Fa1} = 2.76$，$Y_{Fa2} = 2.22$。

f. 查取应力校正系数。

由图 6-27 查得 $Y_{sn}^1 = 1.56$；$Y_{sn}^2 = 1.77$。

g. 计算大、小齿轮的 $\dfrac{Y_{Fa}Y_{sa}}{[\sigma_F]}$，并加以比较，即

$$\frac{Y_{Fa1}Y_{sa1}}{[\sigma_{F1}]} = \frac{2.76 \times 1.56}{266} = 0.016\,19$$

$$\frac{Y_{Fa2}Y_{sa2}}{[\sigma_{F2}]} = \frac{2.22 \times 1.77}{157.38} = 0.024\,97$$

因大齿轮的数值大，故选为 0.024 97。

② 设计计算。

$$m_n \geqslant \sqrt[3]{\frac{2 \times 1.58 \times 7.876 \times 10^4}{1 \times 21^2} \times 0.024\,97}\ \text{mm} = 2.42\ \text{mm}$$

从上面的计算可知，若要保证齿面接触疲劳强度，则分度圆直径 $d_1 \geqslant 87.21$ mm；若要保证齿根弯曲疲劳强度，则模数 $m \geqslant 2.42$ mm。

于是可以取模数 $m > 2.42$，按家标准圆整为 2.5 mm，按接触疲劳强度计算分度圆直径 $d_1 = 87.21$ mm，算出小齿轮的齿数为

$$z_1 = \frac{d_1}{m} = \frac{87.21}{2.5} = 34.88$$

取 $z_1 = 35$，则 $z_2 = uz_1 = 3.8 \times 35 = 133$，取 $z_2 = 133$。

(4) 几何尺寸计算。

① 计算大、小齿轮的分度圆直径：

$$d_1 = z_1 m = 35 \times 2.5\ \text{mm} = 87.5\ \text{mm}$$
$$d_2 = z_2 m = 133 \times 2.5\ \text{mm} = 332.5\ \text{mm}$$

② 计算中心距：

$$a = \frac{(z_1 + z_2)m}{2} = \frac{(35 + 133) \times 2.5}{2}\ \text{mm} = 210\ \text{mm}$$

③ 计算齿轮宽度：

$$b = \varphi_d d_1 = 1 \times 87.5\ \text{mm} = 87.5\ \text{mm}$$

取 $B_2 = 92$ mm，$B_1 = 88$ mm。

(5) 结构设计及绘制齿轮零件图(略)。

【对应知识点】 标准直齿圆柱齿轮传动的强度计算
【思政元素案例】 大国工匠手中的神奇"画笔"

6.6 标准斜齿圆柱齿轮传动的强度计算

6.6.1 齿轮传动的受力分析

在斜齿圆柱齿轮传动中,轮齿的受力分析与直齿圆柱齿轮传动的受力分析一样,忽略齿间的摩擦,作用于齿面上的法向载荷 F_n 仍垂直于齿面,如图 6-30 所示。

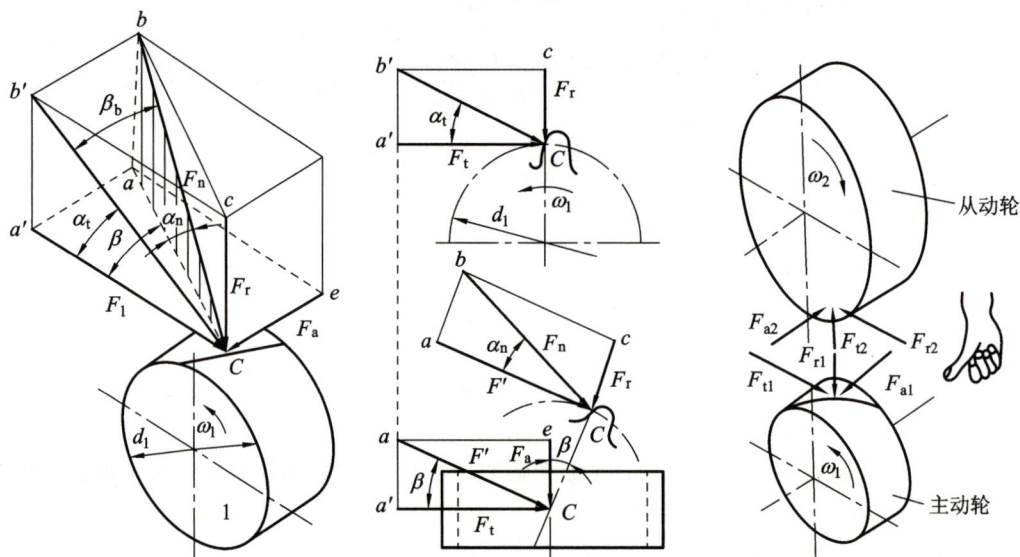

图 6-30   斜齿圆柱齿轮传动受力分析

作用于主动轮上的 F_n 位于法面 $Cabc$ 内,与节圆柱的切面 $Ca'ae$ 倾斜一法向啮合角 α_n。F_n 可沿齿轮的周向、径向、轴向分解为三个互相垂直的圆周力 F_t、径向力 F_r、轴向力 F_a,且有

$$\begin{cases} F_{t1} = \dfrac{2T_1}{d_1} \\[2mm] F_{r1} = F_{t1}\tan\alpha_t = \dfrac{F_{t1}\tan\alpha_n}{\cos\beta} \\[2mm] F_{a1} = F_{t1}\tan\beta \\[2mm] F_n = \dfrac{F_{t1}}{\cos\alpha_n\cos\beta} = \dfrac{F_{t1}}{\cos\alpha_t\cos\beta_b} \end{cases} \qquad (6-15)$$

式中:β 为节圆上的螺旋角(标准斜齿圆柱齿轮即分度圆上的螺旋角),$\beta = 8° \sim 20°$;β_b 为基

圆上的螺旋角；α_t 为端面压力角；α_n 为法面压力角，$\alpha_n = 20°$。

从动轮上的载荷也可分解为圆周力 F_t、径向力 F_r、轴向力 F_a，它们分别与主动轮上的各力大小相等、方向相反。

圆周力 F_t 的方向，在主动轮上与其转动方向相反，在从动轮上与其转动方向相同。径向力 F_r 的方向均指向各自的轮心。轴向力 F_a 的方向取决于齿轮的回转方向和轮齿的螺旋方向，可按"主动轮左、右手定则"来判断。

主动轮左、右手定则：用手（主动轮为左旋时用左手、为右旋时用右手）握住主动轮的轴线，以四指弯曲方向代表主动轮的回转方向，这时拇指的指向即主动轮上轴向力 F_a 的方向。从动轮上的轴向力 F_a 与主动轮上的轴向力大小相等、方向相反，如图 6-30 所示。

由式(6-15)可知，轴向力 F_a 与 $\tan\beta$ 成正比。为了不使轴承承受过大的轴向力，斜齿圆柱齿轮传动的螺旋角 β 不易选得过大，通常为 $8°\sim 20°$。在人字齿轮和双斜齿轮传动中，同一齿轮上按力学分析所得的两个轴向分力大小相等、方向相反，如图 6-31 所示，轴向分力的合力为零。因而人字齿轮和双斜齿轮的螺旋角可取较大值，即 $\beta = 15°\sim 45°$。人字齿轮传动的受力分析及强度计算可沿用斜齿轮传动的计算公式。

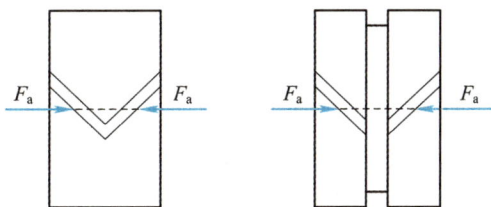

图 6-31　人字齿轮和双斜齿轮

6.6.2　齿面接触疲劳强度计算

斜齿圆柱齿轮在法面内相当于直齿圆柱齿轮，因此，斜齿圆柱齿轮传动的强度计算是按其当量直齿圆柱齿轮进行分析推导的，其齿面接触疲劳强度公式与直齿圆柱齿轮传动相似，但有以下两点区别：

(1) 斜齿圆柱齿轮的法向齿廓为渐开线，故综合曲率半径应取法面曲率半径 ρ_{n1} 和 ρ_{n2}。如图 6-32 所示，斜齿圆柱齿轮的法面曲率半径为节点处的法面曲率半径 ρ_n，它与端面曲率半径 ρ_t 的关系为

$$\rho_n = \frac{\rho_t}{\cos\beta_b} \tag{6-16}$$

因 $\rho_t = \dfrac{d\sin\alpha_t}{2}$，故

$$\rho_{n1} = \frac{d_1\sin\alpha_t}{2\cos\beta_b}, \quad \rho_{n2} = \frac{d_2\sin\alpha_t}{2\cos\beta_b},$$

有

$$\frac{1}{\rho_{\sum}} = \frac{1}{\rho_{n1}} \pm \frac{1}{\rho_{n2}} = \frac{2\cos\beta_b}{d_1\sin\alpha_t} \pm \frac{2\cos\beta_b}{ud_1\sin\alpha_t} = \frac{2\cos\beta_b}{d_1\sin\alpha_t} \cdot \frac{u \pm 1}{u} \tag{6-17}$$

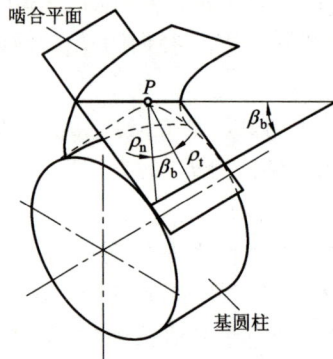

图 6-32 斜齿圆柱齿轮法面曲率半径

（2）斜齿圆柱齿轮传动由于接触线的倾斜及重合度的增大而使接触线长度加大，但接触线长度随啮合点不同而变化，且受重合度的影响，所以实际接触线长度 L 的计算较复杂。斜齿圆柱齿轮传动的啮合区如图 6-33 所示。由图 6-33 可知，每一条全齿宽的接触线长为 $\dfrac{b}{\cos\beta_b}$，接触线总长为啮合区内所有接触线长度之和。在啮合过程中，啮合线总长是变动的，可近似计算 L，即

$$L = \frac{b\varepsilon_\alpha}{\cos\beta_b} \qquad (6-18)$$

式中：ε_α 为端面重合度，可由图 6-34 查得。例如：已知 $z_1 = 22$，$z_2 = 70$，$\beta = 14°$，则由图 6-34 分别查得 $\varepsilon_{\alpha1} = 0.765$，$\varepsilon_{\alpha2} = 0.87$，得 $\varepsilon_\alpha = \varepsilon_{\alpha1} + \varepsilon_{\alpha2} = 0.765 + 0.87 = 1.635$。

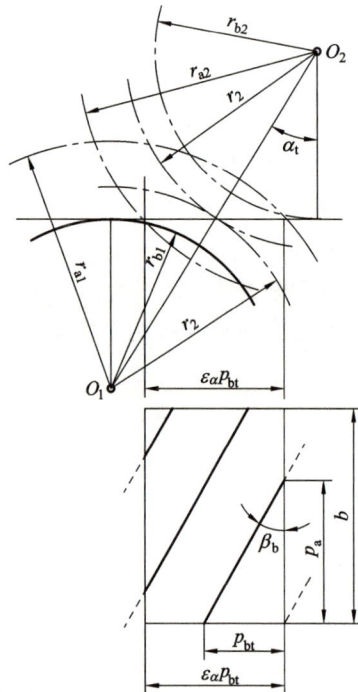

图 6-33 斜齿圆柱齿轮传动的啮合区

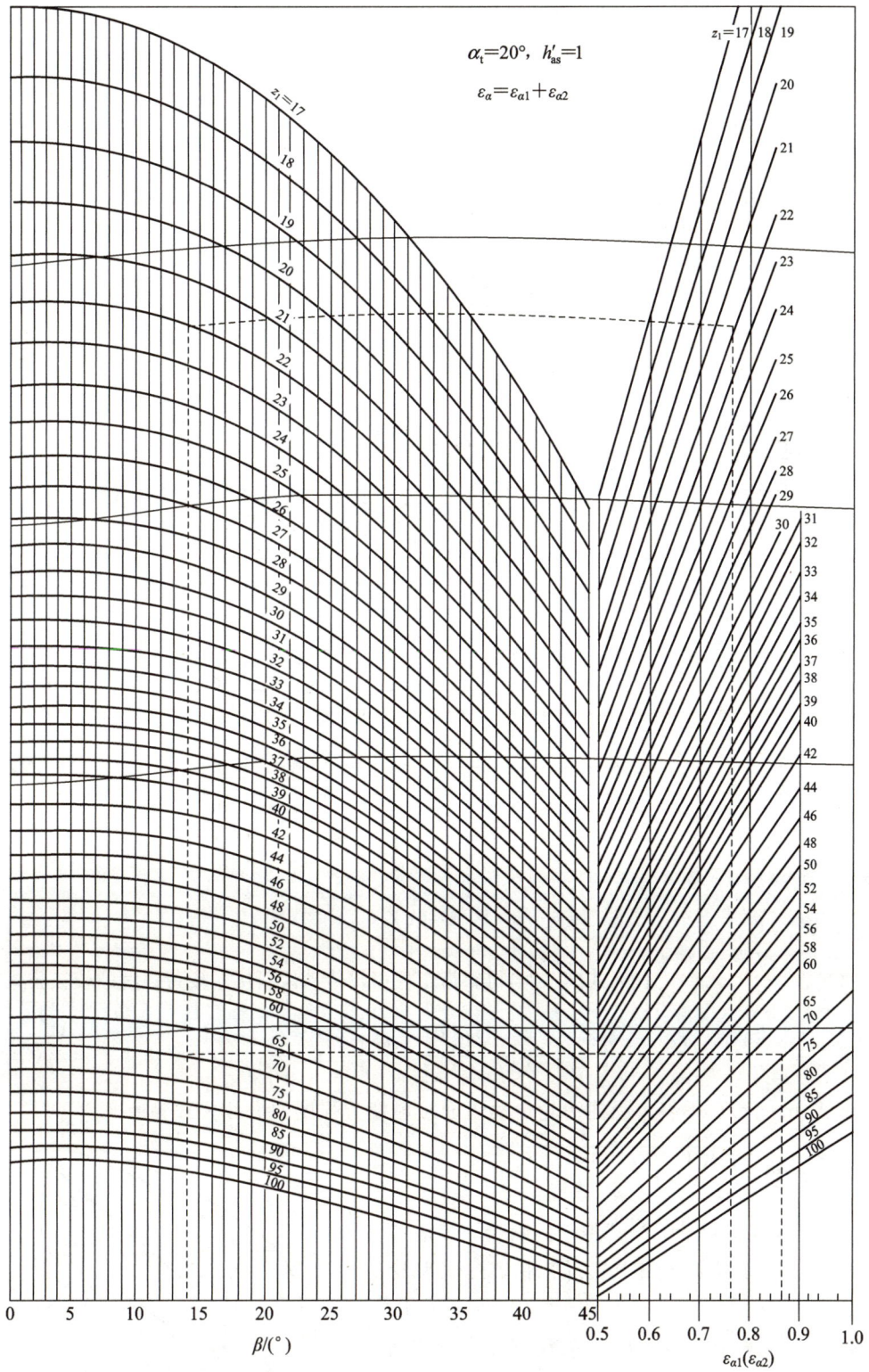

图 6-34　标准圆柱齿轮传动的端面重合度 ε_α

齿面接触应力可参考式(6-4)计算，即

$$\sigma_H = Z_E \sqrt{\frac{F_B}{L} \cdot \frac{1}{\rho_\Sigma}} \leqslant [\sigma_H]$$

考虑载荷系数后

$$F_{nc} = KF_n = \frac{KF_r}{\cos\alpha_t \cos\beta_b} = \frac{2KT_1}{d_1 \cos\alpha_t \cos\beta_b} \qquad (6-19)$$

将式(6-17)、式(6-18)及式(6-19)代入式(6-4)得

$$\sigma_H = Z_E \sqrt{\frac{KF_t}{b\varepsilon_a \cos\alpha_t}} \cdot \sqrt{\frac{2\cos\beta_b}{d_1 \sin\alpha_t} \cdot \frac{u \pm 1}{u}}$$

$$= Z_E \sqrt{\frac{KF_t}{bd_1\varepsilon_a} \cdot \frac{u \pm 1}{u} \cdot \sqrt{\frac{2\cos\beta_b}{\sin\alpha_t \cos\alpha_t}}} \leqslant [\sigma_H] \qquad (6-20)$$

令 $Z_H = \sqrt{\dfrac{2\cos\beta_b}{\sin\alpha_t \cos\alpha_t}}$，称为节点的区域系数，可由图6-35查取。

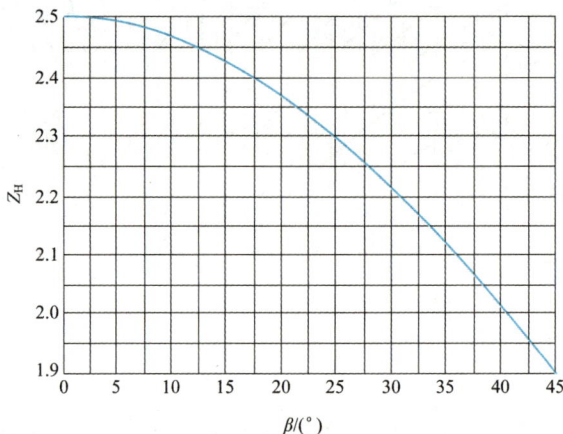

图6-35　区域系数 $Z_H(\alpha_n = 20°)$

将 $F_{x1} = \dfrac{2T_1}{d_1}$、$\varphi_d = \dfrac{b}{d_1}$ 代入式(6-20)得斜齿圆柱齿轮传动齿面接触疲劳强度的校核公式，即

$$\sigma_H = Z_E Z_H \sqrt{\frac{2KT_1}{\varphi_d d_1^3 \varepsilon_a} \cdot \frac{u \pm 1}{u}} \leqslant [\sigma_H] \qquad (6-21)$$

由式(6-21)可得斜齿圆柱齿轮传动齿面接触疲劳强度的设计公式为

$$d_1 \geqslant \sqrt[3]{\frac{2KT_1}{\varphi_d \varepsilon_a} \cdot \frac{u \pm 1}{u} \left(\frac{Z_H Z_E}{[\sigma_H]}\right)^2} \qquad (6-22)$$

式中："＋"用于外啮合，"－"用于内啮合，其他各参数的意义、单位和确定方法同直齿圆柱齿轮传动。

许可接触应力$[\sigma_H]$的取法：斜齿圆柱齿轮传动的接触线是倾斜的，其取法如图6-36所示。在同一齿面上有两部分同时参与啮合，即齿顶面部分

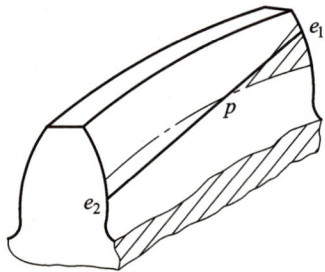

图6-36　斜齿圆柱齿轮齿面接触线

(图中 e_1p 段)和齿根面部分(图中 e_2p 段),因为齿顶面各点的曲率半径较大,所以齿顶面有较高的接触疲劳强度;一般小齿轮齿面的硬度要高于大齿轮,因此小齿轮的齿面接触疲劳强度一般高于大齿轮,大齿轮的齿根面发生齿面点蚀后,e_2p 段接触线已经不能再承受原来所承担的载荷,而要转移给齿顶面的接触线 e_1p 段来承担。由于 e_1p 段的接触疲劳强度高于 e_2p 段的,因此即使承担的载荷有所增加,只要未超过其承载能力,则大齿轮的齿顶面仍然不会出现齿面点蚀。同时,小齿轮的齿面接触疲劳强度较大,小齿轮齿根面未因载荷有所增大而发生齿面点蚀。可见,斜齿轮传动的齿面接触疲劳强度同时取决于大、小齿轮。因此,$[\sigma_H]$ 实际上取为 $\dfrac{1}{2}([\sigma_{H1}]+[\sigma_{H2}])$ 和 $1.23[\sigma_{H2}]$ 两者中的较小值。

6.6.3　齿根弯曲疲劳强度计算

斜齿圆柱齿轮的接触线是倾斜的,轮齿往往局部折断,危险剖面的形状不规则并且其位置也在变化,齿根弯曲应力状态较为复杂,因此精确分析较为困难。为了简化计算,通常以斜齿轮的法向当量为基础,采用与直齿轮基本相同的方法进行计算。斜齿圆柱齿轮的接触线倾斜对弯曲强度有利,因此引入螺旋角影响系数 Y_β,于是得斜齿圆柱齿轮齿根弯曲疲劳强度的校核公式为

$$\sigma_F = \frac{2KT_1}{bd_1m_n\varepsilon_\alpha}\cdot Y_{Fa}Y_{sa}Y_\beta = \frac{KF_t}{bm_n\varepsilon_\alpha}\cdot Y_{Fa}Y_{sa}Y_\beta \leqslant [\sigma_F] \tag{6-23}$$

将 $b=\varphi_d d_1$,$d_1=\dfrac{m_n}{\cos\beta}\cdot z_1$ 代入式(6-23),可得斜齿圆柱齿轮传动的弯曲疲劳强度设计公式为

$$m_n \leqslant \sqrt[3]{\frac{2KT_1Y_\beta\cos^2\beta}{\varphi_d z_1^2\varepsilon_\alpha}\cdot\frac{Y_{Fa}Y_{sa}}{[\sigma_F]}} \tag{6-24}$$

式中：Y_{Fa} 为齿形系数,可近似地按当量齿数 $z_v=z/\cos^3\beta$ 由图 6-21 和图 6-22 查取；Y_{sa} 为应力校正系数,按 z_v 查图 6-22；Y_β 为螺旋角影响系数,按图 6-37 查取；ε_β 为纵向重合度,$\varepsilon_\beta=b\sin\beta/(\pi m_n)=0.318\varphi_d z_1\tan\beta$。

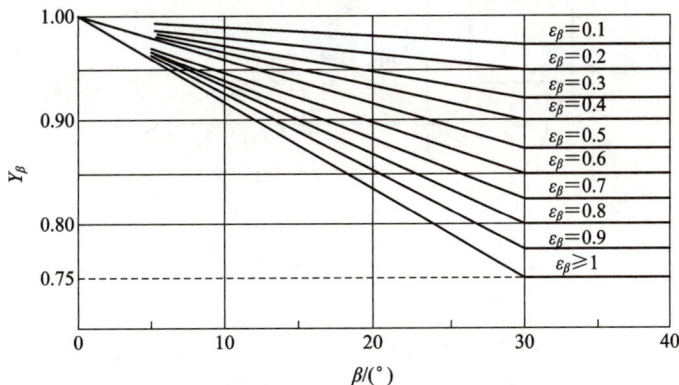

图 6-37　螺旋角影响系数 Y_β

式(6-23)和式(6-24)对标准齿轮传动和变位齿轮传动均适用,式中其他各参数的意

义、单位和确定方法同直齿圆柱齿轮传动。

6.7　标准直齿圆锥齿轮传动的强度计算

圆锥齿轮通常用于传递两相交轴之间的运动和动力,有直齿、斜齿和曲线齿之分,直齿最常用。轴交角可为任意角度,最常用的是两轴交角 $\Sigma = 90°$ 的圆锥齿轮传动。本节只介绍正交(两轴交角 $\Sigma = \delta_1 + \delta_2 = 90°$)的直齿圆锥齿轮传动的强度计算。

直齿圆锥齿轮的轮齿大小是沿齿宽 b 变化的,与到锥顶的距离成正比,轮齿大端刚度大,小端刚度小,因而载荷分布由大端向小端递减,直齿圆锥齿轮的标准模数为大端模数 m,锥齿轮的模数另有标准,其标准模数系列见表 6-10,其几何尺寸按大端计算。

表 6-10　直齿圆锥齿轮的模数 m/mm

1	1.125	1.25	1.375	1.5	1.75	2	2.25	2.5	2.75	3
3.25	3.5	3.75	4	4.5	5	5.5	6	6.5	7	8
9	10	11	12	14	16	18	20			

直齿圆锥齿轮传动的强度计算比较复杂。为了简化计算,其强度计算以齿宽中点的当量直齿圆柱齿轮为计算基础。这一当量齿轮为过齿宽中点的背锥展开所形成,其分度圆半径即齿宽中点处的背锥母线长,模数为齿宽中点的平均模数,法向力为齿宽宽度中点的合力 F_n。这样,直齿圆锥齿轮传动的强度计算即可引用直齿圆柱齿轮传动的相应公式。

6.7.1　主要设计参数计算

图 6-38 所示为直齿圆锥齿轮的几何关系。

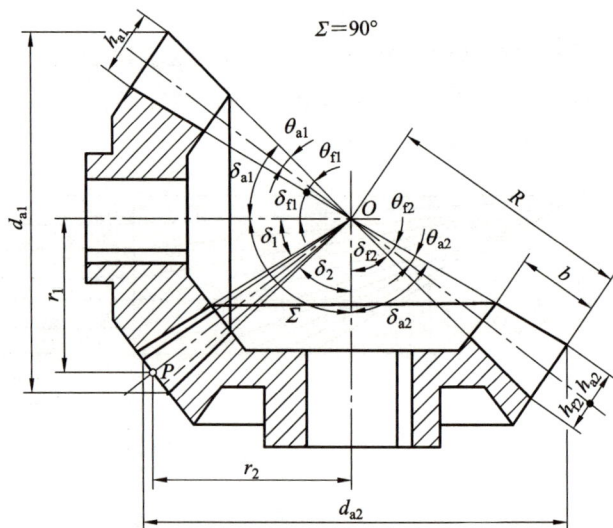

图 6-38　直齿圆锥齿轮的几何关系

由图可知:大端分度圆直径 $d = mz$,则齿数比

$$u = \frac{z_2}{z_1} = \frac{d_2}{d_1} = \frac{\sin\delta_2}{\sin\delta_1} = \tan\delta_2 = \cot\delta_1 \tag{6-25}$$

式中：δ_1 为大轮的分度圆锥角，δ_2 为小轮的分度圆锥角。

$$R = \frac{1}{2}\sqrt{d_1^2 + d_2^2} = \frac{d_1}{2}\sqrt{1 + \left(\frac{d_2}{d_1}\right)^2} = \frac{d_1}{2}\sqrt{1 + u^2} = \frac{m}{2}\sqrt{z_1^2 + z_2^2} \qquad (6-26)$$

令齿宽系数 $\varphi_R = \dfrac{b}{R}$，通常取 $\varphi_R = 0.25 \sim 0.35$，最常用的值为 $\varphi_R = 1/3$。

由图 6-38 可知：

$$\frac{R - \dfrac{b}{2}}{R} = \frac{\dfrac{d_m}{2}}{\dfrac{d}{2}} \qquad (6-27)$$

齿宽中点分度圆直径

$$d_m = d\left(1 - 0.5\frac{b}{R}\right) = d(1 - 0.5\varphi_R) \qquad (6-28)$$

齿宽中点分度圆模数

$$m_m = m\left(1 - 0.5\frac{b}{R}\right) = m(1 - 0.5\varphi_R) \qquad (6-29)$$

当量齿轮的齿数

$$z_{v1} = \frac{d_{v1}}{m_v} = \frac{\dfrac{d_{m1}}{\cos\delta_1}}{m_m} = \frac{\dfrac{m_m z_1}{\cos\delta_1}}{m_m} = \frac{z_1}{\cos\delta_1} \qquad (6-30)$$

同理，有

$$z_{v2} = \frac{z_2}{\cos\delta_2} \qquad (6-31)$$

当量齿数比为

$$u_v = \frac{z_{v2}}{z_{v1}} = \frac{z_2 \cos\delta_1}{z_1 \cos\delta_2} = \frac{z_2}{z_1} \cdot \tan\delta_2 = u^2 \qquad (6-32)$$

6.7.2　齿轮传动的受力分析

忽略摩擦力，作用在直齿圆锥齿轮齿面上的法向力 F_n 可分解为三个互相垂直的三个分力，即圆周力 F_{t1}、径向力 F_{r1} 和轴向力 F_{a1}。轮齿上三个分力的大小由图 6-39 分析得

$$\begin{cases} F_{t1} = \dfrac{2T_1}{d_{m1}} \\[2mm] F_{r1} = F_{t1}\tan\alpha\cos\delta \\[2mm] F_{a1} = F_{t1}\tan\alpha\sin\delta \\[2mm] F_n = \dfrac{F_t}{\cos\alpha} \end{cases} \qquad (6-33)$$

圆周力和径向力方向的确定方法与直齿轮相同，两齿轮的轴向力方向均沿各自的轴线指向大端。两齿轮的受力可根据作用力与反作用力原理确定：$F_{t1} = -F_{t2}$，$F_{r1} = -F_{a2}$，$F_{a1} = -F_{r2}$，负号表示两个力的方向相反。

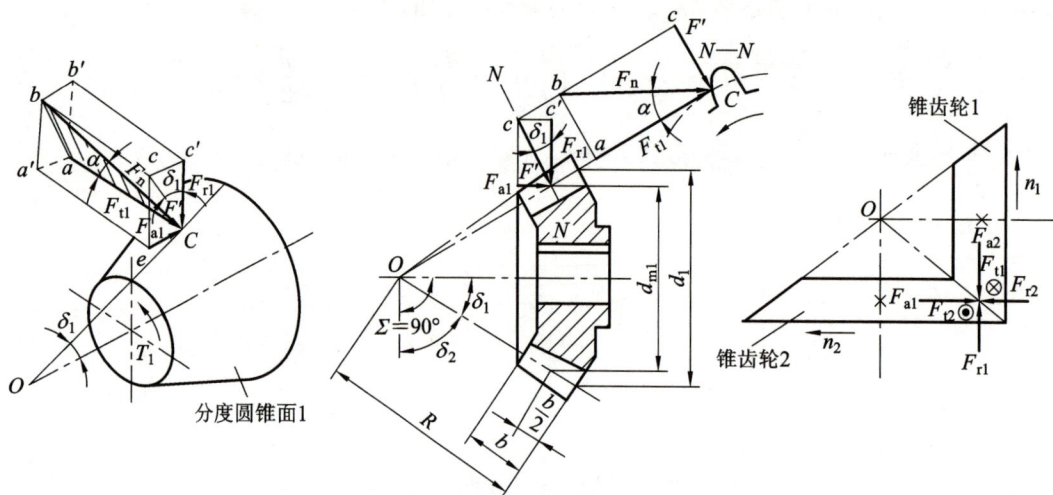

图 6-39　直齿圆锥齿轮传动受力分析

6.7.3　齿面接触疲劳强度计算

将当量直齿圆柱齿轮的有关参数代入式(6-5)中,把公式中的 d_1 和 u 分别用 d_{v1} 和 u_v 替换,则得直齿圆锥齿轮传动的齿面接触疲劳强度校核公式为

$$\sigma_H = Z_E Z_H \sqrt{\frac{3KT_{v1}}{bd_{v1}^2} \cdot \frac{u_v+1}{u_v}} \leqslant [\sigma_H] \tag{6-34}$$

将

$$F_t = \frac{2T_1}{d_{m1}} = \frac{2T_1}{d_1(1-0.5\varphi_R)}$$

$$b = \varphi_R R = \frac{\varphi_R d_1 \sqrt{u^2+1}}{2}$$

$$d_{v1} = \frac{d_{m1}\sqrt{u^2+1}}{u} = \frac{d_1\sqrt{u^2+1}}{u}(1-0.5\varphi_R)$$

$$u_v = u^2$$

代入式(6-34)中,得

$$\sigma_H = Z_E Z_H \sqrt{\frac{4KT_1}{\varphi_R(1-0.5\varphi_R)^2 d_1^3 u}} \leqslant [\sigma_H] \tag{6-35}$$

对 $\alpha = 20°$ 的直齿圆锥齿轮, $Z_H = 2.5$, 于是可得到校核公式:

$$\sigma_H = 5Z_E \sqrt{\frac{KT_1}{\varphi_R(1-0.5\varphi_R)^2 d_1^3 u}} \leqslant [\sigma_H] \tag{6-36}$$

设计公式为

$$d_1 \geqslant 2.92 \sqrt[3]{\left(\frac{Z_E}{[\sigma_H]}\right)^2 \frac{KT_1}{\varphi_R(1-0.5\varphi_R)^2 u}} \tag{6-37}$$

6.7.4 齿根弯曲疲劳强度计算

将当量直齿圆柱齿轮的有关参数代入式(6-11),则得齿根弯曲疲劳强度的校核公式为

$$\sigma_F = \frac{2KT_1}{bd_1m_m} \cdot Y_{Fa}Y_{sa} \leqslant [\sigma_F] \qquad (6-38)$$

把 $m_m = m(1-0.5\varphi_R)$ 代入式(6-38),得到校核公式为

$$\sigma_F = \frac{KF_tY_{Fa}Y_{sa}}{bm(1-0.5\varphi_R)} \leqslant [\sigma_F] \qquad (6-39)$$

则设计公式为

$$m \leqslant \sqrt[3]{\frac{4KT_1}{\varphi_R(1-0.5\varphi_R)^2 z_1^2 \sqrt{u^2+1}} \cdot \frac{Y_{Fa}Y_{sa}}{[\sigma_F]}} \qquad (6-40)$$

式中: Y_{Fa}、Y_{sa} 的意义同前,按 $z_v = \frac{z}{\cos\delta}$ 由图 6-21 和图 6-22 查取; K 为载荷系数, $K = K_A K_V K_\alpha K_\beta$; K_A 查表 6-2 可得, K_v 按 v_m 在图 6-8 中低一级的精度线查取, $K_{H\alpha} = K_{F\alpha} = 1$,齿向载荷分布系数 $K_{H\beta} = K_{F\beta} = 1.5 K_{H\beta be}$,轴承支撑系数 $K_{H\beta be}$ 可按表 6-11 查取。

表 6-11 轴承支撑系数

应　用	小轮和大轮的支撑		
	两者都是两端支撑	一个是两端支撑 一个是悬臂支撑	两者都是悬臂支撑
飞机用	1.00	1.10	1.25
车辆用	1.00	1.10	1.25
工业用、船舶用	1.00	1.25	1.50

6.8 齿轮的结构

齿轮结构取决于齿轮尺寸、材料、制造方法以及齿轮与其他零件的连接方式。当齿轮的直径很小($d_a < 2d_3$ 或 $\delta < 2.5 m_n$)无法单独做成一件装配在轴上时,可将其与轴做成一个整体。此时,所用材料要同时满足轴的要求(见图 6-40)。

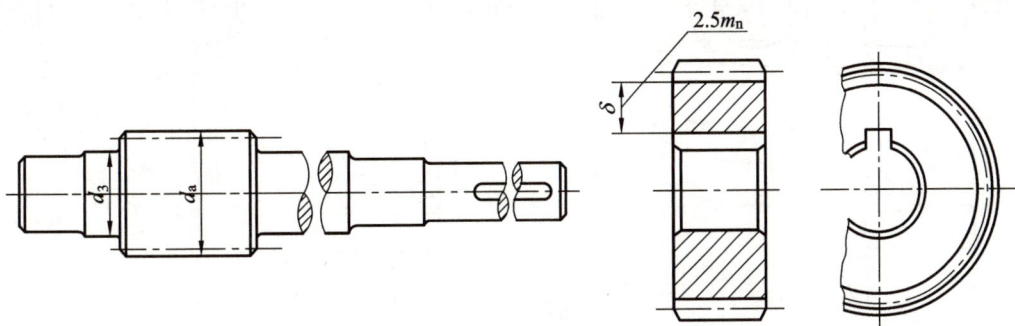

图 6-40　齿轮轴与最小 δ 值

当齿轮的齿顶圆直径 d_a＜500 mm 时，除非由于特殊原因（如缺少相应的锻造设备），一般都用锻造齿轮，将轴与齿轮分成两件。锻造齿轮的轮毂和辐板的形式随齿轮尺寸而异，图 6-41 所示为其结构图，详细尺寸可参看有关机械设计手册。

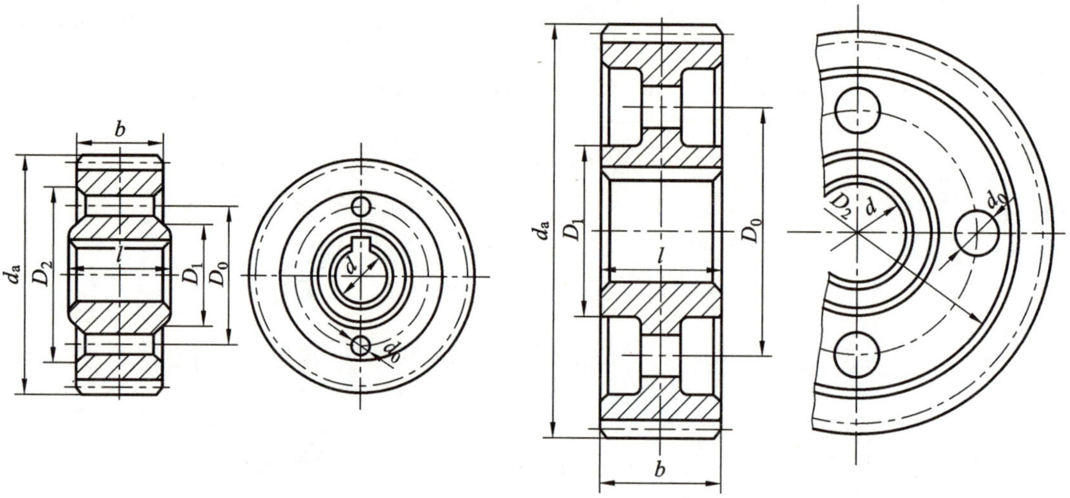

(a) d_a＜200 mm

(b) d_a＜500 mm

图 6-41　锻造齿轮结构

当齿轮的齿顶圆直径 d_a≥500 mm 时，除去个别情况（如大型压力机），一般都用铸造齿轮。铸造齿轮的结构如图 6-42 所示，d_a＜500 mm 的用单辐板，不必配加强肋板（见图 6-42(a)）；d_a＞400 mm，b≤240 mm 的要用加强肋板（见图 6-42(b)）；d_a＞1000 mm，b＞240 mm 的要用双辐板，并配以内加强肋板（见图 6-42(c)）。详细尺寸可参看有关机械设计手册。

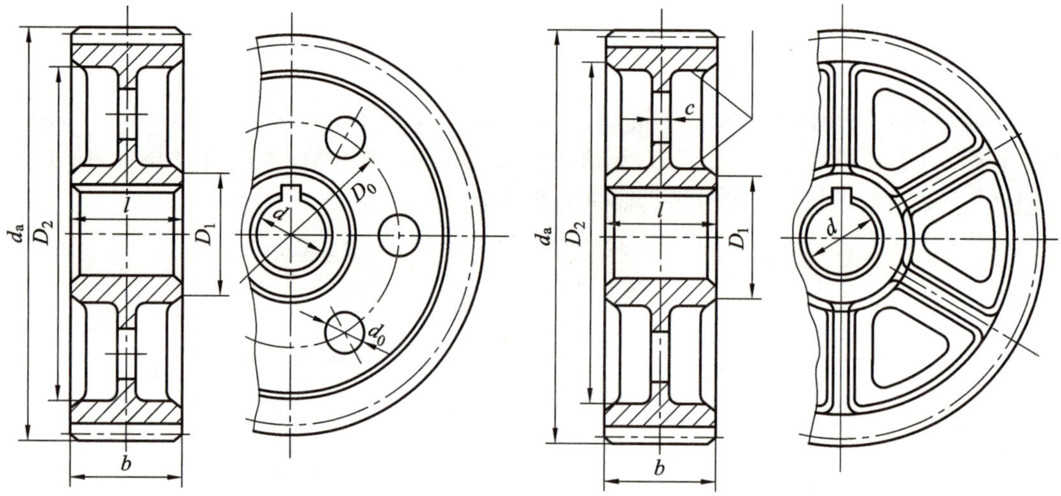

(a) d_a＜500 mm

(b) d_a＞400 mm，b≤240 mm

(c) $d_a > 1000$ mm，$b > 240$ mm

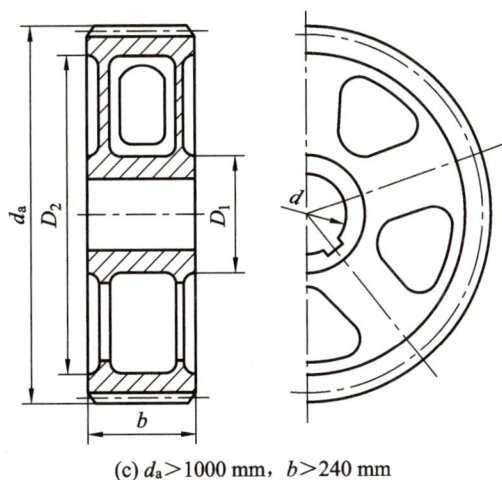

图 6-42　铸造齿轮结构

对于大型齿轮($d_a > 600$ mm)，为了节约贵重材料，可将齿轮做成装配式结构，将用优质材料做的齿圈套装在铸钢或铸铁轮心上(见图 6-43)。对单件或小批量生产的大型齿轮，还可做成焊接结构(见图 6-44)。

(a) 单辐板　　(b) 双辐板

图 6-43　装配式齿轮结构

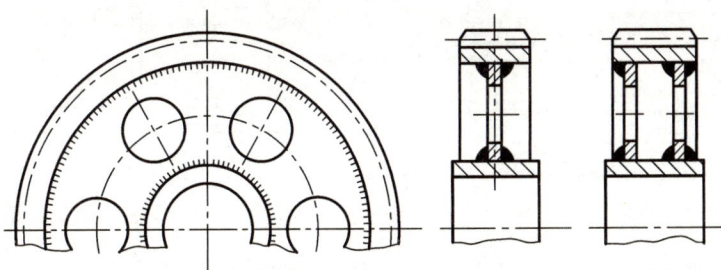

图 6-44　焊接齿轮结构

为了保证在装配后仍有足够的实际宽度，小齿轮的齿宽应比计算齿宽或名义齿宽稍宽，其值视齿轮尺寸、加工精度与装配精度而定，一般宽为 5～15 mm；中心距小，加工精度与装配精度高时取小值。

◆▶ 课程思政案例6.4 12年打造一颗"中国心"（付出必有收获）

【对应知识点】 齿轮的结构

【思政元素案例】 12年打造一颗"中国心"

6.9　齿轮传动的润滑

6.9.1　齿轮传动的润滑方式

齿轮在传动时，相啮合的齿面间有相对滑动，因此就会发生摩擦和磨损，增加动力消耗，降低传动效率。特别是高速传动，就更需要考虑齿轮的润滑。

轮齿啮合面间加注润滑剂可避免金属直接接触，减少摩擦损耗，还可散热及防锈蚀。因此，对齿轮传动进行适当润滑，可大大改善轮齿的工作状况，确保运转正常及预期的寿命。

开式及半开式齿轮传动或速度较低的闭式齿轮传动通常以人工做周期性加润滑油润滑，所用润滑剂为润滑油或润滑脂。

通用的闭式齿轮传动，其润滑方式根据齿轮的圆周速度大小而定。当齿轮的圆周速度 $v<12$ m/s 时，常将大齿轮的轮齿浸入油池中进行浸油润滑（见图 6-45）。这样，齿轮在转动时，就把润滑油带到啮合的齿面上，同时也将油甩到箱壁上借以散热。齿轮浸入油中的深度可视齿轮的圆周速度大小而定。对圆柱齿轮，通常不宜超过一个齿高，但一般也不应小于 10 mm；对圆锥齿轮，应浸入全齿宽（至少应浸入齿宽的一半）。在多级齿轮传动中，可借带油轮将油带到未浸入油池内齿轮的齿面上（见图 6-46）。油池中油量的多少取决于齿轮传递功率的大小。对单级传动，每传递 1 kW 的功率，需油量为 0.35～0.7 L。对于多级传动，需油量按级数成倍地增加。

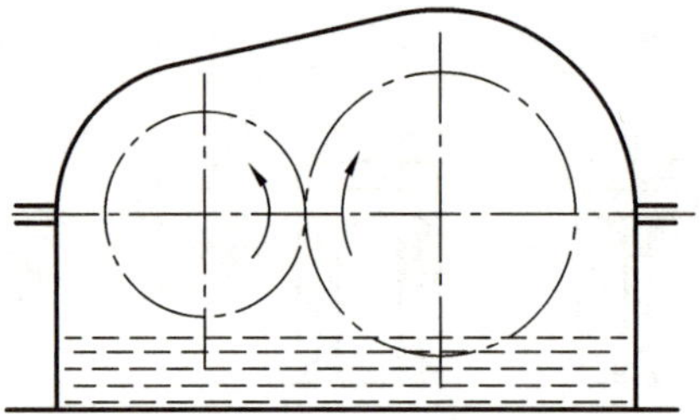

图 6-45　浸油润滑

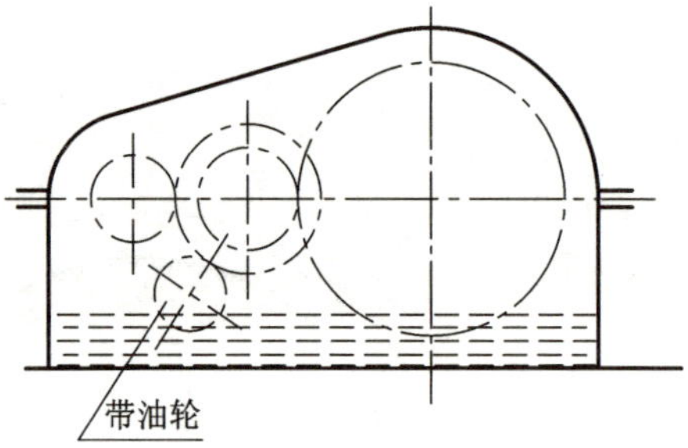

图 6-46　用带油轮带油

当齿轮的圆周速度 $v>12$ m/s 时，应采用喷油润滑（见图 6-47），即由油泵或中心供油站以一定的压力供油，借喷嘴将润滑油喷到轮齿的啮合面上。当 $v\leqslant25$ m/s 时，喷嘴位于轮齿啮入边或啮出边均可；当 $v>25$ m/s 时，喷嘴应位于轮齿啮出的一边，以便借润滑油及时冷却刚啮合过的轮齿，同时也对轮齿进行润滑。

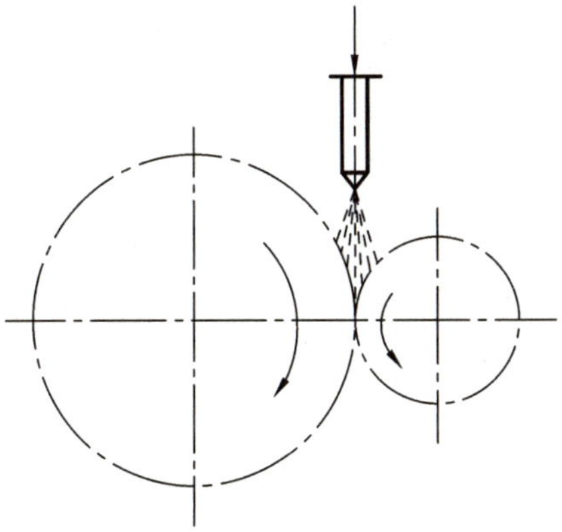

图 6 - 47　喷油润滑

6.9.2　齿轮传动润滑油的黏度

润滑油的黏度一般根据齿轮的圆周速度来选择。表 6 - 12 列出了几种润滑油的运动黏度，可根据查得的黏度选定润滑油的牌号。

表 6 - 12　齿轮传动推荐用的润滑油运动黏度 $\nu_{40℃}$

齿轮类型		圆周速度 $v/(\text{m} \cdot \text{s}^{-1})$						
		<0.5	$0.5\sim1$	$1\sim2.5$	$2.5\sim5$	$5\sim12.5$	$12.5\sim25$	>25
铸铁、青铜		320	220	150	100	80	60	—
钢	$\sigma_B=450\sim1000$ MPa	500	320	220	150	100	80	60
	$\sigma_B=1000\sim1250$ MPa	500	500	320	220	150	100	80
渗碳或表面淬火钢 $\sigma_B=1250\sim1500$ MPa		1000	500	500	320	220	150	100

本 章 小 结

1. 齿轮的失效形式及设计准则

齿轮的失效形式可分为轮齿折断、齿面点蚀、齿面胶合、齿面磨损、齿面塑性变形。

一般的齿轮传动设计准则：对于闭式软齿面齿轮传动，其主要失效形式为齿面点蚀，先按齿面接触强度进行设计，然后校核轮齿弯曲强度。对于闭式硬齿面齿轮传动，其主要失效形式为轮齿折断，先按轮齿弯曲强度进行设计，然后校核齿面接触强度。对于开式、半开式齿轮传动，其主要失效形式是齿面磨损和因磨损导致的轮齿折断，只进行齿根弯曲强度计算，用降低轮齿许用弯曲疲劳应力或增大模数的方法以考虑磨损的影响。

2. 齿轮材料及热处理

齿轮常用的材料：钢、铸铁、有色金属和非金属材料。

齿轮热处理：软齿面——调质、正火；硬齿面——表面淬火、渗碳淬火、渗氮和碳氮共渗。

配对齿轮齿面硬度选择：软齿面齿轮传动——小齿轮齿面硬度比大齿轮高 30～50 HBS；硬齿面齿轮传动——小齿轮的硬度应略高，也可和大齿轮相等。

3. 齿轮传动的受力分析

直齿圆柱齿轮所受的法向压力 F_n 可分解为圆周力 F_t 和径向力 F_r；斜齿圆柱齿轮及直齿圆锥齿轮所受的法向压力 F_n 可分解为圆周力 F_t、径向力 F_r 和轴向力 F_a，要学会判断各力的方向，结合受力分析图熟记各力的计算公式。

4. 齿轮传动的强度计算

为保证齿面不发生接触疲劳点蚀，应进行齿面接触疲劳强度计算；为保证轮齿不发生疲劳折断，应进行轮齿弯曲疲劳强度计算。每一种强度计算有两个公式，即设计公式和校核公式。

清楚直齿圆柱齿轮的弯曲疲劳强度与接触疲劳强度计算公式是由材料力学的弯曲应力公式和弹性力学的赫兹公式推导而来的；搞清齿根弯曲应力最大时的轮齿啮合位置及齿面接触应力最大时的啮合位置，以及作一般计算时的处理方法；斜齿圆柱齿轮与直齿圆锥齿轮的强度计算公式，是将斜齿圆柱齿轮与直齿圆锥齿轮转化为当量直齿圆柱齿轮，并考虑斜齿和锥齿的特点推导而来的；理解公式中有关系数的物理意义，学会设计参数的选择，掌握各图表和公式的具体应用。

习　　题

6-1　某标准直齿圆柱齿轮闭式传动的功率 $P=36\,kW$，主动轮转速 $n_1=750\,r/min$，传动比 $i=3$，有中等冲击，单向运转，齿轮相对轴承为非对称布置，每天工作 8 h，使用寿命为 10 年(按每年 250 天计)，试设计该齿轮传动。

6-2　设计一斜齿圆柱齿轮闭式传动，传递的功率 $P=25\,kW$，主动轮转速 $n_1=730\,r/min$，传动比 $i=3.5$，有中等冲击，单向运转，齿轮相对轴承为非对称布置，每天工作 16 h，使用寿命为 8 年(按每年 250 天计)。

6-3　某闭式标准斜齿圆柱齿轮的传动功率 $P=22\,kW$，$n_1=1440\,r/min$，$n_2=300\,r/min$，运转方向经常改变，载荷平稳，齿轮相对轴承为对称布置，预期使用寿命为 24 000 h，大小齿轮均用 45 号钢，试设计该齿轮传动。

6-4　某直齿圆柱齿轮开式传动的载荷平稳，用电动机驱动，单向转动，$P=1.9\,kW$，$n_1=10\,r/min$，$z_1=26$，$z_2=85$，$m=7\,mm$，$b=90\,mm$，小齿轮材料为 ZG45 号正火钢，试验算其强度。

6-5　某单级斜齿圆柱齿轮减速器，已知：$n_1=960\,r/min$(和电动机轴直接连接)，法向模数 $m_n=10\,mm$，齿数 $z_1=19$，$z_2=82$，螺旋角为 φ，齿宽 $b=200\,mm$，载荷平稳，齿轮相对轴承为对称布置，预期使用寿命为 36 000 h，大齿轮用 45 号钢，小齿轮用 40Cr 号钢，正火处理。试确定该减速器所能传递的功率。

第7章 蜗杆传动设计

蜗杆传动是一种应用广泛的机械传动形式。本章主要介绍蜗杆传动的类型和特点，蜗杆传动的主要参数和几何尺寸计算，承载能力计算，热平衡、效率计算及蜗杆传动的润滑。

7.1 概 述

蜗杆传动是由蜗杆和蜗轮组成的，用于空间交错的两轴间运动和动力的传递，两轴线交错夹角可为任意值，常用的为 90°，如图 7-1 所示。这种传动机构具有结构紧凑、传动比大、传动平稳以及在一定的条件下具有可靠的自锁性等优点，应用较为广泛。其缺点是传动效率低，摩擦发热大，常需耗用有色金属，故不宜用于长期连续工作的传动。蜗杆传动通常用于减速装置，也有个别机器用于增速装置，如离心机、内燃机增压器等。

随着机器功率的不断提高，近年来陆续出现了多种新型的蜗杆传动，其效率正在逐步提高。

7.1.1 蜗杆传动的类型

按蜗杆形状的不同，蜗杆传动可分为圆柱蜗杆传动、环面蜗杆传动和锥面蜗杆传动等，如图 7-2 所示。下面主要介绍圆柱蜗杆传动。

图 7-1 蜗杆传动

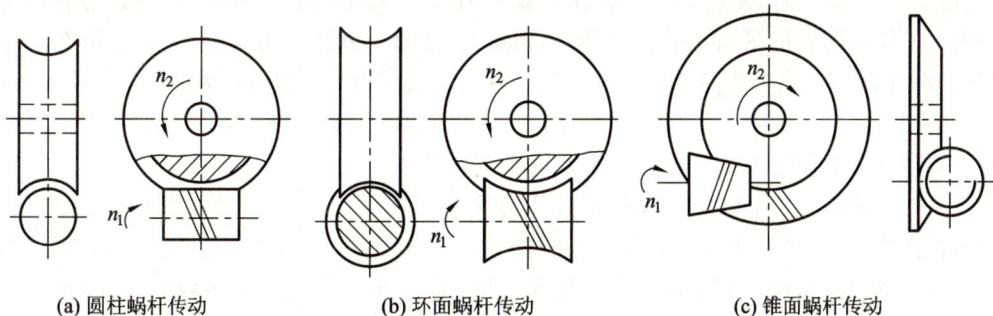

(a) 圆柱蜗杆传动   (b) 环面蜗杆传动   (c) 锥面蜗杆传动

图 7-2 蜗杆传动的类型

1. 圆柱蜗杆传动

圆柱蜗杆传动包括普通圆柱蜗杆传动和圆弧圆柱蜗杆传动两类。

普通圆柱蜗杆的齿面(除阿基米德蜗杆外)一般是在车床上用直线刀刃的车刀车制的。车刀安装位置不同,所加工出的蜗杆齿面在不同截面中的齿廓曲线也不同。根据不同的齿廓曲线,普通圆柱蜗杆可分为阿基米德蜗杆(ZA 蜗杆)、渐开线蜗杆(ZI 蜗杆)、法向直廓蜗杆(ZN 蜗杆)和锥面包络蜗杆(ZK 蜗杆)四种,如图 7 - 3 所示。

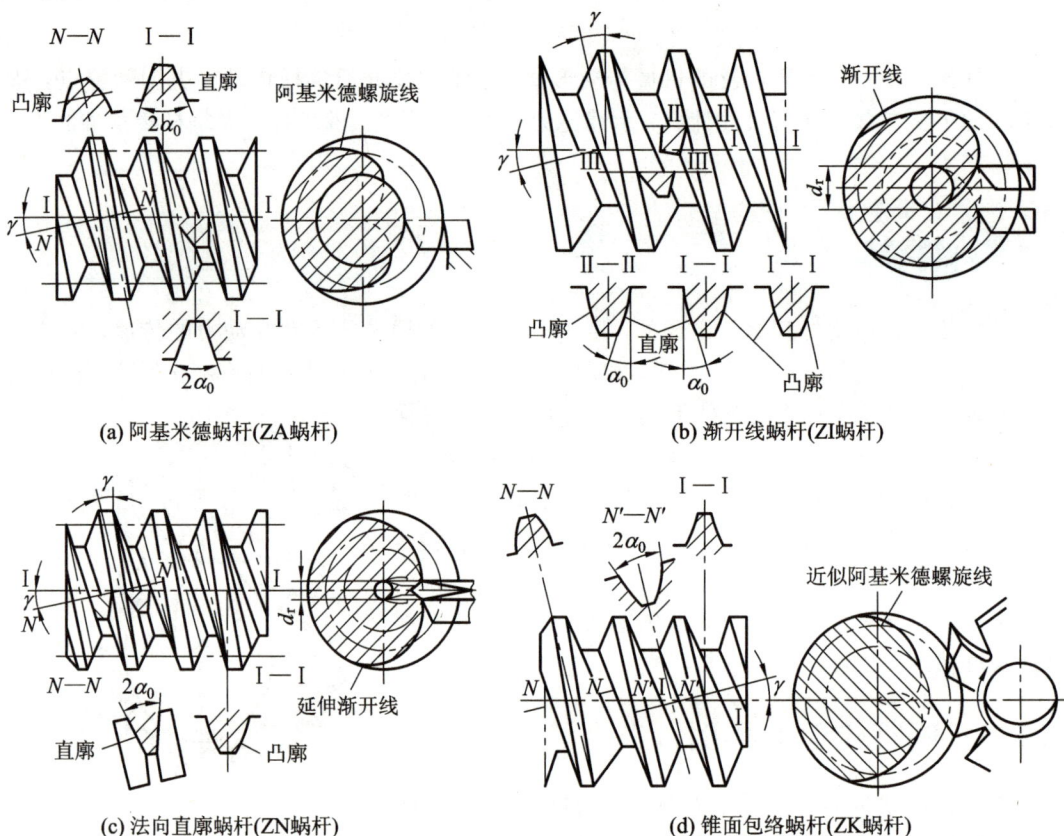

(a) 阿基米德蜗杆(ZA蜗杆)

(b) 渐开线蜗杆(ZI蜗杆)

(c) 法向直廓蜗杆(ZN蜗杆)

(d) 锥面包络蜗杆(ZK蜗杆)

图 7 - 3   普通圆柱蜗杆的类型

(1) 阿基米德蜗杆(ZA 蜗杆)。其在垂直于蜗杆轴线的平面(端面)上,齿廓为阿基米德螺旋线,在包含轴线的平面上的齿廓(轴向齿廓)为直线,其齿形角 $\alpha_0 = 20°$。它可在车床上用直线刀刃的单刀(当导程角 $\gamma \leqslant 3°$ 时)或双刀(当导程角 $\gamma > 3°$ 时)车削加工。安装刀具时,切削刃的顶面必须通过蜗杆的轴线,如图 7 - 3(a)所示。这种蜗杆磨削困难,当导程角较大时加工不便,一般用于低速、轻载或不太重要的传动。

(2) 渐开线蜗杆(ZI 蜗杆)。蜗杆的端面齿廓为渐开线,所以它相当于一个少齿数(齿数等于蜗杆头数)、大螺旋角的渐开线斜齿圆柱齿轮,如图 7 - 3(b)所示。加工时,车刀刀刃平面与基圆相切。这种蜗杆可以在专用机床上磨削,一般用于蜗杆头数较多、转速较高、载荷和功率较大的精密传动。

(3) 法向直廓蜗杆(ZN 蜗杆)。蜗杆的端面齿廓为延伸渐开线,法面($N—N$)齿廓为直线,如图 7 - 3(c)所示。ZN 蜗杆也是用直线刀刃的单刀或双刀在车床上车削加工的,车刀刀刃平面置于螺旋线的法面上。这种蜗杆磨削起来也比较困难,精度较低,多用于分度蜗杆传动。

（4）锥面包络蜗杆（ZK 蜗杆）。蜗杆的齿面为圆锥面族的包络曲面,在各个剖面上的齿廓都呈曲线。加工时,采用盘状铣刀或砂轮放置在蜗杆齿的法面内,由刀具锥面包络而成,如图 7 - 3（d）所示。这种蜗杆切削和磨削容易,易获得高精度,目前应用广泛。

除上述几种常用的普通圆柱蜗杆传动外,还有圆弧圆柱蜗杆（ZC 蜗杆）传动,如图 7 - 4 所示。圆弧圆柱蜗杆传动是一种凹凸齿廓相啮合的传动,也是一种线接触的啮合传动。这种蜗杆传动的特点是:承载能力高,一般比普通圆柱蜗杆传动高 50%～150%;效率高,一般可达 90% 以上;结构紧凑。这种传动已广泛应用于冶金、矿山、起重等机械设备的减速机构中。

2. 环面蜗杆传动

环面蜗杆的特征是蜗杆体在轴向的外形是以凹圆弧为母线所形成的旋转曲面,如图 7 - 2（b）所示。在这种蜗杆传动的啮合带内,蜗轮的节圆位于蜗杆的节弧面上。由于同时啮合的齿数多,而且轮齿接触线与蜗杆齿运动的方向近于垂直,从而使轮齿间具有油膜形成条件,因此这种蜗杆传动的承载能力是普通圆柱蜗杆传动的 2～4 倍,效率可达 85%～90%,但对制造和安装精度的要求高。

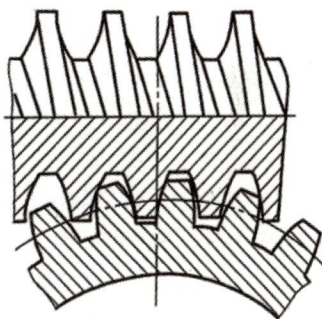

图 7 - 4　圆弧圆柱蜗杆传动

3. 锥面蜗杆传动

锥面蜗杆传动的蜗杆与蜗轮的轮齿分布在圆锥外表面上,如图 7 - 2（c）所示,这种蜗杆传动的特点是,同时啮合齿数多,重合度大,传动平稳,承载能力高;传动范围大;侧隙可调;蜗轮可用淬火钢制成,节约了有色金属。

课程思政案例 7.1　疫情之下的媒体人（选择与担当）

【对应知识点】　蜗杆传动类型的选择
【思政元素案例】　疫情之下的媒体人

7.1.2　蜗杆传动的特点

蜗杆传动的特点如下:

（1）能实现大的传动比。在动力传动中,一般传动比 $i = 10～80$;在分度机构或手动机构的传动中,传动比可达 300;若只传递运动,则传动比可达 1000。由于传动比大,零件数目又少,因而蜗杆传动的结构很紧凑。

（2）在蜗杆传动中,由于蜗杆齿是连续不断的螺旋齿,它和蜗轮齿是逐渐进入啮合及逐渐退出啮合的,同时啮合的齿对又较多,故冲击载荷小,传动平稳,噪声低。

（3）当蜗杆的螺旋线升角小于啮合面的当量摩擦角时,蜗杆传动便具有自锁性。

（4）蜗杆传动与螺旋齿轮传动相似,在啮合处有相对滑动。当滑动速度很大,工作条件不够良好时，会产生较严重的摩擦与磨损，从而引起过分发热，使润滑情况恶化。因此，蜗杆传动的摩擦损失较大，效率较低；当传动具有自锁性时，效率仅为 40% 左右。

■■■ 7.2 普通圆柱蜗杆传动的主要参数和几何尺寸计算

7.2.1 圆柱蜗杆传动的主要参数及其选择

圆柱蜗杆传动的主要参数有模数 m、压力角 α、分度圆直径 d_1、蜗杆头数 z_1 等。进行蜗杆传动的设计时，首先要正确地选择参数。

1. 模数 m 和压力角 α

和齿轮传动一样，蜗杆传动的几何尺寸也以模数为主要计算参数。蜗杆和蜗轮啮合时在中间平面上，蜗杆的轴面模数、压力角应与蜗轮的端面模数、压力角相等，即

$$m_{a1} = m_{t2} = m \tag{7-1}$$

$$\alpha_{a1} = \alpha_{t2} \tag{7-2}$$

阿基米德蜗杆（ZA 蜗杆）的轴向压力角 α_d 为标准值（20°），法向直廓蜗杆（ZN 蜗杆）、渐开线蜗杆（ZI 蜗杆）和锥面包络圆柱蜗杆（ZK 蜗杆）的法向压力角 α_n 为标准值（20°），蜗杆轴向压力角与法向压力角的关系为

$$\tan\alpha_d = \frac{\tan\alpha_n}{\cos\gamma} \tag{7-3}$$

式中：γ 为导程角。

2. 蜗杆的分度圆直径 d_1

在蜗杆传动中，为了保证蜗杆与配对蜗轮的正确啮合，常用与蜗杆具有同样尺寸的蜗轮滚刀来加工与其配对的蜗轮。这样，只要有一种尺寸的蜗杆，就需要一种对应的蜗轮滚刀。对于同一模数，可以有很多不同直径的蜗杆，因而对每一模数就要配备很多蜗轮滚刀。显然，这样很不经济。为了限制蜗轮滚刀的数目及便于滚刀的标准化，就对每一标准模数规定了一定数量的蜗杆分度圆直径 d_1，定义比值

$$q = \frac{d_1}{m} \tag{7-4}$$

为蜗杆的直径系数。d_1 与 q 已有标准值，常用的标准模数 m 和蜗杆分度圆直径 d_1，及直径系数 q 可查表得到。如果采用非标准滚刀或飞刀切制蜗轮，d_1 与 q 可不受标准值的限制。

3. 蜗杆头数 z_1

蜗杆头数 z_1 可根据要求的传动比和效率来选定。单头蜗杆传动的传动比可以较大，但效率较低。如需提高效率，应增加蜗杆的头数。但蜗杆头数过多，又会给加工带来困难，所以，通常蜗杆头数取为 1、2、4、6。

4. 导程角 γ

蜗杆的直径系数 q 和蜗杆头数 z_1 选定后，蜗杆分度圆上的导程角 γ 即可确定：

$$\tan\gamma = \frac{p_z}{\pi d_1} = \frac{z_1 p_a}{\pi d_1} = \frac{z_1 m}{d_1} = \frac{z_1}{q} \tag{7-5}$$

式中：p_a 为蜗杆轴向齿距；p_z 为蜗杆导程。

5. 传动比 i 和齿数比 u

传动比：

$$i = \frac{n_1}{n_2} \qquad\qquad (7-6)$$

式中：n_1、n_2 分别为蜗杆和蜗轮的转速（r/min）。

齿数比：

$$u = \frac{z_2}{z_1} \qquad\qquad (7-7)$$

式中：z_2 为蜗轮的齿数。

当蜗杆为主动轮时，i 为

$$i = \frac{n_1}{n_2} = \frac{z_2}{z_1} = u \qquad\qquad (7-8)$$

6. 蜗轮齿数 z_2

蜗轮齿数 z_2 主要根据传动比来确定。注意：为了避免用蜗轮滚刀切制蜗轮时产生根切与干涉，理论上应 $z_{2\min} \geqslant 17$。但当 $z_2 < 26$ 时，啮合区要显著减小，将影响传动的平稳性；而在 $z_2 > 30$ 时，则可始终保持有两对以上的齿啮合，所以通常规定 $z_2 > 28$。对于动力传动，z_2 一般不大于 80。这是由于当蜗轮直径不变时，z_2 越大，模数就越小，将使轮齿的弯曲强度削弱；当模数不变时，蜗轮的直径尺寸将要增大，使相啮合的蜗杆支承间距加长，这将降低蜗杆的弯曲刚度，容易产生挠曲而影响正常的啮合；z_1、z_2 的荐用值见表 7-1，当设计非标准或分度传动时，z_2 的选择可不受限制。

表 7-1　蜗杆头数 z_1 与蜗轮齿数 z_2 的荐用值

$i = \dfrac{z_2}{z_1}$	z_1	z_2
5	6	29～31
7～15	4	29～61
14～30	2	29～61
29～82	1	29～82

7. 蜗杆传动的标准中心距 a

蜗杆传动的标准中心距为

$$a = \frac{1}{2}(d_1 + d_2) = \frac{1}{2}(q + z_2)m \qquad\qquad (7-9)$$

普通圆柱蜗杆传动的基本尺寸和参数及蜗轮参数的匹配见表 7-2。设计普通圆柱蜗杆减速装置时，在按接触强度或弯曲强度确定了中心距 a 或 $m^2 d_1$ 后，一般应使 a 按表 7-2 所列的数据确定蜗杆与蜗轮的尺寸和参数，并按表值予以匹配。如可自行加工蜗轮滚刀或减速器箱体，也可不按表 7-2 选配参数。

表 7 – 2　普通圆柱蜗杆传动的基本尺寸和参数及蜗轮参数的匹配

中心距 a /mm	模数 m /mm	分度圆直径 d_1/mm	$m^2 d_1$ /mm³	蜗杆头数 z_1	直径系数 q	导程角 γ	蜗轮齿数 z_2	变位系数 x
40	1	18	18	1	18.00	3°10′47″	62	0
50							82	0
40	1.25	20	31.25	1	16.00	3°34′35″	49	−0.500
50		22.4	35	1	17.92	3°11′38″	62	+0.040
63							82	+0.440
50	1.6	20	51.2	1	12.50	4°34′26″	51	−0.500
				2		90°5′25″		
				4		17°44′41″		
63		28	71.68	1	17.50	3°16′14″	62	+0.125
80							82	+0.250
40	2	22.4	89.6	1	11.20	5°06′08″	29	−0.100
80		35.5	142	1	17.75	3°10′47″	62	+0.125
100							82	
50	2.5	28	175	1	11.20	5°06′08″	29	−0.100
100		45	281.25	1	18.00	3°10′47″	62	0
63	3.15	35, 5	352.25	1	11.27	5°04′15″	29	−0.1349
125		56	555.66		11.778	3°13′10″	62	−0.2063
100	5	50	1250	1	10.00	5°42′38″	31	−0.500
200		90	2250	1	18.00	3°10′47″	62	0
160	8	80	5120	1	10.00	5°42′38″	31	−0.500
(200)				2		11°18′36″	(41)	(−0.500)
(225)				4		21°48′05″	(47)	(−0.375)
(250)				6		30°57′50″	(52)	(+0.250)

课程思政案例7.2　一个计算失误：酿成严重的工程灾难（严谨认真）

【对应知识点】　蜗杆传动主要参数选择及计算
【思政元素案例】　一个计算失误：酿成严重的工程灾难

7.2.2　圆柱蜗杆传动的几何尺寸计算

圆柱蜗杆传动的基本几何尺寸及其计算关系式见表 7 – 3 和表 7 – 4。

表 7 - 3　圆柱蜗杆传动的基本几何尺寸及其计算关系式

名　称	代号	计算关系式	说　明
中心距	a	$a=(d_1+d_2+2xm)/2$	按规定
蜗杆头数	z_1		按规定
蜗轮齿数	z_2		按传动比
压力角	α	$\alpha=20°$	按蜗杆类型取
模数	m	$m=\dfrac{m_n}{\cos\gamma}$	
传动比	i	$i=n_1/n_2$	
齿数比	u	$u=z_2/z_1$	
蜗轮变位系数	x	$x=\dfrac{a}{m}-\dfrac{d_1+d_2}{2m}$	
蜗杆直径系数	q	$q=d_1/m$	
蜗杆轴向齿距	p_a	$p_a=\pi m$	
蜗杆导程	l	$l=\pi m z_1$	
蜗杆分度圆直径	d_1	$d_1=mq$	按规定取
蜗杆齿顶圆直径	d_{a1}	$d_{a1}=d_1+2h_{a1}=d_1+2h_a^*m$	
蜗杆齿根圆直径	d_{f1}	$d_{f1}=d_1-2h_{f1}=d_1-2(h_a^*m+c)$	
渐开线蜗杆基圆直径	d_{b1}	$d_{b1}=d_1\cdot\tan\gamma/\tan\gamma_b=mz_1/\tan\gamma_b$	
顶隙	c	$c=c^*m$	按规定
蜗杆齿顶高	h_{a1}	$h_{a1}=h_a^*m=0.5(d_{a1}-d_1)$	按规定
蜗杆齿根高	h_{f1}	$h_{f1}=(h_a^*+c^*)m$	
蜗杆导程角	γ	$\tan\gamma=mz_1/d_1=z_1/q$	
渐开线蜗杆基圆导程角	γ_b	$\cos\gamma_b=\cos\gamma\cos\alpha$	
蜗杆齿宽	b_1	见表 7 - 4	
蜗轮分度圆直径	d_2	$d_2=mz_2=2a-d_1-2x_2m$	
蜗轮喉圆直径	d_{a2}	$d_{a2}=d_2+2h_{a2}$	
蜗轮齿根圆直径	d_{f2}	$d_{f2}=d_2-2h_{f2}$	
蜗轮齿顶高	h_{f2}	$h_{f2}=0.5(d_2-d_{f2})$	
蜗轮齿高	h_2	$h_2=h_{a2}+h_{f2}$	
蜗轮咽喉母圆半径	r_{g2}	$r_{g2}=a-0.5d_{a2}$	
蜗轮齿宽	b_2	见表 7 - 4	
蜗轮齿宽角	θ	$\theta=2\arcsin(b_2/d_1)$	
蜗杆轴向齿厚	s_a	$s_a=0.5\pi m$	
蜗杆法向齿厚	s_n	$s_n=s_t\cos\gamma$	
蜗轮齿厚	s_t	按蜗杆节圆处轴向齿槽宽定	
蜗杆节圆直径	d_1'	$d_1'=d_1+2x_2m=(q+2x_2)m$	
蜗轮节圆直径	d_2'	$d_1'=d_2$	

表 7-4　蜗轮齿宽度 b_2、顶圆直径 d_{e2}、蜗杆齿宽 b_1 的计算

z_1	b_2	d_{e2}	x_2/mm	b_1
1		$\leqslant d_{a2}+2m$		
2	$\leqslant 0.75d_{a1}$	$\leqslant d_{a2}+1.5m$	0	$\geqslant m(11+0.06z_2)$
			-0.5	$\geqslant m(8+0.06z_2)$
			-1.0	$\geqslant m(10.5+z_2)$
			0.5	$\geqslant m(12+0.1z_2)$
			1.0	$\geqslant m(11+0.1z_2)$
4	$\leqslant 0.67d_{a1}$	$\leqslant d_{a2}+m$	0	$\geqslant m(12.5+0.09z_2)$
			-0.5	$\geqslant m(9.5+0.09z_2)$
			-1.0	$\geqslant m(10.5+z_2)$
			0.5	$\geqslant m(12.5+0.1z_2)$
			1.0	$\geqslant m(13+0.1z_2)$

7.3　蜗杆传动的失效形式、设计准则及材料选择

7.3.1　蜗杆传动的失效形式

1. 蜗杆传动的滑动速度

在蜗杆传动中，蜗杆蜗轮的啮合齿面间会产生很大的相对滑动速度 v_s，如图 7-5 所示，且有

$$v_s = \frac{v_1}{\cos\gamma} = \frac{v_2}{\sin\gamma} \qquad (7-10)$$

式中：v_1，v_2 分别为蜗杆、蜗轮分度圆上的圆周速度（单位：m/s）。

滑动速度对承载能力影响很大。当润滑不良时，v_s 的增大将加剧磨损和胶合。当润滑良好时，v_s 的增大又有利于润滑油膜的形成，可以减小摩擦。

2. 蜗杆传动的失效形式

蜗杆传动的失效形式与齿轮传动基本相同，主要有点蚀、弯曲折断、磨损及胶合等。由于啮合齿面间的相对滑动速度 v_s 大，效率低，发热量大，故更易发生磨损和胶合失效。而蜗轮无论是在材料的强度还是结构方面均较蜗杆弱，所以失效多发生在蜗轮轮齿上，设计时一般只需对蜗轮进行承载能力计算。

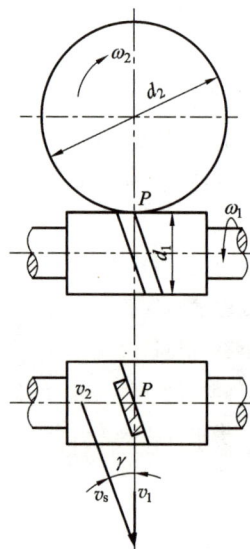

图 7-5　蜗杆传动的滑动速度

胶合和磨损的计算目前尚无较完善的方法和数据，而由于滑动速度及接触应力的增大将会加剧胶合和磨损，故为了防止胶合和减缓磨损，除选用减磨性好的配对材料和保证良好的润滑外，还应限制其接触应力。

7.3.2　蜗杆传动的设计准则

蜗杆传动的设计准则：开式蜗杆传动以保证蜗轮齿根弯曲疲劳强度进行设计；闭式蜗杆传动以保证齿面接触疲劳强度进行设计，并校核齿根弯曲疲劳强度；此外，因闭式蜗杆传动散热较困难，还需进行热平衡计算；而当蜗杆轴细长且支承跨距较大时，还应进行蜗杆轴的刚度计算。

7.3.3　蜗杆、蜗轮的材料

根据蜗杆传动的失效形式可知，蜗杆与蜗轮的材料首先应具有足够的强度，更重要的是还应具有良好的跑合性、减磨性、耐磨性和抗胶合能力。

蜗杆一般用碳钢或合金钢制造，常用材料见表 7 - 5。

表 7 - 5　蜗杆常用材料

材　料　牌　号	热处理	齿面硬度	齿面粗糙度 $R_a/\mu m$
45，40Cr，42SiMn，38SiMnMo	表面淬火	45～55 HRC	1.6～0.8
20Cr，20MnVB，20SiMnVB，20CrMnTi	渗碳淬火	58～63 HRC	1.6～0.8
45	调质	＜270 HBS	3.2

蜗轮材料多采用青铜，当滑动速度很低时，也可采用灰铸铁，如 HT150、HT200 等。蜗轮常用材料的力学性能及其适用场合见表 7 - 6 和表 7 - 7。

表 7 - 6　蜗轮常用材料及基本许用应力 $[\sigma_{H0}]$、$[\sigma_{F0}]$　　单位：MPa

蜗轮材料	铸造方法	适用的滑动速度 $v_s/(m \cdot s^{-1})$	力学性能		$[\sigma_{H_0}]$		$[\sigma_{F_0}]$	
					蜗杆齿面硬度		一侧受载	两侧受载
			σ_s	σ_B	≤350 HBS	≥45 HRC		
ZQSn10-1	砂型	≤12	137	220	180	200	51	32
	金属型	≤25	170	310	200	220	70	40
ZQSn6-6-3	砂型	≤10	90	200	110	125	33	24
	金属型	≤12	100	250	135	150	40	29
ZCuAl10Fe3	砂型	≤10	180	490	见表 7 - 7		82	64
	金属型		200	540			90	80
ZCuAl10Fe3Mn2	砂型	≤10	—	490			—	—
	金属型		—	540			100	90
HT150	砂型	≤2	—	150			40	25
HT200	砂型	≤2～5	—	200			48	30

表 7-7 　青铜($\sigma_B > 300$ MPa)及铸铁许用接触应力$[\sigma_H]$ 　　　　单位：MPa

蜗轮材料	蜗杆材料	滑动速度 v_s/(m·s^{-1})							
		0.25	0.5	1	2	3	4	5	6
		$[\sigma_H]$							
ZCuAl10Fe3 ZCuAl10Fe3Mn2	钢(淬火)[①②]	—	250	230	210	180	160	120	90
HT150、HT200	渗碳钢	160	130	115	90	—	—	—	—
HT150	钢(调质或正火)	140	110	90	70	—	—	—	—

注：① 锡青铜的许用应力为长期使用时的数值；② 蜗杆未经淬火时，表中的许用应力数值要降低 20%。

7.4 　普通圆柱蜗杆传动的强度计算

7.4.1 　圆柱蜗杆传动的受力分析

圆柱蜗杆传动和圆柱齿轮传动的受力分析相似。在进行蜗杆传动的受力分析时，通常不考虑摩擦力的影响。

图 7-6 所示为以右旋蜗杆为主动件，并沿图示的方向旋转时，蜗杆螺旋面上的受力情况。设 F_n 为集中作用于节点 P 处的法向载荷，它作用于法向截面 $Pabc$ 内。F_n 可分解为三个互相垂直的分力，即圆周力 F_{t1}、径向力 F_{r1} 和轴向力 F_{a1}。由于蜗杆和蜗轮轴线交错角为 90°，因此根据力的作用原理可知，$F_{t1} = -F_{a2}$、$F_{r1} = -F_{r2}$、$F_{a1} = -F_{t2}$，这三对力大小相等、方向相反。

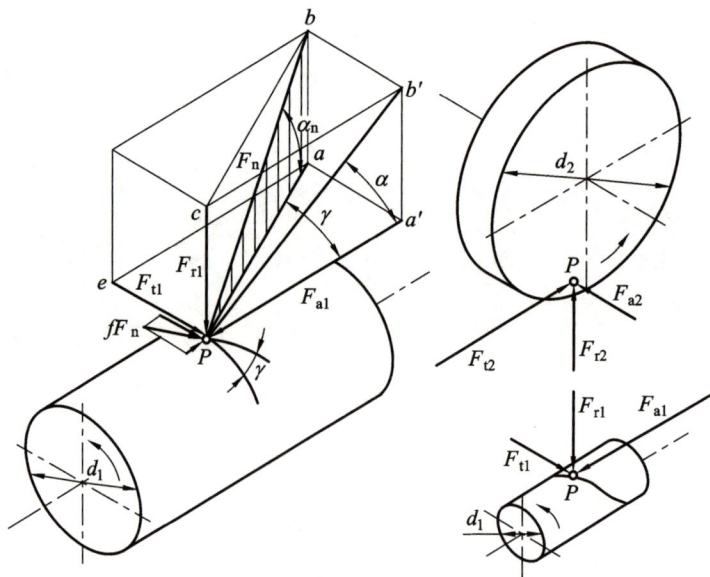

图 7-6 　圆柱蜗杆传动的受力分析

当不计摩擦力的影响时,各力大小的计算公式为

$$F_{t1} = F_{a2} = \frac{2T_1}{d_1} \qquad (7-11)$$

$$F_{a1} = F_{t2} = \frac{2T_2}{d_2} \qquad (7-12)$$

$$F_{r1} = F_{r2} = F_{t2} \tan\alpha \qquad (7-13)$$

$$F_n = \frac{F_{a1}}{\cos\alpha_n \cos\gamma} = \frac{F_{t2}}{\cos\alpha_n \cos\gamma} = \frac{2T_2}{d_2 \cos\alpha_n \cos\gamma} \qquad (7-14)$$

式中: T_1、T_2 分别为蜗杆、蜗轮上的公称转矩(单位: N·mm),当蜗杆为主动轮时,$T_2 = T_1 i_{12} \eta$; d_1、d_2 分别为蜗杆、蜗轮的分度圆直径(单位: mm); γ 为蜗杆分度圆导程角(单位: °)。

各力的方向: 当蜗杆为主动轮时,F_{t1} 的方向与蜗杆在啮合处的运动方向相反,F_{t2} 的方向与蜗轮在啮合处的运动方向相同; F_{r1}、F_{r2} 分别指向各自的轮心。F_{a1} 的方向与 F_{t2} 相反,F_{a2} 的方向与 F_{t1} 相反。F_{a1} 的方向也可由主动轮左(右)手定则确定: 蜗杆左旋用左手定则,蜗杆右旋用右手定则。握住蜗杆轴线,四指环绕的方向代表蜗杆的旋转方向,大拇指的指向即蜗杆所受轴向力 F_{a1} 的方向。

7.4.2　普通圆柱蜗杆传动的强度计算

1. 蜗轮齿面接触疲劳强度计算

蜗轮齿面接触疲劳强度计算与斜齿轮相似,也以赫兹公式为计算基础,在中间平面内将蜗杆作为齿条,将蜗轮作为斜齿轮,以其节点处啮合的相应参数代入赫兹公式。对于钢制蜗杆和青铜或铸铁蜗轮的配对传动,经推导可得蜗轮齿面接触疲劳强度的校核公式为

$$\sigma_H = Z_E Z_\rho \sqrt{\frac{KT_2}{a^3}} \leqslant [\sigma_H] \qquad (7-15)$$

式中: σ_H 为蜗轮齿面的接触应力(单位: MPa); Z_E 为材料的弹性影响系数(单位: $\sqrt{MPa}$),当青铜或铸铁蜗轮与钢制蜗杆配对时,取 $Z_E = 160\sqrt{MPa}$; Z_ρ 为蜗杆传动的接触线长度和曲率半径对接触强度的影响系数,简称接触系数,可从图 7-7 中查得; a 为蜗杆传动中心距(单位: mm); K 为载荷系数,$K = K_A K_\beta K_V$。其中 K_A 为使用系数,查表 7-8 可得。K_β 为齿向载荷分布系数,当蜗杆传动在平稳载荷下工作时,载荷分布不均现象将由于工作表面良好的磨合而得到改善,此时可取 $K_\beta = 1$; 当载荷变化较大,或有冲击、振动时,可取 $K_\beta = 1.3 \sim 1.6$。K_V 为动载系数,由于蜗杆传动一般较平稳,动载荷要比齿轮传动小得多,故 K_V 可取如下值: 当精确制造,且蜗轮圆周速度 $v_2 \leqslant 3$ m/s 时,取 $K_V = 1.0 \sim 1.1$; 当 $v_2 > 3$ m/s 时,取 $K_V = 1.1 \sim 1.2$。$[\sigma_H]$ 为蜗轮齿面的许用接触应力,当蜗轮材料为灰口铸铁或高强度青铜($\sigma_b \geqslant 300$ MPa)时,蜗杆传动的承载能力主要取决于齿面胶合强度,但因目前尚无完善的齿面胶合强度计算公式,故采用接触强度进行条件性计算。在查取蜗轮齿面的许用接触应力时,要考虑相对滑动速度的大小。由于齿面胶合不属于疲劳失效,所以 $[\sigma_H]$ 的值与应力循环次数 N 无关,因而可直接从表 7-9 中查出许用接触应力 $[\sigma_H]$ 的值。

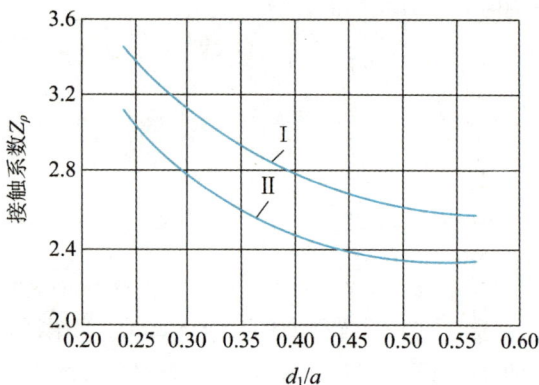

I—适用于 ZI 蜗杆(ZA、ZN 蜗杆也适用)；II—适用于 ZC 蜗杆。

图 7-7 接触系数

表 7-8 使用系数 K_A

工作类型	I	II	III
载荷性质	均匀、无冲击	不均匀、小冲击	不均匀、大冲击
每小时启动次数	<25	25~50	>50
启动载荷	小	较大	大
K_A	1	1.15	1.2

表 7-9 灰口铸铁、铸铝-铁青铜及铸铝青铜蜗轮的许用接触应力$[\sigma_H]$　　单位：MPa

材　料		滑动速度 $v_s/(\mathrm{m \cdot s^{-1}})$						
蜗　杆	蜗　轮	<0.25	0.25	0.5	1	2	3	4
20 或 $20C_T$ 钢渗碳、淬火、45 钢淬火，齿面硬度大于 45 HRC	灰口铸铁 HT150	206	166	150	127	95	—	—
	灰口铸铁 HT200	250	202	182	154	115	—	—
	铸铝-铁青铜 ZCuAl10Fe3	—	—	250	230	210	180	160
	铸铝青铜 ZCuAl9Mn2	230	190	180	173	163	154	149
45 钢或 Q235	灰口铸铁 HT150	172	139	125	106	79	—	—
	灰口铸铁 HT200	208	168	152	128	96	—	—

　　若蜗轮材料为强度极限 $\sigma_b < 300$ MPa 的锡青铜，因蜗轮主要为接触疲劳失效，故应先从表 7-10 中查出蜗轮的基本许用接触应力$[\sigma_H']$，再按$[\sigma_H] = K_{HN}[\sigma_H']$计算出许用接触应力的值。其中，$K_{HN}$ 为接触强度的寿命系数，$K_{HN} = \sqrt[8]{\dfrac{1 \times 10^7}{N}}$，应力循环次数 $N = 60 j n_2 L_h$（n_2 为蜗轮转速（单位：r/min）；L_h 为工作寿命（单位：h）；j 为蜗轮每转一转每个轮齿啮合的次数）。

表 7 - 10　铸锡青铜蜗轮的基本许用接触应力$[\sigma_H]$　　　　单位：MPa

蜗 轮 材 料	铸 造 方 法	蜗杆螺旋面硬度	
		≤45 HRC	>45 HRC
铸锡-磷青铜 ZCuSn10P1	砂模铸造	150	180
	金属模铸造	220	268
铸锡-锌-铅青铜 ZCuSn5Pb5Zn5	砂模铸造	113	135
	金属模铸造	128	140
	离心铸造	158	183

注：锡青铜的基本许用接触应力为应力循环次数 $N=1\times10^7$ 时的值，当 $N\neq1\times10^7$ 时，将表中数据乘以寿命系数。当 $N>2.5\times10^8$ 时，取 $N=2.5\times10^8$；当 $N<2.6\times10^5$ 时，取 $N=2.6\times10^5$。

由式(7-15)中可得到按蜗轮接触疲劳强度条件设计的计算公式为

$$a \geqslant \sqrt[3]{KT_2\left(\frac{Z_E Z_\rho}{[\sigma_H]}\right)^2} \qquad (7-16)$$

由式(7-16)计算出蜗杆传动的中心距 a 后，可根据预定的传动比 $i(z_2/z_1)$ 从表 7-1 中选取合适的 a 值以及相应的蜗杆、蜗轮的参数。

2. 蜗轮齿根弯曲疲劳强度计算

在蜗轮齿数较多(如 $z_2>90$)时或开式传动中，蜗轮失效主要是因为蜗轮轮齿弯曲强度不足。对于闭式蜗杆传动，常只进行弯曲强度校核，这种计算是必须进行的。因为校核蜗轮轮齿的弯曲强度绝不只是为了判别其弯曲断裂的可能性，对那些承受重载的动力蜗杆传动，蜗轮轮齿的弯曲变形量还直接影响蜗杆传动的平稳性。

蜗轮轮齿的齿形比较复杂，要精确计算齿根的弯曲应力是比较困难的，通常把蜗轮近似地当作斜齿圆柱齿轮来考虑，并进行条件性的计算。参考斜齿圆柱齿轮弯曲强度计算公式，经变换整理后可得蜗轮齿根弯曲应力为

$$\sigma_F=\frac{KF_{t2}}{\hat{b}_2 m_n}\cdot Y_{Fa2}Y_{sa2}Y_\varepsilon Y_\beta=\frac{2KT_2}{\hat{b}_2 d_2 m_n}\cdot Y_{Fa2}Y_{sa2}Y_\varepsilon Y_\beta \qquad (7-17)$$

式中：$\hat{b}_2$ 为蜗轮轮齿弧长，$\hat{b}_2=\dfrac{\pi d_1\theta}{360°\cos\gamma}$，其中 θ 为蜗轮齿宽角，可按 $100°$ 计算；m_n 为法向模数(单位：mm)，$m_n=m\cos\gamma$；Y_{Fa2} 为蜗轮齿形系数，可由蜗轮的当量齿数 $z_v^2=z_2/\cos^3\gamma$ 及蜗轮的变位系数 x 从图 7-8 中查得；Y_{sa2} 为齿根应力校正系数，放在 $[\sigma_F]$ 中考虑；Y_ε 为弯曲疲劳强度的重合度系数，取 $Y_\varepsilon=0.667$；Y_β 为螺旋角影响系数，$Y_\beta=l-\dfrac{\gamma}{120°}$。

将以上参数代入式(7-17)中得弯曲应力的校核公式为

$$\sigma_F=\frac{1.53KT_2}{d_1 d_2 m\cos\gamma}\cdot Y_{Fa2}Y_\beta \leqslant [\sigma_F] \qquad (7-18)$$

式中：$[\sigma_F]$ 为蜗轮的许用弯曲应力(单位：MPa)，$[\sigma_F]=K_{FN}[\sigma_F']$，其中 $[\sigma_F']$ 为计入齿根应力校正系数 Y_{sa2} 后蜗轮的基本许用弯曲应力，可在表 7-11 中选取；K_{FN} 为寿命系数，$K_{FN}=\sqrt[9]{\dfrac{1\times10^6}{N}}$，其中应力循环次数 N 的计算方法同前。

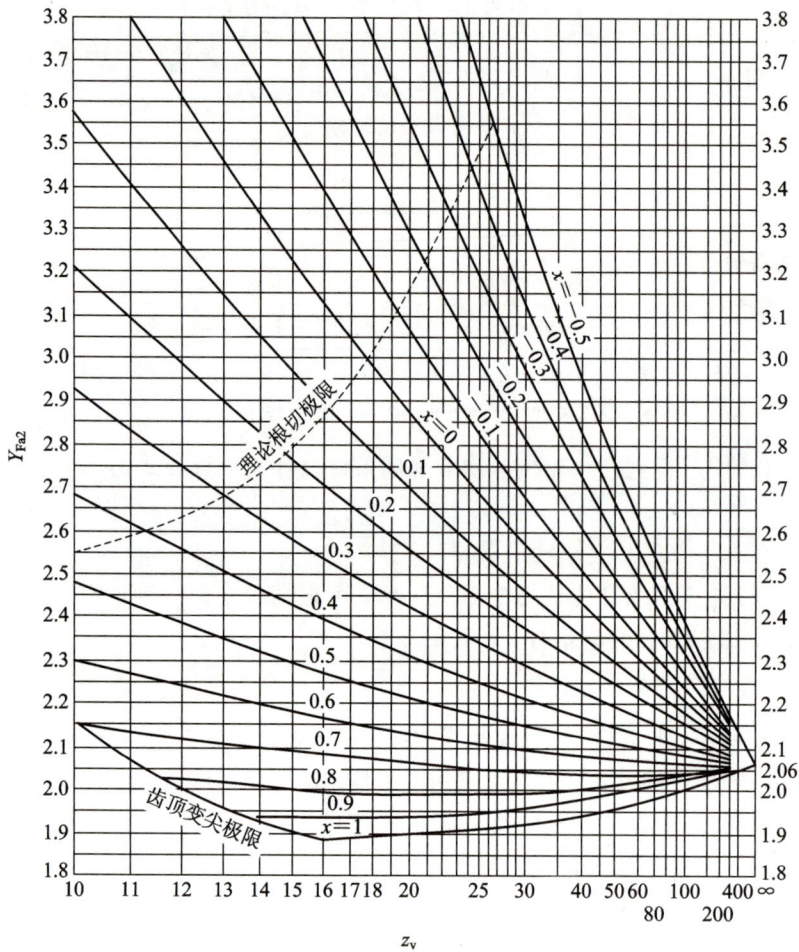

图 7-8　蜗轮的齿形系数 Y_{Fa2}（$\alpha = 20°$，$h_a^* = 1$，$\rho_{a0} = 0.3 m_n$）

表 7-11　蜗轮的基本许用弯曲应力$[\sigma_F']$　　　　　　　　　单位：MPa

蜗轮材料		铸造方法	$N = 1 \times 10^6$，单侧工作$[\sigma_{0F}]'$	$N = 1 \times 10^6$，单侧工作$[\sigma_{-1F}]'$
铸锡-磷青铜 ZCuSn10P1		砂模铸造	40	29
		金属模铸造	56	40
铸锡-锌-铅青铜 ZCuSn5Pb5Zn5		砂模铸造	26	22
		金属模铸造	32	26
		离心铸造	50	36
铸铝青铜 CuAl10Fe3 ZCuAl9Mn2		砂模铸造	80	57
		金属模铸造	90	64
灰口铸铁	HT150	砂模铸造	40	28
	HT200		48	34

　　注：锡青铜的基本许用接触应力为应力循环次数 $N = 1 \times 10^6$ 时的值，当 $N \neq 1 \times 10^6$ 时，将表中数据乘以寿命系数。当 $N > 2.5 \times 10^8$ 时，取 $N = 2.5 \times 10^8$；当 $N < 1 \times 10^5$ 时，取 $N = 1 \times 10^5$。

由式(7-18)经整理后可得蜗轮轮齿按弯曲疲劳强度条件设计的公式为

$$m^2 d_1 \geqslant \frac{1.53 K T_2}{z_2 \cos\gamma [\sigma_F]} \cdot Y_{Fa2} Y_{\beta} \tag{7-19}$$

计算出 $m^2 d_1$ 后,可从表 7-1 中查出相应的参数。

▶▶ **课程思政案例 7.3**　逆境中的强者(抗压能力)

【对应知识点】　蜗杆传动强度计算

【思政元素案例】　逆境中的强者

7.4.3　普通圆柱蜗杆的刚度计算

蜗杆的支点跨距一般较大,受载后若产生过大的弹性变形,就会造成轮齿上的载荷集中,影响蜗杆与蜗轮的正确啮合,因此蜗杆还必须进行刚度校核。校核蜗杆的刚度时,通常把蜗杆螺旋部分视为以蜗杆齿根圆直径为直径的轴,即主要校核蜗杆的弯曲刚度,其最大挠度 y 可进行近似计算,并得其刚度条件为

$$y = \frac{\sqrt{F_{t1}^2 + F_{r1}^2}}{48EI} \cdot L'^3 \leqslant [y] \tag{7-20}$$

式中:F_{t1} 为蜗杆所受的圆周力(单位:N);F_{r1} 为蜗杆所受的径向力(单位:N);E 为蜗杆材料的弹性模量(单位:MPa);I 为蜗杆危险截面的惯性矩,$I = \frac{\pi d_{f1}^4}{64}$(单位:mm⁴),其中,$d_{f1}$ 为蜗杆齿根圆直径;L' 为蜗杆两端支撑间跨距(单位:mm),视具体结构要求而定,初步计算时可取 $L' = 0.9d_2$,其中 d_2 为蜗轮分度圆直径;$[y]$ 为许用最大挠度,$[y] = \dfrac{d_1}{1000}$,其中 d_1 为蜗杆分度圆直径(单位:mm)。

7.5　蜗杆传动的效率、润滑及热平衡计算

7.5.1　蜗杆传动的效率

闭式蜗杆传动的功率损耗一般包括三部分,即啮合摩擦损耗、轴承摩擦损耗及浸入油池中的零件搅油时的溅油损耗。因此总效率为

$$\eta = \eta_1 \eta_2 \eta_3 \tag{7-21}$$

式中:η_1、η_2、η_3 分别为单独考虑啮合摩擦损耗、轴承摩擦损耗及溅油损耗时的效率。由于轴承摩擦和搅动润滑油引起的损耗不大,所以一般取 $\eta_2 \eta_3 = 0.95 \sim 0.97$。蜗杆传动的总效率主要取决于计入啮合摩擦损耗时的效率 η_1。当蜗杆主动时,蜗杆传动的总效率为

$$\eta = \eta_1 \eta_2 \eta_3 = (0.95 \sim 0.97) \frac{\tan\lambda}{\tan(\lambda + \varphi_v)} \tag{7-22}$$

式中:γ 为普通圆柱蜗杆分度圆上的导程角;φ_v 为当量摩擦角,$\varphi_v = \arctan f_v$,其值可根据

滑动速度 v_s，由表 7 - 12 中选取。

表 7 - 12　普通圆柱蜗杆传动的 v_s、f_v、φ_v 取值

蜗轮齿圈材料	锡 青 铜				无锡青铜		灰口铸铁			
蜗杆齿面硬度	≥45 HRC		其 他		≥45 HRC		≥45 HRC		其 他	
滑动速度 v_s/(m·s⁻¹)	f_v	φ_v	f_v	φ_v	f_v	φ_v	f_v	φ_v	f_v	φ_v
0.01	0.110	6°17′	0.120	6°51′	0.180	10°12′	0.180	10°12′	0.190	10°45′
0.05	0.090	5°09′	0.100	5°43′	0.140	7°58′	0.140	7°58′	0.160	9°05′
0.10	0.080	4°34′	0.090	5°09′	0.130	7°24′	0.130	7°24′	0.140	7°58′
0.25	0.065	3°43′	0.075	4°17′	0.100	5°43′	0.100	5°43′	0.120	6°51′
0.50	0.055	3°09′	0.065	3°43′	0.090	5°09′	0.090	5°09′	0.100	5°43′
1.0	0.045	2°35′	0.055	3°09′	0.070	4°00′	0.070	4°00′	0.090	5°09′
1.5	0.040	2°17′	0.050	2°52′	0.065	3°43′	0.065	3°43′	0.080	4°34′
2.0	0.035	2°00′	0.045	2°35′	0.055	3°09′	0.055	3°09′	0.070	4°00′
2.5	0.030	1°43′	0.040	2°17′	0.050	2°52′				
3.0	0.028	1°36′	0.035	2°00′	0.045	2°35′				
4	0.024	1°22′	0.031	1°47′	0.040	2°17′				
5	0.022	1°16′	0.029	1°40′	0.035	2°0′				
8	0.018	1°02′	0.026	1°29′	0.030	1°43′				
10	0.016	0°55′	0.024	1°22′						
15	0.014	0°48′	0.020	10°9′						
24	0.013	0°45′								

注：① 硬度＞45 HRC 的蜗杆，其 f_v、φ_v 值是指经过磨削和跑合且有充分润滑的情况；

② 当滑动速度与表中数值不一致时，可用插值法求 f_v 和 φ_v 的值。

7.5.2　蜗杆传动的润滑

在蜗杆传动中，润滑具有特别重要的意义。良好的润滑可以降低工作表面温度，减少齿面磨损，防止胶合失效，提高承载能力和传动效率。蜗杆传动所采用的润滑油、润滑方式和润滑装置与齿轮传动基本相同。一般采用黏度大的润滑油进行润滑，在润滑油中还常加入添加剂，使其提高抗胶合能力。但青铜蜗轮不允许采用活性大的油性添加剂，以免被腐蚀。

1. 润滑油

润滑油的种类很多，需根据蜗杆、蜗轮配对材料和运转条件合理选用。使用钢蜗杆配青铜蜗轮时，常用的润滑油见表 7 - 13。

表 7 - 13　钢蜗杆配青铜蜗轮常用的润滑油

全损耗系统用油牌号 L-AN	68	100	150	220	320	460	680
运动黏度 v_{40}/cST	61.2～74.8	90～110	135～165	198～242	288～352	414～506	612～748
黏度指数(≥)	90						
闪点(开口)(≥)/℃	180			200			220
倾点(≤)/℃	-8						-5

注：其余指标可参看 GB 5903—1995。

2. 润滑油黏度及润滑方式

润滑油黏度及润滑方式一般根据相对滑动速度及载荷类型进行选择。对于闭式传动，常用的润滑油黏度荐用值及润滑方式见表 7 - 14；对于开式传动，则采用黏度较高的齿轮油或润滑脂。

如果采用喷油润滑，喷油嘴要对准蜗杆啮入端；当蜗杆正/反转时，两边都要装有喷油嘴，而且要控制一定的油压。

表 7 - 14　闭式传动常用的润滑油黏度荐用值及润滑方式

滑动速度 v_s/(m·s^{-1})	0～1	0～2.5	0～5	>5～10	>10～15	>15～25	>25
载荷类型	重载	重载	中载	不限	不限	不限	不限
运动黏度 ν_{40}/cST	900	500	350	220	150	100	80
润滑方式	油池润滑			喷油润滑或油池润滑	喷油润滑时的喷油压力/MPa		
					0.7	2	3

3. 润滑油量

闭式蜗杆传动油池润滑时，蜗杆尽量下置；当蜗杆的速度为 4～5 m/s 时，为避免蜗杆的搅油损失过多，采用蜗杆上置式的形式。对于蜗杆下置式或蜗杆侧置式的传动，浸油深度应为蜗杆的一个齿高；对于蜗杆上置式的传动，浸油深度约为蜗轮外径的 1/3。

7.5.3　蜗杆传动的热平衡计算

蜗杆传动由于滑动速度大、效率低，因此工作时发热量大。在闭式传动中，如果产生的热量不能及时散逸，将因油温不断升高而使润滑油稀释，从而增大摩擦损失，甚至发生齿面胶合。因此，蜗杆传动必须进行热平衡计算，以保证单位时间内的发热量等于相同时间内的散热量，从而维持良好的润滑状态。

热平衡计算就是保证蜗杆传动在单位时间内的发热量 H_1 等于相同时间内的散热量 H_2，以保证油温稳定地处于规定的范围内。

蜗杆传动在单位时间内由于摩擦损耗产生的热量为

$$H_1 = 1000P(1 - \eta)$$

式中：P 为蜗杆传递的功率(单位：kW)。

以自然冷却方式从箱体外壁散发到周围空气中的热量为

$$H_2 = \alpha_d S(t_0 - t_a)$$

式中：α_d 为箱体的表面传热系数，可取 $\alpha_d = 8.15 \sim 17.45$ W·m^{-2}·℃$^{-1}$），当周围空气流通良好时，取偏大值；S 为内表面能被润滑油所飞溅到、而外表面又可被周围空气所冷却的箱体表面面积（单位：m^2）；t_0 为润滑油的工作温度，一般限制在 $60 \sim 70$℃，最高不应超过 80℃；t_a 为周围空气的温度，常温时可取为 20℃。

按热平衡条件为 $H_1 = H_2$，可求得在既定工作条件下的油温为

$$t_0 = t_a + \frac{1000P(1-\eta)}{\alpha_d S} \tag{7-23}$$

或在既定条件下，保持正常工作温度所需要的散热面积为

$$S = \frac{1000P(1-\eta)}{\alpha_d(t_0 - t_n)} \tag{7-24}$$

当 $t_0 > 80$℃或有效散热面积不足时，必须采取措施以提高散热能力，这些措施通常包括：

(1) 加散热片以增大散热面积。

(2) 在蜗杆轴端加装风扇，如图 7-9(a)所示，以加速空气的流通。

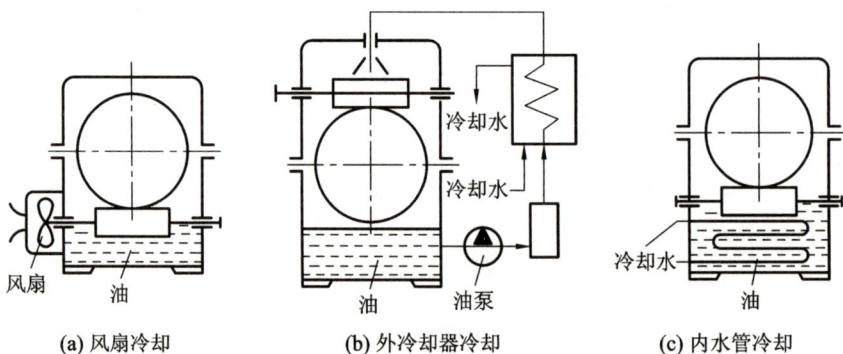

(a) 风扇冷却　　　　　(b) 外冷却器冷却　　　　　(c) 内水管冷却

图 7-9　蜗杆减速器的强制冷却图

因为在蜗杆轴端加装了风扇，所以增加了功率损耗。总的功率损耗为

$$P_F = (P - \Delta P_F)(1 - \eta) \tag{7-25}$$

式中：ΔP_F 为风扇消耗的功率，$\Delta P_F \approx \dfrac{1.5\, v_F^3}{1 \times 10^5}$（$v_F$ 为风扇叶轮的圆周速度，$v_F = \dfrac{\pi D_F n_F}{60 \times 1000}$（单位：m/s），其中 D_F 为风扇叶轮外径（单位：mm），n_F 为风扇叶轮转速（单位：r/min））。

由摩擦消耗的功率所产生的热量为

$$H_1 = 1000(P - P_F)(1 - \eta) \tag{7-26}$$

散发到空气中的热量为

$$H_2 = (\alpha_d' S_1 + \alpha_d S_2)(t_0 - t_a) \tag{7-27}$$

式中：S_1 为风冷面积（单位：m^2），S_2 为自然冷却面积（单位：m^2）；α_d' 为风冷时的表面传热系数，按表 7-15 选取。

表 7 - 15　风冷时的表面传热系数

蜗杆转速/$(r \cdot min^{-1})$	750	1000	1250	550
$\alpha_d'/(W \cdot m^{-2} \cdot {}^\circ\!C^{-1})$	27	31	35	38

(3) 在传动箱内安装循环冷却管路，如图 7 - 9(b)、图 7 - 9(c)所示。

7.6　普通圆柱蜗杆和蜗轮的结构设计

7.6.1　蜗杆的结构形式

由于蜗杆的直径较小，通常将蜗杆螺旋部分与轴做成一个整体，称为蜗杆轴。按蜗杆螺旋齿面的加工方法不同，蜗杆轴可分为铣制蜗杆轴(见图 7 - 10(a))和车制蜗杆轴(见图 7 - 10(b))两类。其中，前一种结构无退刀槽，螺旋部分在轴上直接铣制而成；后一种结构则有退刀槽，螺旋部分既可车制，也可铣制，但刚度比前一种的差，退刀槽对轴刚度有不利影响。

当蜗杆的根圆直径 d_{f1} 与相配的轴的直径 d 之比大于 1.7 时，可将蜗杆与轴分开制作，然后装配在一起。

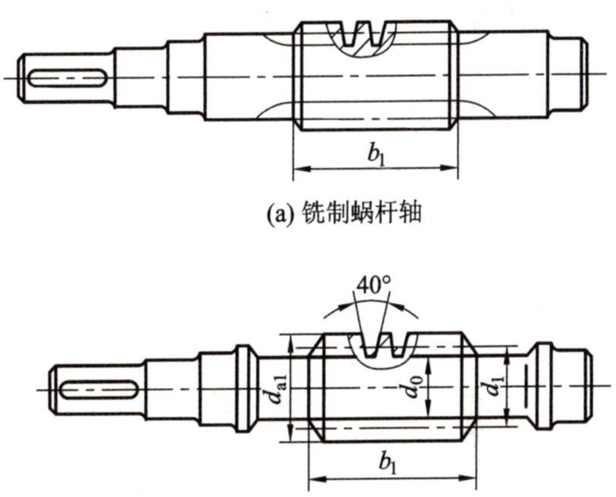

(a) 铣制蜗杆轴

(b) 车制蜗杆轴

图 7 - 10　蜗杆的结构

7.6.2　蜗轮的结构形式

蜗轮结构可制成整体式或组合式。为节省贵重有色金属，大多数蜗轮做成组合式。常用的蜗轮结构形式有以下几种：

(1) 整体式(见图 7 - 11(a))。整体式主要用于制造铸铁蜗轮、铝合金蜗轮或直径小于 100 mm 的青铜蜗轮。

(2) 齿圈压配式(见图 7 - 11(b))。这种结构采用在铸铁或铸钢的轮芯上加铸的齿圈，齿圈与轮芯多选择过盈配合 H7/S6 或 H7/r6；为了增强连接的可靠性，常在接缝处加台阶和在接缝上安装 4～6 个紧固螺钉，螺钉直径可取(1.2～1.4) m，长度取(0.3～0.4)b_2，这里 m 和 b_2 分别为蜗轮的模数和齿宽；螺钉孔中心线要偏向轮芯一边 2～3 mm，以便于钻孔。该结构多用于尺寸不大而工作温度较低的场合。

(3) 螺栓连接式(见图 7 - 11(c))。这种结构采用螺栓连接齿圈和轮芯，定位圆柱面可选择过渡配合或间隙配合(H7/m6、H7/h6)，最好采用铰制孔用螺栓连接。该结构工作可靠，装拆方便，多用于尺寸较大或易于磨损、经常需更换齿圈的蜗轮。

(4) 镶铸式(见图 7 - 11(d))。这种结构将青铜齿圈浇铸在铸铁轮芯上，然后切齿。为防止齿圈与轮芯相对滑动，在轮芯外圆柱面上预制出榫槽。该结构只适用于大批量生产。

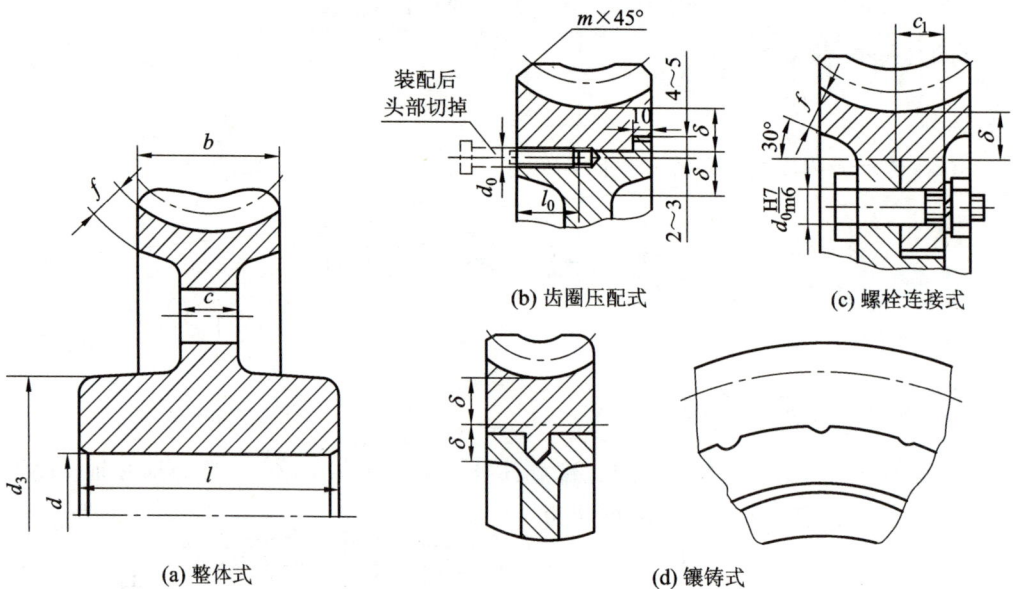

$f = 1.7\,\mathrm{m} \geqslant 10\,\mathrm{mm}$; $\delta = 2\,\mathrm{m} \geqslant 10\,\mathrm{mm}$; $d_3 = (1.6\sim1.8)d$; $l = (1.2\sim1.8)d$;
$d_0 = (0.075\sim0.12)d \geqslant 5\,\mathrm{mm}$; $l_0 = 2d_0$; $c \approx 0.3b$; $c_1 \approx 0.25b$。

图 7-11　蜗轮的结构

本 章 小 结

　　蜗杆传动是用来传递空间互相垂直的两交错轴之间的运动和动力的，是一种大传动比的传动机构。设计蜗杆传动时，除了模数 m 取标准值外，蜗杆的分度圆直径 d_1 亦需取标准值。这样做的目的是限制切制蜗轮时所需的滚刀数目，以提高生产的经济性，并保证蜗杆与蜗轮能正确地啮合。

　　蜗杆传动受力分析的目的在于找出蜗杆、蜗轮上作用力的大小和方向。它们是进行强度计算和轴计算时所必需的。其分析方法类似齿轮传动的分析方法，但各力的对应关系不同于齿轮传动的情况，这一点要特别注意。

　　蜗杆传动的强度计算是本章的重点。应该明确，蜗杆的主要失效形式是齿面胶合，其次是齿面点蚀和齿面磨损。但目前对齿面胶合和齿面磨损的计算还缺乏妥善的方法，因而通常参考圆柱齿轮进行齿面及齿根强度的条件性计算，并在选取许用应力时，根据蜗轮的特性来考虑齿面胶合和齿面磨损失效因素的影响。

　　在普通圆柱蜗杆传动中，因为有很大的滑动速度，摩擦损耗大（特别是轮齿的啮合摩擦损耗），所以传动的效率低，工作时发热量大。由于蜗杆传动结构紧凑，箱体的散热面积小，散热能力差，因此在闭式传动中，所产生的热量不能及时散去，油温会急剧升高，这样就容易产生齿面胶合。这就是要进行热平衡计算的原因。

　　在实际工作中，主要利用热平衡条件找出工作条件下应该控制的油温。只要工作温度满足要求,蜗杆传动就能正常地进行工作。

习 题

7-1 与齿轮传动相比,蜗杆传动有哪些特点?

7-2 为什么蜗轮齿圈常用青铜制造?当采用锡青铜或铸铁制造蜗轮时,失效形式是哪一种?

7-3 蜗杆传动的总效率包括哪几部分?如何提高啮合效率?

7-4 已知图7-12所示的蜗杆传动中,蜗杆均为主动件。试标出图中未注明的蜗杆或蜗轮的旋向及转向,并画出蜗杆和蜗轮受力的作用点及各分力的方向。

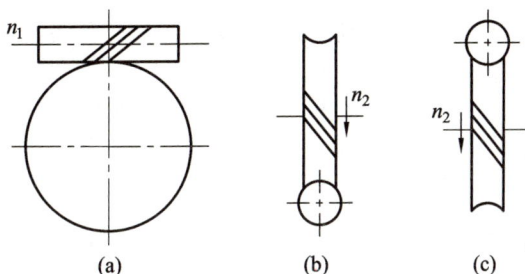

图 7-12

7-5 图7-13所示为二级蜗杆传动,已知Ⅰ轴为输入轴,Ⅲ轴为输出轴,蜗杆螺旋线均右旋,蜗轮4转向如图。请在图中标出:

(1) 两个蜗轮轮齿的螺旋线方向;

(2) Ⅰ轴和Ⅱ轴的转向;

(3) 蜗杆3和蜗轮4啮合点的受力方向;

(4) 分析Ⅱ轴上两轮所受的轴向力与两轮的螺旋线方向之间的关系。

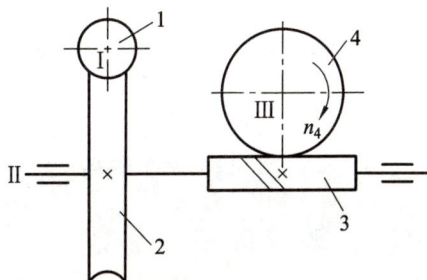

图 7-13

7-6 试设计包装机械中的一单级蜗杆减速器,已知传递功率 $P=7.5\text{ kW}$,主动轴转速 $n_1=960\text{ r/min}$,传动比 $i=20$,工作载荷稳定,单向工作,长期连续运转,润滑情况良好,要求工作寿命为 15 000 h。

7-7 设计某起重机用的单级圆弧圆柱蜗杆减速器。已知蜗轮轴上的扭矩 $T_2=12\,600\text{ N·m}$,蜗杆转速 $n_1=910\text{ r/min}$,蜗轮转速 $n_2=18\text{ r/min}$,断续工作,有轻微振动,有效工作时间为 3000 h。

第8章　螺纹连接设计

螺纹连接是应用十分普遍的一种零件连接方式，本章主要讲述常用螺纹的种类、特点及螺纹连接件的类型、特性、标准、结构、应用场合，以及螺栓连接结构设计、强度计算、提高螺栓连接强度的措施及防松方法等，重点是螺栓连接结构设计及强度计算。

8.1　概述

在生产实践中，螺纹连接是通过螺纹连接件把需要相对固定在一起的零件连接起来的。螺纹连接是一种可拆连接，其结构简单，连接可靠，装拆方便，且多数螺纹零件已标准化，生产率高，因而应用得十分广泛。

课程思政案例8.1　历史，爱国，梦的原点（古代中国机械辉煌）

【对应知识点】　螺纹连接和螺旋传动
【思政元素案例】　木牛流马

8.1.1　螺纹的主要参数

现以圆柱普通外螺纹为例来说明螺纹的主要几何参数，如图8-1所示。

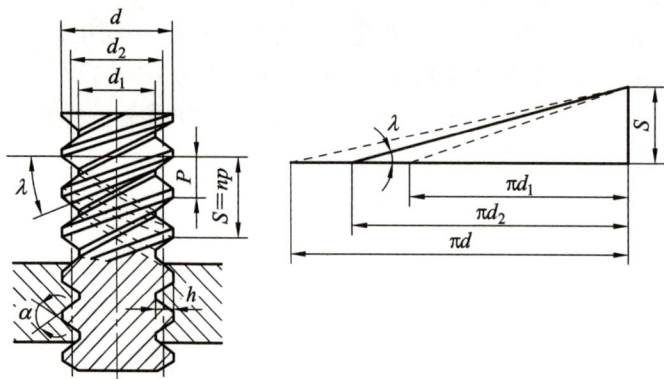

图8-1　螺纹的主要参数

（1）大径 d：螺纹的最大直径，即与外螺纹的牙顶相重合的假想圆柱面直径，亦称公称直径。通常用符号 M 加大径 d 的值来表示，如螺纹公称直径为 20 mm，可记为 M20。

（2）小径 d_1：螺纹的最小直径，即与外螺纹的牙底相重合的假想圆柱面直径，在强度计算中常作为外螺纹危险截面的计算直径。

（3）中径 d_2：在轴向剖面内牙厚与牙槽宽相等处假想的圆柱面的直径，$d_2 \approx 0.5(d+d_1)$。

（4）螺距 P：相邻两螺纹牙在中径圆柱面母线上对应两点间的轴向距离。

（5）导程 S：同一条螺旋线上相邻两螺纹牙在中径圆柱面母线上对应两点间的轴向距离。

（6）线数 n：螺纹的螺旋线数目，一般为便于制造，线数 $n \leqslant 4$。螺距、导程、线数之间的关系为 $S = nP$。

（7）螺旋升角 λ：中径圆柱面上螺旋线的切线与垂直于螺纹轴线的平面的夹角。由图 8-1 可知

$$\tan\lambda = \frac{S}{\pi d_2} = \frac{nP}{\pi d_2} \tag{8-1}$$

（8）牙型角 α：螺纹轴向平面内螺纹牙型两侧边的夹角。

（9）接触高度 h：内、外螺纹旋合后的接触面的径向高度。

8.1.2　螺纹的类型及应用

螺纹有外螺纹和内螺纹之分，具有内、外螺纹的零件组成螺纹副。根据螺纹牙型的不同，可分为三角形、梯形、矩形和锯齿形螺纹等，如图 8-2 所示。按螺纹螺旋线的旋向不同，可分为左旋和右旋螺纹，常用的为右旋螺纹。按螺纹螺旋线的数目不同，可分为单线、双线和多线螺纹，连接螺纹一般为单线的。按所采用单位制的不同，螺纹可分为米制和英制（螺距以每英寸牙数表示）两类。我国除管螺纹外，一般都采用米制螺纹。

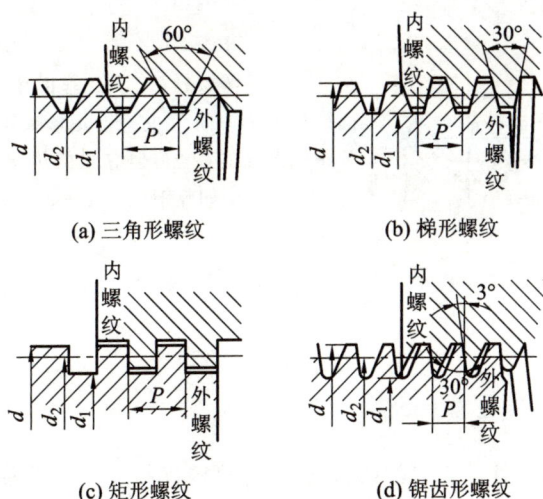

(a) 三角形螺纹　　(b) 梯形螺纹

(c) 矩形螺纹　　(d) 锯齿形螺纹

图 8-2　螺纹的类型

除矩形螺纹外，其他类型的螺纹都已经标准化。凡牙型、大径及螺距等符合国家标准的螺纹都称为标准螺纹，其中牙型角为60°的三角形米制圆柱螺纹称为普通螺纹。标准螺纹的公称尺寸可查阅有关标准或手册。常用螺纹的类型、特点和应用见表8-1。

表 8-1　常用螺纹的类型、特点和应用

类　型		图　例	特点和应用
连接螺纹	普通螺纹	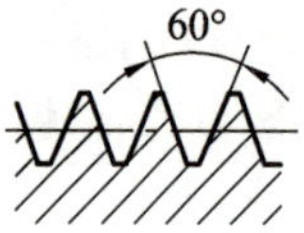 60°	牙型为等边三角形，牙型角 $\alpha=60°$，自锁性能好。同一公称直径的普通螺纹，按螺距大小的不同分为粗牙和细牙。细牙螺纹螺距小，升角小，自锁性较好，强度高；但不耐磨，易滑扣。一般连接都用粗牙螺纹，细牙螺纹常用于细小零件、薄壁管件或受冲击、振动和变载荷的场合
	圆柱管螺纹	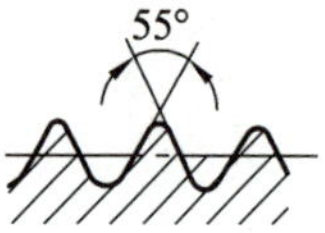 55°	牙型为等腰三角形，牙型角 $\alpha=55°$，管螺纹为英制细牙螺纹，公称直径为管子的内径。圆柱管螺纹用于水、煤气、润滑和电缆管路系统中
	圆锥管螺纹	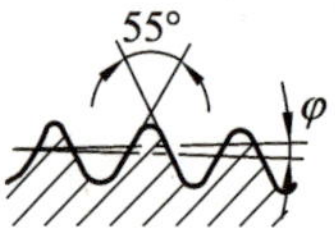 55° φ	牙型为等腰三角形，牙型角 $\alpha=55°$，螺纹分布在锥度为 $1:16(\varphi=1°87'28'')$ 的圆锥管壁上。圆锥管螺纹多用于高温、高压或密封性要求高的管路系统中。如管子、管接头、旋塞、阀门和其他螺纹连接的附件
传动螺纹	矩形螺纹	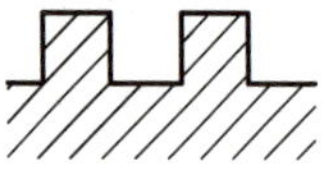	牙型为正方形，牙型角 $\alpha=0°$，其传动效率较其他螺纹都高，但牙根强度弱，螺纹磨损后难以补偿，使传动精度降低。矩形螺纹尚未标准化，目前已逐渐被梯形螺纹代替
	梯形螺纹	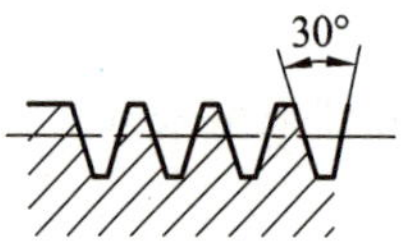 30°	牙型为等腰梯形，牙型角 $\alpha=30°$，与矩形螺纹相比，传动效率略低，但其工艺性好，牙根强度高，对中性好。磨损后还可以调整间隙，应用较广，如传动螺旋、丝杠、刀架丝杠等
	锯齿形螺纹	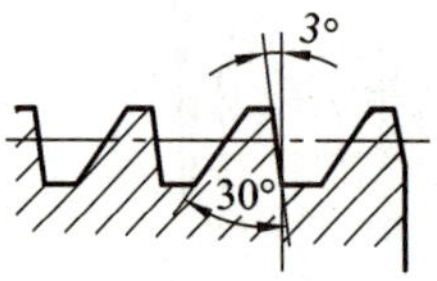 3° 30°	牙型为不等腰梯形，其工作面牙型半角 $\beta=3°$，其非工作面牙型半角为30°。它兼有矩形螺纹传动效率高和梯形螺纹牙根强度高的特点，但它只能用于单向受力的螺纹连接或螺纹传动中，如轧钢机的压螺旋、螺旋压力机、水压机等

8.2　螺纹连接的主要类型和螺纹连接标准件

8.2.1　螺纹连接的主要类型

螺纹连接件多为标准件，常用的螺纹连接有螺栓连接、双头螺柱连接、螺钉连接和紧定螺钉连接四种基本类型。

1. 螺栓连接

常见的螺栓连接形式如图8-3所示。螺栓连接可分为普通螺栓连接（见图8-3(a)）和铰制孔用螺栓连接(见图 8 - 3(b))两种,用于被连接件不太厚、容易制成通孔的场合。

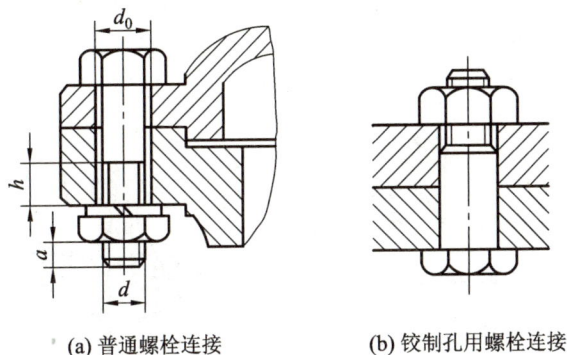

(a) 普通螺栓连接　　　　　(b) 铰制孔用螺栓连接

图 8 - 3　螺栓连接

(1) 普通螺栓连接。被连接件的孔壁与螺栓杆之间留有间隙,故被连接件上的通孔加工精度要求低,结构简单,装拆方便,使用时不受被连接件材料的限制,应用最广。

(2) 铰制孔用螺栓连接。孔和螺栓杆间多采用基孔制过渡配合(H7/m6、H7/n6),装配后无间隙,能精确固定被连接件的相对位置,并能承受横向载荷,也可用于定位,但孔的加工精度要求较高。

2. 双头螺柱连接

图 8 - 4 所示为双头螺柱连接,这种连接多用于被连接件之一较厚,不宜制成通孔或材料比较软且需经常拆装的场合。双头螺柱连接可以经常拆卸而不损坏被连接件。拆卸时只需拧下螺母,而不必将双头螺柱从被连接件的螺纹孔中拧出。

3. 螺钉连接

如图 8 - 5 所示,螺钉连接的特点是不需要螺母,将螺钉穿过一被连接件的孔并旋入另一被连接件的螺孔中。螺钉连接比双头螺柱连接结构简单、紧凑,适用于被连接件之一太厚而又无须经常拆装且受载较小的场合。

图 8 - 4　双头螺柱连接　　　　图 8 - 5　螺钉连接

4. 紧定螺钉连接

紧定螺钉连接如图 8 - 6 所示,它利用拧入零件螺纹孔中的螺钉末端顶住另一零件的表面(见图 8 - 6(a))或顶入该零件的凹坑中(见图 8 - 6(b)),以固定两零件的相对位置,可传递不大的载荷。

紧定螺钉连接除用于连接和紧定之外,还可用于调整零件位置,如机器、仪表的调节螺钉等。

除以上四种基本螺纹连接形式外,还有一些特殊结构的连接。如用于将机座或机架固定在地基上的地脚螺钉连接(见图 8-7),装在机器或大型零部件的顶盖或外壳上便于起吊重物的吊环螺钉连接,用于工装设备中的 T 形槽螺栓连接等。

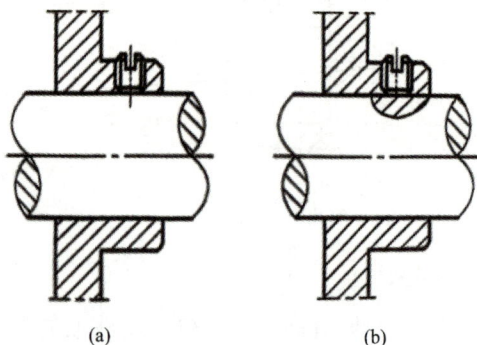

图 8-6　紧定螺钉连接

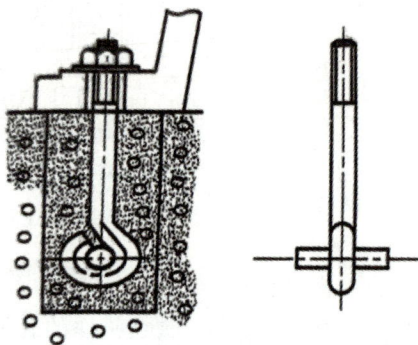

图 8-7　地脚螺钉连接

8.2.2　标准螺纹连接件

螺纹连接件的种类很多,在机械制造中常见的螺纹连接件有螺栓、双头螺柱、螺钉、紧定螺钉、螺母和垫圈等。这类零件都已经标准化,其形状和尺寸在国家标准中都有规定。螺纹大径 d 是这些标准件的公称尺寸,设计时可由 d 在标准中查出其他有关尺寸。螺纹连接件的制造精度分为 A、B、C 三级。A 级精度最高,用于要求装配精度高及受振动、变载荷等重要连接。B 级用于较大尺寸且经常装拆、调整或承受变载荷的连接。C 级用于一般的螺栓连接。

课程思政案例8.2　论标准的重要性(细节决定成败)

【对应知识点】标准螺纹连接件
【思政元素案例】被吹飞的机长

1. 螺栓

普通螺栓头部有多种形式,其中最常用的是六角头螺栓,螺栓杆部可制成一段螺纹或全部螺纹,如图 8-8 所示。通常普通螺栓也可以用于螺钉连接中。

铰制孔用螺栓头部的形式也为六角形,如图 8-9 所示。其中部的圆柱部分与被连接件的孔配合,以承受垂直于螺栓轴线方向的载荷。

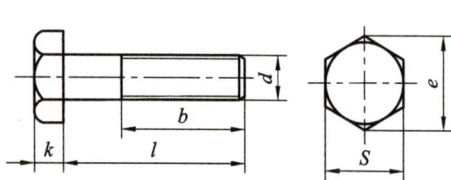

图 8-8　六角头螺栓

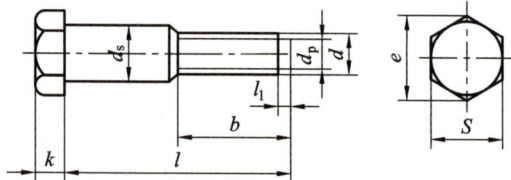

图 8-9　铰制孔用螺栓

2. 双头螺柱

双头螺柱如图 8-10 所示，两端可制有相同或不同的螺纹，其旋入被连接件的一端称为座端，另一端称为螺母端。螺柱的一端常用于旋入铸铁或有色金属的螺纹孔中，旋入后一般不拆卸，另一端则用于安装螺母以固定其他零件。

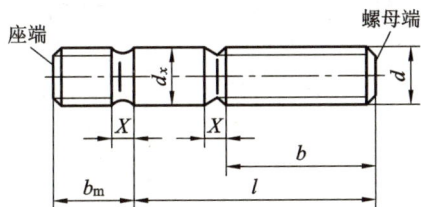

图 8-10　双头螺柱

3. 螺钉

螺钉的结构形状与螺栓类似，但螺钉头部形式较多，除六角头以外还有内六角头、半圆头、沉头等，以适应不同装配空间、拧紧程度、连接外观等方面的需要，如图 8-11 所示。可根据拧紧力矩大小来选用螺钉：拧紧力矩较大时，可选内、外六角头螺钉；拧紧力矩不大时，可选半圆头或沉头螺钉。

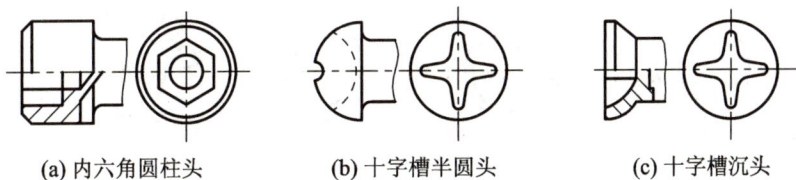

(a) 内六角圆柱头　　　　(b) 十字槽半圆头　　　　(c) 十字槽沉头

图 8-11　螺钉头部形状

4. 紧定螺钉

紧定螺钉的头部和尾部形式很多，如图 8-12 所示，可以适应不同拧紧程度的需要，其中方头能承受的拧紧力矩最大。常用的尾部形状有锥端、平端、圆柱端和圆尖端等。一般要求紧定螺钉的尾部有足够的硬度。

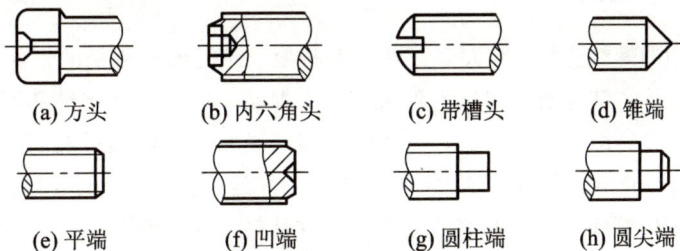

(a) 方头　　(b) 内六角头　　(c) 带槽头　　(d) 锥端

(e) 平端　　(f) 凹端　　(g) 圆柱端　　(h) 圆尖端

图 8-12　紧定螺钉的头部和尾部

5. 螺母

螺母的形状有六角形、圆形、方形等，如图 8-13 所示，其中以六角螺母应用得最普遍。根据六角螺母的厚度又分为普通螺母、六角扁螺母和六角厚螺母，六角厚螺母用于尺寸受限制且经常装拆、易于磨损的场合。

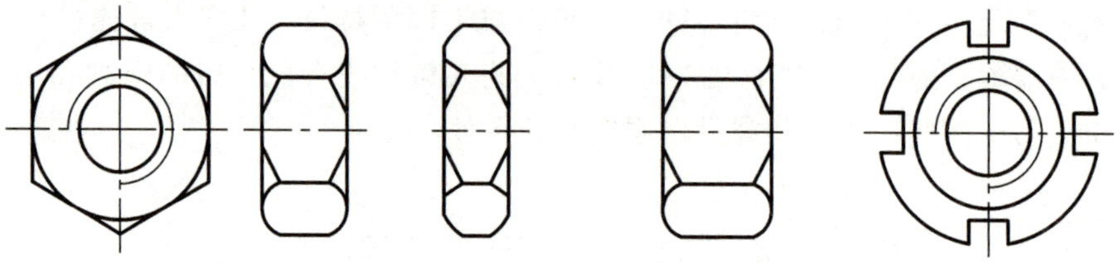

(a) 普通螺母　　(b) 六角扁螺母　　(c) 六角厚螺母　　(d) 圆螺母

图 8-13　螺母

6. 垫圈

垫圈是螺纹连接中不可缺少的零件，位于螺母和被连接件之间。它的作用是增加被连接件的支承面积，以减小接触处的压强，避免拧紧螺母时划伤被连接件的表面。

常用的垫圈有平垫圈(见图 8-14(a)、图 8-14(b))、弹簧垫圈(见图 8-14(c))和止动垫圈(见图 8-14(d))。弹簧垫圈、止动垫圈还兼有防松的作用，其他垫圈的尺寸可查阅《机械设计手册》。

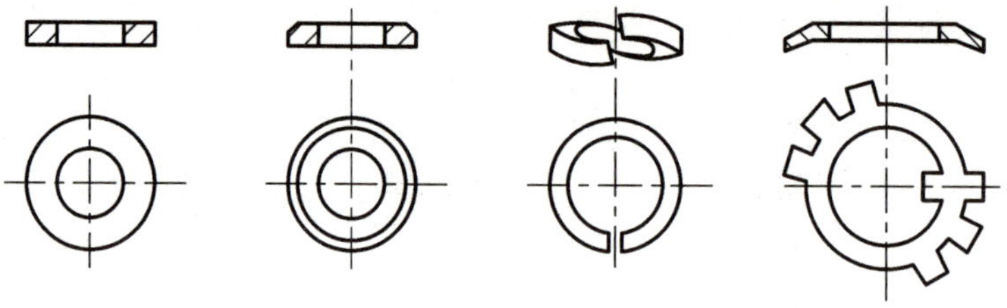

(a)　　　　　(b)　　　　　(c)　　　　　(d)

图 8-14　垫圈

8.3　螺纹连接的预紧和防松

8.3.1　螺纹连接的预紧

在机器中使用的螺纹连接，绝大多数都需要拧紧。此时螺栓所受的轴向拉力称为预紧力 F_0，预紧使被连接件的结合面之间压力增大，因此提高了连接的紧密性和可靠性。但预紧力过大会导致整个连接的结构尺寸增大，也会使连接件在装配或偶然过载时被拉断，因此为保证所需预紧力，又不使螺纹连接件过载，对重要的螺纹连接，在装配时要设法控制预紧力。

通常规定拧紧后螺纹连接件的预紧力不得超过其材料的屈服极限 σ_s 的 80%。对于一般连接用钢制螺栓的预紧力 F_0，推荐用下列关系确定：

碳钢：

$$F_0 = (0.6 \sim 0.7)\sigma_s A_1 \tag{8-2}$$

合金钢：

$$F_0 = (0.5 \sim 0.6)\sigma_s A_1 \tag{8-3}$$

式中：A_1 为螺栓最小剖面面积（单位：mm^2），$A_1 = \dfrac{1}{4}\pi d_1^2$；$\sigma_s$ 为屈服极限（单位：MPa）。

控制预紧力的办法很多，通常是借助定力矩扳手或测力矩扳手，如图 8-15 和图 8-16 所示。定力矩扳手的原理是当拧紧力矩超过规定值时，弹簧被压缩，扳手卡盘与圆柱销之间打滑，卡盘无法继续转动。测力矩扳手的原理是利用扳手上的弹性元件在拧紧力的作用下所产生的弹性变形的大小来指示拧紧力矩的大小。

图 8-15　定力矩扳手

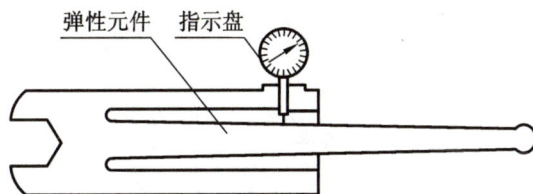

图 8-16　测力矩扳手

如上所述，装配时预紧力的大小是通过拧紧力矩来控制的。因此，应该从理论上找出预紧力和拧紧力矩之间的关系。如图 8-17 所示，在拧紧螺母时，其拧紧力矩为

$$T = FL \tag{8-4}$$

式中：F 为作用在手柄上的力（单位：N）；L 为力臂长度（单位：mm）。

力矩 T 用于克服螺旋副的摩擦阻力矩 T_1 和螺母环形端面与被连接件（或垫圈）支承面间的摩擦力矩 T_2，即

$$
\begin{aligned}
T &= T_1 + T_2 \\
&= \frac{1}{2}F_0\left[d_2\tan(\psi+\rho_v) + \frac{2}{3}f_c\left(\frac{D_0^3-d_0^3}{D_0^2-d_0^2}\right)\right]
\end{aligned}
$$

$$\tag{8-5}$$

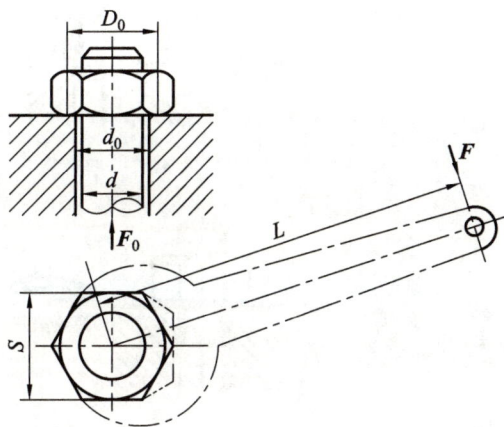

图 8-17　螺旋副的拧紧力矩

对于常用的 M10～M68 粗牙普通螺纹的钢制螺栓，螺纹升角 $\psi = 1°42'\sim3°2'$；螺纹中径 $d_2 \approx 0.9d$；螺旋副的当量摩擦角 $\rho_v \approx \arctan1.155f_c$（$f_c$ 为摩擦系数，无润滑时 $f_c \approx 0.1\sim0.2$）；螺栓孔直径 $d_0 = 1.1d$；螺母环形支承面的外径 $D_0 = 1.5d$；螺母与支承面间的摩擦系数 $f_c \approx 0.15$。将上述各参数代入式（8-5）中整理后可得

$$T = 0.2F_0 d \tag{8-6}$$

当需精确控制预紧力或预紧大型的螺栓时，可采用测量预紧前后螺栓的伸长量或测量应变的方法来实现。

8.3.2　螺纹连接的防松

连接用的三角螺纹在静载荷和工作温度变化不大的情况下能满足自锁条件，一般不会自动松脱。螺纹连接件一般采用单线普通螺纹。螺纹升角（$\psi = 1°42' \sim 3°2'$）小于螺旋副的当量摩擦角（$\varphi_v = 6.5° \sim 10.5°$），因此，连接螺纹都能满足自锁条件（$\psi < \varphi_v$）。此外，拧紧以后螺母和螺栓头部等支承面上的摩擦力也有防松作用，所以在静载荷和工作温度变化不大时，螺纹连接不会自动松脱。但在冲击、振动或变载荷的作用下，螺旋副间的摩擦力可能减小或瞬时消失。这种现象多次重复后，就会使连接松脱而失效，导致机器不能正常工作，甚至发生严重事故。在高温或温度变化较大的情况下，由于螺纹连接件和被连接件的材料发生蠕变和应力松弛，也会使连接中的预紧力和摩擦力逐渐减小，最终将导致连接失效。因此，在设计螺纹连接时必须考虑防松措施。防松的实质就是防止螺纹连接件间的相对转动。按防松装置的工作原理，螺纹连接的防松可分为摩擦力防松、机械防松和破坏螺纹副防松。常用的防松方法见表 8-2。

表 8-2　螺纹连接常用的防松方法

防松方法		结 构 形 式	特点和应用
摩擦力防松方法	对顶螺母	螺栓　上螺母　下螺母	两螺母对顶拧紧后使旋合螺纹间始终受到附加的压力和摩擦力，从而起到防松作用。该方式结构简单，适用于平稳、低速和重载的固定装置的连接，但轴向尺寸较大
	弹簧垫圈	弹簧垫片	螺母拧紧后，靠弹簧垫圈压平而产生的弹性反力使旋合螺纹间压紧，同时垫圈外口的尖端抵住螺母与被连接件的支承面也有防松作用。该方式结构简单、使用方便，但在冲击振动的工作条件下，其防松效果较差，一般用于不太重要的连接
	自锁螺母	锁紧锥面螺母	螺母一端制成非圆形收口或开缝后径向收口。当螺母拧紧后收口胀开，利用收口的弹力使旋合螺纹压紧。该方式结构简单、防松可靠，可多次装拆而不降低防松能力

防松方法		结 构 形 式	特点和应用
机械防松方法	开口销与六角槽螺母防松		将开口销穿入螺栓尾部小孔和螺母槽内，并将开口销尾部掰开与螺母侧面贴紧，即靠开口销阻止螺栓与螺母相对转动以防松。该方式适用于冲击和振动较大的高速机械中
	带翘垫圈		带翘垫圈具有几个外翘和一个内翘，将内翘嵌入螺栓（或轴）的轴向槽内，旋紧螺母，将一个外翘弯入螺母的槽内，螺母即被锁住。该方式结构简单、使用方便、防松可靠
	串联钢丝		用低碳钢丝穿入各螺钉头部的孔内，将各螺钉串联起来使其相互制约。使用时必须注意钢丝的穿入方向。该方式适用于螺钉组连接，其防松可靠，但装拆不方便
其他防松方法	黏合		用黏合剂涂于螺纹旋合表面，拧紧螺母后黏合剂能自行固化，防松效果良好，但不便拆卸
	冲点	$(1\sim1.5)P$	在螺纹件旋合好后，用冲头在旋合缝处或在端面冲点防松。这种防松效果很好，但此时螺纹连接变成了不可拆连接

　　还有一些特殊的防松方法，例如，在螺母末端镶嵌尼龙环或采用铆冲方法防松，螺母拧紧后把螺栓末端伸出部分铆死等。这些防松方法可靠，但拆卸后连接件不能重复使用。

8.4　单个螺栓连接的强度计算

　　螺栓连接的受载形式很多，它所传递的载荷主要有两类：一类为外载荷沿螺栓轴线方向，称为轴向载荷；另一类为外载荷垂直于螺栓轴线方向，称为横向载荷。

　　对单个螺栓而言，当传递轴向载荷时，螺栓受的是轴向拉力，故称为受拉螺栓。当传递横向载荷时，一种是采用普通螺栓连接，靠螺栓连接的预紧力使被连接件结合面间产生摩擦力来传递横向载荷，此时螺栓受到的是预紧力，仍为轴向拉力；另一种是采用铰制孔用螺栓连接，螺杆与铰制孔间是过渡配合，工作时靠螺栓受剪，杆壁与孔相互挤压来传递横向载荷，此时螺栓受剪，故称为受剪螺栓。

螺栓连接的强度计算主要是根据连接的类型、装配情况（需不需要预紧）、载荷情况等条件来确定螺栓的受力；然后根据相应的强度条件计算螺栓危险剖面的直径（通常是螺纹的小径）或校核其强度；其他如螺纹的大径、螺纹牙、螺母、垫圈等的结构尺寸是根据等强度条件及经验规定的，通常无须进行强度计算，可按螺栓螺纹的公称直径由标准中选定。

螺栓连接的强度计算方法对双头螺柱和螺钉同样适用。

◢▌ 课程思政案例8.3　一个小螺栓引发的事故（工程规范）

【对应知识点】　螺栓的强度计算
【思政元素案例】　塔机倒塌事故

8.4.1　受拉螺栓连接的强度计算

实践证明：静载荷作用下受拉螺栓常见的失效形式是螺纹部分的塑性变形或断裂。

1. 松螺栓连接强度计算

图 8-18 所示为吊钩螺栓，其工作前不拧紧，无预紧力 F_0，只有工作载荷 F 起拉伸作用时，需要计算松螺栓的连接强度。其强度条件如下：

校核式：

$$\sigma = \frac{F}{\frac{\pi}{4}d_1^2} \leqslant [\sigma] \qquad (8-7)$$

设计式：

$$d_1 \geqslant \sqrt{\frac{4F}{\pi[\sigma]}} \qquad (8-8)$$

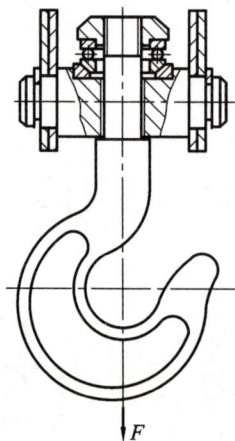

图 8-18　起重吊钩的松螺栓连接

式中：F 为单个螺栓所受的工作拉力，d_1 为螺杆危险截面直径（单位：mm），$[\sigma]$ 为许用拉应力（单位：N/mm²）。

求出 d_1 后，可由 GB/T196—2003 查取螺纹的公称尺寸 d（大径）。

2. 紧螺栓连接强度计算

紧螺栓连接在承受工作载荷前就必须把螺母拧紧。拧紧螺母时，螺栓一方面受到拉伸，另一方面又因螺纹中阻力矩的作用而受到扭转，故危险截面上既有拉应力 σ，又有扭转剪应力 τ。由预紧力 F_0 产生的拉伸应力 σ 为

$$\sigma = \frac{F_0}{\frac{1}{4}\pi d_1^2}$$

由螺纹摩擦力矩 T_1 产生的剪应力 τ 为

$$\tau = \frac{F_0 \dfrac{d_2}{2} \tan(\psi + \varphi_v)}{\dfrac{1}{16} \pi d_1^3} = \tan(\psi + \varphi_v) \frac{2d_2}{d_p} \cdot \frac{F_0}{\dfrac{\pi}{4} d_1^2}$$

$$\tau \approx 0.48 \frac{F_0}{\dfrac{\pi}{4} d_1^2} = 0.48\sigma \ (\text{或} \ 0.5\sigma)(\text{对于 M10} \sim \text{M64})$$

按第四强度理论得

$$\sigma = \sqrt{\sigma^2 + 3\tau^2} \approx 1.3\sigma$$

紧连接螺栓的强度条件为

$$\sigma = \frac{1.3 F_1}{\dfrac{\pi}{4} d_1^2} \leqslant [\sigma]$$

式中：F_1 为螺栓所受的轴向拉力，d_1 为螺栓的小径。

通常为了简便起见，一般紧螺栓连接的设计都按照拉伸强度公式计算，再考虑到扭转剪应力的影响，把螺栓所受到的轴向拉应力增大 30%。

（1）只受预紧力 F_0 作用的紧螺栓连接。

受横向载荷的普通螺栓连接以及受转矩（转矩作用在连接结合面内）作用的普通螺栓连接都是只受预紧力 F_0 作用的紧螺栓连接，如图 8-19 所示，考虑到扭转剪应力的影响，其强度条件为

$$\sigma_{ca} = \frac{1.3 F_0}{\dfrac{\pi}{4} d_1^2} \leqslant [\sigma] \qquad (8-9)$$

螺栓直径的设计式为

$$d_1 \geqslant \sqrt{\frac{5.2 F_0}{\pi [\sigma]}} \qquad (8-10)$$

图 8-19 受横向载荷的普通螺栓连接

式中：F_0 为螺栓承受的预紧力（单位：N），d_1 为螺栓小径（单位：mm）。

（2）既受预紧力 F_0 又受轴向静工作拉力 F 作用的紧螺栓连接。

这种紧螺栓连接在实际工作中是最重要的同时也是最常见的一种。如图 8-20 所示，气缸盖的连接螺栓就是典型的实例。由于螺栓和被连接件都是弹性体，在受到预紧力 F_0 的作用后，再施以工作拉力 F，螺栓与被连接件之间由于受到两者弹性变形的相互制约，此时螺栓所受的总拉力 F_2 不等于预紧力 F_0 与工作拉力 F 之和。因此，下面我们将从分析螺栓的受力和变形关系入手，求出螺栓总拉力 F_2 的大小。

图 8-20 表示单个螺栓连接在承受轴向拉伸载荷前后的受力及变形情况。

图 8-20(a) 所示是螺母刚好拧到和被连接件相接触，但还未拧紧。此时，螺栓和被连接件都不受力，因而也不产生变形。

图 8-20(b) 所示是螺母已拧紧，但还未承受工作拉力。此时，螺栓受预紧力 F_0 的拉伸

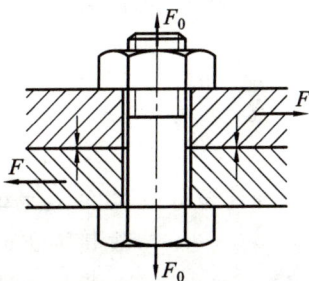

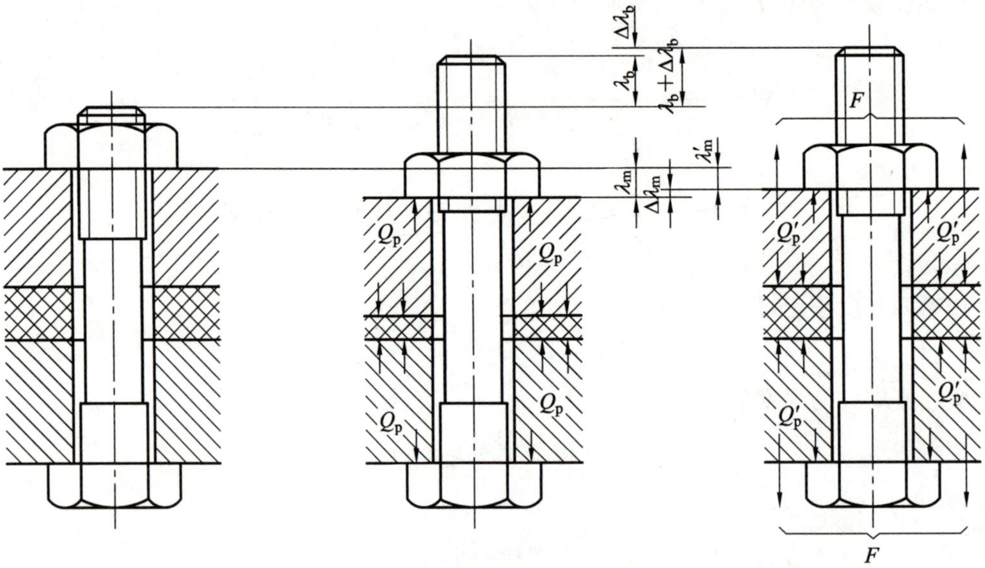

(a) 螺母未拧紧　　　　　　　(b) 螺母已拧紧　　　　　　(c) 已承受工作载荷

图 8-20　单个紧螺栓连接受力及变形

作用，其伸长量为 λ_b。相反，被连接件则在预紧力 F_0 的压缩作用下被压缩，其压缩量为 λ_m。若以 C_b、C_m 分别代表螺栓及被连接件的刚度，则螺栓伸长量 $\lambda_b = \dfrac{F_0}{C_b}$，被连接件的压缩量 $\lambda_m = \dfrac{F_0}{C_m}$。

图 8-20(c) 所示是受轴向工作拉力 F 作用后的情况。这时，螺栓的轴向总拉力由 F_0 增至 F_2，伸长量由 λ_b 增至 $\lambda_b + \Delta\lambda_b$；被连接件受压而部分放松，相应的压缩变形量由 λ_m 减到 $\lambda'_m = \lambda_m - \Delta\lambda_m$，故其所受压力减小（不是原来的预紧力 F_0 了），而变为剩余预紧力 F_1，根据变形协调条件，螺栓增量 $\Delta\lambda_b$ 应等于被连接件变形的减量 $\Delta\lambda_m$。由静力平衡条件得螺栓所受的总拉力 F_2 应等于工作拉力 F 与剩余预紧力 F_1 之和，即

$$F_2 = F_1 + F \tag{8-11}$$

即螺栓总拉力为工作载荷与被连接件给它的剩余预紧力之和。

根据螺栓与被连接件变形协调条件有

$$\Delta\lambda_b = \Delta\lambda_m = \Delta\lambda$$

以

$$\Delta\lambda_b = \frac{F_2 - F_0}{C_b} = \frac{F + F_1 - F_0}{C_b}, \quad \Delta\lambda_m = \frac{F_0 - F_1}{C_m}$$

代入得

$$F_1 = F_0 - \frac{C_m}{C_b + C_m} F \tag{8-12}$$

$$F_0 = F_1 + \frac{C_m}{C_b + C_m} F \tag{8-13}$$

$$F_2 = F_0 + \frac{C_b}{C_b + C_m} F \qquad (8-14)$$

有时确定总拉力 F_2 用式（8-14）较为方便。相对刚度 $\frac{C_b}{C_b + C_m}$ 与连接件（包括螺栓、被连接件、垫片等）的材料、结构形式、尺寸大小、载荷作用方式等有关，可通过计算或试验求出。一般设计时，被连接件为钢铁零件时可采用下列数据：用金属垫片或不用垫片时取 $\frac{C_b}{C_b + C_m} = 0.2 \sim 0.3$；用铜皮石棉时取 $\frac{C_b}{C_b + C_m} = 0.8$，用橡胶时取 $\frac{C_b}{C_b + C_m} = 0.9$。

为了保证螺栓连接不出现缝隙并具有必要的紧密性，剩余预紧力 F_1 应大于零。下列数据可供选择 F_1 时参考：F 无变化时，$F_1 = (0.2 \sim 0.6) F$；F 有变化时，$F_1 = (0.6 \sim 1.0) F$；压力容器的紧密连接，$F_1 = (1.5 \sim 1.8) F$，且应保证密封面的剩余预紧力大于压力容器的工作压力。

总结：对于既受预紧力 F_0 又受工作载荷 F 作用的螺栓连接，其设计步骤大致如下：

① 根据螺栓受力情况，求出单个螺栓所受的工作拉力 F；

② 根据连接的工作要求，选取剩余预紧力 F_1：

③ 按式（8-13）求得所需的预紧力 F_0：

④ 按式（8-11）或式（8-14）计算螺栓的总拉力 F_2（由已知条件而定）；

⑤ 螺栓在工作时，既受拉伸应力作用又受扭转剪切应力作用，因此在计算时应将总拉力 F_2 增大 30% 作为计算载荷。

受拉螺纹部分的强度条件为

$$\sigma_{ca} = \frac{1.3 F_2}{\frac{\pi}{4} d_1^2} \leqslant [\sigma] \qquad (8-15)$$

或

$$d_1 \geqslant \sqrt{\frac{5.2 F_2}{\pi [\sigma]}} \qquad (8-16)$$

式中：F_2 为螺栓所受的总拉力，见式（8-11）或式（8-14）。

（3）既受预紧力 F_0 又受变轴向工作拉力 F 作用的螺栓连接。

对于既受预紧力又受变轴向工作拉力作用的螺栓连接，设计步骤一般如下：

① 求出螺栓中最大的工作拉力 F_2；

② 按静强度计算螺栓的小径 d_1；

③ 按 d_1 查表得螺栓的公称直径 d；

④ 校核其疲劳强度。

下面分别具体介绍其计算步骤。

由式（8-14）得知，若工作拉力在 $0 \sim F$ 之间变化，则螺栓中的拉力在 F_0 与 F_2 之间变化，此时有

$$F_2 = F_0 + \frac{C_b}{C_b + C_m} F$$

此时，螺栓的静强度条件为

$$\sigma_{ca} = \frac{1.3F_2}{\frac{\pi}{4}d_1^2} \leqslant [\sigma] \tag{8-17}$$

设计式为

$$d_1 \geqslant \sqrt{\frac{5.2F_2}{\pi[\sigma]}} \tag{8-18}$$

螺栓所受的应力变化为

$$\sigma_{max} = \frac{F_2}{\frac{\pi}{4}d_1^2}, \quad \sigma_{min} = \frac{F_0}{\frac{\pi}{4}d_1^2}$$

由于影响零件疲劳强度的主要因素是应力幅，因此，螺栓疲劳强度的验算式为

$$\sigma_a = \frac{\sigma_{max} - \sigma_{min}}{2} = \frac{C_1}{C_1 + C_2} \frac{2F}{\pi d_1^2} \tag{8-19}$$

螺栓的最大应力计算安全系数一般情况可按下式计算：

$$S_{ca} = \frac{2\sigma_{-1nc} + (K_\sigma - \psi_\sigma)\sigma_{min}}{(K_\sigma + \psi_\sigma)(2\sigma_a + \sigma_{min})} \geqslant S$$

式中：σ_{-1nc} 为螺栓材料的对称循环拉压疲劳极限（见表 8-3，单位：MPa）；ψ_σ 为试件的材料常数，即循环应力中平均应力的折算系数，对于碳素钢，$\psi_\sigma = 0.1 \sim 0.2$，对于合金钢，$3\psi_\sigma = 0.2 \sim 0.3$；$K_\sigma$ 为拉压疲劳强度综合影响系数，如忽略加工方法的影响，则 $K_\sigma = \frac{k_\sigma}{\varepsilon_\sigma}$，此处 k_σ 为有效应力集中系数（见表 8-4），ε_σ 为尺寸系数（见表 8-5）；S 为安全系数（见表 8-6、表 8-7）。

表 8-3　螺纹连接件常用材料的疲劳极限

材　料	疲劳极限/MPa	
	σ_{-1}	σ_{-1nc}
10	160～220	120～150
Q215	170～220	120～160
35	220～300	170～220
45	250～340	190～250
40Cr	320～440	240～340

表 8-4　公称直径为 12 mm 的普通螺纹的拉压有效应力集中系数

材料的 σ_B/MPa	400	600	800	1000
k_σ	3.0	3.9	4.8	5.2

表 8-5　螺纹连接件的尺寸系数

直径 d/mm	≤16	20	24	28	32	40	48	56	64	72	80
ε_σ	1	0.81	0.76	0.71	0.68	0.63	0.60	0.57	0.54	0.52	0.50

表 8-6　螺栓连接的许用应力

预紧螺栓受载情况		许 用 应 力
受拉螺栓 （普通螺栓）		$[\sigma]=\dfrac{\sigma_s}{S}$，控制预紧力时，对静载荷取 $S=1.2\sim1.5$，对变载荷取 $S=1.25\sim2.5$。不控制预紧力时，S 值见表 8-7
受横向载荷的 铰制孔用螺栓	静载荷	$[\tau]=\dfrac{\sigma_s}{2.5}$ 被连接件为钢时：$[\sigma]_p=\dfrac{\sigma_s}{1.25}$ 被连接件为铸铁时：$[\sigma]_p=\dfrac{\sigma_B}{2\sim2.5}$
受横向载荷的 铰制孔用螺栓	变载荷	$[\tau]=\dfrac{\sigma_s}{3.5\sim5}$ 被连接件为钢时：$[\sigma]_p=\dfrac{\sigma_s}{1.6\sim2}$ 被连接件为铸铁时：$[\sigma]_p=\dfrac{\sigma_B}{2.5\sim3.5}$

表 8-7　预紧螺栓的安全系数 S（不控制预紧力时）

材 料	静 载 荷			变 载 荷		
	M6～M16	M16～M30	M30～M60	M6～M16	M16～M30	M30～M60
碳素钢	4～3	3～2	2～1.3	10～6.5	6.5	6.5～10
合金钢	5～4	4～2.5	2.5	7.5～5	5	5～7.5

8.4.2　受剪螺栓连接的强度计算

如图 8-21 所示，受横向工作载荷作用的铰制孔用螺栓连接是靠螺栓杆受剪切和挤压力来承受横向载荷的。工作时，螺栓在结合面处受剪切，螺栓杆与被连接件孔壁相接触的表面受挤压，因此，此种连接应分别按挤压强度和剪切强度进行计算。

这种连接的螺栓所受的预紧力很小，所以在计算中不考虑预紧力和螺纹摩擦力矩的影响。螺栓杆与孔壁的挤压强度条件为

$$\sigma_p=\frac{F}{d_0 L_{min}}\leqslant[\sigma]_p \qquad (8-20)$$

螺栓杆的剪切条件为

$$\tau=\frac{F}{\dfrac{\pi}{4}d_0^2 m}\leqslant[\tau] \qquad (8-21)$$

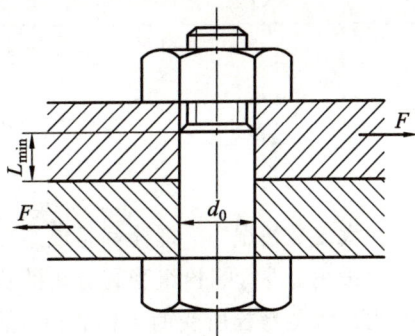

图 8-21　受剪螺栓连接

式中：F 为单个螺栓所受的横向工作载荷(单位：N)，d_0 为螺栓剪切面的直径(螺栓光杆直径，单位：mm)，L_{min} 为螺栓杆与孔壁挤压面的最小高度(单位：mm)，m 为螺栓受剪切面数；$[\sigma]_p$ 为螺栓或孔壁材料中较弱者的许用挤压应力(见表 8-6)。

8.4.3　螺纹连接的常用材料与许用应力

根据螺纹零件材质的不同，国家标准规定螺纹连接零件按其机械性能进行分级(见表 8-8)。螺栓、螺柱、螺钉的性能等级分为 9 级(见 GB/T 3098.1—2010《紧固件机械性能 螺栓、螺钉和螺柱》)，其数值如下：

3.6　4.6　5.6　5.8　6.8　8.8　9.8　10.9　12.9

注：上述数值中，用整数部分乘 100 即为其 σ_{Bmin} 值；用小数部分乘 σ_{Bmin} 值即为 σ_s 值。

例如：选用螺栓的性能等级为 5.6，则其

$\sigma_{Bmin} = 5 \times 100\ \text{MPa} = 500\ \text{MPa}$；$\sigma_s = \sigma_{Bmin} \times 0.6 = 500 \times 0.6\ \text{MPa} = 300\ \text{MPa}$

螺栓、螺柱和螺钉的材料可按不同的性能等级选取：

3.6——低碳钢；

4.6~6.8——低碳钢或中碳钢；

8.8~9.8——中碳钢或低碳合金钢；

10.9——中碳钢、低碳合金钢或中碳合金钢；

12.9——合金钢。

螺母性能等级按螺母高度 m 分为两类，见国家标准 GB/T 3098.2—2000 中的规定。

表 8-8　螺纹连接件常用材料及其拉伸机械性能(GB/T 699—2015. GB/T 700—2006 摘录)

钢　号	拉伸强度 $\sigma_{Bmin}/(\text{N/mm}^2)$	屈服极限 $\sigma_{smin}/(\text{N/mm}^2)$
10	335	205
Q215	335~410	205
Q235	35~460	235
35	530	315
45	600	355
40Cr	980	785

8.5　螺栓组连接的设计与受力分析

在大多数情况下，螺栓都是成组使用的，它们与被连接件构成螺栓组连接，单个使用的情况极少。进行螺栓组受力分析的目的在于根据连接所受的载荷和螺栓的布置与结构求出受力最大的螺栓所受的工作载荷，然后按相应的单个螺栓的强度计算公式设计螺栓的直径或对螺栓进行强度校核。

为了减少所用螺栓的规格和提高连接的结构工艺性，通常同一个结合面上都尽量采用

相同的螺栓材料、直径和长度。为了简化计算,在分析螺栓组连接的受力时,假设所有螺栓的材料、直径、长度和预紧力均相同;螺栓组的对称中心与连接接合面的形心重合;受载后连接接合面仍保持为平面。下面介绍几种典型螺栓组受力分析的方法。

◆▶ 课程思政案例 8.4　螺栓断裂引发的风机倒塔(严谨认真)

【对应知识点】　螺栓组连接的设计
【思政元素案例】　螺栓断裂引发的风机倒塔

8.5.1　受轴向载荷 F_Σ 作用的螺栓组连接

图 8-22 所示为气缸盖螺栓连接,其载荷通过螺栓组形心。

设该螺栓组由 z 个螺栓组成,则单个螺栓工作载荷 F 为

$$F = \frac{F_\Sigma}{z} \qquad (8-22)$$

此外,螺栓还受到预紧力 F_0 作用,故螺栓所受的总拉力用 $F_2 = F_0 + \dfrac{C_b}{C_b + C_m}F$

或 $F_2 = F_1 + F$ 代入。式中:F_2 为轴向外载,z 为螺栓个数。

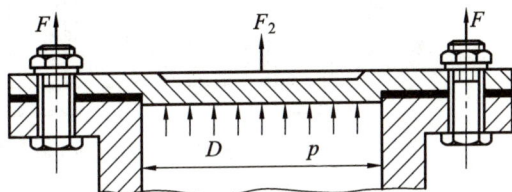

图 8-22　受轴向载荷的螺栓组连接

8.5.2　受横向载荷 F_Σ 作用的螺栓组连接

此种连接的特点:普通螺栓、铰制孔用螺栓皆可用,横向载荷垂直于螺栓轴线。

普通螺栓——受拉伸作用,如图 8-23(a)所示。

铰制孔用螺栓——受横向载荷剪切、挤压作用,如图 8-23(b)所示。

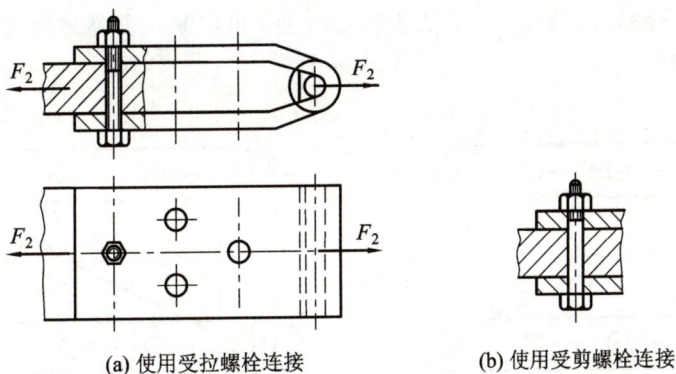

(a) 使用受拉螺栓连接　　　　(b) 使用受剪螺栓连接

图 8-23　受横向载荷的螺栓组连接

当使用受拉螺栓(普通螺栓)连接时,如图 8-23(a)所示,螺栓只受预紧力 F_0 作用,靠结合面间的摩擦来传递载荷。假设各螺栓所受的预紧力均为 F_0,则其平衡条件为

$$F_0 zi \geqslant k_s F_{\sum} \quad 或 \quad F_0 = \frac{k_s F_{\sum}}{fiz} \tag{8-23}$$

式中：f 为结合面摩擦系数，对于钢或铸铁零件，当结合面干燥时 $f = 0.1 \sim 0.16$，当结合面有油时 $f = 0.06 \sim 0.10$；i 为结合面数目；z 为螺栓数目；k_s 为防滑系数，$k_s = 1.1 \sim 1.3$。

由式(8-23)可知，当 $f = 0.15$，$z = 1$，$k_s = 1.2$，$m = 1$ 时，$F_0 = 8 F_{\sum}$。由此可见，这种连接的主要缺点是所需的预紧力大，螺栓尺寸大，且在冲击、振动、变载情况下工作极不可靠。

为了避免上述缺点，可用减载销、套筒或键承担横向载荷，而螺栓仅起连接作用，如图 8-24 所示。

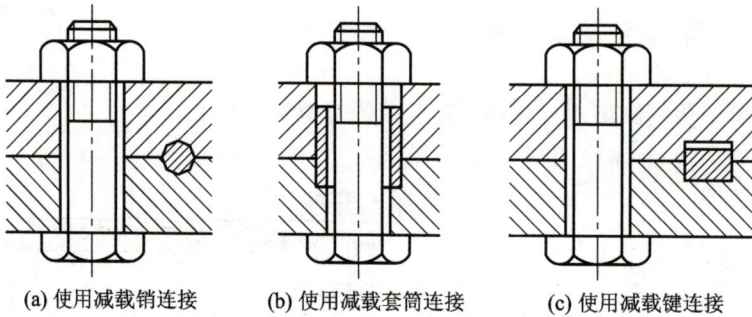

(a) 使用减载销连接　　(b) 使用减载套筒连接　　(c) 使用减载键连接

图 8-24　承受横向载荷的减载装置

当使用受剪螺栓连接时，如图 8-23(b)所示，靠螺栓杆受剪和挤压来平衡横向载荷。计算时可以近似地认为在横向载荷 $F_{\sum}$ 的作用下，各螺栓所受的工作载荷是相等的，则根据静力平衡条件得

$$zF = F_{\sum} \quad 或 \quad F = \frac{F_x}{z} \tag{8-24}$$

8.5.3　受横向力矩 T 作用的螺栓组连接

图 8-25 所示为一底板螺栓连接，假设在旋转力矩 T 的作用下，底板有绕通过螺栓组形心的轴线 O—O 旋转的趋势，为了防止底板滑动，可以采用普通螺栓连接，也可以采用铰制孔用螺栓连接。

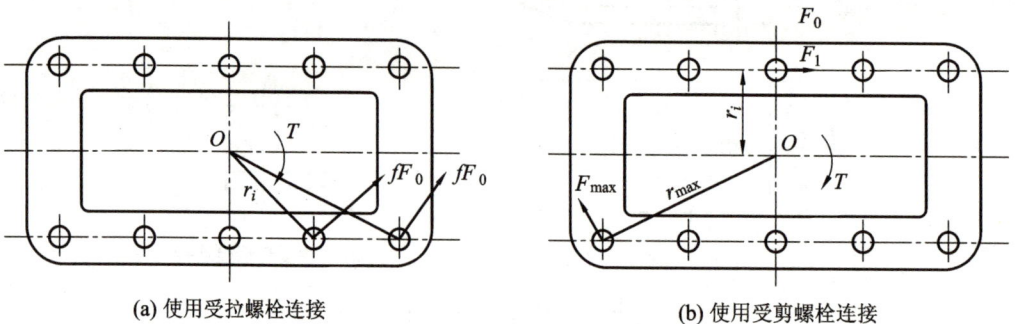

(a) 使用受拉螺栓连接　　　　　　(b) 使用受剪螺栓连接

图 8-25　受横向力矩 T 的螺栓组连接

（1）使用受拉螺栓连接，如图 8 - 25(a)所示。假设各螺栓连接结合面的摩擦力均相等并集中在螺栓中心处，与螺栓中心至底板旋转中心 O 的连线垂直，由静力平衡条件得到连接件不产生相对滑动的条件为

$$fF_0r_1 + fF_0r_2 + \cdots + fF_0r_z = k_sT \text{ 或 } F_0 = \frac{k_sT}{f(r_1 + r_2 + \cdots + r_z)} \quad (8-25(a))$$

当螺栓布置在同一个圆上时，有

$$F_0 = \frac{k_sT}{fzr} = \cdots = r_i = r \quad (8-25(b))$$

式中：F_0 为螺栓所受的预紧力（单位：N），r_i 为第 i 个螺栓的轴心线到螺栓组对称中心 O 的距离，k_s 为防滑系数。

由式(8 - 25(b))求得预紧力 F_0 后，按式(8 - 9)进行校核。

（2）使用受剪螺栓连接，如图 8 - 25(b)所示。各螺栓的工作载荷 F 与其中心至底板旋转中心的连线垂直。忽略连接中的预紧力和摩擦力，则根据静力平衡条件得

$$F_1r_1 + F_2r_2 + \cdots + F_zr_z = T$$

由螺栓的变形协调条件可知，各个螺栓的变形量和受力大小与其中心到接合面形心的距离成正比。因为各螺栓的剪切刚度相同，所以各螺栓的剪力也与这个距离成正比，即

$$\frac{F_i}{r_i} = \frac{F_{max}}{r_{max}}$$

联立上式得

$$F_{max} = \frac{Tr_{max}}{\sum_{i=1}^{z} r_i^2} \quad (8-26)$$

式中：F_i、F_{max} 分别表示第 i 个螺栓和受力最大的螺栓的工作剪力；r_i、r_{max} 分别表示第 i 个螺栓和受力最大的螺栓的轴线到螺栓组对称中心 O 的距离。

8.5.4　受翻转力矩 M 作用的螺栓组连接

图 8 - 26 所示为受翻转力矩作用的螺栓组连接，其特点是：M 在铅直平面内，绕 O—O 翻转，只能用普通螺栓连接，取板为受力对象，根据静平衡条件，设单个螺栓的工作载荷为 F_i，则

$$M = \sum_{i=1}^{z} F_iL_i$$

因

$$F_i = F_{max} \frac{L_i}{L_{max}}$$

则

$$M = F_{max} \sum_{i=1}^{z} \frac{L_i}{L_{max}} \text{ 或 } F_{max} = \frac{ML_{max}}{\sum_{i=1}^{z} L_i^2} \quad (8-27)$$

式中：F_{max} 表示螺栓所受的最大工作载荷，z 表示总的螺栓个数，L_i 表示各螺栓轴线到底板轴线 O—O 的距离，L_{max} 表示 L_i 中的最大值。

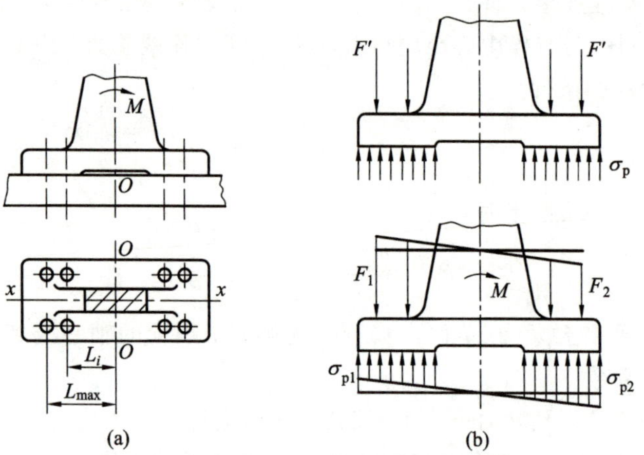

图 8-26　受翻转力矩作用的螺栓组连接

计算受翻转力矩 M 作用的螺栓组的强度时，首先由预紧力 F_0、最大工作载荷 F_{max} 确定受力最大的螺栓的总拉力 F_{2max}，即

$$F_{2max} = F_0 + \frac{C_b}{C_b + C_m} F_{max} \qquad (8-28)$$

然后按下列公式进行计算：

验算公式：

$$\sigma_{ca} = \frac{1.3 F_{2max}}{\frac{\pi}{4} d_1^2} \leqslant [\sigma] \qquad (8-29)$$

设计公式：

$$d_1 \geqslant \sqrt{\frac{1.3 \times 4 \times F_{2max}}{\pi [\sigma]}} \qquad (8-30)$$

为了防止结合面受压最大处被压碎或受压最小处出现缝隙，受载后地基结合面压应力的最大值不应超过允许值，最小值不应小于零，则有

$$\sigma_{pmax} = \sigma_p + \sigma_M = \frac{Z F_0}{A} + \frac{M}{W} \leqslant [\sigma]_p \qquad (8-31)$$

$$\sigma_{pmin} = \sigma_p - \sigma_M = \frac{Z F_0}{A} - \frac{M}{W} > 0 \qquad (8-32)$$

式中：$\sigma_p = Z F_0 / A$，表示地基结合面在受载前由于预紧力而产生的挤压应力；A 为结合面的有效面积；σ_M 表示在 M 作用下接合面的挤压应力；$[\sigma]_p$ 表示地基结合面的许用挤压应力，见表 8-9。

表 8-9　连接结合面材料的许用挤压应力 $[\sigma]_p$

材　料	钢	铸　铁	混凝土	砖(水泥浆缝)	木　材
$[\sigma]_p$	$0.8\sigma_s$	$(0.4\sim0.5)\sigma_B$	$2.0\sim3.0$ MPa	$1.5\sim2.0$ MPa	$2.0\sim4.0$ MPa

实际使用中螺栓组连接所受的载荷是以上四种简单受力状态的不同组合。计算时只要分别计算出螺栓组在这些简单受力状态下每个螺栓的工作载荷，然后按向量叠加起来，便可得到每个螺栓的总工作载荷，再对受力最大的螺栓进行强度计算即可。

8.6　提高螺栓连接强度的措施

螺栓连接的强度主要取决于螺栓的强度，因此，研究影响螺栓强度的因素和提高螺栓强度的措施，对提高连接的可靠性有着重要的意义。影响螺栓强度的因素很多，主要涉及螺纹牙的载荷分配、应力变化幅度、应力集中、附加应力、材料的机械性能和制造工艺等几个方面。下面分析各种因素对螺栓强度的影响及提高强度的相应措施。

8.6.1　降低影响螺栓疲劳强度的应力幅

根据理论与实践可知，受轴向变载荷作用的紧螺栓连接在最小应力不变的条件下，应力幅越小，螺栓越不容易发生疲劳破坏，连接的可靠性越高。当螺栓所受的工作拉力在 $0 \sim F$ 间变化时，螺栓的总拉力在 $F_0 \sim F_2$ 间变动。如图 8-27 所示，在保持预紧力 F_0 不变的条件下，若减小螺栓刚度 C_b 或增大被连接件刚度 C_m，都可以达到减小总拉力 F_2 的变动范围（减小应力幅 σ_a）的目的。

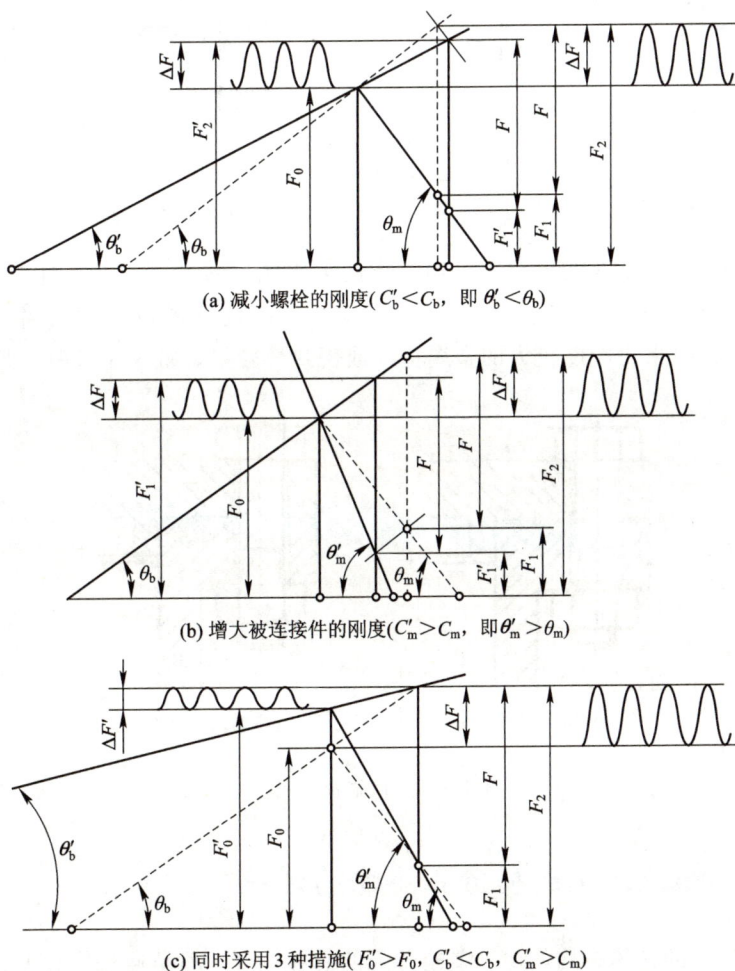

(a) 减小螺栓的刚度($C'_b < C_b$，即 $\theta'_b < \theta_b$)

(b) 增大被连接件的刚度($C'_m > C_m$，即 $\theta'_m > \theta_m$)

(c) 同时采用 3 种措施($F'_0 > F_0$，$C'_b < C_b$，$C'_m > C_m$)

图 8-27　提高螺栓连接变应力强度的措施

从图 8-27 可知，在 F_0 给定的条件下，减小螺栓刚度 C_b 或增大被连接件的刚度 C_m，都将引起残余预紧力 F_1 减小，从而降低连接的紧密性。因此，若在减小 C_b 和增大 C_m 的同时，适当增加预紧力 F_0 就可以使 F_1 不致减小得太多或保持不变，这对改善连接的可靠性和紧密性是有利的。但预紧力不宜增加过大，必须控制在所规定的范围内，以免过分削弱螺栓的静强度。图 8-27(c) 所示为减小螺栓刚度、增大被连接件刚度和增大预紧力的措施同时并用时，螺栓连接的载荷变化情况。为了减小螺栓的刚度，可适当增加螺栓的长度，或采用图 8-28 所示的腰状杆螺栓与空心螺栓。如果在螺母下面安装上弹性元件，如图 8-29 所示，其效果和采用腰状杆螺栓与空心螺栓时相似。

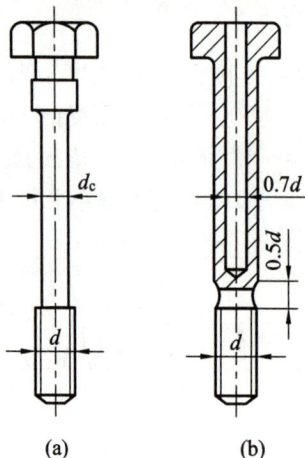

图 8-28　腰状杆螺栓与空心螺栓

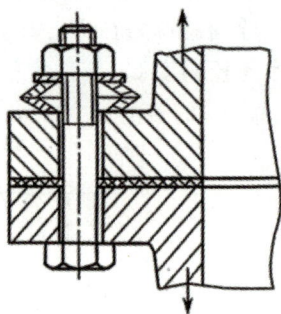

图 8-29　弹性元件

为了增大被连接件的刚度，可以不用垫片或采用刚度较大的垫片。对于需要保持紧密性的连接，从增大被连接件的刚度的角度来看，采用较软的汽缸垫片并不合适，如图 8-30(a) 所示。此时采用刚度较大的金属垫片或密封环较好，如图 8-30(b) 所示。

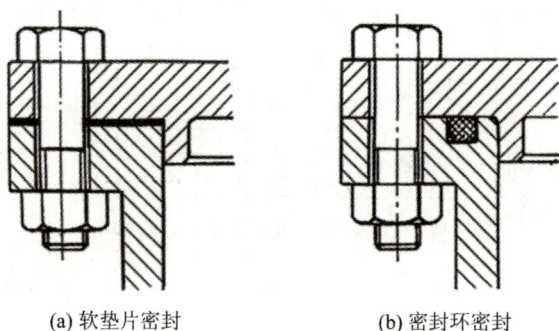

(a) 软垫片密封　　　　　　　　　(b) 密封环密封

图 8-30　汽缸密封元件

8.6.2　改善螺纹牙上载荷分布不均的现象

不论螺栓连接的具体结构如何，螺栓所受的总拉力 F_2 都是通过螺栓和螺母的螺纹牙面相接触来传递的。由于螺栓和螺母的刚度及变形性质不同，即使制造和装配都很精确，各圈螺纹牙上的受力也是不同的。如图 8-31 所示，当连接受载时，螺栓受拉伸，外螺纹的螺距增大；而螺母受压缩，内螺纹的螺距减小。螺纹螺距的变化差以旋合的第一圈处为最大，以后各圈递减。旋合螺纹间的载荷分布如图 8-32 所示。实验证明，约有 1/3 的载荷集中在第一圈，第八圈以后的螺纹牙几乎不承受载荷。因此，采用螺纹牙圈数过多的加厚螺母并不能提高连接的强度。

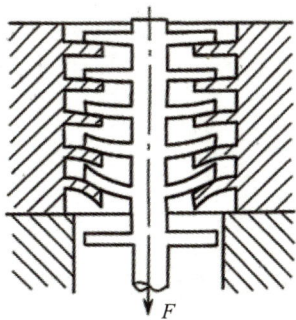

图 8-31　旋合螺纹的变形示意图

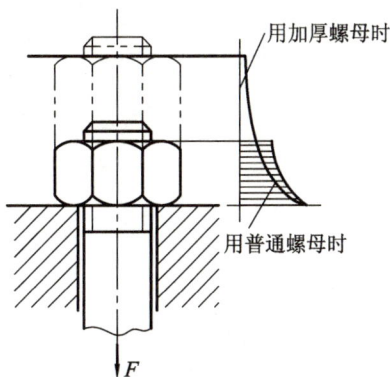

图 8-32　旋合螺纹间的载荷分布

　　为了改善螺纹牙上载荷分布不均的程度，常采用悬置螺母、减小螺栓旋合段本来受力较大的几圈螺纹牙的受力面或采用钢丝螺套，如图 8-33 所示。

　　图 8-33(a)所示为悬置螺母，螺母的旋合部分全部受拉，其变形性质与螺栓相同，从而可以减小两者的螺距变化差，使螺纹牙上的载荷分布趋于均匀。

　　图 8-33(b)所示为环槽螺母，这种结构可以使螺母内缘下端（螺栓旋入端）局部受拉，其作用和悬置螺母相似，但其载荷均布的效果不及悬置螺母。

　　图 8-33(c)所示为内斜螺母。螺母下端（螺栓旋入端）受力大的几圈螺纹处制成 $10°\sim$ $15°$ 的斜角，使螺栓螺纹牙的受力面由上而下逐渐外移。这样，螺栓旋合段下部的螺纹牙在载荷作用下容易变形，而载荷将向上转移使载荷分布趋于均匀。

　　图 8-33(d) 所示的螺母结构兼有环槽螺母和内斜螺母的作用。

　　这些特殊结构的螺母由于加工比较复杂，因此只限于在重要的或大型的连接上使用。

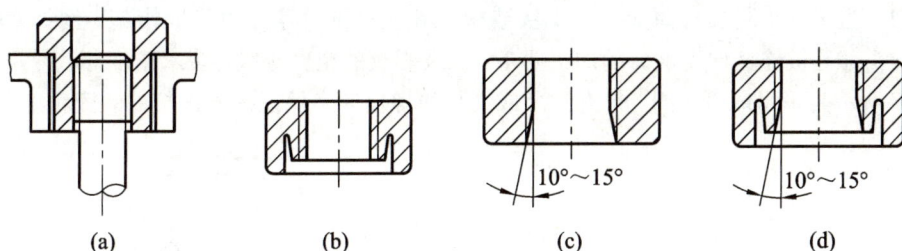

(a)　　　　　(b)　　　　　(c)　　　　　(d)

图 8-33　均载螺母结构

　　图 8-34 所示为钢丝螺套。它主要用来旋入轻合金的螺纹孔内，旋入后将安装柄根在缺口处折断，然后旋上螺栓。由于它具有一定的弹性，可以起到均载的作用，再加上它还有减振的作用，故能显著提高螺纹连接件的疲劳强度。

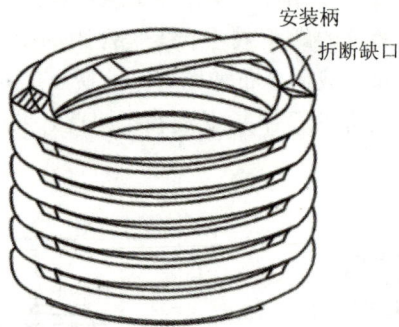

图 8-34　钢丝螺套

8.6.3　减小应力集中的影响

螺栓上的螺纹(特别是螺纹的收尾)、螺栓头和螺栓杆的过渡处及螺栓横截面面积发生变化的部位等,都会产生应力集中。如图 8-35 所示,为了减小应力集中的程度,可以采用较大的圆角和卸载结构,或将螺纹收尾改为退刀槽等。但应注意,采用一些特殊结构会使制造成本增加。

(a) 加大圆角　　　　　(b) 卸载槽　　　　　(c) 卸载过渡结构

图 8-35　减小螺栓的应力集中

此外,在设计、制造和装配上应力求避免螺纹连接产生附加弯曲应力,以免严重降低螺栓的强度。为了减小附加弯曲应力,要从结构、制造和装配等方面采取措施。例如,规定螺母、螺栓头部和被连接件支承面的加工要求,以及螺纹的精度等级、装配精度等。图 8-36 与图 8-37 所示为采用球面垫圈、带有腰环或细长的螺栓等来保证螺栓连接的装配精度。

图 8-36　球面垫圈

图 8-37　腰环螺栓连接

8.6.4　采用合理的制造工艺方法

采用冷镦螺栓头部和滚压螺纹的工艺方法可以显著提高螺栓的疲劳强度，因为这样的工艺方法除可降低应力集中外，还能不切断材料纤维，使金属流线的走向合理（见图 8-38），而且有冷作硬化的效果，并使表层留有残余应力。因此滚压螺纹的疲劳强度可较切削螺纹的疲劳强度提高 30%～40%。如果热处理后再滚压螺纹，其疲劳强度可提高 70%～100%。这种冷镦和滚压工艺还具有材料利用率高、生产效率高和制造成本低等优点。

此外，在工艺上采用氮化、氰化、喷丸等处理，都是提高螺纹连接件疲劳强度的有效方法。

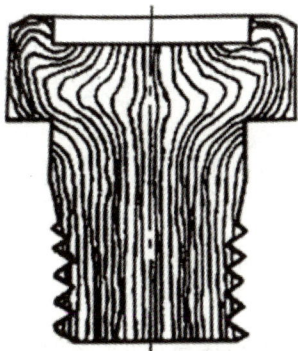

图 8-38　冷镦与滚压加工螺栓中的金属流线

本 章 小 结

螺纹连接是一种应用非常广泛的可拆连接。它的特点是结构简单，装拆方便，连接可靠性高，适用范围广。各种螺纹及其连接件大多制定有国家标准。设计者的主要任务是根据螺纹连接的工作条件，按照螺纹的特点选择螺纹类型。不论是螺纹还是螺纹紧固件，其主要参数是公称直径 $d(D)$，它可以由强度计算确定，也可按照结构上的需要确定。本章介绍了以下内容。

1. 螺纹的基本知识

螺纹的基本知识包括螺纹的基本参数，常用螺纹的种类、特性等。

2. 螺纹连接的基本知识

螺纹连接的基本知识包括螺纹连接的基本类型、结构特点及其应用场合，在设计时要能正确地选用它们。螺纹连接件大多已标准化，应掌握它们的类型、结构、特点和应用场合。对于螺纹连接的预紧，要了解预紧的目的，理解扳手拧紧力矩和由其产生的预紧力的关系，掌握控制预紧力的方法。对于螺纹连接的防松，要理解防松的目的和原理，熟练掌握各种防松装置及其应用。

3. 螺栓组连接设计的基本方法

（1）螺栓组连接的结构设计原理，包括确定接合面的形状、螺栓数目及其在接合面上的布置，提高螺栓连接强度的结构措施等。

(2) 螺栓组连接的受力分析。熟练掌握螺栓组连接的四种典型受力状态(横向载荷 F_Σ、旋转力矩 T、轴向载荷 F 和翻转力矩 M)下的受力分析，能正确运用静力平衡条件和变形协调条件，确定受力最大螺栓所受力的大小。熟练掌握螺栓组连接在不同受力状态下的受力分析方法。

(3) 单个螺栓连接的强度计算理论与方法、螺栓连接的主要失效形式和设计计算准则。

4. 提高螺纹连接强度的措施

提高螺纹连接强度的措施包括采用改善螺纹牙上载荷分布不均匀现象的装置，减小螺栓受力，降低影响螺栓疲劳强度的应力幅和应力集中，以及避免螺栓受附加弯曲应力的作用等。

习　题

8-1　试分析比较普通螺纹、矩形螺纹、锯齿形螺纹的特点，各举一例来说明它们的应用。

8-2　在保证螺栓连接紧密性要求和静强度要求的前提下，要提高螺栓连接的疲劳强度，应如何改变螺栓和被连接件的刚度及预紧力的大小？试通过受力与变形线图来说明。

8-3　螺纹线数大小的选择依据是什么？举出实例。

8-4　图 8-39 所示的螺栓连接中采用两个 M20 的螺栓，其许用拉应力为 $[\sigma]=160$ N/mm²，被连接件结合面的摩擦系数 $f=0.2$，防滑系数 $K_s=1.2$。试计算该连接允许传递的静载荷 F_Q。

8-5　如图 8-40 所示，螺栓刚度为 C_b，被连接件的刚度为 C_m，若 $\dfrac{C_m}{C_b}=4$，预紧力 $F_0=1500$ N，轴向外载荷 $F=1800$ N。试求作用在螺栓上的总拉力 F_2 和残余预紧力 F_1。

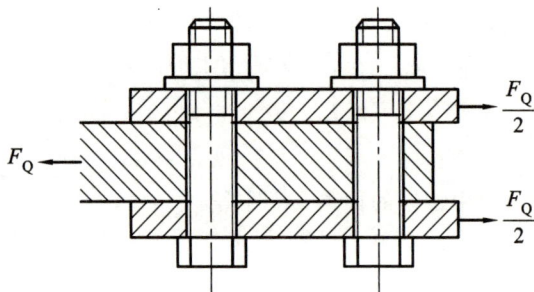

图 8-39　题 8-4 图

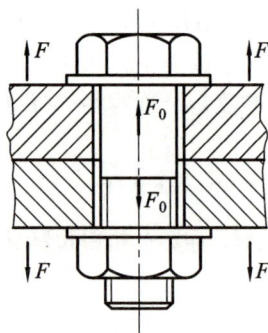

图 8-40　题 8-5 图

8-6　如图 8-41 所示的汽缸盖连接中，已知汽缸中的压强在 0~1.5 MPa 变化，汽缸内径 $D=250$ mm，螺栓分布圆直径 $D_0=346$ mm，凸缘与垫片厚度之和为 50 mm。为保证气密性要求，螺栓间距不得大于 120 mm。试选择螺栓材料，并确定螺栓数目和尺寸。

8-7　图 8-42 所示为龙门起重机导轨托架的螺栓连接。托架由两块边板和一块承重板焊成。设最大载荷为 20 kN，螺栓和边板的材料均为 45 钢，边板厚为 25 mm。试分别按以下条件计算所需螺栓的直径：

　　(1) 当用普通螺栓时；

　　(2) 当用铰制孔用螺栓时。

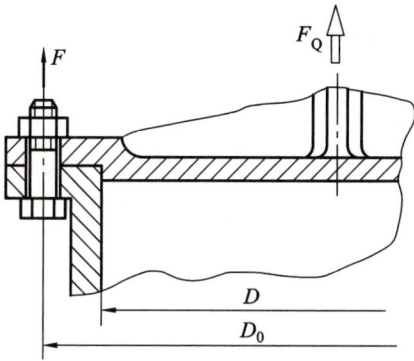

图 8-41　题 8-6 图

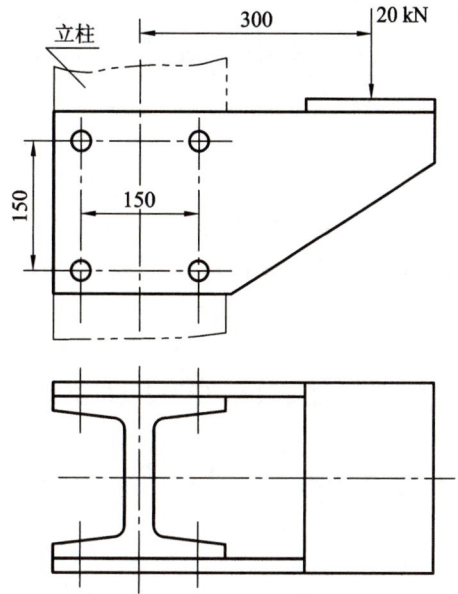

图 8-42　题 8-7 图

第 9 章　键销连接设计

键销连接的功能主要是实现轴与轴上零件的周向固定并传递转矩，有些还能实现轴上零件的轴向固定或轴向移动。键销连接的形式很多，如键连接、花键连接、销连接、过盈连接、型面连接和胀套连接等。

键连接和花键连接应用得比较普遍，而其他形式的键销连接常用于特殊场合。因此，本章主要讨论键连接和花键连接的类型、选择和计算，其他形式的键销连接只作简单介绍。

9.1　键　连　接

9.1.1　键连接的类型、特点和应用

键是标准零件，分为两大类：① 平键和半圆键，构成松连接；② 楔键和切向键，构成紧连接。

1. 平键连接

平键的横截面是矩形或正方形，键的两个侧面是工作面，键的顶面与轮毂上键槽的底面则留有间隙，工作时靠键与键槽侧面的相互挤压传递转矩（见图 9-1(a)）。平键连接具有结构简单、装拆方便、轴与轴上零件对中较好等优点，应用十分广泛，但不能承受轴向力。平键连接按用途分为普通平键、薄型平键、导向平键和滑键。

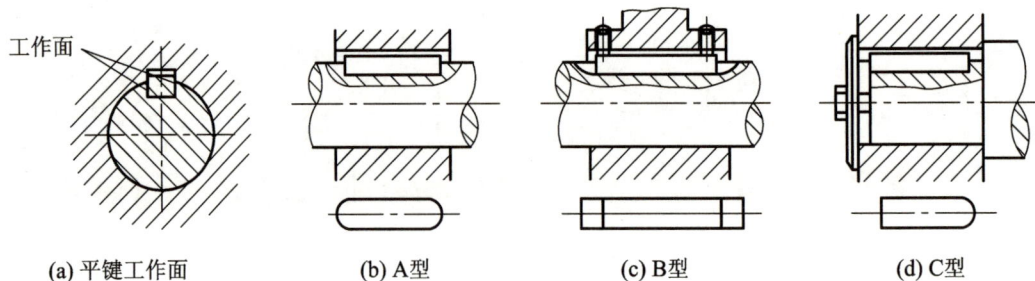

(a) 平键工作面　　　(b) A型　　　(c) B型　　　(d) C型

图 9-1　普通平键连接

（1）普通平键。普通平键用于轴毂间无轴向相对滑动的静连接。按其端部形状分为圆头（A 型）、平头（B 型）和单圆头（C 型）三种（见图 9-1(b)～图 9-1(d)）。采用圆头或单圆头平键时，轴上的键槽用端铣刀铣出（见图 9-2(a)），轴上键槽端部的应力集中较大，但键的安装比较牢固。采用平头平键时，轴上的键槽用盘铣刀铣出（见图 9-2(b)），轴的应力集

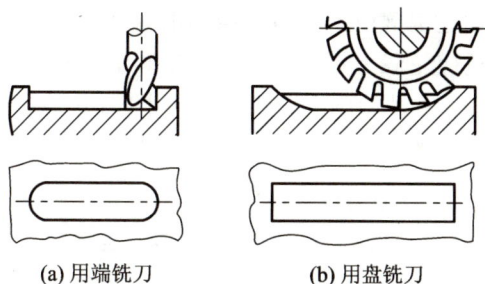

(a) 用端铣刀　　　　　　　**(b)** 用盘铣刀

图 9 - 2　轴上键槽的加工

中较小，但键的安装不牢固，需用螺钉紧固。单圆头平键用于轴伸处，应用较少。轮毂上的键槽一般用插刀或拉刀加工而成。

（2）薄型平键。薄型平键也有圆头、平头和单圆头三种。标准薄型平键的高度约为普通平键的 60%～70%，因而传递转矩的能力较小，适用于空心轴、薄壁轮毂或只传递运动的轴毂连接。

（3）导向平键和滑键。导向平键和滑键都用于轮毂需做轴向移动的动连接。按端部形状，导向平键分为圆头（A 型）和平头（B 型）两种。导向平键一般用螺钉固定在轴槽中，与轮毂的键槽采用间隙配合，轮毂可沿导向平键做轴向移动。导向平键适用于轮毂移动距离不大的场合（见图 9 - 3）。当轮毂轴向移动距离较大时，宜采用滑键，因为如用导向平键，键将很长，增加了制造的困难。而滑键固定在轮毂上，随轮毂一起沿轴上的键槽移动，故只需在轴上铣出较长的键槽即可。滑键在轮毂上的固定可采用不同的方式，图 9 - 4 所示是两种典型的结构。

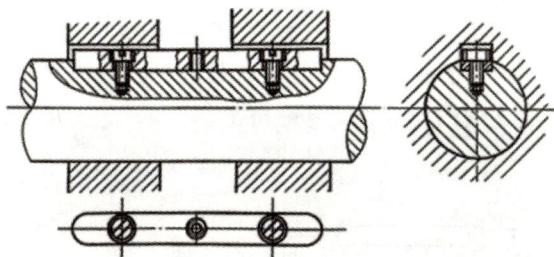

图 9 - 3　导向平键连接

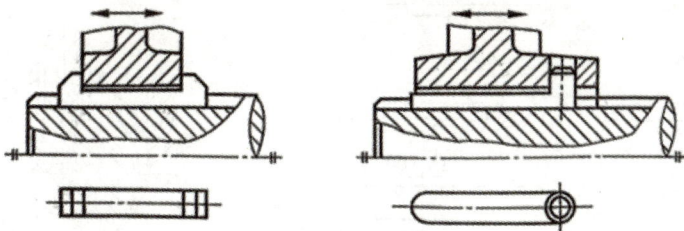

图 9 - 4　滑键连接

2. 半圆键连接

半圆键连接的工作原理与平键的相同，也是以两个侧面为工作面，即工作时靠键与键槽侧面的挤压传递转矩。轴上键槽用半径与键相同的盘状铣刀铣出，因而键在槽中能绕其几何中心摆动，可以自动适应轮毂上键槽的斜度。半圆键连接也有制造简单、装拆方便的优点，缺点是轴上键槽较深，对轴的削弱强度较大。半圆键适用于载荷较小的连接或锥形轴端与轮毂的连接(见图 9-5)。

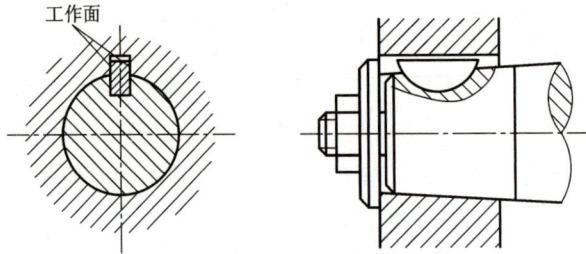

图 9-5   半圆键连接

3. 楔键连接

楔键连接用于静连接。楔键的上表面与轮毂键槽的底面各有 1：100 的斜度，装配时将键打入槽中，键楔紧在轴与轮毂之间，因此键的上下两面是工作面并受挤压，工作时主要靠键和键槽之间及轴与轮毂之间的摩擦力来传递转矩。而键与键槽两侧面并不接触，如图 9-6 所示。楔键还能轴向固定零件和承受单方向的轴向力。当键需从毂的一端打入时，轴上键槽要长一些，如图 9-6(c)所示。由于楔键连接在装配后会使轴上零件对轴偏心(见图 9-7)，在冲击振动或变载荷下容易松动，因此仅用于对中精度要求不高、不受冲击振动或变载荷的较低速度场合的轴毂连接中。

楔键分为普通楔键和钩头楔键。普通楔键有圆头(A 型)、平头(B 型)和单圆头(C 型)三种。钩头楔键如图 9-6(d)所示，用于不能从轮毂的另一端将键打出的场合，拆卸时可将楔形工具送入钩头与轮毂之间的空隙处，将键挤出。

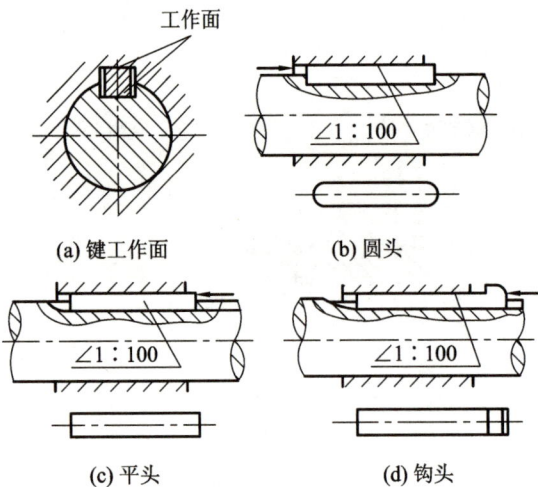

(a) 键工作面   (b) 圆头

(c) 平头   (d) 钩头

图 9-6   楔键连接

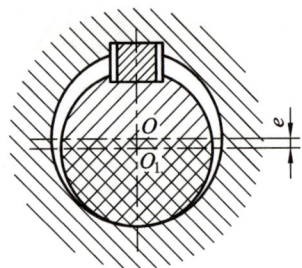

图 9-7   楔键连接引起轴上零件对轴偏心

4. 切向键连接

切向键连接用于静连接。切向键连接由两个具有单面 1:100 斜度的楔键组成(见图 9-8)。装配后，两楔键以其斜面相互贴合，共同楔紧在轴毂之间。切向键的上下两面是工作面，其中一个面在通过轴心线的平面内。工作面上的压力沿轴的切向方向作用，能传递很大的转矩。采用一组切向键只能传递单方向的转矩；传递双方向转矩时，需用两组切向键，为了不至于严重地削弱轴与轮毂的强度，两键应相隔120°～135°。切向键也能承受单向的轴向力。切向键连接适用于载荷很大，对中性要求不严的场合。

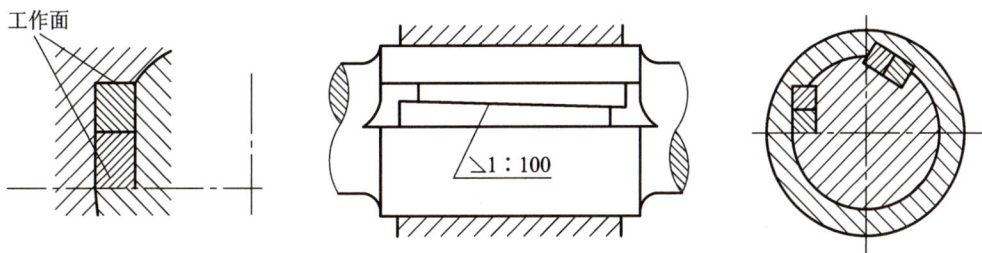

图 9-8　切向键连接

9.1.2　键的选择和键连接的强度计算

1. 键的选择

(1) 类型选择。设计键连接时，通常被连接件的材料、构造和尺寸已初步确定，所传递的转矩也已求得。因此，可根据连接的结构特点、使用要求和工作条件来选择键的类型。例如，键连接的对中性要求，键是否需要具有轴向固定的作用，键在轴上的位置(在轴的中部还是端部)，连接于轴上的零件是否需要沿轴滑动与滑动距离的长短等。

(2) 尺寸选择。键是标准件。键的剖面尺寸 $b \times h$ 按轴的直径 d 由标准选定(b 为键宽，h 为键高)。键的长度 L 值一般可按轮毂的长度而定，普通平键和薄型平键的长度一般略短于轮毂的长度，而导向平键则按其滑动距离而定。所选长度 L 应符合键的标准长度系列值。

2. 平键连接的强度计算

键的类型和尺寸选定以后，还要根据键连接的失效形式选用适当的校核计算公式进行强度验算。对于普通平键和薄型平键连接(静连接)，键与键槽的两个侧面受挤压应力，同时键也受切应力(见图 9-9)。但主要失效形式是较弱零件的工作面被压溃，键被剪断的情况很少见。因此，通常只按工作面上的挤压应力进行强度校核计算(注意：键、轴、轮毂三者的材料往往不同，在进行强度计算时要按三者中最弱材料的强度进行校核)。对于导向平键和滑键连接(动连接)，其主要失效形式是工作面的过度磨损，因此通常只作耐磨性的条件性计算。

假定载荷在键的工作面上均匀分布，则根据挤压强度计算，普通平键连接的挤压强度条件为

$$\sigma_{\mathrm{p}} = \frac{2000T/d}{hl/2} = \frac{4000T}{dhl} \leqslant [\sigma_{\mathrm{p}}] \tag{9-1}$$

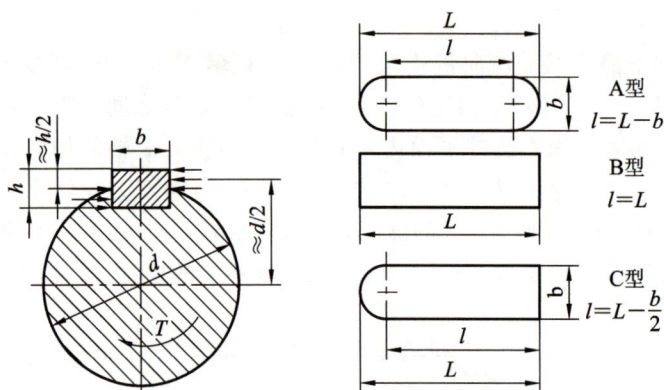

图 9-9 平键连接的受力分析

导向平键和滑键连接的耐磨性条件为

$$p = \frac{4000T}{dhl} \leqslant [p] \qquad (9-2)$$

式中：T 为键传递的转矩（单位：N·m）；h 为键的高度（单位：mm）；l 为键的工作长度（单位：mm），l 值的计算见图 9-9；d 为轴的直径（单位：mm）；$[\sigma_p]$ 为许用挤压应力（单位：MPa），查表 9-1 可得；$[p]$ 为许用压强（MPa），查表 9-1 可得。

表 9-1　键连接的许用挤压应力、许用压强和许用切应力

许　用　值	键或被连接件的材料	载 荷 性 质		
		静　载	轻微冲击	冲　击
静连接许用挤压应力 $[\sigma_p]$/MPa	钢	125～150	100～120	60～90
	铸铁	70～80	50～60	30～45
动连接许用压强 $[p]$/MPa	钢	50	40	30
键的许用切应力 $[\tau]$/MPa	钢	120	90	60

注：如与键有相对滑动的被连接件表面经过淬火，则动连接的 $[p]$ 值可提高 2～3 倍。

当强度不够时，在条件允许的情况下可适当增加键的长度或改用平头键；也可以采用双键，两键最好沿周向相隔 180° 布置。考虑载荷在两键上分配不均，因此在进行强度校核时，只按 1.5 个键计算。

因为压溃和磨损是键连接的主要失效形式，所以键的材料要有足够的硬度。根据标准规定，键用抗拉强度不低于 600 MPa 的钢材制造，常用 45 钢。

3. 半圆键连接的强度计算

半圆键的宽度 b 较小，而挤压面积较大（见图 9-10），故这种连接的失效形式是被剪断。键的剪切强度条件为

$$\tau = \frac{2000T}{dbl} \leqslant [\tau] \qquad (9-3)$$

式中：l 为键的工作长度（单位：mm），计算时可取 $l \approx L$（L 为键的公称长度，如图 9-10

所示）；$[\tau]$为键的许用切应力（单位：MPa），查表 9-1 可得。

如果强度不够，可采用双键。两个半圆键沿轴向布置在一条直线上。

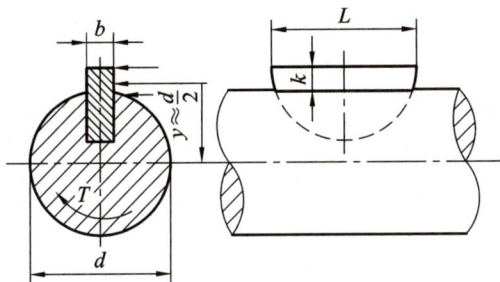

图 9-10 半圆键连接的受力分析

> ◆ **课程思政案例 9.1**   大国工匠——胡双钱（工匠精神）

【对应知识点】 键的相关计算
【思政元素案例】 大国工匠——胡双钱

9.2 花键连接

9.2.1 花键连接的类型、特点和应用

花键连接是由外花键（见图 9-11(a)）和内花键（见图 9-11(b)）构成的。齿的侧面是工作面，可用于静连接或动连接。与平键连接比较，花键连接的优点是：键齿数较多且受载均匀，故可承受很大的载荷；因键槽较浅，对轴、毂的强度削弱较轻；轴上零件与轴的对中性好、导向性好。其缺点是：需用专门的设备加工，成本较高。花键连接常用于汽车、拖拉机和机床中需换挡的轴毂连接。

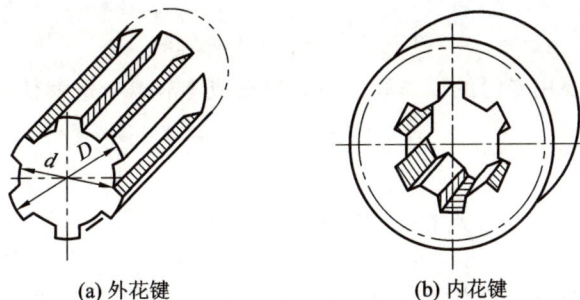

(a) 外花键   (b) 内花键

图 9-11 花键连接

花键连接按齿形不同，分为矩形花键和渐开线花键两种，这两种花键均已标准化。

1. 矩形花键

在矩形花键连接中，按齿数和齿高的不同，标准中规定了两个系列：轻系列和中系列。轻系列的承载能力较小，多用于静连接和轻载连接。中系列用于中等载荷的连接。

矩形花键连接应用广泛，其定心方式有三种，即大径定心、小径定心和齿宽定心。小径定心（见图 9-12）即外花键和内花键的小径是配合面，内、外花键经热处理后，均可用磨削方法提高定心面的精度，故定心精度高、定心稳定性好、承载能力较大，小径定心是目前国际、国内标准中采用的定心方式。

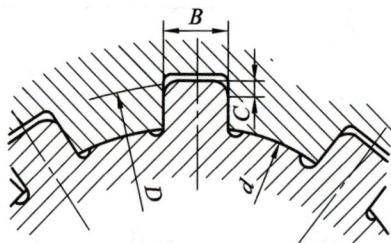

图 9-12 　矩形花键连接

2. 渐开线花键

渐开线花键的齿廓为渐开线，渐开线的制造工艺与齿轮的相同，但压力角有 30° 和 45° 两种。与矩形花键相比，渐开线花键的齿根较厚，应力集中较小，连接强度较高，寿命长。

渐开线花键连接的定心方式为渐开线齿形定心（见图 9-13）。齿形定心具有自动定心的特点，受载时因齿上有径向分力使其自动定心，能使多数齿同时接触，有利于各齿均匀承载。渐开线花键常用于载荷较大、定心精度要求较高及尺寸较大的连接。

图 9-13 　渐开线花键连接

花键连接的制造要用专门的设备和工具，制造成本较高，这就使花键连接的应用受到一定的限制。

课程思政案例 9.2 　**武直-19 亮相航展（伟大复兴）**

【对应知识点】 　花键的特点和应用（直升机传动系统花键连接轴）
【思政元素案例】 　武直-19 亮相航展

9.2.2　花键连接的强度计算

花键连接的设计与键连接相似，首先根据使用条件、工作要求等选定花键的类型，查出标准尺寸，然后进行必要的强度验算。花键的侧面是工作面，主要失效形式是齿面的压溃（静连接）或磨损（动连接），故通常进行挤压强度或耐磨性计算。计算时，假设载荷沿齿侧接触面上均匀分布，各齿所受压力的合力作用在平均直径 d_m 处，并引入各齿间载荷分布不均匀系数 ψ 来估计实际压力分布不均匀对计算值的影响，因此，连接的强度条件如下：

静连接：

$$\sigma_p = \frac{2000T}{\psi Zhld_m} \leqslant [\sigma_p] \tag{9-4}$$

动连接：

$$p = \frac{2000T}{\psi Zhld_m} \leqslant [p] \tag{9-5}$$

式中：T 为传递的转矩（单位：N·m）；ψ 为各齿间载荷分布不均匀系数，一般 $\psi=0.7\sim0.8$；Z 为花键的齿数；h 为齿的工作高度（对于矩形花键，$h=\dfrac{D-d}{2}-2C$，D 为矩形花键轴的齿顶圆直径，d 为矩形花键孔的齿顶圆直径，C 为齿顶的倒角尺寸；对于渐开线花键，$h=m$，m 为模数）；l 为齿的工作长度（单位：mm）；d_m 为平均直径（单位：mm）（对于矩形花键，$d_m=\dfrac{D+d}{2}$；对于渐开线花键，$d_m=d$，d 为分度圆直径）；$[\sigma_p]$ 为花键连接的许用挤压应力（单位：MPa），可查表 9-2 获得；$[p]$ 为花键连接的许用压强（单位：MPa），可查表 9-2 获得。

表 9-2　花键连接的许用挤压应力 $[\sigma_p]$ 和许用压强 $[p]$

连接的工作方式	使用和制造情况	$[\sigma_p]$ 和 $[p]$	
		齿面未经热处理	齿面经过热处理
静连接 $[\sigma_p]$/MPa	不良	35～50	40～70
	中等	60～100	100～140
	良好	80～120	120～200
不在载荷作用下移动的动连接 $[p]$/MPa	不良	15～20	20～35
	中等	20～30	30～60
	良好	25～40	40～70
在载荷作用下移动的动连接 $[p]$/MPa	不良		3～10
	中等		5～15
	良好		10～20

注：① 使用和制造情况不良是指承受变载荷、有双向冲击、振动频率高、振幅大、润滑不良（对动连接）、材料硬度不高、精度较低等；

② 在同一情况下，$[\sigma_p]$ 或 $[p]$ 的较小值用于工作时间长和较重要的场合。

花键连接的零件多用抗拉强度不低于 600 MPa 的钢材制造，多数要经过热处理（特别是在载荷作用下频繁移动的花键齿），以便获得足够的表面硬度。

9.3　销连接及其他形式的连接

9.3.1　销连接

销主要用来固定零件之间的相对位置，称为定位销（见图 9-14），它是组合加工和装配时的重要辅助零件。销也可用于连接，称为连接销（见图 9-15），但只可传递不大的载荷。销还可作为安全装置中的过载剪断元件，称为安全销（见图 9-16）。

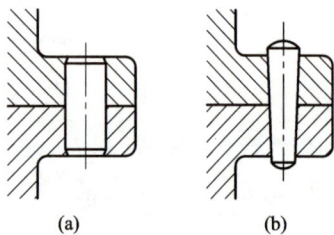

图 9-14　定位销　　　　图 9-15　连接销　　　　图 9-16　安全销

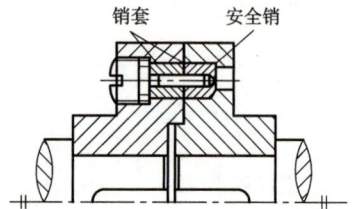

销有多种类型，如圆柱销、圆锥销、槽销等（见图 9-17），这些销均已标准化。

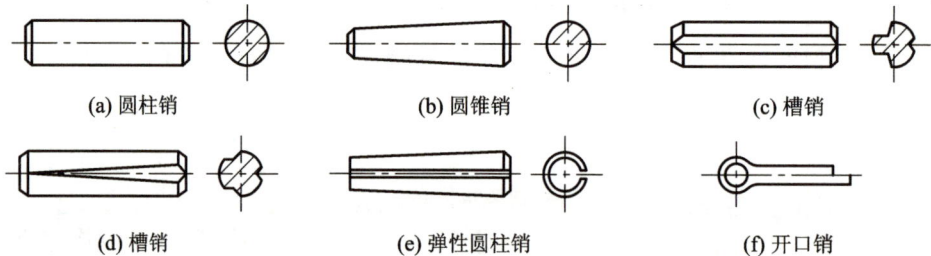

(a) 圆柱销　　　　　　(b) 圆锥销　　　　　　(c) 槽销

(d) 槽销　　　　　　(e) 弹性圆柱销　　　　　(f) 开口销

图 9-17　销的主要类型

圆柱销（见图 9-17(a)）利用微量过盈配合固定在铰制孔中，多次装拆将会降低连接的牢固性和定位的精确性。圆锥销具有 1∶50 的锥度，在受横向力时可以自锁，其销孔需铰制，安装比圆柱销方便，多次装拆对定位精度的影响也较小，所以应用比较广泛。普通圆锥销用于通孔定位（见图 9-14(b)），拆卸时可打击小头。对于销孔不能开通（盲孔）或装拆困难的场合，可采用大端螺尾圆锥销（见图 9-18(a)）或内螺纹圆锥销（见图 9-18(b)）。开尾圆锥销装配后可将尾口分开（见图 9-18(c)），可保证在冲击、振动或变载下不致松脱。小端螺尾圆锥销装配后拧紧螺母（见图 9-18(d)）可防止销松脱。

槽销（见图 9-17(c)、图 9-17(d)）由弹簧钢滚压或模锻而成，有纵向凹槽。由于材料具有弹性，槽销挤紧在销孔中，销孔无须铰光。槽销制造比较简单，可多次装拆，多用于传递载荷。

弹性圆柱销（见图 9-17(e)）用弹簧钢带卷制而成，具有很好的弹性，可以均匀地挤紧在孔中，即使在有冲击和振动的条件下，也能保持连接的紧固可靠。弹性圆柱销的销孔无须铰光，可多次装拆。但其刚性较差，不适用于高精度定位。

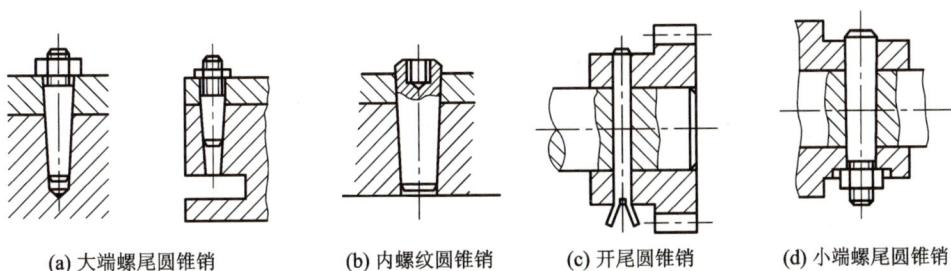

(a) 大端螺尾圆锥销　　　(b) 内螺纹圆锥销　　　(c) 开尾圆锥销　　　(d) 小端螺尾圆锥销

图 9-18　圆锥销的应用

开口销(见图 9-17(f))具有结构简单、工作可靠、装拆方便的特点,主要用于螺纹连接的防松,不能用于定位。

销的常用材料为 35、45 钢。定位销通常不受载荷,故不作强度校核计算,其直径可按结构确定,同一面上的定位销数目一般不少于两个。连接销在工作时通常受到挤压和剪切,设计时可先根据连接的结构特点和工作要求选择销的类型、材料和尺寸,必要时再按剪切和挤压强度条件进行验算。安全销在机器过载时应被剪断,因此,销的直径应按过载时被剪断的条件确定。

◆▶ **课程思政案例 9.3**　003 型福建舰下水(中国梦强军梦)

【对应知识点】　销连接(舵销)
【思政元素案例】　003 型福建舰下水

9.3.2　其他形式的键销连接

1. 型面连接

如图 9-19 所示,型面连接是利用非圆形剖面轴与相应形状的毂孔配合面形成的连接。轴段和毂孔可做成非圆形柱体,如图 9-19(a)所示;也可做成非圆形锥体,如图 9-19(b)所示。

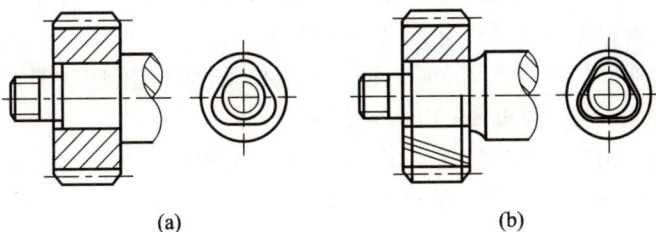

(a)　　　　　　　　　　(b)

图 9-19　型面连接

2. 过盈连接

过盈连接是利用材料的弹性变形,靠配合轴和毂孔的过盈量而套装起来的连接,如图 9-20 所示。过盈连接工作时靠配合面上的摩擦力传递载荷。过盈连接结构简单,对中性好,对轴的强度削弱小,但装拆困难,配合精度要求较高,常用于承受重载、动载而又无须经常拆卸的场合。

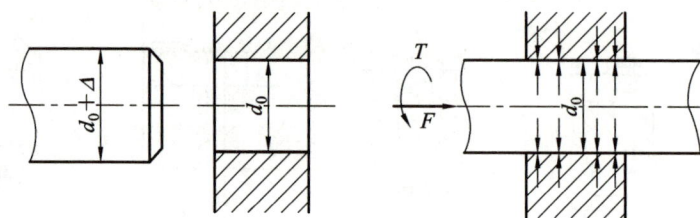

图 9-20 过盈连接

本 章 小 结

轴毂连接中最常见的是键连接、花键连接和销连接，它们均属于可拆连接。平键和花键在设计和使用时应根据定心要求、载荷大小、使用要求和工作条件等合理选择。平键连接(包括普通平键、导向键和滑键)与半圆键连接的工作面是两侧面，工作时靠键与键槽侧面的挤压传递扭矩；而楔键和切向键连接的工作表面是上、下面，工作时靠工作面上的摩擦力来传递转矩。平键的选用方法是根据轴径 d 确定键的截面尺寸 bh，根据轮毂宽度 B 确定键长 $L(L<B)$，必要时进行强度校核。

花键连接比平键连接的承载能力高，对中性和导向性好，一般用于定心精度要求高和载荷较大的场合。花键连接的制造需要专用设备，故成本较高。

销连接除用于轴毂连接外，还常用来确定零件间的相互位置(定位销)或作为安全装置(安全销)。

习　题

9-1　普通平键、花键连接有哪些特点？

9-2　简要回答各种键连接适用于哪些场合。

9-3　简要回答平键和花键连接的失效形式和强度校核方法。

9-4　如何选择普通平键的尺寸？其公称长度与工作长度之间有什么关系？

9-5　矩形花键根据什么条件进行尺寸的选择？

9-6　销连接通常用于什么场合？当销用作定位元件时有哪些要求？

9-7　查阅有关手册，列出 8～10 种销的用途。

9-8　某机械的轴与套筒联轴器采用平键连接，已知轴径 $d=60\ \text{mm}$，联轴器的轮毂长度为 110 mm，联轴器材料为铸铁，轴材料为 45 钢。试选择键的规格尺寸，并计算该连接所能传递的最大转矩。

第 10 章　滑 动 轴 承

本章介绍滑动轴承的特点、基本类型和结构形式及轴瓦的材料和选用原则；着重讨论不完全液体润滑和液体动力润滑径向滑动轴承的设计准则和设计方法；较详细地分析液体动力润滑径向滑动轴承的承载机理、雷诺方程及其在流体动力润滑径向滑动轴承设计计算中的应用；最后简要介绍液体静压轴承、气体润滑轴承、多油楔轴承等。

10.1　概　　述

轴承用来支撑轴及轴上零件，保持轴的旋转精度，减少轴与支撑之间的摩擦和磨损。

按工作时的摩擦性质不同，轴承可分为滚动摩擦轴承（滚动轴承）和滑动摩擦轴承（滑动轴承）。

滚动轴承具有摩擦阻力小，启动灵敏，已经标准化，对设计、使用、润滑和维护都很方便等优点，故在一般机器中获得了广泛应用。但是在高速、高精度、重载、结构上要求剖分等场合下，滑动轴承就凸显出它的优异性能，主要体现在以下几个方面：

（1）能承受冲击和振动载荷。滑动轴承工作表面间的油膜能起到缓冲和吸振作用，如冲床、轧钢机械及往复式机械中多采用滑动轴承。

（2）运转精度高，工作平稳，无噪声。因滑动轴承所含零件比滚动轴承少，制造、安装可达到较高的精度，故其运转精度、工作平稳性都优于滚动轴承。

（3）滑动轴承寿命长，适用于高速回转运动。当设计正确时，滑动轴承可保证在液体摩擦条件下长期工作，如大型汽轮机、发电机多采用液体滑动轴承。高速运转的轴，如高速内圆磨头，转速可达每分钟几十万转，多采用气体润滑的滑动轴承，用滚动轴承寿命过短。

（4）结构简单、装拆方便。滑动轴承常做成剖分式，这给拆装带来方便，如曲轴的轴承多采用剖分式滑动轴承。

（5）承载能力大，可用于重载场合。液体滑动轴承具有较高的承载能力，适于作为重载轴承。若采用滚动轴承，则需要专门设计制造，成本高。

（6）能在特殊工作条件下工作，如可在水下、腐蚀性介质或无润滑介质等环境中工作。

要正确地设计滑动轴承，必须合理解决以下问题：轴承的结构形式，轴瓦和轴承衬的材料，轴承的结构参数，选择润滑剂和润滑方法，计算轴承的工作能力。

10.2　滑动轴承的结构形式

按照承受载荷的方向不同,滑动轴承可分为径向滑动轴承(承受径向载荷)、推力滑动轴承(承受轴向载荷)和径向推力组合滑动轴承。根据其滑动表面间润滑状态的不同,滑动轴承可分为液体润滑轴承、不完全液体润滑轴承和无润滑轴承。根据承载油膜形成的机理不同,液体润滑轴承又可分为液体动力润滑轴承(简称动压轴承)和液体静力润滑轴承(简称静压轴承)。

课程思政案例 10.1　高端滑动轴承自主研发成功(工匠精神)

【对应知识点】　滑动轴承结构
【思政元素案例】　高端滑动轴承自主研发成功

10.2.1　径向滑动轴承

径向滑动轴承有整体式、剖分式、自动调心式、间隙可调式等。

1) 整体式径向滑动轴承

图 10-1 所示是一种常见的整体式径向滑动轴承,由轴承座和轴套组成。最常用的轴承座的材料为铸铁。轴承座用螺栓与机座连接,顶部设有安装油杯的螺纹孔。在轴承座中镶入用减摩性能好的材料制成的轴套,轴套上开有油孔,并在内表面上开有油沟,将润滑油引入承载区,实现润滑。整体式径向滑动轴承构造简单,成本低廉,易于制造,已标准化,常用于低速、载荷不大的间歇工作的机器上。其缺点是轴套磨损后,轴承间隙过大,无法调整;只能从轴颈端部装拆,对于质量大的轴或具有中间轴颈的轴,装拆很不方便,甚至在结构上无法实现。如果采用剖分式轴承,可以克服这两个缺陷。

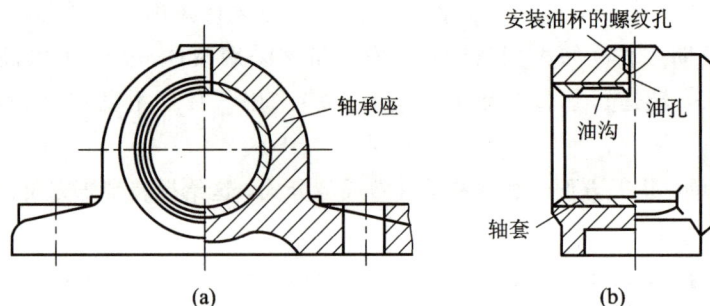

图 10-1　整体式径向滑动轴承

2) 剖分式径向滑动轴承

如图 10-2 所示,剖分式径向滑动轴承由轴承座、轴承盖、剖分式(上、下)轴瓦和螺柱等组成。剖分面常做成阶梯形定位止口,以便对中和防止横向错动。轴承盖应适度压紧轴瓦，使轴瓦不能在轴承孔中转动；剖分面间放有垫片，如此，在轴瓦磨损后可以通过减少剖分面处的垫片厚度来调整轴承间隙。轴承盖上部开有螺纹孔，用以安装油杯。轴瓦也是剖分式的，通常由下轴瓦承受载荷。为了节省贵重金属或满足其他需要，常在轴瓦内表面上浇注一层轴承衬。在轴瓦内壁非承载区开设油槽，润滑油通过油孔和油槽流进轴承间隙。轴承剖分面最好与载荷方向近似垂直，多数轴承的剖分面是水平的，也有做成倾斜的，如图 10-2(b)所示。

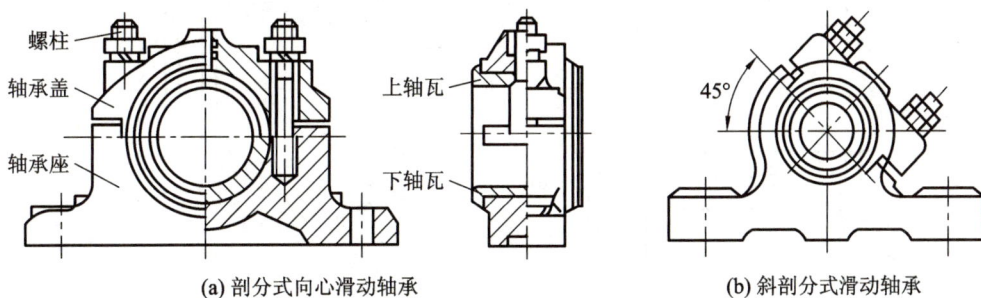

(a) 剖分式向心滑动轴承　　　　　　　(b) 斜剖分式滑动轴承

图 10-2　剖分式径向滑动轴承

剖分式径向滑动轴承已标准化，比整体式径向滑动轴承拆装方便，且轴承磨损后的间隙可通过增/减垫片的厚度或切削轴瓦的接合面等方法加以调整，因而应用广泛。

3) 自动调心式径向滑动轴承

图 10-3 所示为自动调心式径向滑动轴承，其特点是轴瓦外表面做成球面形状，与轴承盖的球状内表面相配合。当轴心线偏斜时，轴瓦可自动调心以适应轴径在轴弯曲时所产生的偏斜，避免轴颈与轴瓦的局部磨损。自动调心式径向滑动轴承主要用于轴承宽度 B 与轴颈直径 d 之比（宽径比 B/d）大于 1.5 的刚性较小的轴承结构或两轴承座孔难以保证同心的情况。

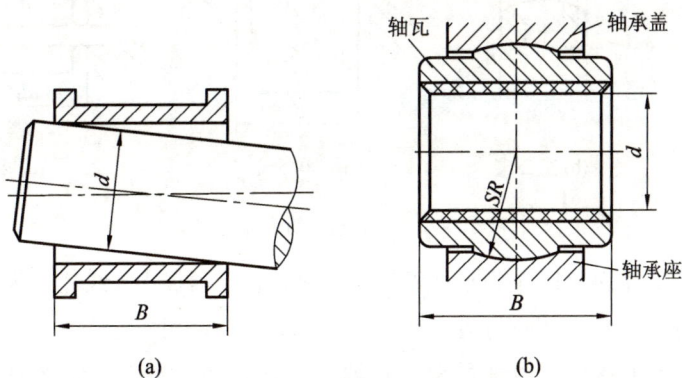

(a)　　　　　　　　　　(b)

图 10-3　自动调心式径向滑动轴承

4) 间隙可调式径向滑动轴承

图 10-4 所示为间隙可调式径向滑动轴承。该轴承具有锥形轴套，当轴套外圆柱面上

两端螺母一松一紧时，轴套就能沿轴向移动，从而调整轴承间隙。锥形轴套有外锥面（见图 10-4(a)）和内锥面（见图 10-4(b)）两种结构。内锥面轴套不仅能承受径向力，还能承受一定的轴向力。外锥面轴套开有纵向切槽，轴套具有弹性，调整两端的螺母并依靠轴套的弹性变形可调整轴承的径向间隙。间隙可调式径向滑动轴承常用于一般的主轴支撑。

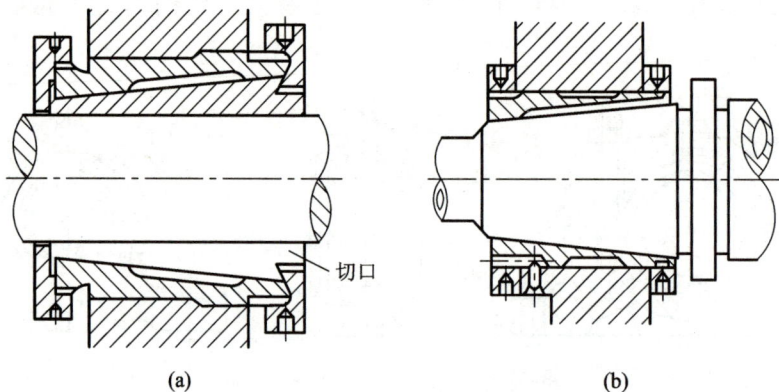

图 10-4　间隙可调式径向滑动轴承

10.2.2　推力滑动轴承

推力滑动轴承仅能承受轴向载荷，由轴承座和止推轴颈等组成，与径向轴承联合使用才能同时承受轴向与径向载荷。其常用结构如图 10-5 所示。

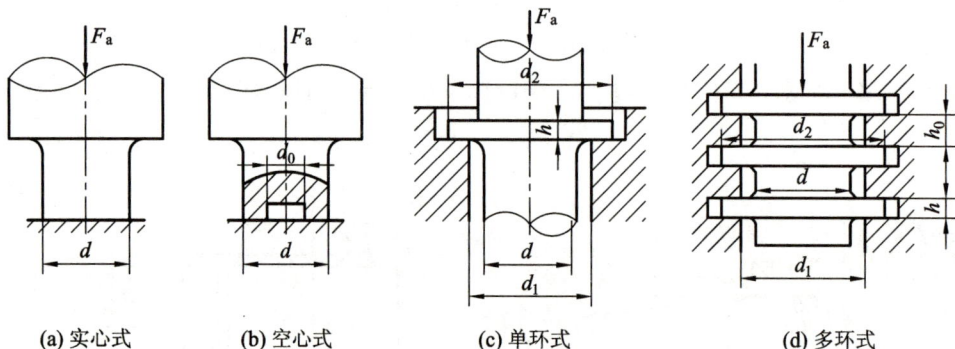

图 10-5　推力滑动轴承的结构

（1）实心式。支撑面上压强分布极不均匀，轴心处压强极大，线速度为零，对润滑很不利，端面推力轴颈工作时，轴心与边缘磨损不均匀，较少使用。

（2）空心式。空心端面推力轴颈和环状轴颈部分弥补了实心端面推力轴颈的不足，支撑面上压强分布较均匀，润滑条件有所改善，现已得到普遍采用。

（3）单环式。此种轴承利用轴环的端面止推，结构简单，润滑方便，广泛用于低速轻载场合。

（4）多环式。多环式的特点同单环式，可承受较单环式更大的载荷，也能承受双向轴向载荷。

对于尺寸较大的平面推力轴承，为了改善轴承的性能，便于形成液体摩擦状态，可设计成多油楔式结构，如图 10-6 所示，沿轴承止推面按若干块扇形面积开出楔形槽。图 10-6(a)所示为固定式推力滑动轴承，其楔形的倾斜角固定不变，在楔形顶部留出平台，用来承受停车后的轴向载荷。图 10-6(b)所示为可倾式推力滑动轴承，其扇形块的倾斜角能随载荷、转速的变化而自行调整，因此性能更为优越。

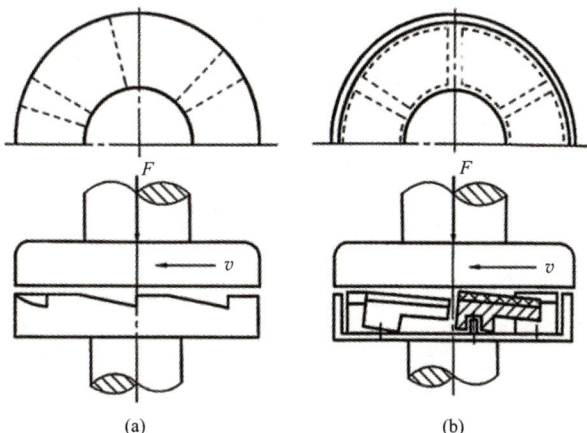

图 10-6　多油楔式推力滑动轴承

10.3　轴瓦的材料和结构

10.3.1　滑动轴承材料

滑动轴承材料主要指轴瓦(或轴套)和轴承衬的材料。

滑动轴承的主要失效形式是磨损和胶合，受变载荷时也会发生疲劳破坏或轴承衬脱落，因此对轴承材料性能的基本要求如下。

(1)与轴颈材料配合后应具有良好的减摩性、耐磨性、磨合性和摩擦相容性。其中磨合性是指轴承材料在磨合过程中降低摩擦力、温度和磨损度的性能；摩擦相容性是指轴承材料防止与轴颈材料发生黏附的性能。

(2)具有足够的强度，包括抗压、抗冲击和抗疲劳强度。

(3)具有良好的摩擦顺应性和嵌入性。摩擦顺应性是指轴承材料靠表层的弹、塑性变形来补偿滑动表面初始配合不良的性能；嵌入性是指轴承材料容许硬质颗粒嵌入来减轻刮伤或磨粒磨损的性能。一般硬度低、弹性模量低、塑性好的材料具有良好的摩擦顺应性，其嵌入性也较好。

(4)具有良好的其他性能，如工艺性好、导热性好、热膨胀系数低、耐腐蚀性好等。

(5)价格低廉，便于供应。

常用的轴承材料分为金属材料、多孔质金属材料和非金属材料三大类。常用轴承材料的性能、特点及应用场合见表 10-1 与表 10-2。

表 10-1 常用金属轴承材料的性能、特点及应用场合

轴瓦材料	最大许用值[1]			最高工作温度/℃	最小轴颈硬度/HB	性能比较[2]					备 注
	$[p]$/(MPa)	$[v]$/(m/s)	$[pv]$/(MPa·m/s)			抗咬合性	摩擦顺应性	嵌入性	耐蚀性	耐疲劳性	
锡基											用于高速、重载下工作的重要轴承；变载荷下易于疲劳；价高
ZChSnSb12-4-10	平稳载荷			150	150	1	1	1	5		
ZChSnSb11-6	25	80	20								
ZChSnSb8-4	冲击载荷										
ZChSnSb4-4	20	60	15								
铅基											用于中速、中载下工作的轴承；不宜受显著冲击；可作为锡锑轴承合金的代用品
ZChPbSb16-16-2	15	12	10	150	150	1	1	3	5		
ZChPbSb15-15-3	5	8	5								
ZChPbSb15-10	20	15	15								
锡青铜				280	200	3	5	1	1		用于中速、重载变载荷与中载的轴承
ZCuSn10Pb1	15	10	15								
ZCuSn5Pb5Zn5	8	3	15								
铝青铜				280	200	5	5	5	2		最适用于润滑充分的低速重载轴承
ZCuAl10Fe3	15	4	12								
ZCuAl10Fe3Mn2	20	5	15								
铅青铜				280	300	3	4	4	2		用于高速、重载轴承；能承受变载荷和冲击
ZQPb30	25	12	30								
黄铜				200	200	3	5	1	1		用于低速、中载轴承
ZCuZn38Mn2Pb2	10	1	10								
ZCuZn16Si4											
电镀合金				170	250	1	2	2	3		在钢背上镀铅锡青铜作中间层，再镀10~30μm三元减摩层，疲劳强度高，摩擦顺应性、嵌入性好
三元电镀合金（如铝-硅-镉度层）	25										
铸铁					250	4	5	1	1		宜用于低速、轻载的不重要轴承；价廉
HT150、HT200、HT250	0.1	2									
	4	0.5									

注：① 系一般值，润滑良好。$[pv]$值适用于混合润滑工况，对于液体润滑，因与散热条件有很大关系，不需要限制$[pv]$值。

② 性能比较：1—最佳，5—最差。

表 10-2　常用非金属轴承材料的性能、特点及应用场合

轴瓦材料	最大许用值			最高工作温度 /(℃)	备　注
	$[p]$ /(MPa)	$[v]$ /(m/s)	$[pv]$ /(MPa·m/s)		
酚醛塑料	41	13	0.18	120	由棉织物、石棉等填料经酚醛树脂黏接而成；抗胶合性好，强度高，抗震性好；能耐酸碱；导热性差，重载需用水或油充分润滑；易膨胀，轴承间隙宜取大值
尼龙	14	3	0.11(0.05 m/s) 0.09(0.5 m/s)	90	摩擦系数低，耐磨性好，无噪声；金属瓦上覆以尼龙薄层，能承受中等载荷；加入石墨、二硫化钼等填料可提高机械性能、刚性、耐磨性；加入耐热成分的尼龙可提高工作温度
聚碳酸脂	7	5	0.03(0.05 km/s) 0.01(0.5 m/s)	105	物理性能好，易于喷射成型，比较经济；醛缩醇和聚碳酸脂稳定性好，填充石墨的聚酰亚胺温度可达 280℃
醛缩醇	14	3	0.1	100	
聚酰亚胺	—	—	4(0.05 m/s)	260	
聚氟乙烯 PTFE	3	1.3	0.04(0.05 m/s) 0.06(0.5 m/s) <0.09(5 m/s)	250	摩擦系数很低，自润滑性能好，能耐任何化学药品的侵蚀，适用温度范围宽；成本高，承载力低；以玻璃丝、石墨等惰性材料为填料，承载力和 $[pv]$ 值可大大提高
填充 PTFE	17	5	0.5	250	
碳-石墨	4	13	0.5(干) 5.25(湿)	400	有自润滑性能，高温稳定性好，耐蚀能力强，常用于要求清洁的机械中
木材 （枫木、铁梨木）	14	10	0.5	65	有自润滑性能；耐酸、油及其他强化学药品；常用于要求清洁的机械中
橡胶	0.34	5	0.53	65	能隔振、降低噪声、减小动载、补偿误差；导热性差，需加强冷却；常用于水、泥浆等工业设备中；温度高时易老化

10.3.2　轴瓦的结构

轴瓦是滑动轴承中的重要零件，它的结构设计是否合理对轴承性能的影响很大。有时为了节约贵重合金材料或由于结构需要，常在轴瓦的内表面上浇铸或轧制一层较薄的轴承合金，称为轴承衬。

1. 轴瓦的形式与构造

常用的轴瓦有整体式轴套和剖分式轴瓦两种结构形式。

轴套用于整体式轴承，又分为无油槽（见图 10-7(a)）和有油槽（见图 10-7(b)）两种。除轴承合金外，其他金属材料、多孔质金属材料及碳-石墨等非金属材料都可制成这样的结构。

图 10-7　整体式轴套

如图 10-8 所示，剖分式轴瓦用于对开式滑动轴承，主要由上、下两半轴瓦组成，在剖分面上开有轴向油槽，工作时由下轴瓦承受载荷。

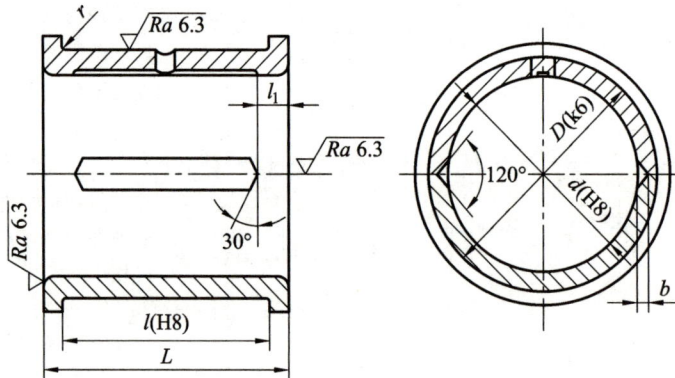

图 10-8　剖分式轴瓦

轴瓦可由单层材料或多层材料制成。双层轴瓦（双金属轴瓦）由轴承衬背和轴承减摩层组成，如图 10-9 所示。轴承衬背具有一定的强度和刚度，轴承减摩层则具有较好的减摩、耐磨等性能。三层轴瓦（三金属轴瓦）是在轴承衬背与轴承减摩层之间再加上一层中间层，以提高轴承减摩层的疲劳强度。采用多层轴瓦结构可以显著节省价格较高的轴承合金等减摩材料。

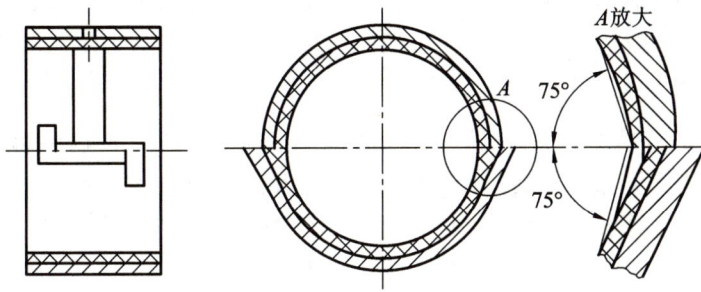

图 10-9 双金属轴瓦

2. 轴瓦的制作

金属轴套常为浇铸成型后经切削加工制成。在大批量生产中，双层或三层金属轧制轴瓦采用轧制的方法，使轴承减摩层材料贴附在低碳钢带上，然后经冲裁、弯曲成型及精加工制成。烧结轴瓦是采用金属粉末烧结的方法使之附着在钢带上制成的。对于批量小或尺寸大的轴承，常采用离心铸造的方法，将轴承减摩层材料浇铸在轴承衬背的内表面上。为了使轴承减摩层与轴承衬背贴附牢固，可在轴承衬背上制出各种形式的沟槽，如图 10-10 所示。

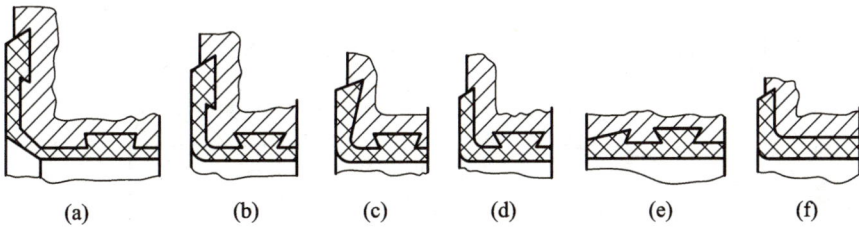

(a)   (b)   (c)   (d)   (e)   (f)

图 10-10 轴承衬背上沟槽的形式

3. 轴瓦的定位与配合

轴瓦和轴承座间不允许有相对移动。为防止轴瓦在轴承座中沿轴向和周向移动，可将轴瓦两端做出凸缘用作轴向定位(见图 10-8)，或采用紧定螺钉(见图 10-11(a))、销钉(见图 10-11(b))将轴瓦固定在轴承座上。

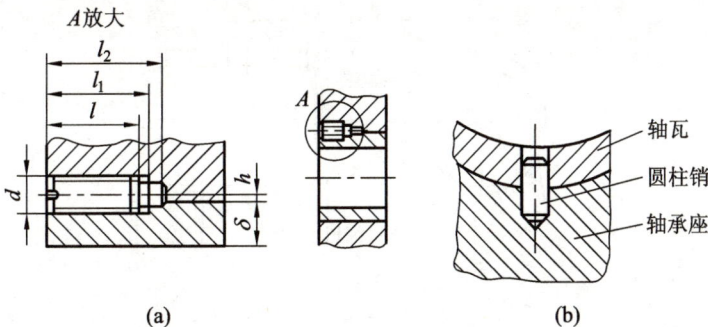

(a)   (b)

图 10-11 轴瓦的定位

为了增强轴瓦的刚度和散热性能，并保证轴瓦与轴承的同轴度，轴瓦与轴承座应紧密配合，贴合牢靠。一般轴瓦与轴承座孔采用较小过盈量的配合，如 H7/s6、H7/h6 等。

4. 油孔、油槽和油腔

为了向轴承的滑动表面供给润滑油，轴瓦上常开设有油孔、油槽和油腔。油孔用来供油；油槽用来输送和分布润滑油；油腔主要用于沿轴向均匀分布润滑油，并起储油和稳定供油作用。对于宽径比较小的轴承，只需开设一个油孔；对于宽径比较大、可靠性要求高的轴承，需开设油槽或油腔。常见的油槽形式如图 10-12 所示。

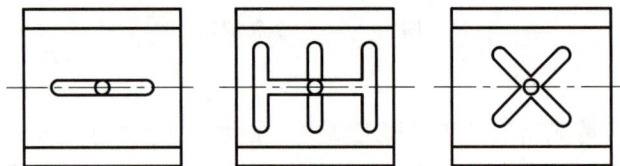

图 10-12　常见的油槽形式

轴向油槽应比轴承宽度稍短，以免油从轴承端部大量流失。油腔一般开设于轴瓦的剖分处，其结构如图 10-13 所示。油孔和油槽的位置及形状对轴承的工作能力和寿命影响很大。对于液体动力润滑滑动轴承，应将油孔和油槽开设在轴承的非承载区，若在承载油膜区内开设油孔和油槽，将会显著降低油膜的承载能力，如图 10-14 所示。对于非液体摩擦滑动轴承，应使油槽尽量延伸到轴承的最大压力区附近，以便供油充分。

图 10-13　油腔的结构

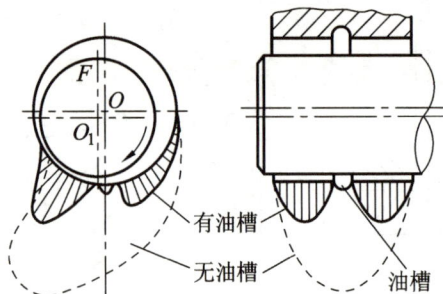

图 10-14　油槽对动压油膜压力(承载能力)的影响

10.4 滑动轴承的润滑

由于滑动轴承的润滑对其工作能力和使用寿命有着重大的影响，因此选择合适的润滑剂和润滑装置是设计滑动轴承的一个重要环节。

10.4.1 滑动轴承的润滑剂及其选用

滑动轴承常用润滑油作润滑剂，轴颈圆周速度较低时可用润滑脂，在速度特别高时可用气体润滑剂（如空气），在一些特殊要求的场合可使用固体润滑剂（如二硫化钼、石墨等）。下面仅就滑动轴承常用润滑剂的选择方法做一些简要介绍。

1. 润滑油的选择

选用润滑油时，主要是考虑其黏度和润滑性（或油性）。所谓黏度，可定性地定义为它的流动阻力。所谓润滑性，是指润滑油中的极性分子与金属表面吸附形成一层边界油膜，以减少摩擦和磨损的性能。由于润滑性尚无定量的指标，故通常按黏度来选择。润滑油选择的一般原则是：低速、重载、工作温度高时，应选较高黏度的润滑油；反之，可选用较低黏度的润滑油。具体选择时，可按轴承压强、滑动速度和工作温度参考表 10-3 选用。当轴承工作温度较高时，选用润滑油的黏度应比表中的要高一些。此外，通常也可根据现有机器的成功使用经验，采用类比的方法来选择合适的润滑油。

表 10-3 滑动轴承润滑油的选择（不完全液体润滑，工作温度为 0～60℃）

轴颈圆周速度 v/(m·s^{-1})	轻载（$p_m<3$ MPa）		中载（$p_m=3\sim7.5$ MPa）		重载（$p_m>7.5$ MPa）	
	运动黏度 v_{40}/(10^{-6}·m^2·s^{-1})	润滑油牌号	运动黏度 v_{40}/(10^{-6}·m^2·s^{-1})	润滑油牌号	运动黏度 v_{40}/(10^{-6}·m^2·s^{-1})	润滑油牌号
<0.1	80～150	L-AN68、100、150	140～220	L-AN150、220	/470～1000	L-AN460、680、1000
0.1～0.3	65～120	L-AN68、100	120～170	N100、150	250～600	L-AN220、320、460
0.3～1.0	45～75	L-AN46、68	100～125	L-AN100	90～350	L-AN100、150、220、320
1.0～2.5	40～75	L-AN32、46、68	65～90	L-AN68、100		
2.5～5.0	40～55	L-AN32、46				
5～9	15～50	N15、22、32、46				
>9	5～23	L-AN7、10、15、22				

2. 润滑脂的选择

润滑脂主要用于工作要求不高、难以经常供油或低速重载及做摆动运动之处的轴承中。

选用润滑脂时，主要考虑其针入度（或稠度）和滴点。所谓针入度（或稠度），是一个重量为 1.5 N 的标准锥体于 25℃恒温下，由润滑脂表面经 5 s 时间后刺入的深度（以 0.1 mm 计），它标志着润滑脂内部阻力大小和流动性的强弱。所谓滴点，是在规定的条件下，润滑脂从标准测量杯的孔口滴下第一滴液体时的温度，它决定轴承的工作温度。润滑脂选用的一般原则是：① 低速、重载时应选用针入度小的润滑脂，反之，则选用针入度大的润滑脂；② 所选用润滑脂的滴点一般应高于轴承工作温度 20～30℃或更高；③ 在潮湿或有水淋的环境下，应选用抗水性好的钙基脂或锂基脂；④ 温度高时应选用耐热性好的钠基脂或锂基脂。具体选用润滑脂时可参考表 10-4。

表 10-4　滑动轴承润滑脂的选择

轴承压强 p/MPa	轴颈圆周速度 v/(m·s^{-1})	最高工作温度/℃	润滑脂牌号
<1.0	0～1.0	75	钙基脂 ZG-3
1.0～6.5	0.5～5.0	55	钙基脂 ZG-2
>6.5	0～0.5	75	钙基脂 ZG-1
≤6.5	0.5～5.0	120	钠基脂 ZN-2
1.0～6.5	0～0.5	110	钙钠基脂 ZGN-1
1.0～6.5	0～1.0	50～100	锂基脂 ZL-2
>5.0	0～0.5	60	压延基脂 ZJ-2

3. 固体润滑剂

固体润滑剂可以在摩擦表面上形成固体膜以减小摩擦阻力，通常只用于一些特殊要求的场合，例如大型可展开天线定向机构和铰链处的固体润滑，空间机器人采用谐波齿轮减速器的固体润滑等。

将二硫化钼用黏结剂调配涂在轴承摩擦表面上可以大大提高摩擦副的磨损寿命。在金属表面上涂镀一层钼，然后放在含硫的气氛中加热，可生成 MoS_2 膜。这种膜黏附得最为牢固，承载能力极高。在用塑料或多孔质金属制造的轴承材料中渗入 MoS_2 粉末，会在摩擦过程中连续对摩擦表面提供 MoS_2 薄膜。将全熔金属注入石墨或碳-石墨零件的孔隙中，或经过烧结制成轴瓦可获得较高的黏附能力。聚四氟乙烯片材可冲压成轴瓦，也可以用烧结法或黏结法形成聚四氟乙烯膜黏附在轴瓦内表面上。软金属薄膜（如铅、金、银等薄膜）主要用于真空及高温的场合。

10.4.2　滑动轴承的润滑方式及装置

为了获得良好的润滑，除正确选择润滑剂外，同时要考虑合适的润滑方式和相应的润滑装置。

1. 润滑油润滑

根据供油方式的不同，润滑油润滑可分为间断润滑和连续润滑。间断润滑只适用于低速、轻载和不重要的轴承。需要可靠润滑的轴承应采用连续润滑。

（1）人工加油润滑。在轴承上方设置油孔或油杯，如图 10-15 所示，人工用油壶或油枪定期向油孔或油杯供油，但这样只能起到间断润滑的作用。

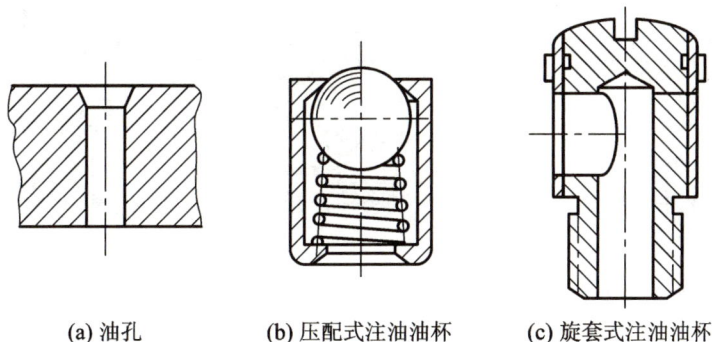

(a) 油孔　　　　　(b) 压配式注油油杯　　　(c) 旋套式注油油杯

图 10-15　油孔及油杯

（2）滴油润滑。针阀式滴油油杯如图 10-16(a)所示。在图 10-16(b)中，当手柄卧倒时，针阀受弹簧推压向下而堵住底部阀座油孔；在图 10-16(c)中，当手柄直立时便提起针阀，打开下端油孔，油杯中的润滑油流进轴承，处于供油状态。调节螺母可用来控制油的流量。定期提起针阀时，滴油杯也可以作间断润滑。

1—手柄；
2—调节螺母；
3—弹簧；
4—油孔遮盖；
5—针阀盖；
6—观察孔。

(a)　　　　　　　　　(b)　　(c)

图 10-16　针阀式滴油油杯

（3）油绳润滑。油绳润滑的润滑装置为油绳式油杯，如图 10-17 所示。油绳的一端浸入油中，利用毛细管作用将润滑油引到轴颈表面，但油绳润滑的供油量不易调节。

（4）油环润滑。如图 10-18 所示，轴颈上套一油环，油环下部浸入油池内，靠轴颈摩擦力带动油环旋转，从而将润滑油带到轴颈表面。这种装置只适用于连续运转的水平轴轴承的润滑，并且轴的转速应在 50～3000 r/min。

图 10-17   油绳式油杯

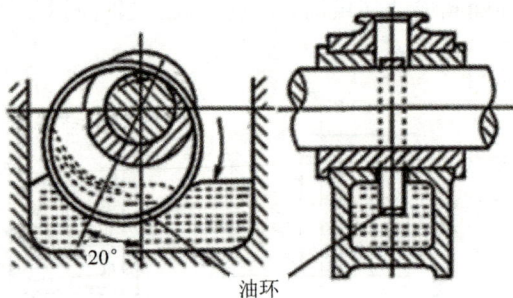

油环

图 10-18   油环润滑

（5）飞溅润滑。飞溅润滑常用于闭式箱体内的轴承润滑，利用浸入油池中的齿轮、曲轴等旋转零件，将润滑油飞溅到箱壁上，再沿油槽进入轴承。溅油零件的圆周速度不宜超过 12 m/s，浸油深度也不宜过大。

（6）压力循环润滑。压力循环润滑利用油泵供给的充足的润滑油来润滑和冷却轴承。用过的油可流回油池，经过冷却和过滤后可循环使用。其供油压力和流量都可调节。

2. 润滑脂润滑

润滑脂润滑一般为间断润滑，常用旋盖式油杯（见图 10-19）或黄油枪加脂，即定期旋转杯盖将杯内润滑脂压进轴承，或用黄油枪通过压注油杯（见图 10-15(b)）向轴承补充润滑脂。润滑脂润滑可以集中供应，适用于多点润滑的场合，其供脂可靠，但组成设备比较复杂。

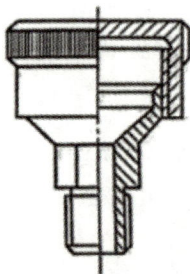

图 10-19   旋盖式油杯

10.4.3   润滑方式的选择

滑动轴承的润滑方式可根据 k 值的大小进行选择：

$$k = \sqrt{pv^3} \tag{10-1}$$

式中：p 为轴承压强（单位：MPa）；v 为轴颈圆周速度（单位：m/s）。

当 $k \leq 2$ 时，采用润滑脂润滑或人工加油润滑；当 $2 < k < 15$ 时，采用滴油润滑；当 $15 < k < 30$ 时，采用油环润滑或飞溅润滑；当 $k > 30$ 时，采用压力循环润滑。

10.5 不完全液体润滑滑动轴承的设计计算

10.5.1 失效形式和设计准则

不完全液体润滑滑动轴承的工作表面不能被润滑油完全隔开，只能形成边界油膜，存在局部金属表面的直接接触。因此，表面磨损和因边界油膜破裂导致的表面胶合（或烧瓦）是其主要失效形式。因此，这类滑动轴承的设计准则是维持边界油膜不破裂。由于形成边界油膜的机理很复杂，目前尚未完全搞清楚，故对其设计计算只能是间接、条件性的。

1. 验算轴承的平均压强 p

限制轴承的平均压强 p，以保证润滑油不被挤出，避免工作表面的过度磨损，即

$$p \leqslant [p] \tag{10-2}$$

径向轴承为

$$p = \frac{F_r}{dB} \leqslant [p] \tag{10-3}$$

式中：F_r 为径向载荷（单位：N）；d 为轴颈直径（单位：mm）；B 为轴承宽度（单位：mm）；$[p]$ 为轴瓦材料的最大许用值，见表 10-1。

止推轴承为

$$p = \frac{4F_a}{\pi Z (d^2 - d_0^2) k} \leqslant [p] \tag{10-4}$$

式中：F_a 为轴向载荷（单位：N）；d、d_0 为接触面积的外径和内径（单位：mm）；Z 为推力环数目；k 为考虑因开油沟使接触面积减小的系数，通常 $k = 0.8 \sim 0.9$。

2. 验算轴承的 pv 值

由于 pv 值与摩擦功率损耗成正比，因此它间接地表征了轴承的发热程度。限制 pv 值可以防止轴承温升过高，出现胶合破坏，即

$$pv \leqslant [pv] \tag{10-5}$$

径向轴承为

$$pv = \frac{F_r}{dB} \times \frac{\pi dn}{60 \times 1000} = \frac{F_r n}{19\ 100 B} \leqslant [pv] \tag{10-6}$$

式中：n 为轴的转速（单位：r/min）；$[pv]$ 为轴瓦材料的最大许用值，见表 10-1。

对于止推轴承，式(10-6)中的 v 应取平均线速度，即

$$v = \frac{\pi d_m n}{60 \times 1000}, \quad d_m = \frac{d + d_0}{2}$$

3. 验算轴承的滑动速度 v

当压强 p 较小时，即使 p 与 pv 都在许用范围内，也可能因滑动速度 v 过大而加剧磨损，故要求

$$v \leqslant [v] \tag{10-7}$$

液体润滑滑动轴承在启动或停车时，也处于不完全液体状态，因此，也应按上述方法

进行初算。

【对应知识点】　滑动轴承的失效形式

【思政元素案例】　遵义会议精神

10.5.2　设计步骤

径向滑动轴承的设计步骤包括以下几个方面。

（1）选择轴承的结构及材料。

通常根据轴径 d、转速 n 和轴承载荷 F 及使用要求，确定轴承和轴瓦的结构，并按表 10－1 初选轴瓦材料。

（2）初步确定轴承的基本参数。

宽径比 B/d 是轴承的重要参数，可参考表 10－7（10.6.7 节）根据轴径 d 确定轴承宽度 B 及轴承座外形尺寸。并按机器的使用和旋转精度要求，选择轴承的配合，以确保轴承具有一定的间隙。

（3）校核计算。

按式（10－2）、式（10－5）和式（10－7）进行校核计算。若条件不能满足，则需重新进行。若满足设计条件的方案不是唯一的，则应选择几种可行的方案，经分析、评价，定出一种较好的设计方案。

（4）选择润滑剂和润滑装置。

此步骤略。

10.6　液体动压润滑径向轴承的设计计算

10.6.1　液体动压润滑的承载原理

图 10－20(a)所示为板间充满有一定黏度的润滑油的 A、B 两平行板。若板 B 静止不动，板 A 以速度 v 沿水平方向运动。由于润滑油的黏性及它与平板间的吸附作用，与板 A 下表面紧贴的油层流速 v' 等于板速 v，与板 B 上表面紧贴的油层的流速为零，其他各油层的流速 v 则按直线规律分布。此时，润滑油虽能维持连续流动，但油膜无承载能力（这里忽略了液体受到挤压作用而产生的压力效应）。

图 10－20(b)所示为两平板相互倾斜，形成收敛状楔形间隙，且板 A 的运动方向是从间隙较大的一方向着间隙较小的一方。由于液体不可压缩且流动连续，故通过楔形间隙任一垂直截面的流量皆相等。这样就会使油进口端的速度梯度曲线呈内凹形，出口端则呈外凸形分布。只要连续充分地供应一定黏度的润滑油，并且 A、B 两板的相对速度 v 值足够大，楔形收敛间隙中润滑油产生的动压力就稳定存在。这种具有一定黏性的液体，流入楔形收敛间隙而产生压力的效应称为液体动压润滑的楔效应。

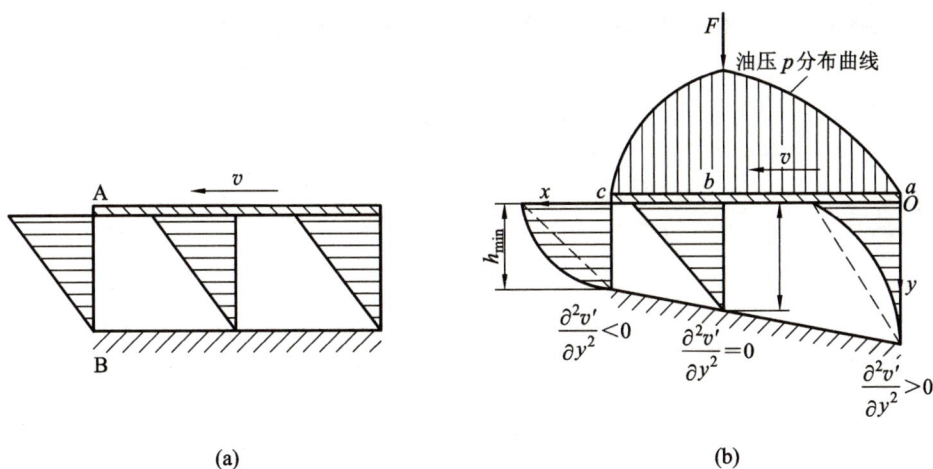

图 10-20　两相对运动平板间油层中的速度分布和压力分布

10.6.2　液体动压润滑的基本方程

为了揭示油膜压力与表面速度及润滑油黏度间的关系，雷诺在 19 世纪末对被润滑油隔开的两平板(一板水平移动，另一板静止)的流体动力学问题进行了研究。并假设：

(1) 润滑油沿 z 轴方向无流动。

(2) 润滑油流动为层流(润滑油的剪切力 τ 与 y 轴方向的速度梯度成正比)，即 $\tau = -\dfrac{\eta \partial v'}{\partial y}$。

(3) 油与板面吸附牢固，板面的油分子随板面一同运动或静止。

(4) 不计油的惯性和重力。

如图 10-21 所示，从层流运动的油膜中取一微单元体进行分析。

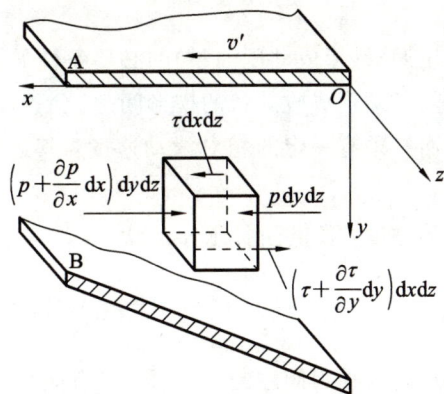

图 10-21　被油膜隔开的两平板

由图 10-21 可知，作用在此微单元体右面、左面的压力分别为 p 和 $\left(p + \dfrac{\partial p}{\partial x}\mathrm{d}x\right)$，作用

在此微单元体上、下两面的剪切应力分别为 τ 和 $\left(\tau + \dfrac{\partial \tau}{\partial y}\mathrm{d}y\right)$，根据 x 轴方向的力平衡条件，得

$$p\,\mathrm{d}y\mathrm{d}z + \tau\,\mathrm{d}x\mathrm{d}z - \left(p + \frac{\partial p}{\partial x}\mathrm{d}x\right)\mathrm{d}y\mathrm{d}z - \left(\tau + \frac{\partial \tau}{\partial y}\mathrm{d}y\right)\mathrm{d}x\mathrm{d}z = 0$$

整理后得

$$\frac{\partial p}{\partial x} = -\frac{\partial \tau}{\partial y} \tag{10-8}$$

根据 $\tau = -\eta\dfrac{\partial v'}{\partial y}$，得 $\dfrac{\partial \tau}{\partial y} = -\eta\dfrac{\partial^2 v'}{\partial y^2}$，进一步可得

$$\frac{\partial p}{\partial x} = \eta\frac{\partial^2 v'}{\partial y^2} \tag{10-9}$$

式(10-9)表示了压力沿 x 轴方向的变化与速度沿 y 轴方向的变化之间的关系。

对式(10-9)积分，并利用 $y=0$ 和 $y=h$（所取单元体处的油膜厚度）处的速度边界条件，即可求出油层的速度分布，进而可得到

$$\frac{\partial p}{\partial x} = 6\eta v\frac{h-h_0}{h^3} \tag{10-10}$$

式(10-10)为一维雷诺方程。它是计算液体动压润滑滑动轴承承载能力的基本方程(简称液体动压方程)。由雷诺方程可知，油膜压力的变化与润滑油的黏度、表面滑动速度和油膜厚度及其变化有关。利用这一公式，经积分后可求出油膜的承载能力。由式(10-10)及图10-20(b)也可知，在 $ab(h>h_0)$ 段，$\partial^2 v'/\partial y^2>0$(速度分布曲线呈凹形)，所以 $\partial p/\partial x>0$，表明压力沿 x 轴方向逐渐增大；而在 $bc(h<h_0)$ 段，$\partial^2 v'/\partial y^2<0$(速度分布曲线呈凸形)，即 $\partial p/\partial x<0$，表明压力沿 x 轴方向逐渐降低。在 a 和 c 之间必有一处(b 点)的 $\partial^2 v'/\partial y^2=0$，即 $\partial p/\partial x=0$，表明压力 p 在此处达到最大值。由于油膜沿着 x 轴方向各处的油压都大于入口和出口的油压，压力分布如图10-20(b)所示的上部曲线，因而能承受一定的外载荷。

由此可知，形成液体动压润滑(形成动压油膜)的必要条件如下：

(1) 相对运动的两表面间必须形成收敛状的楔形间隙。

(2) 被油膜分开的两表面必须有一定的相对滑动速度，其运动方向必须使润滑油由大口流进，小口流出。

(3) 润滑油必须有一定的黏度，且供油要充分。

10.6.3   径向滑动轴承形成液体动压润滑的过程

在径向滑动轴承中，轴承孔与轴为间隙配合，二者具有间隙。如图10-22(a)所示，当轴颈静止时，轴颈处于轴承孔的最低位置，并与轴瓦接触，两表面间自然形成楔形空间。当轴颈按图示方向开始转动时，速度极低，带入间隙的油量较少，这时轴颈沿孔壁向右爬升(见图10-22(b))。随着轴颈转速及其表面圆周速度的逐渐增大，带入楔形间隙的油量也逐渐增多。右侧楔形油膜产生了一定的动压力，将轴颈向左浮起，最终轴颈便稳定在某一偏

心位置上(见图 10-22(c))。这时轴承处于液体动压润滑状态,油膜产生的动压力的合力与外载荷 F 相平衡。

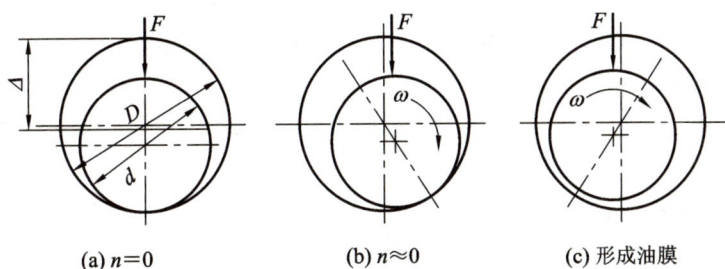

(a) $n=0$ (b) $n\approx0$ (c) 形成油膜

图 10-22 径向滑动轴承形成液体动压润滑的过程

10.6.4 径向滑动轴承的几何关系和承载量系数

图 10-23 所示为轴承达到稳定运转状态时所处的位置。轴承和轴颈的连心线 OO_1 与外载荷 F(作用在轴颈中心上)的方向形成偏位角 φ_a。轴承孔和轴颈直径分别用 D 和 d 表示,则轴承直径间隙为

$$\Delta = D - d \tag{10-11}$$

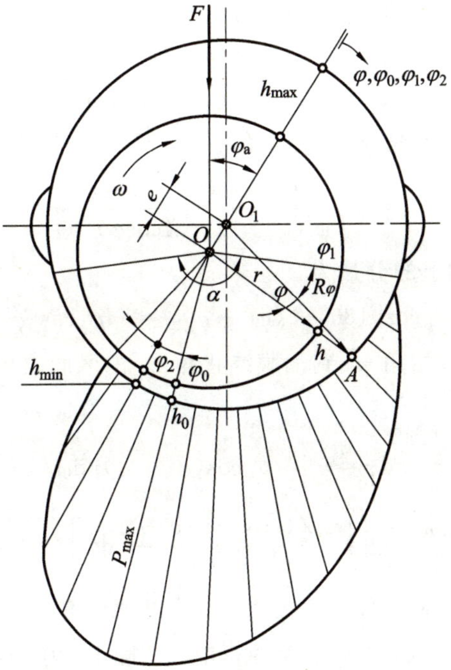

图 10-23 径向滑动轴承的几何参数和油压分布

半径间隙为轴承孔半径 R 与轴颈半径 r 之差,即

$$\delta = R - r = \frac{\Delta}{2} \tag{10-12}$$

直径间隙与轴颈公称直径之比称为相对间隙，以 ψ 表示，则

$$\psi = \frac{\Delta}{d} = \frac{\delta}{r} \tag{10-13}$$

轴在稳定运转时，其中心 O 与轴承中心 O_1 的距离称为偏心距，用 e 表示。偏心距与半径间隙的比值称为偏心率，以 χ 表示，则

$$\chi = \frac{e}{\delta}$$

由图 10-23 可知，最小油膜厚度为

$$h_{\min} = \delta - e = \delta(1-\chi) = r\psi(1-\chi) \tag{10-14}$$

对于径向滑动轴承，采用极坐标描述较为方便。取轴颈中心 O 为极点，连心线 OO_1 为极轴，则对应于任意极角 φ（包括 φ_0，φ_1，φ_2，均由极轴 OO_1 算起）的油膜厚度 h 可表示为

$$h = \delta + e\cos\varphi = \delta(1+\chi\cos\varphi) \tag{10-15}$$

在压力最大处的油膜厚度 h_0 为

$$h_0 = \delta(1+\chi\cos\varphi_0) \tag{10-16}$$

式中：φ_0 为最大压力处的极角。

可将式(10-10)写成相应的极坐标的形式，即

$$\frac{\mathrm{d}p}{\mathrm{d}\varphi} = 6\eta\frac{\omega}{\psi^2} \cdot \frac{\chi(\cos\varphi - \cos\varphi_0)}{(1+\chi\cos\varphi)^3} \tag{10-17}$$

将式(10-17)从油膜起始角 φ_1 到任意角 φ 进行积分，得任意位置处的压力为

$$p_\varphi = 6\eta\frac{\omega}{\psi^2}\int_{\varphi_1}^{\varphi}\frac{\chi(\cos\varphi - \cos\varphi_0)}{(1+\chi\cos\varphi)^3}\mathrm{d}\varphi \tag{10-18}$$

压力 p_φ 在外载荷方向上的分量为

$$p_{\varphi_y} = p_\varphi\cos[180° - (\varphi_a + \varphi)] = -p_\varphi\cos(\varphi_a + \varphi) \tag{10-19}$$

将式(10-19)在油膜起始角 φ_1 到油膜终止角 φ_2 的区间内积分，得出在轴承单位宽度上的油膜承载力为

$$p_y = \int_{\varphi_1}^{\varphi_2}p_{\varphi_y}r\mathrm{d}\varphi = -\int_{\varphi_1}^{\varphi_2}p_\varphi\cos(\varphi_a + \varphi)r\mathrm{d}\varphi$$

$$= 6\frac{\eta\omega r}{\psi^2}\int_{\varphi_1}^{\varphi_2}\left[\int_{\varphi_1}^{\varphi}\frac{\chi(\cos\varphi - \cos\varphi_0)}{(1+\chi\cos\varphi)^3}\mathrm{d}\varphi\right][-\cos(\varphi_a + \varphi)]\mathrm{d}\varphi \tag{10-20}$$

理论上，轴承全宽的油膜承载力只需将 p_y 乘以轴承宽度 B 即可得到。但由于油可能从轴承的两个端面流出，故必须考虑端泄的影响。实际上，压力沿轴承宽度的变化呈抛物线分布，故其油膜压力比无限宽轴承的油膜压力低（见图 10-24），所以需乘以系数 C'。C' 值取决于宽径比 B/d 和偏心率 χ 的大小。这样，在距轴承宽中线为 z 处的油膜压力的数学表达式为

$$p_y' = p_yC'\left[1 - \left(\frac{2z}{B}\right)^2\right] \tag{10-21}$$

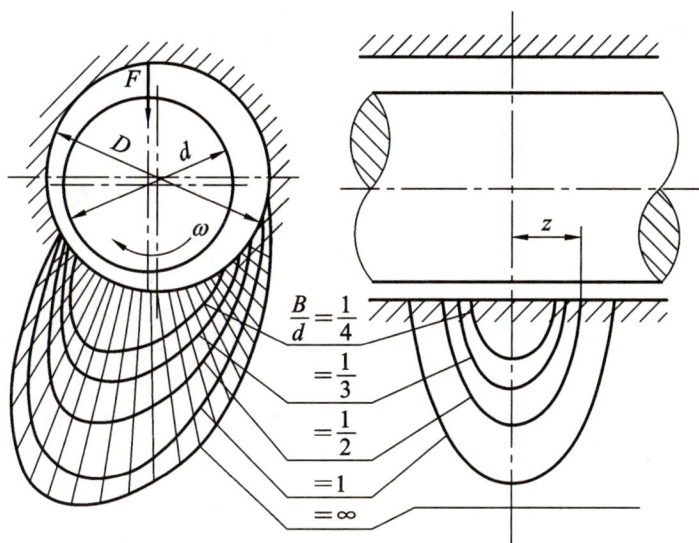

图 10-24　不同宽径比时沿轴承周向和轴向的压力分布

故有限长轴承油膜的总承载能力为

$$F = \int_{-\frac{B}{2}}^{+\frac{B}{2}} p_y' \mathrm{d}z = 6\,\frac{\eta\omega r}{\psi^2} \int_{-\frac{B}{2}}^{+\frac{B}{2}} \int_{\varphi_1}^{\varphi_2} \left[\int_{\varphi_1}^{\varphi} \frac{\chi(\cos\varphi - \cos\varphi_0)}{(1+\chi\cos\varphi)^3} \mathrm{d}\varphi \right] \cdot$$

$$\left[-\cos(\varphi_a + \varphi) \right] \mathrm{d}\varphi \cdot C' \left[1 - \left(\frac{2z}{B} \right)^2 \right] \mathrm{d}z \tag{10-22}$$

式(10-22)可进一步表示为

$$F = \frac{\eta\omega dB}{\psi^2} C_\mathrm{p} \tag{10-23}$$

式中：

$$C_\mathrm{p} = 3 \int_{-\frac{B}{2}}^{+\frac{B}{2}} \int_{\varphi_1}^{\varphi_2} \left[\int_{\varphi_1}^{\varphi} \frac{\chi(\cos\varphi - \cos\varphi_0)}{(1+\chi\cos\varphi)^3} \mathrm{d}\varphi \right] \cdot$$

$$\left[-\cos(\varphi_a + \varphi) \right] \mathrm{d}\varphi \cdot C' \left[1 - \left(\frac{2z}{B} \right)^2 \right] \mathrm{d}z \tag{10-24}$$

实际上，C_p 的积分计算非常困难，常采用数值积分的方法进行计算，并制成相应的线图或表格供设计时参考。由式(10-24)可知，在给定边界条件时，C_p 是轴颈在轴承中位置的函数，其值取决于轴承的包角 α（轴承表面上的连续光滑部分包围轴颈的角度，即入油口和出油口所包轴颈的夹角）、相对偏心率 χ 和宽径比 B/d。由于 C_p 是一个无量纲的数，故称它为轴承的承载量系数。当轴承的包角 α（$\alpha = 120°$、$180°$ 或 $360°$）给定时，经过一系列换算，C_p 可表示为

$$C_\mathrm{p} \propto \left(\chi \frac{B}{d} \right) \tag{10-25}$$

若轴承在非承载区内进行无压力供油，且设液体动压力是在轴颈与轴承衬的 $180°$ 的弧内产生的，则不同 χ 和 B/d 的 C_p 值如表 10-5 所示。

表 10-5 有限宽轴承的承载量系数 C_p

$\dfrac{B}{d}$	χ											
	0.3	0.4	0.5	0.6	0.7	0.75	0.8	0.85	0.9	0.95	0.975	0.99
	承载量系数 C_p											
0.3	0.052	0.082	0.128	0.203	0.347	0.457	0.699	1.122	2.074	5.73	15.15	50.52
0.4	0.089	0.141	0.216	0.339	0.573	0.776	1.079	1.775	3.195	8.393	21.00	65.26
0.5	0.133	0.209	0.317	0.493	0.819	1.098	1.572	2.428	4.264	10.706	25.62	75.86
0.6	0.182	0.283	0.427	0.655	1.070	1.418	2.001	3.036	5.214	12.64	29.17	83.21
0.7	0.234	0.361	0.538	0.816	1.312	1.720	2.399	3.580	6.029	14.14	31.88	88.90
0.8	0.287	0.439	0.647	0.972	1.538	1.965	2.754	4.053	6.721	15.37	33.99	92.89
0.9	0.339	0.515	0.754	1.118	1.745	2.248	3.067	4.459	7.294	16.37	35.66	96.35
1.0	0.391	0.589	0.853	1.253	1.929	2.469	3.372	4.808	7.772	17.18	37.00	98.95
1.1	0.440	0.658	0.947	1.377	2.097	2.664	3.580	5.106	8.186	17.86	38.12	101.15
1.2	0.487	0.723	1.033	1.489	2.247	2.838	3.787	5.364	8.533	18.43	39.04	102.90
1.3	0.529	0.784	1.111	1.590	2.379	2.990	3.968	5.586	8.831	18.91	39.81	104.42
1.5	0.610	0.891	1.248	1.763	2.600	3.242	4.266	5.947	9.304	19.68	41.07	106.84
2.0	0.763	1.091	1.483	2.070	2.981	3.671	4.78	6.545	10.091	20.97	43.11	110.79

10.6.5 最小油膜厚度

由式(10-14)及表 10-5 可知,若其他条件不变,h_{min} 越小则偏心率 χ 越大,轴承的承载能力就越大。然而,最小油膜厚度受到轴颈和轴承表面粗糙度、轴的刚性以及轴承与轴颈的几何形状误差等因素的限制。为了保证轴承获得完全液体摩擦,避免轴颈与轴瓦的直接接触,最小油膜厚度 h_{min} 必须大于轴颈和轴瓦两表面粗糙度 Ra_1、Ra_2 之和,即

$$h_{min} \geqslant Ra_1 + Ra_2 = [h_{min}] \tag{10-26}$$

综合考虑轴颈、轴瓦的制造和安装误差,以及轴的变形等影响,一般要使安全系数为

$$S \geqslant \frac{h_{min}}{Ra_1 + Ra_2} = 2 \sim 3 \tag{10-27}$$

10.6.6 温升 Δt

即使轴承在完全液体摩擦状态下工作,也存在由于润滑油内摩擦而造成的摩擦功损耗,摩擦功将转化为热量,引起轴承温升,并使油黏度降低,有可能导致轴承性能下降,严重时出现胶合失效。因此,必须进行热平衡计算,控制温升不超过允许值。

摩擦功产生的热量一部分由流动的润滑油带走,另一部分由轴承的金属表面通过传导和辐射散发到周围介质中去。因此,轴承的热平衡条件就是单位时间内轴承发热量与散热量相等,即

$$fFv = c\rho Q\Delta t + \alpha_s A \Delta t \tag{10-28}$$

式中:f 为液体摩擦系数;F 为轴承承载能力,即载荷(单位:N);v 为轴颈圆周速度(单位:m/s);

c 为润滑油比热，一般为 1680～2100 J/(kg·℃)；ρ 为润滑油密度，一般为 850～900 kg/m³；Q 为轴承耗油量(单位：m³/s)；A 为轴承散热面积(单位：m²)，$A=\pi dB$；Δt 为润滑油的出油温度 t_2 与进油温度 t_1 之差(温升，单位：℃)，$\Delta t=t_2-t_1$；α_s 为轴承的散热系数，依轴承结构尺寸和通风条件而定，轻型轴承或散热困难的环境中，$\alpha_s=50$ J/(m²·s·℃)，重型轴承或散热条件良好时，$\alpha_s=140$ J/(m²·s·℃)。

达到热平衡时润滑油的温度差(温升)为

$$\Delta t = t_2 - t_1 = \frac{\left(\dfrac{f}{\psi}\right)p}{c\rho\dfrac{Q}{\psi vBd} + \dfrac{\pi\alpha_s}{\psi v}} \tag{10-29}$$

式中，$\dfrac{Q}{\psi vBd}$ 为耗油量系数，是一个无量纲量，可根据轴承的宽径比 B/d 及偏心率 χ 按图 10-25 所示取值；f 为摩擦系数，$f = \dfrac{\pi}{\psi}\cdot\dfrac{\eta\omega}{p} + 0.55\psi\xi$，其中，$\xi$ 为随轴承宽径比而变化的系数，ω 为轴颈角速度，当 $B/d<1$ 时 $\xi=\left(\dfrac{d}{B}\right)^{1.5}$，当 $B/d\geqslant1$ 时 $\xi=1$。

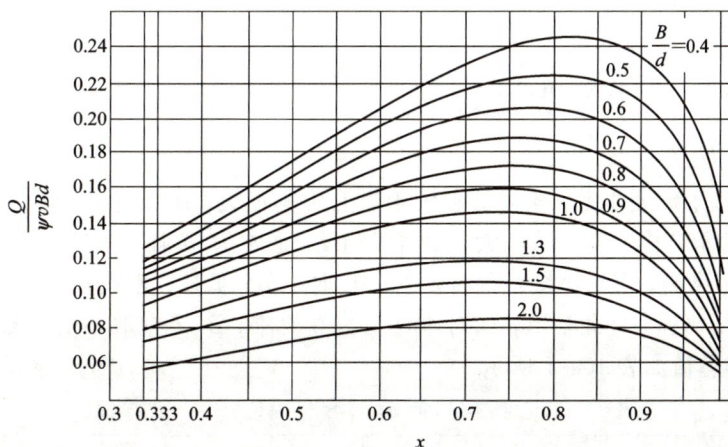

图 10-25　耗油量系数线图

由式(10-29)求出的只是润滑油的平均温差。实际上，润滑油从入口至出口，温度是逐渐升高的，因而各处油的黏度不等。计算轴承承载能力时，应采用润滑油平均温度下的黏度。平均温度可计算为

$$t_m = t_1 + \frac{\Delta t}{2} \tag{10-30}$$

平均温度一般不应超过 75℃，进油温度 t_1 一般控制在 35～45℃(若 t_1 太低，则外部冷却困难)。

10.6.7　设计方法

1. 参数选择

轴承的参数对其工作性能影响极大，故参数选取尤为重要。选取时，常以有关成熟的

经验数据或经验公式为依据。

1）相对间隙

相对间隙是影响轴承工作性能的一个主要参数。从式（10-23）可知，轴承的承载能力与 ψ^2 成反比。相对间隙越小，轴承的承载能力越高。但另一方面，相对间隙减小，会使摩擦系数增大，轴承温度升高，油的黏度降低，使轴承的承载能力下降。相对间隙对运动平稳性也有较大影响，减小相对间隙可提高轴承运转的平稳性。一般来说，重载、低速轴承宜取较小的 ψ 值；轻载、高速轴承宜取较大的 ψ 值；回转精度要求高的轴承宜取较小的 ψ 值。设计时，可按经验公式计算为

$$\psi \approx \frac{(n/60)^{\frac{4}{9}}}{10^{\frac{31}{9}}} \tag{10-31}$$

各种典型机器常用的轴承相对间隙 ψ 推荐值如表 10-6 所示。

表 10-6　各种典型机器常用的轴承相对间隙 ψ 推荐值

机 器 名 称	相对间隙 ψ
汽轮机、电动机、发电机	0.001～0.002
轧钢机、铁路机车	0.0002～0.0015
机床、内燃机	0.0002～0.001
风机、离心泵、齿轮变速装置	0.001～0.003

2）宽径比 B/d

宽径比对轴承承载能力、耗油量和轴承温升影响很大。B/d 小，承载能力小，耗油量大，温升小，轴承结构紧凑；B/d 大，则情况相反。通常 B/d 控制在 0.3～1.5 范围内。高速、重载轴承温度高，有边缘接触危险，B/d 宜取小值；低速、重载轴承为提高轴承刚度，B/d 宜取大值；高速、轻载轴承，如对刚性无过高要求，B/d 宜取小值。典型机器的轴承宽径比 B/d 推荐值如表 10-7 所示。

表 10-7　典型机器的轴承宽径比 B/d 推荐值

机 器	轴承或销	B/d	机 器	轴承或销	B/d
汽车及航空活塞发动机	曲轴主轴承	0.75～1.75	柴油机	曲轴主轴承	0.6～2.0
	连杆轴承	0.75～1.75		连杆轴承	0.6～1.5
	活塞销	1.5～2.2		活塞销	1.5～2.0
空气压缩机及往复泵	主轴承	1.0～2.0	电机	主轴承	0.6～1.5
	连杆轴承	1.0～1.25	机床	主轴承	0.8～1.2
	活塞销	1.2～1.5	冲剪床	主轴承	1.0～2.0
铁路车辆	轮轴支承	1.8～2.0	起重设备		1.5～2.0
汽轮机	主轴承	0.4～1.0	齿轮减速器		1.0～2.0

3）润滑油黏度 η

黏度越大，轴承的承载能力越高，但摩擦功损耗越大、油流量越小、轴承温升越高。因此，润滑油黏度应根据载荷大小、运转速度高低选取。一般原则为载荷大、速度低时，选用黏度大的润滑油；载荷小、速度高时，选用黏度小的润滑油。通常可按转速计算油的黏度，即

$$\eta = \left[\left(\frac{n}{60} \right)^{\frac{1}{3}} \times 10^{\frac{7}{6}} \right]^{-1} \qquad (10-32)$$

4）轴承表面粗糙度

由于提高轴承承载能力（减小最小油膜厚度 $h_{\min}$）会受到轴承表面粗糙度的限制，故需要提高轴承表面加工质量。但这样会造成制造成本增加。轴瓦表面粗糙度 Ra 的推荐值如表 10-8 所示，与之相配的轴颈表面粗糙度应低些。

表 10 - 8　轴瓦表面粗糙度 Ra

轴承工作条件	表面粗糙度 Ra（微观不平度十点高度）/μm
油环润滑轴承	6.3
压强低（$p \leqslant 3\ \text{N/mm}^2$）和转速高（$v = 17 \sim 60\ \text{m/s}$）的轴承（如汽轮机、发电机轴承）	不大于 3.2
中、高速和大偏心率（$\chi \geqslant 0.90$）的重型机械轴承（如轧钢机轴承）	$0.2 \sim 0.8$

2. 设计方法

1）初步确定设计方案

根据轴径 d、转速 n 及轴上外载荷 F 等，参考有关经验数据，初步确定轴承的设计方案，具体包括以下内容：

（1）确定轴承的结构形式。

（2）选定有关参数：B/d、ψ、η、Ra 等。

（3）选择轴瓦的结构和材料。

2）校核计算

校核计算主要包括轴承最小油膜厚度 $h_{\min}$ 和润滑油温升 Δt 等。

3）综合评定与完善

通常能满足工作条件的设计方案不是唯一的，对于影响因素众多的滑动轴承设计来说，情况更是如此。设计时应提出多种可行方案，经综合分析比较后，确定较优的设计方案。应当指出，在轴承的设计过程中，经常会出现反复，如选择油的黏度 η 时，需预先估计轴承的平均工作温度 t_{m}。当校核计算发现轴承温度与事先估计的不符时，则需重新设计。往往需要经过多次反复，才能获得较好的设计结果。其设计流程如图 10-26 所示。

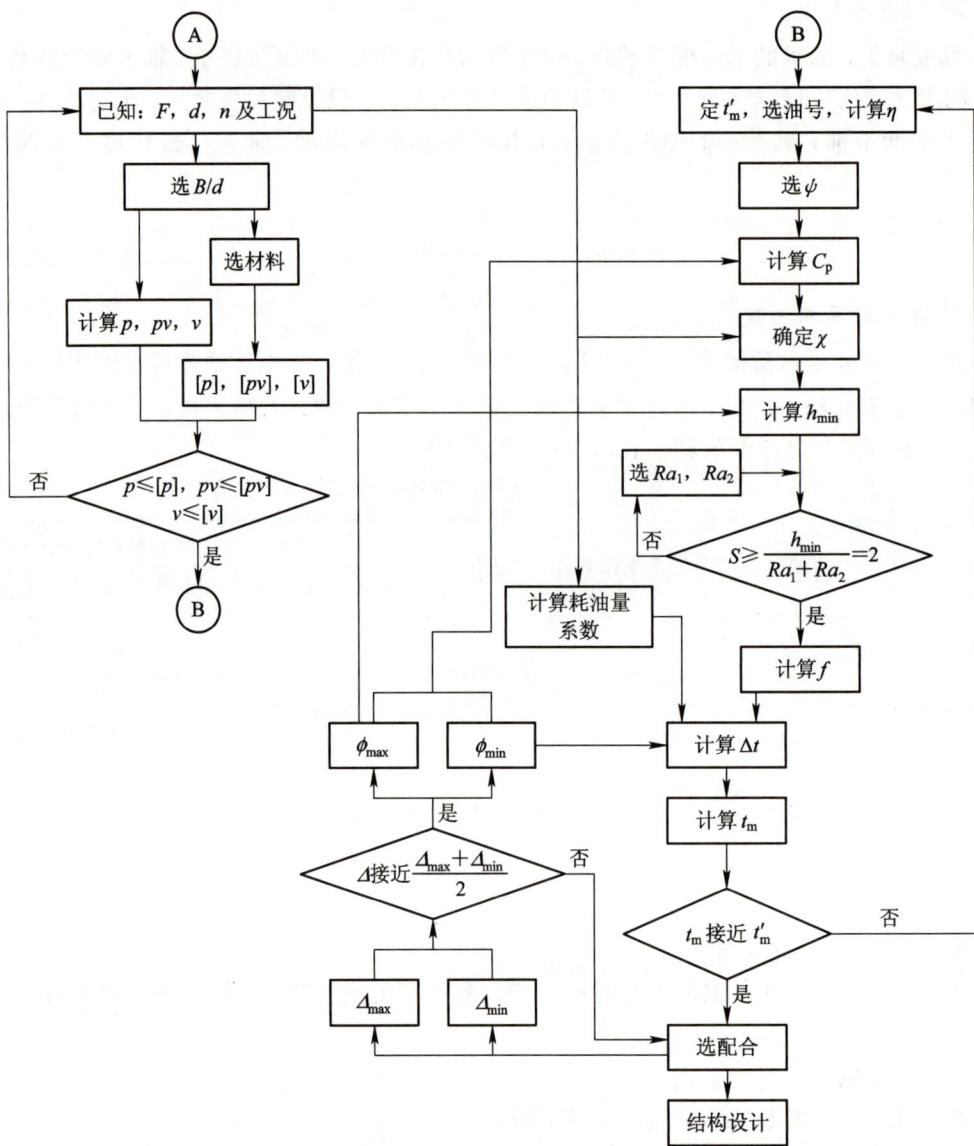

图 10-26 液体动压径向滑动轴承设计流程图

课程思政案例 10.3 从一支太空笔的设计体会化繁为简的智慧(方法论/三观)

【对应知识点】 滑动轴承的设计计算

【思政元素案例】 从一支太空笔的设计体会化繁为简的智慧

10.7　其他滑动轴承简介

10.7.1　多油楔轴承

前述液体动压径向滑动轴承只能形成一个油楔来产生液体动压油膜，故称为单油楔轴承。这类轴承能实现液体摩擦，且结构简单；但在轻载、高速条件下易产生偏心、运转精度不高、轴颈稳定性差等问题。为了改善这种状况，常把轴承做成多油楔形状，这时轴承的承载能力等于各油楔油膜压力的向量和，如图 10－27 所示。图 10－27(a)所示为二油楔轴承，能用于双向回转。图 10－27(b)所示为固定轴瓦三油楔轴承，只能用于单向回转。图 10－27(c)所示为扇形块可倾轴瓦三油楔轴承，其轴瓦由三块或三块以上(通常为奇数)扇形块组成，扇形块背面有球形窝，并用调整螺钉支持；轴瓦的倾斜度可以随轴颈位置不同而自动调整，以适应不同的载荷、转速、轴的弹性变形和偏斜，并建立液体摩擦。

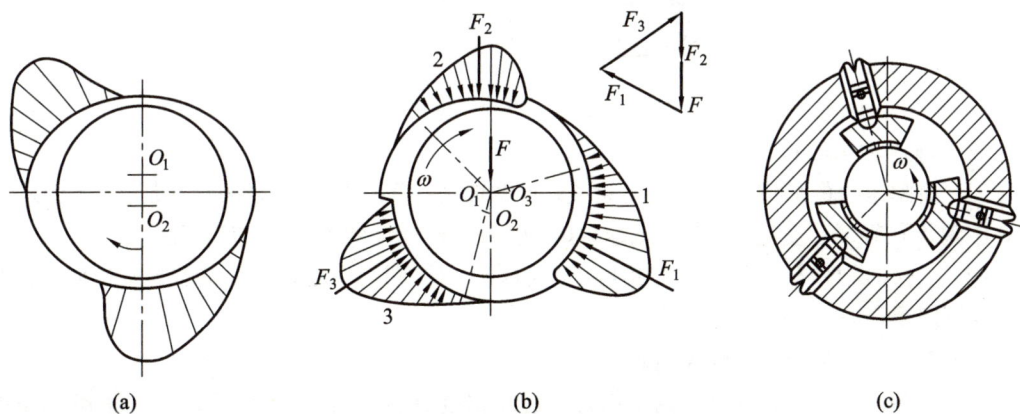

图 10－27　多油楔滑动轴承

多油楔轴承的主要优点是：每个油楔都能形成动压油膜，使轴承的圆周上承受着分隔间距趋于相等的油膜压力，从而提高了轴承的工作稳定性和运转精度。但是其承载能力较低，功耗较大。

10.7.2　液体静压轴承

液体动压滑动轴承依靠轴颈回转时把润滑油带进楔形收敛间隙形成动压油膜来承受外载荷，但它对于经常启动、换向回转、低速、重载或有冲击载荷的机器就不太合适，这时可考虑采用液体静压轴承。

液体静压轴承利用外部液压系统供给压力油，压力油进入轴承的间隙里，强制形成压力油膜以隔开摩擦表面，平衡外载荷，从而实现液体摩擦。图 10－28 所示是液体静压轴承的示意图。在轴承内表面上，开有四个对称的油腔。高压油经节流器进入油腔。节流器是用来保持油膜稳定性的。当轴承载荷为零时，轴颈与轴孔同心，各油腔的油压彼此相等，即 $p_1 = p_2 = p_3 = p_4$。当轴承载荷为 F 时，轴颈偏移，各油腔附近的间隙不同，受力大的油膜减薄，流量减小，因此经过这部分的节流器的流量也减小，在节流器中的压力降也减小，但是油泵的压力 p_s 保持不变，所以下油腔中的压力 p_3 将加大。同理，上油腔的压力 p_1 将减小。轴承依靠压力差 (p_3-p_1) 平衡载荷 F。

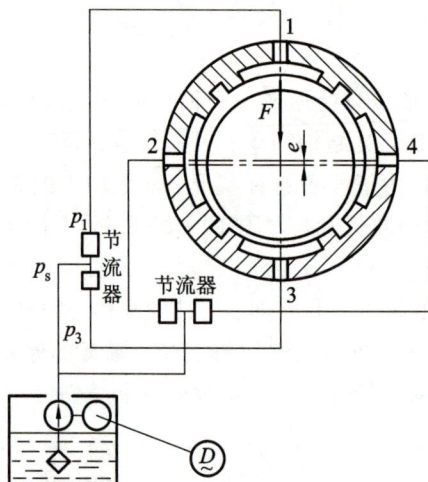

图 10-28　液体静压轴承

液体静压轴承的特点是：

（1）油膜压力的形成与相对速度无关，承载能力主要取决于油泵的供给压力。因此，液体静压轴承在轻载、重载、高速、低速（如巨型天文望远镜的轴承）下都能胜任。

（2）工作时轴颈与轴承不直接接触（包括启动、停车等），轴承磨损甚微，能长期保持精度，故使用寿命长。

（3）由于是液体摩擦，因此启动力矩小，效率高。

（4）油膜刚性大，具有良好的吸振性，运转精度高。

（5）对轴承材料要求不像动压轴承那样高，轴瓦的加工精度远低于动压轴承。

（6）液体静压轴承需要一套复杂的供给压力油的系统，故设备费用高，维护管理也较麻烦，一般只在液体动压轴承难以完成任务时才采用液体静压轴承。

10.7.3　气体润滑轴承

当轴承转速很高时，若选用液体摩擦滑动轴承工作，将会出现轴承过热、摩擦损失较大、机器效率降低等问题。此时可考虑采用气体润滑轴承。

气体润滑轴承是用气体作为润滑剂的滑动轴承，常用滑润剂为空气。气体润滑轴承的主要优点是：

（1）空气是取之不尽的，而且黏度极低，为油的 1/5000～1/4000，因此气体润滑轴承可在高转速下工作，其转速甚至可达每分钟百万转。

（2）由于气体的摩擦阻力很小，因此功耗小。

（3）空气的黏度几乎不受温度变化的影响，故气体润滑轴承可在很大的温度范围内工作。

气体润滑轴承的主要缺点是承载能力低。因此，气体润滑轴承适用于高速、轻载的设备(如精密测量仪器、纺织设备、超高速离心机等)中。气体润滑轴承也有动压轴承和静压轴承两类,其工作原理和液体摩擦轴承基本相同。

本 章 小 结

本章重点介绍了动压式液体摩擦滑动轴承的承载机理、一维雷诺方程及设计中的参数选择等问题。同时,对滑动轴承的特点、典型结构、轴瓦的材料和选用原则、不完全液体润滑滑动轴承的条件性计算、静压式液体摩擦滑动轴承及气体润滑轴承进行了一般介绍。学习时要着重掌握动压式液体摩擦滑动轴承的承载机理、影响轴承性能的因素、设计时参数的选择原则和一般的设计过程。

不完全液体润滑径向滑动轴承的设计计算:验算轴承的平均压力 p,限制 pv 值,验算滑动速度 v。不完全液体润滑滑动轴承的设计计算:验算轴承的平均压力 p;限制 pv 值。

形成液体动压润滑的必备条件:两工作表面间必须构成楔形收敛间隙;两工作表面间必须充满具有一定黏度的润滑油或其他流体;两工作表面间必须具有一定的相对滑动速度,其运动方向必须保证能带动润滑油从大截面流入、小截面流出。

液体动压润滑滑动轴承的基本方程: $\dfrac{\partial p}{\partial x}=\dfrac{6\eta v}{h^3}(h-h_0)$,表示油膜压力 p 沿 x 轴方向分布的曲线,再根据油膜压力的合力即可计算出油膜的承载能力。

习　　题

10-1　轴承润滑的目的是什么?滑动轴承有哪些润滑方式?

10-2　对非液体摩擦滑动轴承验算 p、v 和 pv 值的目的分别是什么?

10-3　径向滑动轴承有哪几种结构形式?

10-4　在设计液体动力润滑径向滑动轴承时,一般轴承的宽径比在什么范围内?为什么宽径比不宜过大或过小?

10-5　在设计液体动力润滑径向滑动轴承时,相对间隙 ψ 的选取与速度和载荷的大小有何关系?

10-6　试分析液体动力润滑滑动轴承和非液体摩擦滑动轴承的区别,并讨论它们各自适用的场合。

10-7　有一非液体摩擦径向滑动轴承,已知 $B/d=1.2$,$[p]=5$ MPa,$[pv]=10$ MPa·m/s,$[v]=3$ m/s,轴颈直径 $d=120$ mm。试求轴转速分别为:① $n_1=250$ r/min,② $n_2=500$ r/min,③ $n_3=1000$ r/min 时,该轴承所能承受的最大载荷各为多少?

10-8　设计一起重机滚筒的非液体摩擦径向滑动轴承,已知径向载荷 $F_r=8\times10^4$ N,轴颈直径 $d=100$ mm,转速 $n=12$ r/min,轴承材料采用铸造铜合金。

10-9　设计一发动机转子的液体动力润滑径向滑动轴承,已知径向载荷 $F_r=5\times10^4$ N,轴颈直径 $d=150$ mm,转速 $n=1000$ r/min,工作情况稳定。

第 11 章　　滚 动 轴 承

　　滚动轴承是现代机械设备中广泛应用的部件之一，用以支撑轴及轴上零件，减少运动副之间的摩擦和磨损。本章主要讨论滚动轴承的类型和特点、滚动轴承的失效形式和设计准则、滚动轴承寿命的计算以及滚动轴承的组合设计等内容。本章重点是滚动轴承的选用、滚动轴承寿命的计算和滚动轴承的组合设计。

11.1　概　　述

11.1.1　滚动轴承的特点和应用

　　现代机械中广泛使用滚动轴承作为支撑件，工作时依靠主要组成元件间的滚动接触来支撑转动（或摆动）零件。滚动轴承具有摩擦阻力小、效率高、启动灵活、轴向尺寸小、润滑简便、安装和维修方便、价格较低廉等优点，比滑动轴承的应用更广泛。其缺点是承受冲击载荷能力较差，高速重载下轴承的寿命较低，振动及噪声较大，径向尺寸比滑动轴承大。滚动轴承已经标准化，常用规格的滚动轴承由专业工厂大量生产。对于滚动轴承，设计者只需要根据具体工作条件正确选用合适的滚动轴承类型和尺寸；必要时，验算轴承的承载能力；最后进行滚动轴承的组合结构设计，包括定位、安装、调整、润滑、密封等。

11.1.2　滚动轴承的基本构造

　　典型滚动轴承的构造如图 11-1 所示，它由内圈、外圈、滚动体和保持架组成。通常内圈与轴颈，外圈与轴承座孔装配在一起。多数情况是内圈随轴回转，外圈不动；但也有外圈回转、内圈不转或内、外圈分别按不同转速回转等使用情况（如固定轴上连接轮子的轴承内圈静止而外圈转动）。在滚动轴承内圈的外表面和外圈的内表面加工有凹槽，它起着降低接触压力和限制滚动体轴向移动的作用。保持架的作用是使滚动体均匀分开，以减少滚动体间的摩擦和磨损。滚动体是滚动轴承中形成滚动摩擦的主要元件，也是不可缺少的元件，而其他三个元件则根据具体的结构需要可有可无。有个别类型的滚动轴承可以没有内圈和外圈，这时的轴颈或轴承座就要起到内圈和外圈的作用。

图 11-1 典型滚动轴承的构造

1—内圈；
2—外圈；
3—滚动体；
4—保持架。

11.1.3 滚动轴承的材料

滚动轴承的内圈、外圈和滚动体用强度高、耐磨性好的轴承钢(铬-锰合金钢)制造，常用牌号有 GCr15、GCr15SiMn 等。淬火后硬度达到 60~65 HRC，工作表面要求磨削抛光。轴承元件都经过 150℃回火处理，通常轴承的工作温度不高于 120℃，因此轴承元件的硬度不会下降。保持架的材料要求具有良好的减摩性，多用低碳钢板冲压铆接或焊接而成，也有用铜合金、铝合金或工程塑料切制而成的实体保持架。

◆▶ **课程思政案例 11.1** *高铁轴承(科技强国)*

【对应知识点】 滚动轴承的重要性
【思政元素案例】 洛阳轴承厂研发成功高铁轴承

11.2 滚动轴承的主要类型及其选择

11.2.1 滚动轴承的基本类型及性能特点

滚动轴承按结构特点的不同有多种分类方法，不同类型的轴承用于不同载荷、转速以及特殊需要的场合。

1. 按滚动体形状分类

按滚动体形状的不同，滚动轴承可分为球轴承和滚子轴承两大类，如图 11-2 所示。

(a) 球　　(b) 短圆柱滚子　　(c) 长圆柱滚子　　(d) 螺旋滚子

(e) 圆锥滚子　　(f) 球面滚子　　(g) 非对称球面滚子　　(h) 针形滚子

图 11-2　滚动体的类型

（1）球轴承。球轴承的滚动体为球，球与滚道表面的接触为点接触。

（2）滚子轴承。滚子轴承的滚动体为滚子，滚子与滚道表面的接触为线接触。滚子轴承按形状的不同又可分为圆柱滚子、螺旋滚子、圆锥滚子、球面滚子、针形滚子等。

在外廓尺寸相同时，滚子轴承的承载能力比球轴承高，且抗冲击性能好。球轴承的摩擦阻力小，高速性能好。

2. 按滚动轴承公称接触角分类

滚动体与套圈接触处的公法线与轴承径向平面间的夹角称为轴承的公称接触角，用 α 表示，它是滚动轴承重要的几何参数，轴承所能承受载荷的方向及大小均与其有关。按滚动轴承所能承受的外载荷方向，将其分为向心轴承和推力轴承两大类。向心轴承主要承受径向载荷，推力轴承主要承受轴向载荷，同时承受径向载荷和轴向载荷的轴承为向心推力轴承。按公称接触角的不同，滚动轴承可分为向心接触轴承（$\alpha=0°$ 的向心轴承）、向心角接触轴承（$0°<\alpha\leqslant45°$ 的向心轴承），轴向接触轴承（推力球轴承）以及推力角接触轴承（$45°<\alpha\leqslant90°$ 的推力轴承），如图 11-3 所示。

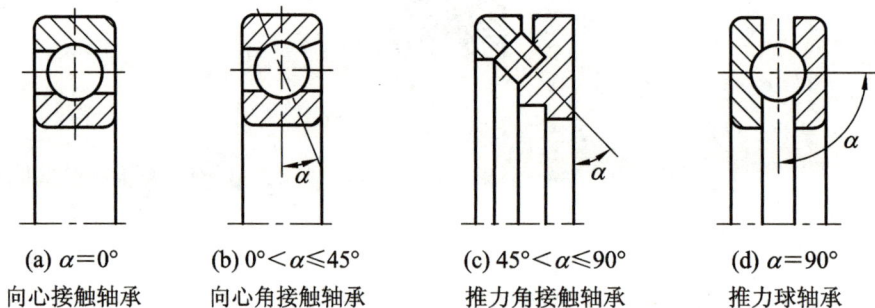

(a) $\alpha=0°$　　(b) $0°<\alpha\leqslant45°$　　(c) $45°<\alpha\leqslant90°$　　(d) $\alpha=90°$
向心接触轴承　　向心角接触轴承　　推力角接触轴承　　推力球轴承

图 11-3　滚动轴承的公称接触角

3. 滚动轴承的基本类型和性能特点

常用滚动轴承的基本类型及性能特点见表 11-1。

表 11 - 1　常用滚动轴承的基本类型及性能特点

类型	代号	结构简图及承载方向	基本额定动载荷比[①]	极限转速比[②③]	内、外圈轴线间允许的角偏斜	性能特点及应用
双列角接触球轴承	00000		1.6~2.1	较高	较大	能同时承受径向和双向轴向载荷；相当于成对安装、背靠背的角接触球轴承（公称接触角为30°）
调心球轴承	10000		0.6~0.9	中	2°~3°	主要承受径向载荷，也可同时承受少量的双向轴向载荷，外圈滚道为球面，具有自动调心性能；适用于多支点轴、弯曲刚度小的轴以及难于精确对中的支撑
调心滚子轴承	20000		1.8~4	低	0.5°~2°	主要用于承受径向载荷，其径向承载能力比调心球轴承大，也能承受少量的双向轴向载荷；外圈滚道为球面，具有调心性能，适用于多支点轴、弯曲刚度小的轴以及难于精确对中的支撑
圆锥滚子轴承	30000		1.5~2.5	中	2	能承受较大的径向载荷和单向的轴向载荷，极限转速较低；内、外圈可分离，故轴承游隙可在安装时调整；通常成对使用，对称安装；适用于转速不太高、轴刚性较好的场合
双列深沟球轴承	40000		1.6~2.3	高	2'~3'	主要承受径向载荷，也能承受一定的双向轴向载荷；高速装置中可以代替推力轴承

续表一

类型	代号	结构简图及承载方向	基本额定动载荷比[①]	极限转速比[②③]	内、外圈轴线间允许的角偏斜	性能特点及应用
推力球轴承	单列 51000		1	低	不允许	推力球轴承的套圈与滚动体多半是可分离的；单列推力球轴承只能承受单向轴向载荷，两个圈的内孔不一样大，内孔较小的是紧载，装在轴上，内孔较大的是松载，与轴有一定的间隙，安放在机座上；极限转速低，不宜用于高速场合
	双列 52000		1	低	不允许	可以承受双向轴向载荷，中间圈为紧圈，与轴配合，另外两个圈为松圈；在高速时，由于离心力大，因此球与保持架因摩擦而发热严重，寿命较低；常用于轴向载荷大、转速不高的场合
深沟球轴承	60000		1	高	$8' \sim 16'$	主要承受径向载荷，也可同时承受少量双向轴向载荷，摩擦阻力小，极限转速高，结构简单，价格低廉，应用最广泛；承受冲击载荷能力较差，适用于高速场合，在高速场合可用来代替推力球轴承
角接触球轴承	70000C ($\alpha=15°$)		$1.0 \sim 1.4$	高	$2' \sim 10'$	能同时承受径向载荷与单向轴向载荷，公称接触角 α 有 $15°$、$25°$、$40°$ 三种。α 越大，轴向承载能力也越大；通常成对使用，对称安装；其极限转速较高；适用于转速较高、能同时承受径向和轴向载荷的场合
	70000AC ($\alpha=25°$)		$1.0 \sim 1.3$			
	70000B ($\alpha=40°$)		$1.0 \sim 1.2$			

类型	代号	结构简图及承载方向	基本额定动载荷比[①]	极限转速比[②③]	内、外圈轴线间允许的角偏斜	性能特点及应用
圆柱滚子轴承	N0000		1.5～3	高	2′～4′	只能承受径向载荷，不能承受轴向载荷；承载能力比同尺寸的球轴承大，尤其是承受冲击载荷能力大，极限转速高；对轴的偏斜敏感，故只能用于刚性较大的轴，并要求支撑座孔很好地对中
滚针轴承	NA0000			低	0°	轴承采用数量较多的滚针作为滚动体，一般无保持架；径向结构紧凑且径向承载能力很大，价格低廉；缺点是不能承受轴向载荷，滚针间有摩擦，旋转精度及极限转速低，工作时不允许内、外圈轴线有偏斜；常用于转速较低而径向尺寸受限制的场合

注：① 指同一尺寸系列（直径和宽度）各种类型和结构形式的轴承的基本额定动载荷与单列深沟球轴承（推力轴承则与单向推力球轴承）的基本额定动载荷之比。

② 指同一尺寸系列 0 级公差的各类轴承在脂润滑时的极限转速与单列深沟球轴承在脂润滑时的极限转速之比。

③ 高、中、低的意义：高为单列深沟球轴承极限转速的 90%～100%；中为单列深沟球轴承极限转速的 60%～90%；低为单列深沟球轴承极限转速的 60% 以下。

11.2.2　滚动轴承类型的选择

选择轴承的类型时，应考虑轴承的工作条件、各类轴承的特点、价格等因素。轴承类型选择的方案不是唯一的，选择时，应首先提出多种可行方案，经深入分析比较后，再决定选用一种较优的轴承类型。选择滚动轴承时应考虑的问题主要有以下几个方面。

1. 轴承所承受载荷

（1）轴承所承受载荷的大小、方向和性质是选择轴承类型的主要依据。转速较高、载荷较小、要求旋转精度高时宜选用球轴承，转速较低、载荷较大或有冲击时选用滚子轴承。

（2）根据载荷的方向选择。对于纯径向载荷，可选用深沟球轴承（60000）、圆柱滚子轴承（N0000）或滚针轴承（NA0000）；当轴承承受纯轴向载荷时，一般选用推力轴承，对于同时承受径向和轴向载荷的轴承，可以径向载荷为主，当轴向载荷较小时，可选用深沟球轴承（60000）或小接触角（$\alpha = 15°$）的角接触球轴承（70000C）；当径向和轴向载荷都较大时，宜选用大接触角（$\alpha = 25°$或者 $\alpha = 40°$）的角接触球轴承（70000AC、70000B）或圆锥滚子轴承（30000）；当以轴向载荷为主，径向载荷较小时，可选用深沟球轴承和推力轴承组合结构，分别承担径向载荷和轴向载荷。

2. 轴承的转速

轴承的转速是影响温升最重要的因素之一，因此极限转速主要受工作时温升的限制。球轴承与滚子轴承相比，具有较高的极限转速，故在高速、轻载或旋转精度要求较高时宜选用点接触球轴承；当速度较低、载荷较大或有冲击时宜选用线接触滚子轴承。推力轴承的极限转速很低，当工作转速较高而轴向载荷较小时，可用角接触球轴承代替推力轴承承受轴向载荷。

3. 轴承的调心性能

由于制造、安装的原因，轴的中心线与轴承座的中心线不重合而有角度误差，当因轴受力弯曲或倾斜时，会造成轴承的内、外圈轴线发生偏斜。这时，应采用有一定调心性能的调心球轴承或调心滚子轴承。对于支点跨距大、轴的弯曲变形大或多支点轴，也可考虑选用调心轴承。圆柱滚子轴承、滚针轴承以及圆锥滚子轴承对角度偏差敏感，宜用于轴承与座孔能保证同心、轴的刚度较大的地方。值得注意的是，各类轴承内圈轴线相对于外圈轴线的倾斜角度是有限制的，超过限制角度会使轴承寿命降低。

4. 轴承的安装和拆卸

当轴承座没有剖分面而必须沿轴向安装和拆卸轴承部件时，应优先选用内、外圈可分离的轴承（如圆柱滚子轴承、滚针轴承、圆锥滚子轴承等）。当轴承安装在长轴上时，为了便于装拆，可以选用其内圈孔锥度为 1∶12 的圆锥孔的轴承。

5. 经济性要求

一般深沟球轴承的价格最低，滚子轴承比球轴承价格高。轴承精度愈高，价格愈高。选择轴承时，必须详细了解各类轴承的价格，在满足使用要求的前提下，尽可能降低成本。

▶◀ **课程思政案例 11.2**　钱学森回国（人生选择）

【对应知识点】　滚动轴承的选择
【思政元素案例】　钱学森回国

11.3　滚动轴承的代号

滚动轴承的类型、结构及尺寸规格很多，为了便于生产和使用，GB/T 272—2017 中规定了滚动轴承代号的表示方法。用字母加数字组成的产品符号来表示轴承的结构、尺寸、公差等级、技术性能等特征。滚动轴承代号由基本代号、前置代号和后置代号组成。基本代号是核心标志，前置代号和后置代号是补充，只有遇到对轴承的结构、形状、材料、公差等级或技术条件有特殊要求时才标注，一般情况可以部分或全部省略，见表 11-2。

表 11 - 2　滚动轴承的代号

前置代号	基本代号					后置代号							
	第 1 位	第 2 位	第 3 位	第 4 位	第 5 位	1	2	3	4	5	6	7	8
（用字母表示）	（用字母或数字表示）	尺寸系列代号（用数字表示）		（用数字表示）		内部结构代号	密封与防尘圈结构变形代号	保持架及其材料代号	特殊轴承材料代号	公差等级代号	游隙代号	多轴承配置代号	其他代号
		（用数字表示）											
成套轴承分部件	类型代号	宽度系列代号	直径系列代号	内径代号									

1. 基本代号

轴承的基本代号表示轴承的基本类型、结构和尺寸，是轴承代号的基础，它由类型代号、尺寸系列代号及内径代号三部分组成（除滚针轴承外），用数字或字母表示。

（1）轴承内径代号。用基本代号右起第一、二位数字表示轴承公称内径尺寸，表示方法见表 11 - 3。

表 11 - 3　滚动轴承内径代号的表示方法

内径尺寸/mm		内 径 代 号	示　　例
0.6～10（非整数）		用内径毫米数直接表示，在其与尺寸系列代号之间用"/"分开	深沟球轴承 618/2.5，$d = 2.5$ mm
1～9（整数）		用公称内径毫米数直接表示，对深沟球轴承及角接触球轴承 7、8、9 直径系列，内径与尺寸系列代号之间用"/"分开	深沟球轴承 629/5，$d = 5$ mm
10～17	10	00	深沟球轴承 6302，$d = 15$ mm
	12	01	
	15	02	
	17	03	
20～480（22、28、32 除外）		用公称内径除以 5 的商数表示，当商数为一位数时，在商数的左边加"0"	调心滚子轴承 23207，$d = 35$ mm
≥500 以及 22、28、32		直接用公称内径毫米数表示，但在其与尺寸代号之间用"/"分开	调心滚子轴承 230/500，$d = 500$ mm 深沟球轴承 63/28，$d = 28$ mm

（2）直径系列代号。直径系列代号即结构相同、内径相同的轴承在外径和宽度方面的变化系列，如图 11-4 所示，用基本代号右起第三位数字表示，见表 11-4。

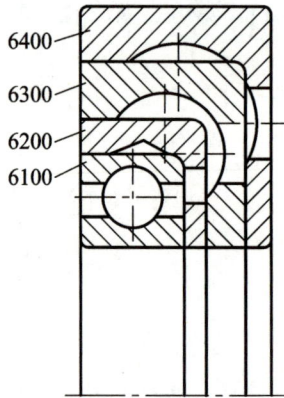

图 11-4　直径系列代号

表 11-4　向心轴承、推力轴承的尺寸系列代号

直径系列代号	向心轴承								推力轴承			
	宽度系列代号								高度系列代号			
	8	0	1	2	3	4	5	6	7	9	1	2
	尺寸系列代号								尺寸系列代号			
超特轻 7	—		17	—	37	—	—	—	—	—	—	—
超轻 8	—	08	18	28	38	48	58	68	—	—	—	—
超轻 9	—	09	19	29	39	49	59	69	—	—	—	—
特轻 0	—	00	10	20	30	40	50	60	70	90	10	
特轻 1	—	01	11	21	31	41	51	61	71	91	11	
轻 2	82	02	12	22	32	42	52	62	72	92	12	22
中 3	83	03	13	23	33	—	—	—	73	93	13	23
重 4	—	04	—	24	—	—	—	—	74	94	14	24
特重 5	—	—	—	—	—	—	—	—	—	95	—	—

（3）宽度系列代号。宽度系列代号即结构、内径和直径系列都相同的轴承，在宽（或高）度方面的变化系列，用基本代号右起第四位数字表示。当宽度系列为 0 系列（窄系列）或 1 系列（正常系列）时，在代号中可不标出，但对于调心滚子轴承（2 类）、圆锥滚子轴承（3 类）和推力球轴承（5 类），宽度系列代号 0 或 1 应标出。图 11-5 所示为滚动轴承宽度系列代号。

（4）类型代号。用基本代号右起第五位数字或字母表示，表示方法见表 11-2。此外，类型代号为"0"时不标注。

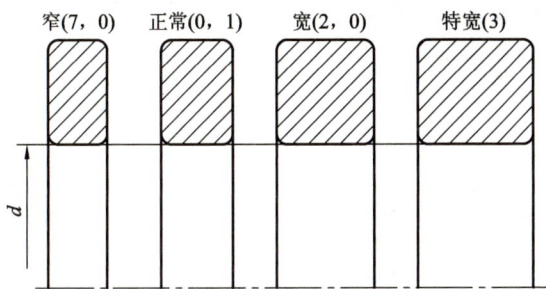

图 11-5　宽度系列代号

2. 后置代号

后置代号用数字和字母表示轴承的结构、公差及材料的特殊要求等。后置代号内容较多，以下仅介绍几种最常用的代号。

（1）内部结构代号。表示同一类型轴承不同的内部结构，如 C、AC 和 B 分别代表公称接触角为 $15°$、$25°$ 和 $40°$ 的角接触球轴承，E 代表为增大承载能力而进行结构改进的加强型轴承，D 代表剖分式轴承。

（2）公差等级代号。表示同一类轴承可制成不同的公差等级，分为 2 级、4 级、5 级、6 级、6x 级和 0 级，共 6 个级别，精度依次由高到低，其代号分别为 /P2、/P4、/P5、/P6、/P6x 和/P0。0 级为普通级，在轴承代号中省略，6x 级只适用于圆锥滚子轴承。

（3）游隙代号。表示同一类轴承可制成不同的游隙，分为 1 组、2 组、0 组、3 组、4 组和 5 组，径向游隙依次由小到大，其代号分别为/C1、/C2、/C0、/C3、/C4 和/C5，0 组在轴承代号中省略，也可将公差等级代号和游隙代号连写而将中间的 C 省略，如 6210/P63 表示公差等级为 6 级，游隙为 3 组。

（4）配置代号。成对安装的轴承有三种配置形式，如图 11-6 所示，分别用三种代号表示：/DB——背靠背安装；/DF——面对面安装；/DT——串联安装。如配置代号为 32208/DF、7210C/DT。

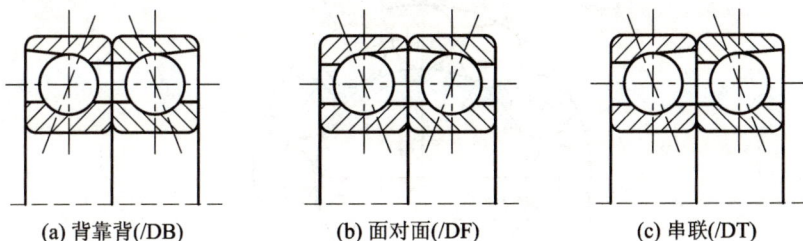

(a) 背靠背(/DB)　　　(b) 面对面(/DF)　　　(c) 串联(/DT)

图 11-6　成对安装轴承的配置形式

3. 前置代号

轴承的前置代号表示成套轴承的分部件，以字母表示。例如，L 表示可分离轴承的可分离内圈或外圈；K 表示滚子轴承的滚子和保持架组件；R 表示不可分离轴承的套圈等。

以上仅介绍了轴承代号中最基本、最常用的部分，熟悉了这些常用代号，就可以查选常用的轴承，对于未涉及的部分，可查阅轴承手册或 GB/T 272—2017。

例 11 - 1   说明轴承代号 62304/P12 和 7(0)213AC 的含义。

解   滚动轴承的具体含义如下：

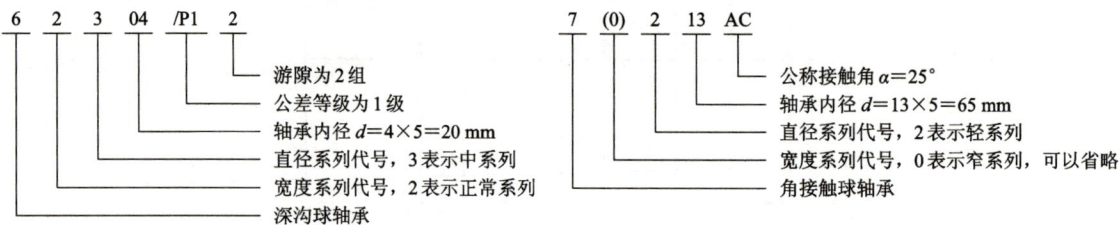

6 2 3 04 /P1 2
　　　　　　　└── 游隙为 2 组
　　　　　└──── 公差等级为 1 级
　　　　└───── 轴承内径 $d = 4 \times 5 = 20$ mm
　　　└────── 直径系列代号，3 表示中系列
　　└─────── 宽度系列代号，2 表示正常系列
　└──────── 深沟球轴承

7 (0) 2 13 AC
　　　　　└── 公称接触角 $\alpha = 25°$
　　　　└─── 轴承内径 $d = 13 \times 5 = 65$ mm
　　　└──── 直径系列代号，2 表示轻系列
　　└───── 宽度系列代号，0 表示窄系列，可以省略
　└────── 角接触球轴承

11.4　滚动轴承的受力分析、失效形式和计算准则

11.4.1　轴承工作时轴承元件上的载荷及应力分布

轴承工作时，各元件所受的载荷及产生的应力是随时间变化的。下面以向心轴承为例说明，如图 11 - 7 所示。滚动体进入承载区之前，不受载荷；进入承载区之后，载荷由零逐渐增加至最大值 P_0，然后又逐渐减小到零。就滚动体上某一点而言，它所受的载荷和应力是周期性不稳定变化的（见图 11 - 8(a)）。转动圈上各点的受载情况类似滚动体。固定套圈在非承载区内的部分不受载荷，在承载区内的各点所受载荷和应力的大小因各点位置的不同而不同。对某点而言，它与滚动体接触一次便承受一次载荷，且大小不变（见图 11 - 8(b)）。如图 11 - 7 所示，根据力的平衡条件可求出最大载荷值为

$$P_0 = \frac{4.37}{Z} F_r \approx \frac{5}{Z} F_r \quad （点接触轴承） \tag{11-1(a)}$$

$$P_0 = \frac{4.08}{Z} F_r \approx \frac{4.6}{Z} F_r \quad （线接触轴承） \tag{11-1(b)}$$

式中：F_r 为轴承所受径向力，Z 为滚动体数目。

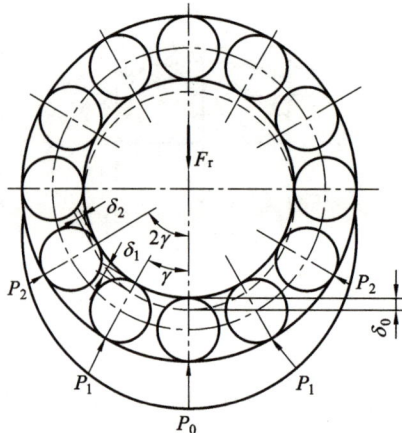

图 11 - 7　向心轴承中径向载荷的分布

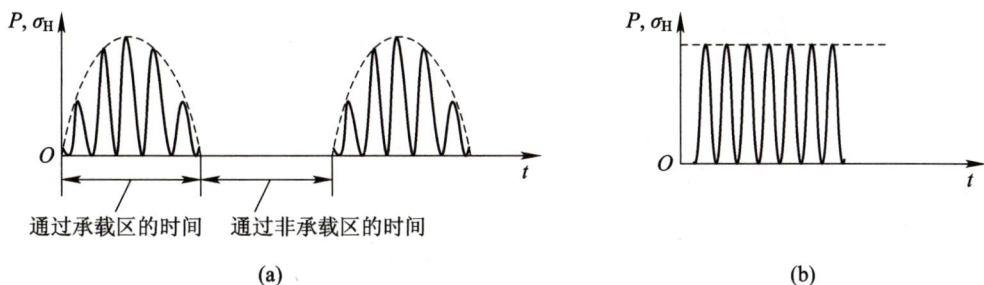

通过承载区的时间　　通过非承载区的时间

(a)　　　　　　　　　　　　　　　(b)

图 11 - 8　轴承元件上的载荷及应力变化

11.4.2　滚动轴承的失效形式

滚动轴承工作时，由于各元件受变化的（脉动）接触应力的作用，因此，其主要的失效形式有疲劳点蚀、塑性变形、磨损等。其中，内外圈滚道或滚动体上的疲劳点蚀为其正常失效形式。

1）疲劳点蚀

在工作一定的时间后，滚动体和套圈接触表面上可能发生接触疲劳磨损，出现疲劳点蚀。由于安装不当，轴承局部受载较大（偏载），将促使点蚀提前发生。点蚀将导致轴承运转时产生噪声、振动及异常发热，直至丧失正常工作能力。

2）塑性变形

对于工作转速很低或只做低速摆动的轴承，在过大的静载荷或冲击载荷作用下，当接触应力超过材料的屈服极限时，元件的工作表面将产生过度的塑性变形，形成压痕，导致轴承工作情况恶化，振动和噪声增大，运转精度降低，使轴承不能正常工作。

3）磨损

在多尘条件下工作的滚动轴承，即使采用密封装置，滚动体和套圈仍有可能产生磨粒磨损，导致轴承各元件间的间隙增大，运转精度降低，直至轴承失效。圆锥滚子轴承的滚子大端与套圈挡边之间，推力球轴承中球与保持架、滚道之间都有可能发生滑动摩擦，若润滑不充分，也会发生黏着磨损，并引起表面发热、胶合，甚至使滚动体遭到低温回火。速度越高，发热及黏着磨损将越严重。

11.4.3　滚动轴承的计算准则

设计者在确定轴承的尺寸时，要针对其主要失效形式，按以下准则进行必要的计算：对于一般运转条件的轴承，为了防止疲劳点蚀的过早发生，以疲劳强度计算为依据，进行轴承的寿命计算；对于转速很低或只做低速摆动的轴承，要求控制塑性变形，以静强度为计算依据，进行轴承的静强度计算；对于工作转速较高的轴承，为了控制磨损和烧伤，除进行寿命计算外，还需校验轴承的极限转速。

11.5　滚动轴承的动载荷和寿命计算

轴承的滚动体有球和滚子两大类，分别称为球轴承和滚子轴承。滚子又有圆柱形、圆锥形、鼓形、滚针等几种，如图 11 - 2 所示。仅有一列滚动体的轴承称为单列球轴承或单列滚子轴承，有两列滚动体的轴承称为双列球轴承或双列滚子轴承。

套圈及滚动体一般是用强度高、耐磨性好的轴承钢（如 GCr9，GCr15）制造的，进行热处理后的工作表面硬度为 $60 \sim 65$ HRC。保持架多用低碳钢冲压制成，也有用有色金属（如黄铜）或塑料等制成的。

滚动轴承与滑动轴承相比的优点是：启动及运转时摩擦力矩小，转动灵活，效率高；润滑方法简便，易于更换；可采用预紧的方法，提高支承的刚度及回转精度。其缺点是：抗冲击能力较差，使用寿命低于可形成流体润滑油膜的滑动轴承。因此，滚动轴承能在较广泛的载荷、转速及精度范围内工作，安装、维修都较方便，且价格低廉，应用广泛。

11.5.1　基本额定寿命

对单个轴承而言，其寿命是指该轴承在任一元件首次出现疲劳裂纹扩展之前，一套圈相对于另一套圈运转的总转数或工作小时数。

大量实践表明，由于制造精度、材料的均质程度等的差异，即使是同样的材料、相同尺寸、同一批次生产出来的轴承（滚动轴承是批量组织生产的），在完全相同的条件下工作，它们的寿命也会极不相同。由图 11 - 9 所示的滚动轴承的寿命分布曲线可知，在同一批次轴承中，最长寿命是最短寿命的几倍，甚至几十倍。

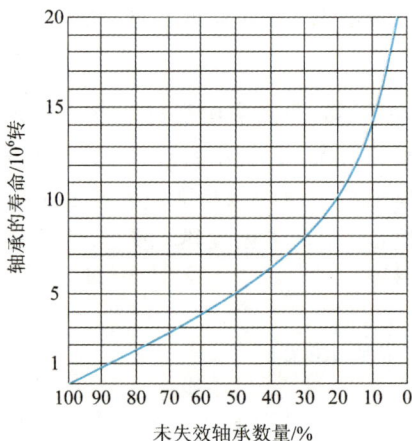

图 11 - 9　滚动轴承的寿命分布曲线

由于轴承寿命具有很大的离散性，通常规定：一组在相同条件下运转的近乎相同的轴承，将其可靠度为 90% 时的寿命作为标准寿命。即将一批相同型号的轴承中，10% 的轴承发生点蚀破坏，而 90% 的轴承未发生点蚀破坏前的总转数（以 10^6 为单位）或工作小时数作为轴承的寿命，并把这个寿命称为基本额定寿命，用 L_{10} 表示。

11.5.2　基本额定动载荷

轴承的基本额定寿命(L_{10})与所受的载荷大小有关,工作载荷越大,轴承的寿命越短。所谓轴承的基本额定动载荷,就是使轴承的基本额定寿命恰好为 10^6 转时,轴承所能承受的载荷值,用字母 C 表示。它是衡量轴承承载能力的主要指标。C 值大,表明该类轴承抗疲劳点蚀的能力强。对于向心轴承,它指的是纯径向载荷,并称为径向基本额定动载荷,用 C 表示;对于推力轴承,它指的是纯轴向载荷,并称为轴向基本额定动载荷,用 C_n 表示;对于角接触球轴承或圆锥滚子轴承,它指的是使套圈间产生纯径向位移的载荷的径向分量。在轴承样本中,对每个型号的轴承,都给出了它的基本额定动载荷值 C,需要时可从中查取。

在较高温度(高于 120℃)下工作的轴承,应采用经过高温回火处理的高温轴承。但在轴承样本中,仅列出了在一般条件下工作的轴承的基本额定动载荷值。因此,对于在高温下工作的轴承,基本额定动载荷值 C 要修正为

$$C_t = f_t C \tag{11-2}$$

式中:C_t 为高温轴承的基本额定动载荷;C 为轴承样本所列的同一型号轴承的基本额定动载荷;f_t 为温度系数,如表 11-5 所示。

表 11-5　温度系数 f_t

轴承工作温度/℃	≤120	125	150	175	200	225	250	300	350
温度系数 f_t	1.00	0.95	0.90	0.85	0.80	0.75	0.70	0.60	0.50

11.5.3　当量动载荷

滚动轴承的基本额定动载荷是在特定的运转条件下确定的。其载荷条件为向心轴承仅承受纯径向载荷 F_r,推力轴承仅承受纯轴向载荷 F_a。实际上,滚动轴承的受载情况往往与确定基本额定动载荷时的特定条件不同。因此,为了计算轴承寿命,需将实际载荷换算成当量动载荷(用字母 P 表示),此载荷为一假定的载荷,在此载荷作用下的轴承寿命与实际载荷作用下的寿命相同。

当量动载荷的一般计算公式为

$$P = XF_r + YF_a \tag{11-3}$$

式中:F_r 为轴承所受的径向载荷(单位:N);F_a 为轴承所受的轴向载荷(单位:N);X,Y 分别为径向、轴向载荷系数,其值如表 11-6 所示。

表 11-6 中的 e 是一个判断系数,用以估计轴向载荷的影响。试验表明,当轴承的载荷比值 $F_a/F_r \le e$ 或 $F_a/F_r > e$ 时,其 X,Y 系数的值是不同的。

对于深沟球轴承或角接触球轴承,当 $F_a/F_r \le e$ 时,$Y=0$,$P=F_r$,即轴向载荷对当量动载荷的影响可忽略不计。这两类轴承的 e 值随 F_a/C_{or}(C_{or} 为轴承的基本额定静载荷,由手册查取)的增大而增大。F_a/C_{or} 反映轴向载荷的相对大小,它通过接触角的变化而影响 e 值。

对于只能承受纯径向载荷 F 的轴承(如 N、NA 类轴承),有

$$P = F_r \tag{11-4}$$

对于只能承受纯轴向载荷 F_a 的轴承(如 5 类轴承),有

$$P = F_a \qquad (11-5)$$

以上求得的当量动载荷仅为理论值,考虑到实际工作情况(如冲击力、不平衡作用力、惯性力以及轴挠曲或轴承座变形产生的附加力等)的影响,还要引入载荷系数 f_p(根据经验来定)进行修正,其值如表 11-7 所示。故实际计算时,轴承的当量动载荷为

$$P = f_p(X F_r + Y F_a) \qquad (11-6)$$

表 11-6　滚动轴承当量动载荷计算的 X,Y 值

轴承类型	F_a/C_{or}[①]		e	单 列 轴 承				双 列 轴 承			
				$F_a/F_r \leqslant e$		$F_a/F_r > e$		$F_a/F_r \leqslant e$		$F_a/F_r > e$	
				X	Y	X	Y	X	Y	X	Y
深沟球轴承	0.014		0.19	1	0	0.56	2.30	1	0	0.56	2.3
	0.028		0.22				1.99				1.99
	0.056		0.26				1.71				1.71
	0.084		0.28				1.55				1.55
	0.11		0.30				1.45				1.45
	0.17		0.34				1.31				1.31
	0.28		0.38				1.15				1.15
	0.42		0.42				1.04				1.04
	0.56		0.44				1.00				1
角接触球轴承	$\alpha = 15°$	0.015	0.38	1	0	0.44	1.47	1	1.65	0.72	2.39
		0.029	0.4				1.40		1.57		2.28
		0.058	0.43				1.30		1.46		2.11
		0.087	0.46				1.23		1.38		2
		0.12	0.47				1.19		1.34		1.93
		0.17	0.50				1.12		1.26		1.82
		0.29	0.55				1.02		1.14		1.66
		0.44	0.56				1.00		1.12		1.63
		0.58	0.56				1.00		1.12		1.63
	$\alpha = 25°$	—	0.68	1	0	0.41	0.87	1	0.92	0.67	1.41
	$\alpha = 40°$	—	1.14	1	0	0.35	0.57	1	0.55	0.57	0.93
圆锥滚子轴承	—		$1.5\tan\alpha$[②]	1	0	0.4	$0.4\cot\alpha$	1	$0.45\cot\alpha$	0.67	$0.67\cot\alpha$
调心球轴承	—		$1.5\tan\alpha$	—	—	—	—	1	$0.42\cot\alpha$	0.65	$0.65\cot\alpha$
推力调心滚子轴承	—		$\dfrac{1}{0.55}$	—	—	1.2	1	—	—	—	—

注:① 相对轴向载荷 F_a/C_{or} 中的 C_{or} 为轴承的径向基本额定静载荷,由手册查取。F_a/C_{or} 中间值的 e、Y 值可用线性内插法求得。

② 由接触角 α 确定的各项 e、Y 值也可根据轴承型号在手册中直接查取。

表 11 - 7　载荷系数 f_p

载荷性质	f_p	举　例
平稳运转或轻微冲击	1.0～1.2	电机、水泵、通风机、汽轮机等
中等冲击	1.2～1.8	车辆、机床、起重机、造纸机、冶金机械、内燃机等
强大冲击	1.8～3.0	破碎机、轧钢机、振动筛、工程机械、石油钻机等

11.5.4　滚动轴承的寿命计算公式

图 11 - 10 所示为在大量试验研究基础上得出的代号为 6207 的轴承的载荷与寿命关系疲劳曲线,其方程为

$$P^\varepsilon \cdot L = 常数$$

式中:P 为当量动载荷(单位:N);L 为滚动轴承的基本额定寿命,即 $L_{10} = 10^6 r$;ε 为滚动轴承的寿命指数,对于球轴承,$\varepsilon = 3$,对于滚子轴承,$\varepsilon = 10/3$。

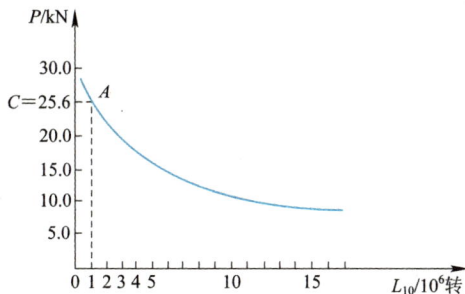

图 11 - 10　轴承的疲劳曲线

当 $L = 1(10^6$ 转$)$时,轴承的载荷恰为基本额定动载荷 C,对应疲劳曲线上的 $A(1, C)$ 点。显然此点应满足曲线方程,即

$$C^\varepsilon \times 1 = P^\varepsilon \cdot L = 常数$$

由此可得载荷 P 作用下滚动轴承的寿命计算公式为

$$L = \left(\frac{C}{P}\right)^\varepsilon (10^6 r) \tag{11-7}$$

实际计算时,用小时数表示寿命比较方便。如令 n 代表轴承的转速(单位:r/min),根据式(11-7)可得以小时数表示的轴承寿命计算公式为

$$L_h = \frac{10^6}{60n}\left(\frac{C}{P}\right)^\varepsilon \tag{11-8}$$

当轴承的载荷 P 和转速 n 已知,其预期计算寿命 L 也已取定时,则根据式(11-8),可得出轴承应具有的基本额定动载荷为

$$C' = P \cdot \varepsilon\sqrt{\frac{60nL_h{}'}{10^6}} \tag{11-9}$$

选择基本额定动载荷 C 时,由式(11-9)算出的 C' 值不能大于轴承手册中所选轴承的基本额定动载荷 C 值,即

$$C \geqslant C'$$

推荐的轴承预期计算寿命 L_h' 如表 11-8 所示。

表 11-8　推荐的轴承预期计算寿命 L_h'

机 器 类 型	预期计算寿命 L_h'/h
不经常使用的仪器或设备,如闸门开闭装置等	$300\sim3000$
短期或间断使用的机械,中断使用不致引起严重后果,如手动机械等	$3000\sim8000$
间断使用的机械,中断使用后果严重,如发动机辅助设备、流水作业线自动传送装置、升降机、车间吊车、不常使用的机床等	$8000\sim12\,000$
每日 8 h 工作的机械(利用率不高),如一般的齿轮传动、某些固定电动机等	$12\,000\sim20\,000$
每日 8 h 工作的机械(利用率较高),如金属切削机床、连续使用的起重机、木材加工机械、印刷机械等	$20\,000\sim30\,000$
24 h 连续工作的机械,如矿山升降机、纺织机械、泵、电机等	$40\,000\sim60\,000$
24 h 连续工作的机械,中断使用后果严重,如纤维生产或造纸设备、发电站主电机、矿井水泵、船舶螺旋桨等	$100\,000\sim200\,000$

例 11-2　一对深沟球轴承支承一农用水泵轴,转速 $n=2900$ r/min,轴承的径向载荷 $F_r=1770$ N,轴向载荷 $F_a=720$ N,轴颈直径 $d=35$ mm,轴承预期使用寿命 $L_h'=6000$ h,试选择轴承型号。

解　由于轴承型号未定,C_{or},e,X,Y 值都无法确定,必须试算。试算的方法如下:

① 预选某一型号的轴承。

② 预选某一 e 值或某一 F_a/C_{or} 值。

由于此题轴径已知,故采用预选型号的试算方法。

预选 6207 与 6307 两种深沟球轴承。由轴承手册查得轴承数据如下:

6207:$C=20\,100$ N,$C_{or}=13\,900$ N,$F_t=1$ N。

6307:$C=26\,200$ N,$C_{or}=17\,900$ N,$F_t=1$ N。

计算步骤和结果列于表 11-9 中。

表 11-9　计算步骤和结果

计 算 项 目	计 算 内 容	计 算 结 果	
		6207	6307
F_a/C_{or}	$F_a/C_{or}=720/C_{or}$	0.052	0.04
e	查表	0.25	0.24
F_a/F_t	$F_a/F_t=720/1770$	$0.407>e$	$0.407>e$
X,Y 值	查表 11-6	$X=0.56$,$Y=1.7$	$X=0.56$,$Y=1.8$
载荷系数 f_p	查表 11-7	1.1	1.1
当量动载荷 P	$P=f_p(XF_r+YF_a)$	2437 N	2516 N
计算额定动载荷 C'	$C'=P\cdot\varepsilon\sqrt{\dfrac{L_h'\cdot60n}{10^6}}$	24 722 N	25 524 N
C' 值与 C 比较		20 100 N$<C'$	26 200 N$>C'$

结论：选用 6307 深沟球轴承能够满足轴承的寿命要求，6207 深沟球轴承则不能满足轴承的寿命要求。

◀▶ 课程思政案例 11.3 加加林成为遨游太空的第一人（细节决定成败）

【对应知识点】 滚动轴承寿命的计算
【思政元素案例】 加加林成为遨游太空的第一人

11.5.5 滚动轴承的疲劳寿命与可靠度

如前所述，滚动轴承的寿命是离散分布的。由可靠性实验数据统计分析可知，凡是由于局部疲劳失效引起的全局功能失效的零件，都服从韦布尔分布。滚动轴承正属于此类零件，其接触疲劳寿命近似地服从二参数韦布尔分布。

上面介绍了可靠度为 90％时，滚动轴承型号（尺寸）的选择方法。但在实际应用中，由于使用轴承的各类机械的要求不同，对轴承可靠度的要求也就随之变化。滚动轴承的可靠度不为 90％时，其型号（尺寸）可用以下方法来选择：

(1) 根据某一可靠度 R 下的轴承预期寿命 $L_{(1-R)}$，计算滚动轴承相应的基本额定寿命 L'_{10}（可靠度为 90％时的寿命），其计算式为

$$L'_{10} = \frac{1}{\alpha_1} L_{(1-R)} \tag{11-10}$$

式中：α_1 为滚动轴承寿命的可靠性修正系数，其值既可按表 11-10 查取，也可按式(11-11)计算：

$$\alpha_1 = \left[\frac{\ln R}{\ln 0.9}\right]^{\frac{1}{m}} \tag{11-11}$$

式中：R 为设计要求的轴承的可靠度；m 为韦布尔分布的形状参数，对于球轴承，$m=10/9$；对于圆柱滚子轴承，$m=3/2$；对于圆锥滚子轴承，$m=4/3$。

由式(11-10)求出 L'_{10} 后，从轴承手册或样本中选择轴承型号，其额定寿命值 L_{10} 应大于 L'_{10}。

表 11-10 滚动轴承寿命的可靠性修正系数 α_1

$R/\%$	50	80	85	90	92	95	96	97	98	99
$L_{(1-R)}$	L_{50}	L_{20}	L_{15}	L_{10}	L_8	L_5	L_4	L_3	L_2	L_1
球轴承	5.45	1.96	1.48	1.00	0.81	0.52	0.43	0.33	0.23	0.12
圆柱滚子轴承	3.51	1.65	1.34	1.00	0.86	0.62	0.53	0.44	0.33	0.21
圆锥滚子轴承	4.11	1.76	1.38	1.00	0.84	0.58	0.49	0.39	0.29	0.17

(2) 根据某一可靠度下的轴承预期寿命 $L_{(1-R)}$，计算相应的额定动载荷 C'。式(11-7)、式(11-10)可改写为

$$L_{(1-R)} = \alpha_1 \cdot \left(\frac{C'}{P}\right)^{\varepsilon} \tag{11-12}$$

由式(11-12)可求出相应的额定动载荷为

$$C' = \alpha_1^{-\frac{1}{\varepsilon}} \cdot P \cdot L_{(1-R)}^{\frac{1}{\varepsilon}} = Q \cdot P \cdot L_{(1-R)}^{\frac{1}{\varepsilon}} \qquad (11-13)$$

式中：Q 为额定动载荷的可靠性修正系数,其值既可按表11-11查取,也可计算为

$$Q = \alpha_1^{-\frac{1}{\varepsilon}} = \left[\frac{\ln 0.9}{\ln R}\right]^{\frac{1}{m\varepsilon}} \qquad (11-14)$$

式中：对于球轴承,指数 $1/(m\varepsilon)$ 为 $3/10$；对于圆柱滚子轴承,指数 $1/(m\varepsilon)$ 为 $1/5$；对于圆锥滚子轴承,指数 $1/(m\varepsilon)$ 为 $9/40$。

当可靠度 R 已确定时,由式(11-13)求出相应的额定动载荷 C' 值,再根据 C' 值从轴承手册中选择轴承型号,应满足 $C \geqslant C'$。

表 11-11　滚动轴承额定动载荷的可靠性修正系数 Q

$R/\%$	50	80	85	90	92	95	96	97	98	99
$L_{(1-R)}$	L_{50}	L_{20}	L_{15}	L_{10}	L_8	L_5	L_4	L_3	L_2	L_1
球轴承	0.5683	0.7984	0.8781	1.000	1.073	1.241	1.329	1.451	1.641	2.024
圆柱滚子轴承	0.6861	0.8606	0.9170	1.000	1.048	1.155	1.209	1.282	1.391	1.600
圆锥滚子轴承	0.6545	0.8446	0.9071	1.000	1.054	1.176	1.238	1.322	1.450	1.697

例 11-3　某传动系统中的单列圆柱滚子轴承,转速 $n = 960$ r/min,承受径向载荷 $F_r = 6000$ N,有中等冲击。

(1) 当可靠度为 95%,预期寿命 $L' = 7000$ h 时,试求轴承的额定动载荷 C' 值,并选择合适的轴承型号。

(2) 当可靠度变为 80% 时,所选轴承的寿命 L_{20} 是多少?

解　(1) 查表11-11,当 $R = 95\%$ 时,$Q = 1.155$。

当量动载荷 $P = f_p F_r$ 时,查表11-7,对中等冲击,取 $f_p = 1.5$,则

$$P = 1.5 \times 6000 \text{ N} = 9000 \text{ N}$$

对滚子轴承,取 $\varepsilon = 10/3$,由式(11-13)得

$$C' = Q \cdot P \cdot L_{(1-R)}^{\frac{1}{\varepsilon}} = 1.155 \times 9000 \times 7000^{\frac{3}{10}} \text{ N} = 148\,031 \text{ N}$$

查轴承手册,选用轴承型号为 N313E($C_r = 170\,000$ N),满足 $C_r > C'$。

(2) 由式(11-8),求 N313E 轴承的额定寿命 L_{10},有

$$L_{10} = \frac{10^6}{60n}\left(\frac{C}{P}\right)^{\varepsilon} = \frac{10^6}{60 \times 960}\left(\frac{170\,000}{9000}\right)^{\frac{10}{3}} \text{ h} = 311\,600.7 \text{ h}$$

查表11-10,当 $R = 80\%$ 时,$\alpha_1 = 1.65$；由式(11-10)得

$$L_{20} = \alpha_1 \cdot L_{10} = 1.65 \times 311\,600.7 \text{ h} = 514\,141.15 \text{ h}$$

当可靠度为 80% 时,N313E 轴承的寿命 $L_{20} = 514\,141.15$ h。

11.5.6　向心推力轴承的载荷计算

1. 轴承压力中心位置

轴承反力的径向分力在轴心线上的作用点 O 称为轴承的压力中心(也称载荷中心),如

图 11 - 11 所示。

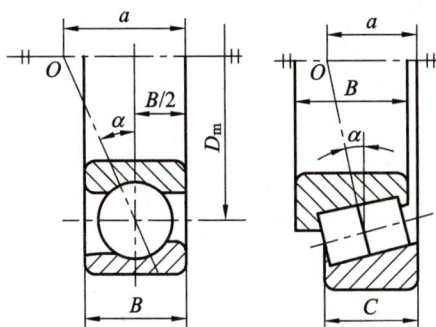

图 11 - 11　向心推力轴承的压力中心

图中，a 的值可查轴承标准，也可确定为

$$a = \frac{B}{2} + \frac{D_m}{2}\tan\alpha$$

式中：D_m 为滚动体中心圆直径，$D_m = (D+d)/2$；d、D 分别为轴承内径、外径；B 为轴承宽度；α 为接触角。

为了简化计算，常假定压力中心就在轴承宽度中点。但这样处理对于跨距较小的轴系误差较大，不宜采用。

2. 轴向载荷计算

由于角接触球轴承或圆锥滚子轴承（二者均属向心推力轴承）结构上存在接触角 α，故即使在只承受径向载荷的情况下，也要产生派生的轴向力 S，S 值可根据径向力 F 由表 11 - 12 计算，其方向可根据轴承安装方式、支反力确定。为了保证正常工作，这类轴承通常是成对使用的。图 11 - 12 所示为角接触球轴承轴向载荷的分析，其中图 11 - 12(a)所示为面对面安装（正装），图 11 - 12(b)所示为背对背安装（反装）。图中人为进行了以下标记：把派生轴向力的方向与外加轴向载荷的方向一致的轴承标记为 2，另一端标为轴承 1。特别要注意的是，若实际中轴承标记与上述一致，则可直接套用推导的一系列公式；否则，依照相同的方法推导相应公式。

表 11 - 12　派生轴向力 S 的确定

圆锥滚子轴承	角接触球轴承		
	7000C ($\alpha = 15°$)	7000AC ($\alpha = 25°$)	7000B ($\alpha = 40°$)
$S = F_r/(2Y)$	$S = e \cdot F_r$	$S = 0.68F_r$	$S = 1.14F_r$

注：Y 是对应表 11 - 6 中 $F_a/F_r > e$ 的 Y 值。e 值可由表 11 - 6 查出。

在最终计算轴承的轴向载荷时，要按照轴承安装的方式，综合考虑左右轴承派生轴向力的大小和方向，以及外部作用在轴上的轴向力的大小和方向。现以图 11 - 13(a)所示的两个角接触球轴承正装为例进行分析。将左轴承标为 1、右轴承标为 2（与上述标记规定一致），设两轴承径向载荷 F_{r1}、F_{r2} 和轴向工作载荷 A 均为已知，就可根据轴的平衡条件，分

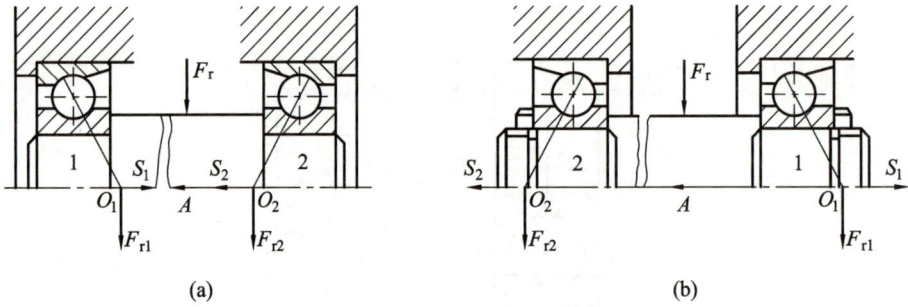

图 11-12 角接触球轴承轴向载荷的分析

析轴承 1、2 所受的轴向力 F_{a1} 和 F_{a2}。图 11-13(b)所示为图 11-13(a)简化的轴向受力分析。

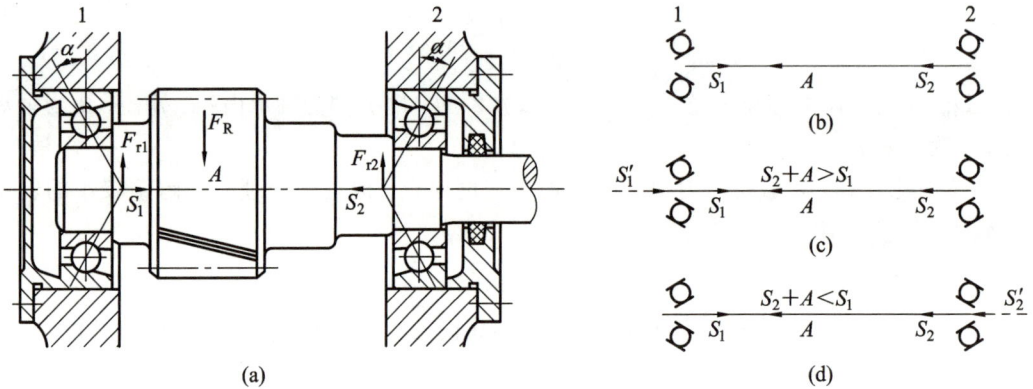

图 11-13 角接触球轴承的轴向力分析

如图 11-13(c)所示，当 $S_2+A>S_1$ 时，则轴有向左窜动的趋势，轴承 1 被"压紧"，轴承 2 被"放松"。左轴承端盖(闷盖)对轴承 1 产生向右的轴向约束反力 S_1'(见图 11-13(c)中虚线)。根据力平衡条件，$S_1'=(S_2+A)-S_1$。被"压紧"的轴承 1 最终承受的轴向力 F_{a1} 等于 S_1 和 S_1' 之和，即

$$F_{a1}=S_1+S_1'=S_1+[(S_2+A)-S_1]=S_2+A \qquad (11-15a)$$

对于被"放松"的轴承 2，右轴承端盖(透盖)无轴向约束力，其最终承受的轴向力 F_{a2} 仅为其派生的轴向力 S_2，即

$$F_{a2}=S_2 \qquad (11-15b)$$

如图 11-13(d)所示，当 $S_2+A<S_1$ 时，则轴有向右窜动的趋势，轴承 2 被"压紧"，轴承 1 被"放松"。故轴承 2 受到右轴承座向左的轴向约束反力(见图 11-13(d)中虚线) S_2'，且

$$S_2'=S_1-(S_2+A)$$

同理，轴承 2 最终所受的轴向力 F_{a2} 等于 S_2 和 S_2' 之和，即

$$F_{a2}=S_2+S_2'=S_2+[S_1-(S_2+A)]=S_1-A \qquad (11-16a)$$

而轴承 1 受到的轴向力为

$$F_{a1}=S_1 \qquad (11-16b)$$

综上所述，计算向心推力轴承所受轴向力的方法可归纳如下：

（1）判明轴上全部轴向力（包括外加轴向力 A、左右轴承的派生轴向力 S_1，S_2）的方向，并依据轴向力的平衡条件，判定被"压紧"和被"放松"的轴承。

（2）被"压紧"轴承的轴向力等于除本身的派生轴向力外，其余所有轴向力的代数和。

（3）被"放松"轴承的轴向力等于其本身的派生轴向力。

11.6　滚动轴承的静载荷计算

对于在工作载荷下基本不回转的轴承（如起重机吊钩上用的推力轴承），或者缓慢地摆动以及转速极低的轴承，其主要是防止滚动体与滚道接触处产生过大的塑性变形而失效。为了保证轴承平稳地工作，需要进行静载荷计算。

11.6.1　基本额定静载荷

GB/T 4662—2012 标准中，对每个型号的轴承规定了一个不许超过的静载荷，称为基本额定静载荷，用 C_0（C_{or} 或 C_{oa}）表示。在该静载荷的作用下，受载最大的滚动体与滚道接触中心处引起的接触应力达到某一定值（如对于向心球轴承为 4200 MPa）。实践证明，在此接触应力作用下所产生的永久接触变形量一般不会影响轴承的正常工作，但对那些要求转动灵活平稳的轴承，应考虑永久接触变形的影响。

轴承样本中列有各种型号轴承的基本额定静载荷值，供选择轴承时使用。

11.6.2　当量静载荷

对同时承受径向力 F_r 和轴向力 F_a 的向心推力轴承，应按当量静载荷 P_0 进行分析计算。P_0 也为一假想载荷，其含义与 C 相似。轴承在当量静载荷作用下，受载最大的滚动体与滚道接触中心处引起的接触应力与联合载荷下引起的接触应力相同。当量静载荷的计算式为

$$P_0 = X_0 F_r + Y_0 F_a \qquad (11-17)$$

式中：X_0 为径向静载荷系数；Y_0 为轴向静载荷系数，其取值参见有关手册。

11.6.3　静载荷校核计算

按轴承静载能力选择轴承的校核公式为

$$C_0 \geqslant S_0 P_0 \qquad (11-18)$$

式中：S_0 为轴承静强度安全系数，由表 11-13 或表 11-14 选取。

表 11-13　静强度安全系数 S_0（静止或摆动轴承）

轴承的使用场合	S_0
水坝闸门装置、大型起重吊钩（附加载荷小）	$\geqslant 1$
吊桥，小型起重吊钩（附加载荷大）	$\geqslant 1.5$

表 11-14　静强度安全系数 S_0（回转轴承）

使用要求或载荷性质	S_0	
	球轴承	滚子轴承
回转精度及平稳性要求高，或受冲击载荷	1.5~2	2.5~4
正常使用	0.5~2	1~3.5
回转精度及平稳性要求较低，没有冲击或振动	0.5~2	1~3

对转速很低的轴承，直接按静强度选择轴承。对转速不太低、外力变化大或受较大冲击载荷的轴承，先按当量动载荷选择轴承，再校核其静强度。

例 11-4　如图 11-14(a)所示，某斜齿圆柱齿轮轴系采用两个角接触球轴承反装支承。已知：轴上齿轮受圆周力 $F_t' = 2200$ N，径向力 $F_r' = 900$ N，轴向力 $F_a' = 400$ N，齿轮分度圆直径 $d = 314$ mm，轴的转速 $n = 520$ r/min，运转中有中等冲击，轴承预期计算寿命 $L_h' = 15\,000$ h。初选左右轴承型号均为 7207C，试验算轴承能否达到预期寿命的要求。

解　查手册，7207C 轴承的主要性能参数如下：$C_r = 30\,500$ N，$C_{or} = 20\,000$ N，初取 $e = 0.4$（由于轴承轴向力未确定）。

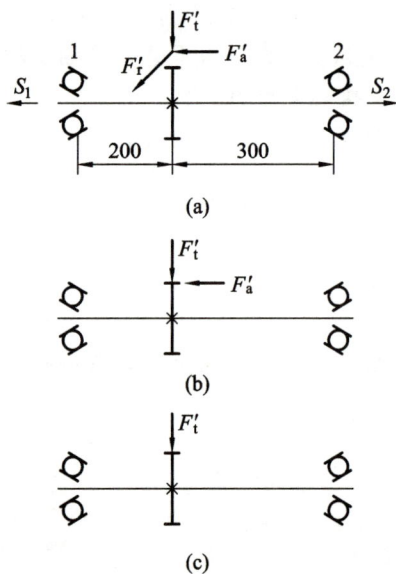

图 11-14　轴承的受力

(1) 求两轴承的径向载荷 F_{r1} 和 F_{r2}。

该轴系受力为一空间力系，可将其分解为垂直面（见图 11-14(b)）和水平面（见图 11-14(c)）两个平面力系。将左轴承标记为 1、右轴承标记为 2（与前面标记规定相反，式(11-15)、式(11-16)形式有变化）。由力的分析可知，两轴承在垂直面和水平面上的支反力分别为

$$R_{1V} = \frac{F_r' \times 300 + F_a' \times \dfrac{d}{2}}{200 + 300} = \frac{900 \times 300 + 400 \times \dfrac{314}{2}}{500} \text{ N} = 665.6 \text{ N}$$

$$R_{2V} = F_r' - R_{1V} = 900 \text{ N} - 665.6 \text{ N} = 234.4 \text{ N}$$

$$R_{1H} = \frac{300}{200 + 300} F_t' = \frac{300}{500} \times 2200 \text{ N} = 1320 \text{ N}$$

$$R_{2H} = F_t' - R_{1H} = 2200 \text{ N} - 1320 \text{ N} = 880 \text{ N}$$

由此可得径向载荷为

$$F_{r1} = \sqrt{R_{1V}^2 + R_{1H}^2} = \sqrt{665.6^2 + 1320^2} \text{ N} = 1478.32 \text{ N}$$

$$F_{r2} = \sqrt{R_{2V}^2 + R_{2H}^2} = \sqrt{234.4^2 + 880^2} \text{ N} = 910.68 \text{ N}$$

（2）求两轴承的轴向力 F_{a1} 和 F_{a2}。

对于 70000C 型轴承，应按表 11-11、表 11-6 确定轴承的派生轴向力，但轴承的轴向力 F_a 未知，故初选 $e = 0.4$，因此可估算得

$$S_1 = 0.4 F_{r1} = 0.4 \times 1478.32 \text{ N} = 591.33 \text{ N}$$

$$S_2 = 0.4 F_{r2} = 0.4 \times 910.68 \text{ N} = 364.27 \text{ N}$$

经分析，$F_a' + S_1 > S_2$，轴有向左窜动的趋势。由于两轴承为反装，故轴承 2 被"压紧"、轴承 1 被"放松"，两轴承所受的轴向力分别为

$$F_{a1} = S_1 = 591.33 \text{ N}$$

$$F_{a2} = F_a' + S_1 = 400 \text{ N} + 364.27 \text{ N} = 764.27 \text{ N}$$

由表 11-5，根据 $\dfrac{F_{a1}}{C_{or}} = \dfrac{591.33}{2000} = 0.0296$，查得，$e_1 = 0.4$；根据 $\dfrac{F_{a2}}{C_{or}} = \dfrac{764.27}{20\,000} = 0.0382$，查得 $e_2 = 0.41$。

因为 e 的初选值和查表值接近，故不必再次计算。

（3）求两轴承的当量动载荷 P_1 和 P_2。

由表 11-6，根据 $\dfrac{F_{a1}}{F_{r1}} = \dfrac{591.33}{1478.32} = 0.4 = e_1$，查得 $X_1 = 1$，$Y_1 = 0$。

根据 $\dfrac{F_{a2}}{F_{r2}} = \dfrac{764.27}{910.68} = 0.84 > e_2$，查得 $X_2 = 0.44$，$Y_2 = 1.37$。

由表 11-7，因轴承运转中有中等冲击，故取 $f_p = 1.5$。两轴承的当量动载荷为

$$P_1 = f_p (X_1 F_{r1} + Y_1 F_{a1}) = 1.5 \times (1 \times 1478.32 + 0) \text{ N} = 2217.48 \text{ N}$$

$$P_2 = f_p (X_2 F_{r2} + Y_2 F_{a2}) = 1.5 \times (0.44 \times 910.68 + 1.37 \times 764.27) \text{ N} = 2171.62 \text{ N}$$

（4）验算轴承寿命。

因为 $P_1 > P_2$，故按轴承 1 的受力情况验算（球轴承 $\varepsilon = 3$），即

$$L_h' = \frac{10^6}{60n} \left(\frac{C}{P_1} \right)^\varepsilon = \frac{10^6}{60 \times 520} \times \left(\frac{30\,500}{2217.48} \right)^3 \text{ h} = 83\,399.9 \text{ h} > 15\,000 \text{ h}$$

结论：所选轴承可满足寿命要求。

课程思政案例 11.4　**大直径国产主轴承助力盾构机完全国产化（细节决定成败）**

【对应知识点】　滚动轴承的静载荷计算

【思政元素案例】　大直径主轴承助力盾构机完全国产化

11.7　滚动轴承的组合设计

要保证轴承顺利工作，除正确选择轴承的类型和尺寸，还必须合理地进行轴承的组合设计，即正确地解决轴承的配合、固紧、调整及装拆等问题。

11.7.1　滚动轴承的轴向固定与定位

轴和轴承内圈、外圈和座孔间的轴向固定及定位方法的选择，取决于载荷的大小、方向、性质、转速的高低、轴承的类型及其在轴上的位置等因素。

1. 轴承内圈在轴上轴向固定与定位的常用方法

（1）弹性挡圈。如图 11 - 15(a)所示，主要用于轴向载荷不大及转速不高的场合。

（2）轴端挡板。如图 11 - 15(b)所示，主要用于承受双向轴向载荷，并可在高速下承受中等轴向载荷的场合。

（3）圆螺母和止动垫圈。如图 11 - 15(c)所示，主要用于转速较高、轴向载荷较大的场合。

（4）开口圆锥紧定套、止动垫圈和圆螺母。如图 11 - 15(d)所示，主要用于光轴上轴向载荷和转速都不大的调心轴承的轴向固定及定位的场合。

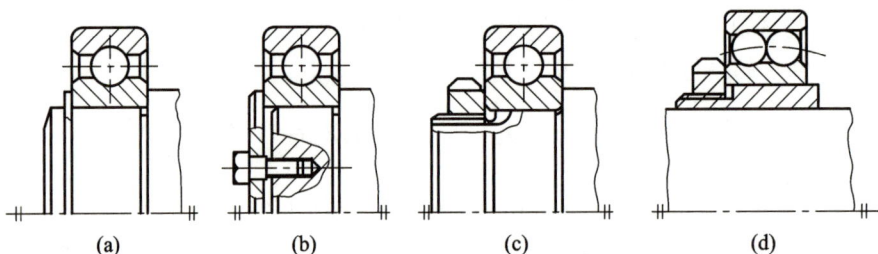

（a）　　　　　　（b）　　　　　　（c）　　　　　　（d）

图 11 - 15　轴承内圈轴向固定及定位的常用方法

内圈的另一端面通常以轴肩、轴环或套筒作为轴向定位面。为使端面贴紧，轴肩处的圆角半径必须小于轴承内圈的圆角半径。同时，轴肩的高度不要大于轴承内圈的厚度，否则轴承不易拆卸。

2. 轴承外圈在轴承座孔内轴向固定及定位的常用方法

（1）孔用弹性挡圈。如图 11 - 16(a)所示，主要用于轴向力不大且需要减小轴承装置尺寸的场合。

（2）止动环。如图 11 - 16(b)所示，主要用于当轴承座孔不便做凸肩且外壳为剖分式结构的场合，通常轴承外圈需带止动槽。

（3）轴承端盖。如图 11 - 16(c)所示，主要用于转速高、轴向力大的各类轴承的场合。

（4）螺纹环。如图 11 - 16(d)所示，主要用于轴承转速高、轴向载荷大，且不适于使用轴承盖固定的场合。

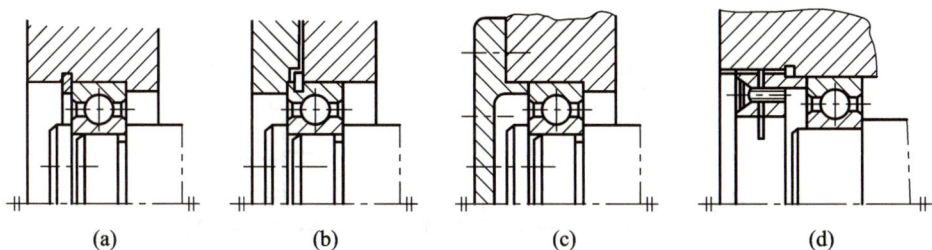

图 11-16 轴承外圈轴向固定及定位的常用方法

11.7.2 滚动轴承的支承结构

滚动轴承的支承结构有以下 3 种基本形式。

1. 两端单向固定

如图 11-17 所示，轴的两端滚动轴承各限制一个方向的轴向移动，合在一起就可限制轴的双向移动。这种支承结构适用于工作温度 $t \leqslant 70℃$ 的短轴（$L \leqslant 350\ mm$）。在这种情况下，轴的热伸长量不大，一般可由轴承游隙补偿，或者在轴承外圈与轴承盖之间留有 $a = 0.2 \sim 0.4\ mm$ 的间隙补偿，如图 11-17(a)所示。当采用角接触球轴承和圆锥滚子轴承时，轴的热伸长量只能由轴承游隙补偿。间隙 a 和轴承游隙的大小可由垫片（见图 11-17(a)）或调整螺钉等调节（见图 11-17(b)）。

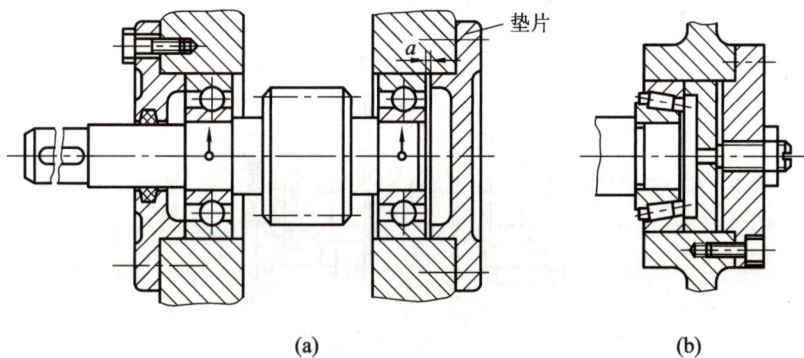

图 11-17 两端单向固定

2. 一端双向固定、一端游动

如图 11-18(a)所示，左端轴承内、外圈都为双向固定，以承受双向轴向载荷。右端为游动支承，轴承外圈和机座孔间采用动配合，以便当轴受热膨胀伸长时能在孔中自由游动，而内圈用弹性挡圈锁紧。

图 11-18(b)中，游动端采用一个外圈无挡边的圆柱滚子轴承。当轴受热伸长时，内圈连带滚动体可沿外圈内表面游动，而外圈作双向固定。这种支承结构适用于支承跨距较大（$L > 350\ mm$）或工作温度较高（$t > 70℃$）的轴。

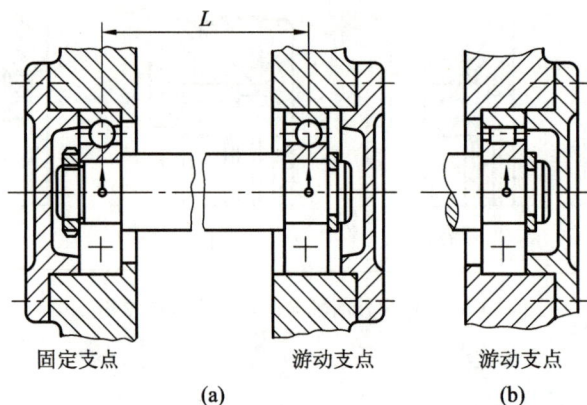

图 11-18 一端双向固定、一端游动

3. 两端游动

如图 11-19 所示，人字齿轮小齿轮轴两端均为游动支座结构。由于人字齿轮轴的左、右螺旋角加工不容易保持完全一样，两轴向力不能完全抵消，而在啮合传动时，小齿轮轴可以左右游动，使得两边轴向力趋于均匀化，因此，为确保轴系有确定位置，大齿轮轴必须做成两端单向固定的支承结构。此种支承结构只在某些特殊情况下使用。

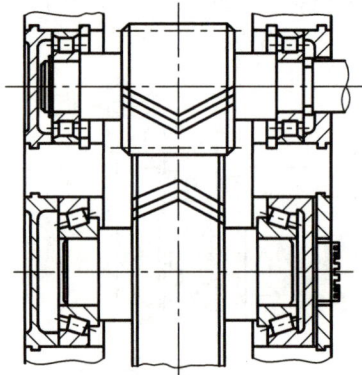

图 11-19 两端游动

11.7.3 滚动轴承的配合选用

滚动轴承的配合主要是指内圈与轴颈、外圈与轴承座孔的配合。滚动轴承为标准件，因此，轴承内圈与轴颈的配合采用基孔制，外圈与轴承座孔的配合采用基轴制。滚动轴承的公差标准规定：P0、P6、P5、P4 各级精度轴承的内径和外径的公差带均为单向制，且统一采用上偏差为零、下偏差为负值的分布，如图 11-20 所示。而普通圆柱公差标准中基准孔的公差带都在零线以上。因此，轴承内圈与轴颈的配合要比圆柱体基孔制同名配合紧得多。例如，一般圆柱体基孔制的 K6 配合为过渡配合，而在滚动轴承内圈配合中则为过盈配合。

滚动轴承的配合既不能过松也不能过紧。配合过松，不仅会影响轴的旋转精度，甚至会使配合表面发生滑动。过紧的配合会使整个轴承装置变形，从而不能正常工作，且难于

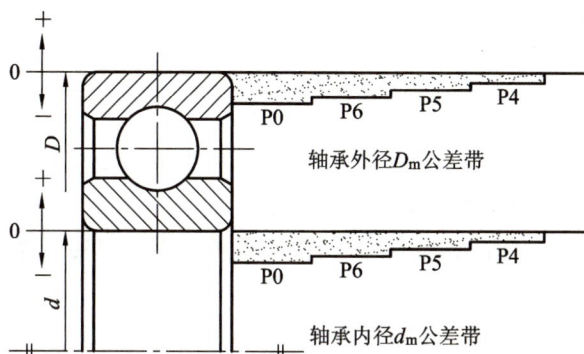

图 11-20　轴承内、外径公差带的分布

装拆。因此要正确选择轴承配合。

轴承配合的选择一般应考虑下列因素：

① 当内圈旋转、外圈固定时，内圈与轴颈之间应采用较紧的配合，如 n6、m6、k6 等，外圈与轴承座孔应选择较松的配合，如 J7、H7、G7 等；

② 轴承承受载荷较大、转速较高、冲击振动较强烈时，应采用较紧的配合，反之，可选较松的配合；

③ 游动支承上的轴承，外圈与座孔间应选用有间隙的配合，以利于轴在受热伸长时能沿轴向游动，但应保证轴承工作时外圈在座孔内不发生转动；

④ 对剖分式轴承座，外圈应采用较松的配合，经常拆装的轴承，也应采用具有间隙或过盈量较小的过渡配合。

上述只是一般的选择原则，具体设计时，应根据实际工作情况，查阅有关手册选用。

11.7.4　滚动轴承的安装和拆卸

由于滚动轴承的内圈与轴颈的配合较紧，安装时为了不损伤轴承及其他零件，对中小型轴承可用手锤敲击装配套筒（铜套）装入轴承，如图 11-21 所示。对大型或过盈较大的轴承，可用压力机压入。有时，为了方便安装，可将轴承在油池中加热到 80～100℃后再进行热装。拆卸轴承时，也需有专门的拆卸工具，如图 11-22 所示的顶拔器。为便于拆卸，应使轴承内圈在轴肩上露出足够的高度，并要有足够的空间位置，以便安放顶拔器。

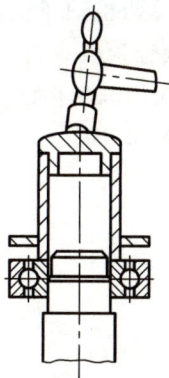

图 11-21　用手锤安装轴承

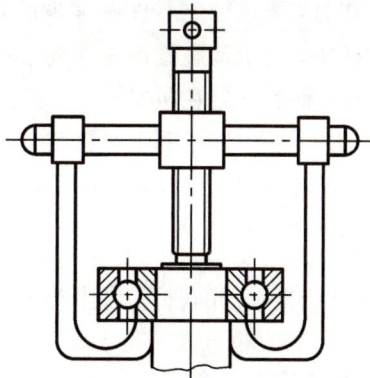

图 11-22　用顶拔器拆卸轴承

11.7.5　轴承组合的调整

1. 轴承游隙的调整

图 11-23 与图 11-24 所示是悬臂小圆锥齿轮轴支承结构的两种典型形式,均采用圆锥滚子轴承(也可采用角接触球轴承)。图 11-23 所示为反安装,图 11-24 所示为正安装。前者可用端盖下的垫片来调整游隙,比较方便。后者靠轴上圆螺母调整轴承游隙,操作不太方便,且轴上加工有螺纹,应力集中严重,削弱了轴的强度,但这种结构的整体刚性比前者好,故也被采用。

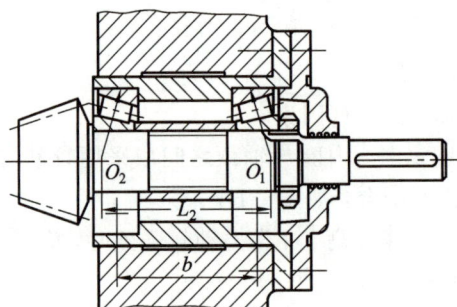

图 11-23　小圆锥齿轮轴支承结构一

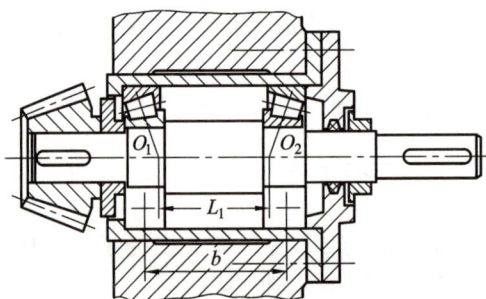

图 11-24　小圆锥齿轮轴支承结构二

2. 轴承组合轴向位置的调整

在轴系工作时,要求轴上零件有准确的轴向位置,这就需要调整轴系的轴向位置。上述两种安装方式中,为了调整锥齿轮达到最好的啮合传动位置(锥顶点重合),把两个轴承放在一个套杯中,而套杯装在机座孔中,于是可通过增减套杯端面与机体之间的垫片厚度来改变套杯的轴向位置,以达到调整锥齿轮最好的啮合传动位置的目的。

此外,在蜗杆传动中,要求蜗杆轴剖面对准蜗轮的中间平面,因此,蜗轮轴的支承结构也应设计成沿轴向整体可调。

11.7.6　支承部位的刚度和同轴度

1. 提高轴承支座的刚度

轴承不仅要求轴具有一定的刚度,而且轴承座孔也应具有足够的刚度。这是因为轴或轴承座孔的变形都会使滚动体受力不均匀及滚动体运动受阻，影响轴承的运转精度，降低轴承的寿命。因此，轴承座孔壁应有足够的厚度，并常设置加强筋以增强刚度，如图 11 - 25 (a)所示。同时，轴承座的悬臂尺寸应尽可能缩短，使支承点合理。对于轻合金或非金属制成的外壳，应在座孔中加钢或铸铁套筒，如图 11 - 25(b)所示。

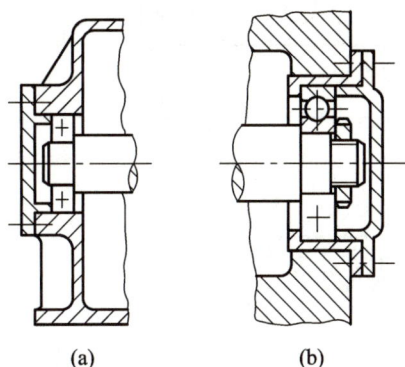

(a)　　　　　　(b)

图 11 - 25　提高支承刚度的措施

2. 轴承的预紧

所谓轴承的预紧，即安装时用某种方法在轴承中产生并保持相当的轴向力，以消除轴承的游隙，并在滚动体和内、外圈接触处产生弹性预变形，使轴承处于压紧状态。预紧可以提高轴承的组合刚度和旋转精度，减小机器工作时轴的振动。需要预紧的轴承，通常是角接触球轴承和圆锥滚子轴承。

常用的预紧方法有以下几种。

(1) 在轴承的内、外圈之间放置垫片，如图 11 - 26(a)所示；或者磨薄一对轴承的内圈或外圈，如图 11 - 26(b)所示。预紧力的大小由调整垫片的厚度或轴承内、外圈的磨薄量来控制。

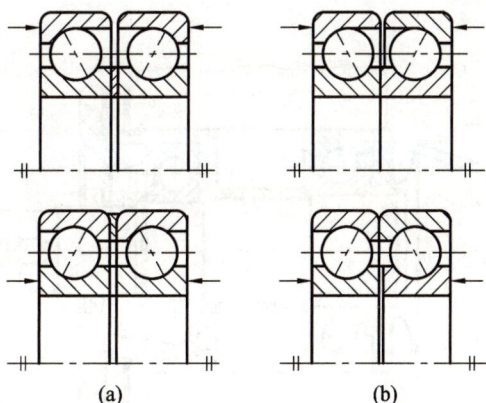

(a)　　　　　　(b)

图 11 - 26　轴承预紧方法之一

(2) 分别在两轴承的内圈和外圈间装入长度不等的两个套筒达到预紧，如图 11 - 27(a)所示，预紧力的大小由两套筒的长度差控制。

（3）利用弹簧预紧，如图 11-27(b)、图 11-27(c)所示。由这种方法可得到稳定的预紧力。

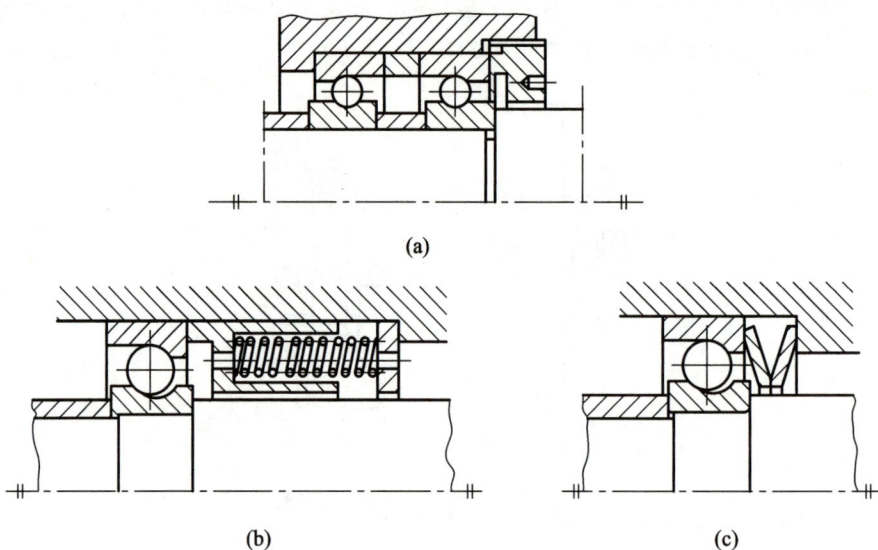

(a)

(b)　　　　　　　　　(c)

图 11-27　轴承预紧方法之二、三

除此之外，前文提到的合理布置角接触球轴承和圆锥滚子轴承，也能提高轴承组合结构的刚性。

3. 提高轴承系统的同轴度

同一根轴上的轴承座孔，应尽可能保持同心，以免轴承内、外圈间产生过大偏斜而影响轴承寿命。为此，应力求两轴承座孔尺寸相同，以便一次镗孔保证同轴度。如果在一根轴上装有不同尺寸的轴承，则可采用套杯结构来安装外径较小的轴承，这样两轴承座孔仍可一次镗出，如图 11-28 所示。如果两个轴承座孔分装在两个机壳上，则应将两个机壳组合在一起进行镗孔。

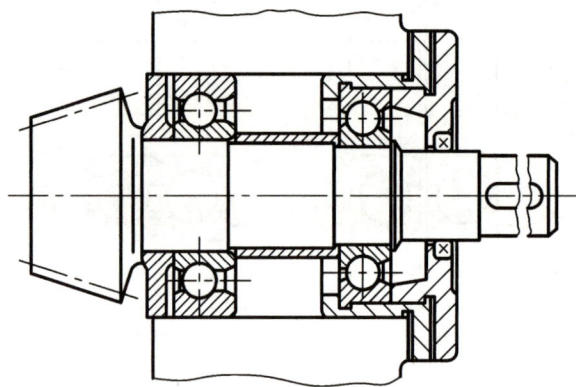

图 11-28　利用套杯结构保证同轴度

11.8　滚动轴承的润滑与密封

根据轴承的实际工作条件，合理地选择润滑方式并设计可靠的密封结构，是保证滚动轴承正常工作的重要条件。

11.8.1　滚动轴承的润滑

润滑的主要目的是减小摩擦与磨损，同时起冷却、吸振、防锈和减小噪声等作用。滚动轴承常用的润滑方式有脂润滑和油润滑，有时也可采用固体润滑剂润滑。滚动轴承的润滑方式可根据 dn 值来确定（d 为滚动轴承内径，单位为 mm；n 为滚动轴承转速，单位为 r/min）。表 11 - 15 列出了各种润滑方式下滚动轴承允许的 dn 值。

表 11 - 15　适用于脂润滑和油润滑的 dn 值界限（表值 $\times 10^4$）　单位：mm・r・$\min^{-1}$

轴承类型	脂润滑	油 润 滑			
		油 浴	滴 油	循环油（喷油）	油 雾
深沟球轴承	16	25	40	60	>60
调心球轴承	16	25	40	—	—
角接触球轴承	16	25	40	60	>60
圆柱滚子轴承	12	25	40	60	>60
圆锥滚子轴承	10	16	23	30	—
调心滚子轴承	8	12	—	25	—
推力球轴承	4	6	12	15	—

1. 脂润滑

当 dn 值较小时，可采用脂润滑。其优点是油膜强度高，承载能力强，不易流失，结构简单，易于密封，一次填充可使用较长时间。使用时，其充填量一般为轴承中间隙体积的 1/3～2/3，以免因润滑脂过多而引起轴承发热，影响正常工作。

2. 油润滑

油润滑适用于高速、高温或高速高温条件下工作的轴承。油润滑的优点是摩擦系数小，润滑可靠，且具有冷却散热和清洗的作用；其缺点是对密封和供油要求较高。

由于滚动轴承内部接触表面的压力大，因此润滑油的黏度应比滑动轴承高。载荷越大，选用润滑油的黏度越高；转速越高，选用润滑油的黏度越低。选用润滑油时，可根据工作温度及 dn 值由图 11 - 29 先确定油的黏度，然后由黏度值从润滑油产品目录中选出相应润滑油的牌号。滚动轴承常用的润滑油种类有机械油、汽轮机油、压缩机油、汽缸油、变压器油等。

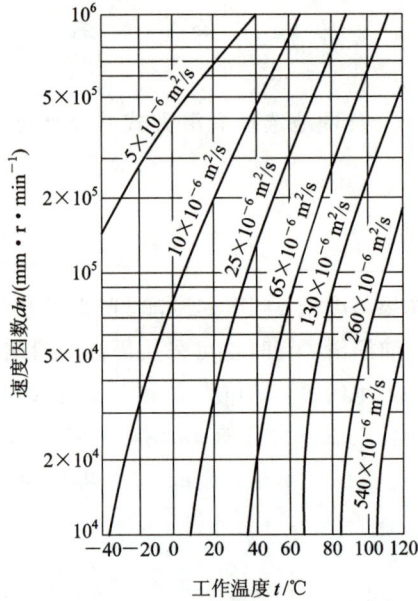

图 11 - 29　润滑油黏度的选择

常用的油润滑方法如下。

（1）油浴润滑。将轴承局部浸入润滑油中，油面不高于最低滚动体的中心。这种方法仅适用于中、低速轴承。因为高速时搅油剧烈会造成很大的能量损失（见图 11 - 30）。

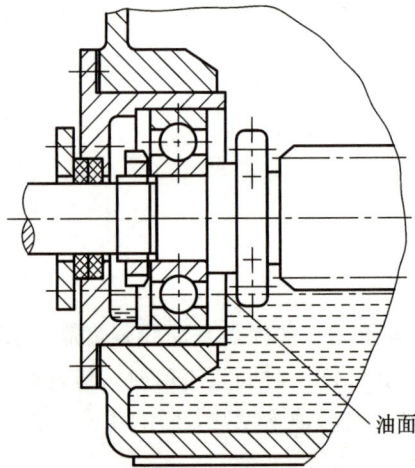

油面

图 11 - 30　油浴润滑

（2）飞溅润滑。它是闭式齿轮传动装置中轴承常用的润滑方法，利用齿轮的传动将润滑齿轮的油甩到四周壁面上，然后通过适当的沟槽把油引进轴承中。

（3）喷油润滑。这种方法适用于转速高、载荷大、要求润滑可靠的轴承。它是用油泵将润滑油增压，通过油管或机壳中特制的油孔经喷嘴把油喷到轴承中。

此外，还有滴油润滑、油雾润滑等。

11.8.2　滚动轴承的密封

为了阻止润滑剂流失和防止外界灰尘、水分及其他杂物进入轴承内部，滚动轴承必须进行密封。密封方法可分为接触式密封和非接触式密封两大类。

1. 接触式密封

接触式密封是在轴承盖内放置密封件与转动轴颈直接接触而起密封作用的。密封件主要用毛毡、橡胶圈或皮碗等软材料制作，也有用石墨、青铜、耐磨铸铁等硬材料制作的。这种密封结构简单，多用于转速不高的情况。轴上与密封件直接接触的表面，要求表面硬度 >40 HRC，表面粗糙度 $Ra<0.8~\mu m$。

(1) 毡圈密封。如图 11-31 所示，毡圈密封适用于接触处轴的圆周速度 $v<5$ m/s，温度低于 90℃ 的脂润滑。毡圈密封结构简单，但摩擦较大。

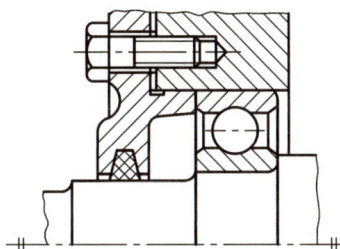

图 11-31　毡圈密封

(2) 唇式密封圈。如图 11-32 所示，唇式密封圈适用于接触处轴的圆周速度 $v<7$ m/s，温度低于 100℃ 的脂润滑或油润滑。使用唇式密封圈时应注意使密封唇朝向密封部位，如密封唇朝向轴承(见图 11-32(a))，用于防止润滑油或脂泄出；密封唇背向轴承(见图 11-32(b))，用于防止外界灰尘和杂物侵入。若同时采用两个密封圈且背靠背放置(见图 11-32(c))，则可同时达到两个目的。唇式密封圈密封使用方便，密封可靠。

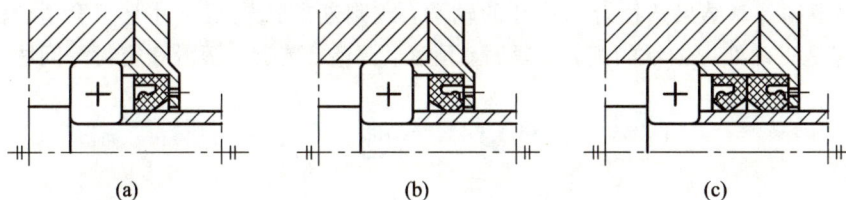

| (a) | (b) | (c) |

图 11-32　唇式密封圈

2. 非接触式密封

非接触式密封不直接与轴接触，故摩擦小，多用于速度较高的情况。

(1) 缝隙式密封。如图 11-33(a) 所示，在轴与轴承盖的孔壁间留有 0.1～0.3 mm 的极窄缝隙，并在轴承盖上车出沟槽，在沟槽内充满润滑脂，可以提高密封效果。这种密封形式结构简单，多用于环境干燥清洁的脂润滑。

(2) 曲路式密封。如图 11-33(b) 所示，在旋转的与固定的密封零件之间组成曲折的缝隙来实现密封，缝隙中填充润滑脂时可提高密封效果。这种密封形式对脂、油润滑都有较好的密封效果，但结构较复杂，制造、安装不太方便。

此外，当密封要求较高时，还可以将以上几种密封形式合理地组合起来使用。图 11-33(c)所示为曲路式与缝隙式组合密封，这种密封形式在高速旋转时密封效果好。

其他有关润滑、密封的方法及装置的知识，可参看有关手册。

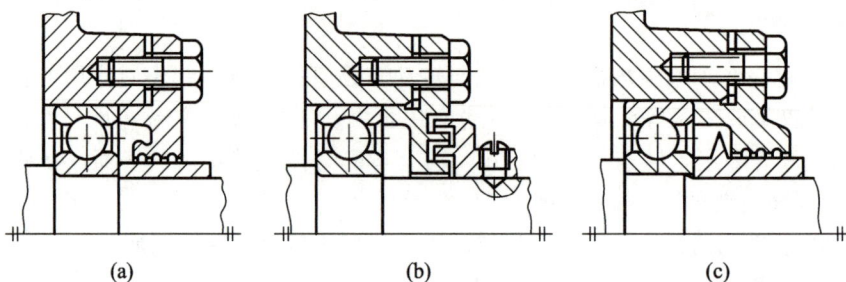

(a)　　　　　　　　(b)　　　　　　　　(c)

图 11-33　非接触式密封

本 章 小 结

常用的滚动轴承大多已经标准化，并由专业轴承厂组织生产。机械设计人员只要能够正确地选择和使用滚动轴承即可。为了正确选择滚动轴承类型，对滚动轴承的特点、结构、分类、代号、材料等应有基本了解。选择类型时，可根据轴承所受的载荷大小、方向和性质，工作转速的高低，调心性，装拆要求，经济性等结合不同类型轴承的特点和适用范围进行选择。了解滚动轴承工作时的载荷分布及套圈和滚动体的应力变化情况，分析滚动轴承的主要失效形式，以确定相应的计算准则。对于相关重要概念，如基本额定寿命、动载荷、当量动载荷、额定静载荷、当量静载荷、极限转速等要搞清楚。熟练掌握轴承寿命计算公式的使用。角接触球轴承和圆锥滚子轴承轴向载荷的计算和轴承组合设计问题是本章的难点。熟练应用当量动载荷和当量静载荷公式计算角接触球轴承和圆锥滚子轴承的轴向载荷，从而能根据计算结果选择合适尺寸的轴承，或判断所选轴承尺寸是否合适。轴承组合设计的内容是正确处理轴承的配置、紧固、预紧、调整、装拆、润滑和密封等问题。

习 题

11-1　试说明下列轴承代号的含义：6412、30202、30312/P6、7208AC/P5、6303/P5。

11-2　选择滚动轴承类型时应考虑哪些因素？

11-3　为什么角接触球轴承和圆锥滚子轴承通常需要成对使用？试比较正安装与反安装的特点。

11-4　滚动轴承的主要失效形式有哪些？各发生在何种情况下？

11-5　深沟球轴承、圆锥滚子轴承和调心球轴承各用于什么样的工作条件？

11-6　根据工作要求决定选用深沟球轴承，已知轴承的径向载荷 $F_r = 5500$ N，轴向载荷 $F_a = 2700$ N，轴承转速 $n = 2560$ r/min，运转时有轻微冲击，常温工作，若要求轴承寿命能达到 4000 h，轴颈直径不大于 60 mm，试确定该轴承的型号。

11-7　圆锥齿轮减速器输入轴由一对代号为 30206 轴承支承,已知两轴承外圈间距为 72 mm, $a=13.8$ mm,锥齿轮平均分度圆直径 $d_m=56$ mm,齿面上的切向力 $F_t=1240$ N,径向力 $F_r=400$ N,轴向力 $F_a=240$ N,各力方向如图 11-34 所示。求轴承的当量动载荷。

11-8　如图 11-35 所示,某转轴上安装有两个斜齿圆柱齿轮,工作时齿轮产生的轴向力分别为 $F_{a1}=3000$ N, $F_{a2}=5000$ N。若选择一对 7210B 型轴承支承转轴,轴承所受的径向载荷分别为 $F_{r1}=8600$ N, $F_{r2}=12\,500$ N。求两轴承的轴向载荷 F_{a1} 和 F_{a2}。

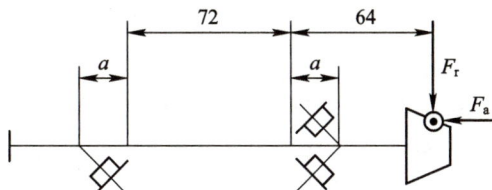

图 11-34

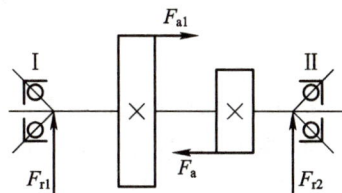

图 11-35

11-9　已知某转轴由两个代号为 7207AC 的轴承支承,支点处的径向反力 $F_{r1}=875$ N, $F_{r2}=1520$ N,齿轮上的轴向力 $F_a=400$ N,方向如图 11-36 所示。轴的工作转速 $n=520$ r/min,运转时有中等冲击,常温工作,轴承预期寿命为 30 000 h。试验算该对轴承的寿命。

11-10　某轴的一端支点上原采用 6312 轴承,其工作可靠度为 90%,现需将该支点轴承在寿命不降低的条件下将工作可靠度提高到 98%,试确定可能用来替代的轴承型号。

11-11　轴系结构如图 11-37 所示,试指出图中结构上不合理和不完善的地方,并说明其错误原因及改进意见,同时画出合理的结构图。

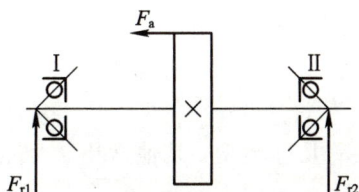

图 11-36

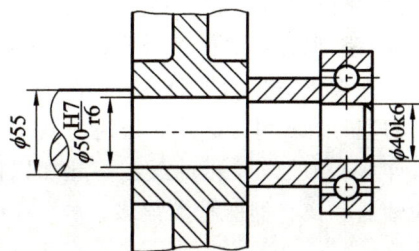

图 11-37

第 12 章　联轴器与离合器

联轴器、离合器是机械传动中常用的部件。联轴器和离合器主要是用来连接两轴、传递运动和转矩的部件。本章重点介绍常用联轴器和离合器的结构、工作原理、特点以及根据具体工作条件合理选用联轴器和离合器的方法。很多联轴器和离合器已标准化，一般只需进行简单的选择计算。必要时，应对其中的主要零件进行强度校核计算。

12.1　概　　述

联轴器和离合器是用来连接两轴使其共同回转并传递转矩的一种机械装置。联轴器和离合器的主要区别在于：用联轴器连接的两轴只有在机器停车后，用拆卸的方法才能把两轴分离；而离合器可在机器运转过程中根据需要随时将两轴分离或接合。离合器通常用于机械传动系统的启动、停止、换向和变速等。此外，某些具有特殊功能的联轴器和离合器还可以起到保护和自动控制的作用。例如当轴传递的转矩或转速超过规定值时，这类联轴器和离合器可自动断开、滑脱或自动接合，以保护机器中的主要零件不致因过载而破坏。

联轴器和离合器的类型很多，常用的联轴器和离合器大多已标准化。一般可依据机器的工作条件确定适当的类型，然后按照计算转矩、轴的转速和轴端直径，从设计手册中选出所需的型号和尺寸，必要时还应对其中某些零件进行验算。由于联轴器和离合器的工作原理有许多相似之处，因此放在一起加以研究。

联轴器和离合器的种类很多，本章仅介绍有代表性的几种类型，其他常用类型请参阅有关手册。

12.2　联　轴　器

12.2.1　联轴器的分类及特性

联轴器可分为刚性联轴器、挠性联轴器和安全联轴器三大类。

制造、安装的误差以及工作中零部件的变形会使被联轴器连接的两轴线之间存在相对位置误差，如图 12-1 所示。这种误差可以分为轴向误差（见图 12-1(a)）、径向误差（见图 12-1(b)）、角度误差（见图 12-1(c)）和综合误差（见图 12-1(d)）。

刚性联轴器不具有补偿被连接两轴线相对位置误差的能力，要求被连接的两轴中心线严格对中。挠性联轴器具有一定补偿被连接两轴线相对位置误差的能力。挠性联轴器按照其补偿方式的不同可分为有弹性元件的挠性联轴器和无弹性元件的挠性联轴器。有弹性元

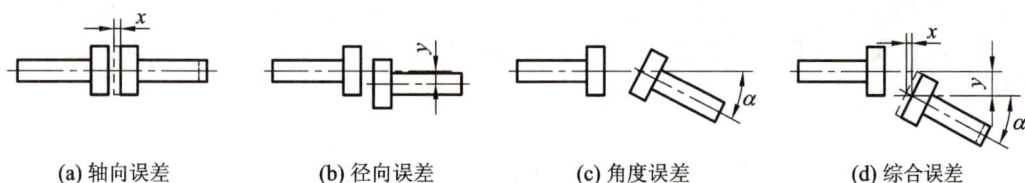

(a) 轴向误差　　　(b) 径向误差　　　(c) 角度误差　　　(d) 综合误差

图 12-1　联轴器连接的两轴相对位置误差

件的挠性联轴器依靠联轴器中弹性元件的变形实现补偿,无弹性元件的挠性联轴器则依靠零件之间的相对运动自动实现补偿。安全联轴器在其传递的转矩超过允许的极限转矩时,联轴器中的特定元件将被破坏,从而自动停止传动,以保护机器中的重要零件不致损坏。

12.2.2　刚性联轴器

刚性联轴器全部由刚性零件通过刚性连接构成。它构造简单,尺寸小,成本低,承载能力大。但这种联轴器没有轴线偏移补偿能力,也无缓冲减振作用,因此,要求两轴的同心度高。常见的刚性联轴器有凸缘联轴器、夹壳联轴器和套筒联轴器。

1. 凸缘联轴器

凸缘联轴器是应用最广的一种刚性联轴器。它由两个带凸缘的半联轴器组成,分别用键与轴连接,然后用一组螺栓将两个半联轴器连接成一体,如图 12-2 所示。凸缘联轴器有两种对中方法:一种是用铰制孔用螺栓与孔略带过盈的紧密配合(一般取 H7/k6)对中,靠螺栓杆承受挤压与剪切来传递转矩,如图 12-2(a)所示;另一种是用一个半联轴器上的凸肩与另一个半联轴器上的凹槽相嵌合对中,靠半联轴器接合面的摩擦力矩来传递转矩,如图 12-2(b)所示。前者装拆方便,但需要铰孔,加工麻烦;后者装拆时需要移动,对中精度高,装拆不方便。在尺寸相同时,前者传递的转矩较大。

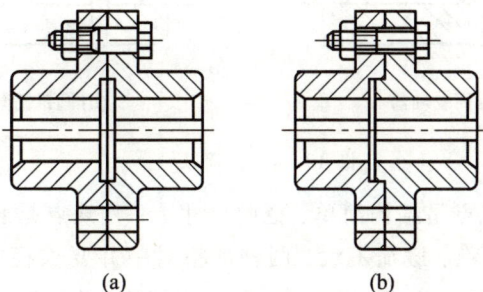

(a)　　　　　　(b)

图 12-2　凸缘联轴器

凸缘联轴器的材料可用灰口铸铁和非合金钢,重载或圆周速度大于 30 m/s 时应用铸钢或锻钢。由于凸缘联轴器对所连接两轴间的相对位移缺乏补偿能力,因此对两轴对中性的要求很高。当两轴有相对位移存在时,就会在机件内引起附加载荷,使工作情况恶化。因此,凸缘联轴器常用于转速低、无冲击、轴的刚性大、对中性较好的传动系统中。

2. 夹壳联轴器

夹壳联轴器由纵向剖分的两个半圆形夹壳和连接它们的螺栓所组成(见图 12-3),螺栓正、倒相间安装，以改善平衡情况。中、小尺寸的夹壳联轴器主要依靠夹壳与轴之间的摩擦力来传递转矩。大尺寸的夹壳联轴器主要由键传递转矩。夹壳材料一般为铸铁，少数用钢。

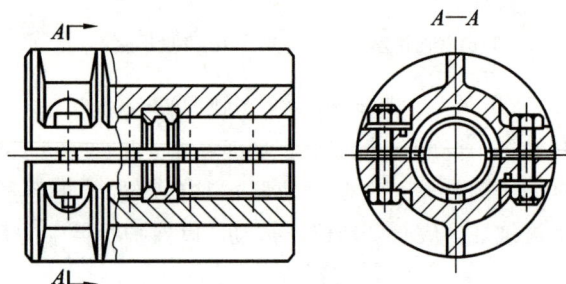

图 12 - 3   夹壳联轴器

夹壳联轴器在装拆时不必移动轴，因此使用很方便，但由于对两轴的对中性要求较高，因此夹壳联轴器主要用于低速（外缘速度 $v \leqslant 5$ m/s）、工作平稳的场合，也可用于空间受限制的场合。当外缘速度超过 5 m/s 时，要进行平衡检验。其主要优点是结构简单，价格较低；缺点是质量较大，平衡困难。

3. 套筒联轴器

套筒联轴器是用一个套筒通过键、销或花键将主动轴和从动轴连接起来的一种结构最简单的联轴器，如图 12 - 4 所示。

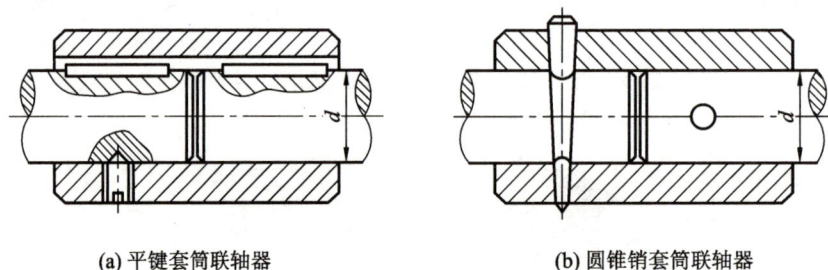

(a) 平键套筒联轴器   (b) 圆锥销套筒联轴器

图 12 - 4   套筒联轴器

套筒联轴器的主要优点是结构简单、径向尺寸小；其缺点是装拆时，轴需做较大的轴向移动。它适用于工作平稳、载荷不大、两轴严格对中并要求径向尺寸较小的场合（如机床）。当轴径 $d \leqslant 80$ mm 时，套筒可用 35 钢或 45 钢制造；当 $d > 80$ mm 时，也允许用铸铁制造，如 HT250、HT300 等。

12. 2. 3   挠性联轴器

1. 无弹性元件的挠性联轴器

无弹性元件的挠性联轴器利用联轴器工作零件间的动连接来补偿两轴的偏斜和位移，因此可用在两轴有相对位移和偏斜的场合。但由于此类挠性联轴器无弹性元件，故不能缓冲减振。常用的无弹性元件的挠性联轴器有以下几种。

1）滑块联轴器

滑块联轴器有几种不同的结构形式。图 12 - 5 所示为十字滑块联轴器，它由两个端面均开有径向凹槽的半联轴器和一个两端带凸牙的中间圆盘所组成。中间圆盘两侧的方形凸块互相垂直，分别嵌装在两个半联轴器的凹槽中。工作时十字滑块可在凹槽中滑动，这种滑动可补偿安装及运动时两轴间产生的径向位移（$y \leqslant 0.4d$，d 为轴径）和角位移（$o \leqslant 30'$），也能补偿一定的轴向位移。

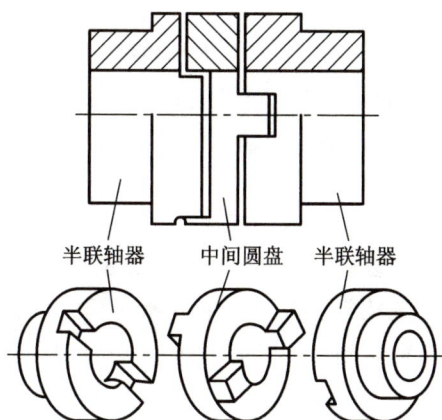

半联轴器　　中间圆盘　　半联轴器

图 12 - 5　十字滑块联轴器的结构

十字滑块联轴器的优点是结构简单，径向尺寸小；缺点是不耐冲击，容易磨损。当转速较高时，中间圆盘因偏心将产生较大的离心惯性力，从而增大动载荷和磨损。因此，十字滑块联轴器一般适用于有较大径向位移、工作平稳、低速、大转矩的场合。

十字滑块联轴器材料一般用 45 钢，工作表面需经热处理以提高硬度和耐磨性。当传递转矩较小时，滑块可用夹布胶木或尼龙制造成方块形，嵌在两个半联轴器的爪形槽内，如图 12 - 6 所示。由于滑块质量轻又具有弹性，因而允许较高的转速。

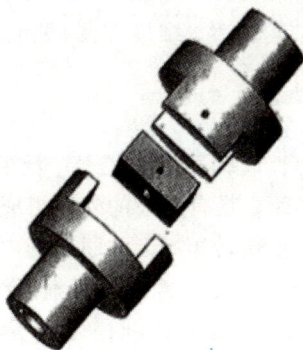

图 12 - 6　十字滑块联轴器的连接

2）万向联轴器

万向联轴器由两个叉形接头和一个中间十字形连接件所组成，如图 12 - 7 所示，叉形接头和十字形连接件之间构成铰链连接，因而允许被连接的两轴有较大的夹角（夹角最大可达 45°），而且在机器运转、夹角发生改变时仍可正常传动。

叉形接头　十字形连接件

叉形接头

α

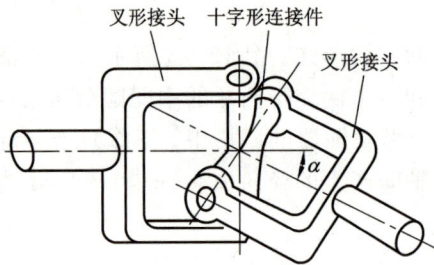

图 12-7　万向联轴器

　　万向联轴器的最大缺点是当两轴不在同一条轴线上时，主动轴以恒定的角速度 ω_1 回转，从动轴的角速度 ω_2 却在一定范围内周期性地变化，因而在传动中会引起附加动载荷。角偏移愈大，产生的动载荷也愈大。

　　为了克服上述缺点，可将两个万向联轴器成对使用，称为双万向联轴器，如图 12-8 所示。双万向联轴器用于连接平行轴或相交轴，此时中间轴与主、从动轴位于同一平面内，且中间轴与主、从动轴之间的夹角相等。当主动轴等速回转时，尽管中间轴本身的转速是不均匀的，但从动轴的角速度是恒定的，且与主动轴的角速度相等。

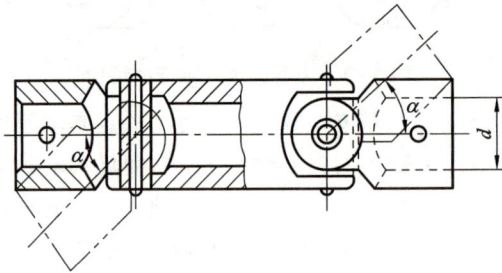

α

α

d

图 12-8　双万向联轴器

　　万向联轴器的材料大多采用合金钢 40Cr 或 40CrNi，并进行热处理，以获得较高的耐磨性及较小的尺寸。这种联轴器结构紧凑，维修方便，可适应两轴间较大的综合位移，在汽车、拖拉机、轧钢机及机床中应用广泛。

　　3）齿式联轴器

　　齿式联轴器是无弹性元件的挠性联轴器中应用最广泛的一种，如图 12-9 所示。齿式联轴器由两个具有外齿的半联轴器和两个具有内齿的外壳组成，两个外壳用一组螺栓连接在一起，工作时靠内、外齿相互啮合来传递转矩。齿式联轴器内注有润滑油并设有密封装置。

　　齿式联轴器中两对内、外啮合的齿轮齿廓曲线为渐开线，啮合角为 20°，内齿轮与外齿轮的齿数相等，一般为 30～80。与一般渐开线圆柱齿轮不同的是，齿式联轴器中的外齿轮齿顶被加工成球面，球面的中心在联轴器的中心线上，且轮齿间的齿侧间隙较大。因此，齿式联轴器能够补偿主动轴和从动轴的径向位移、轴向位移和轴线偏转，如图 12-10 所示。

　　齿式联轴器可传递很大的转矩，具有较大的综合位移补偿能力，安装精度要求不高，允许的径向位移为 0.4～6.3 mm（角位移为零时的数值，否则要小得多），允许的角位移为 3°；其主要缺点是质量大，制造困难，成本较高。齿式联轴器广泛用于起重机、轧钢机等重型机械中，材料一般用 45 钢或 ZG310～570。

半联轴器　外壳　外壳　半联轴器

螺栓

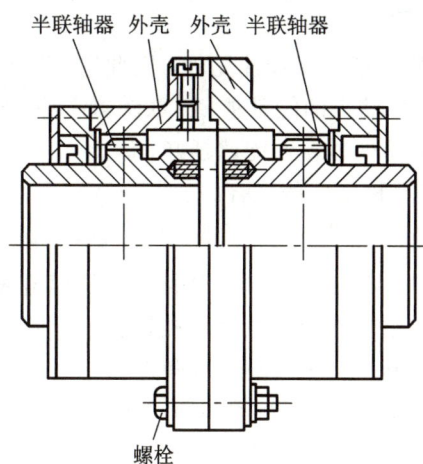

图 12-9　齿式联轴器

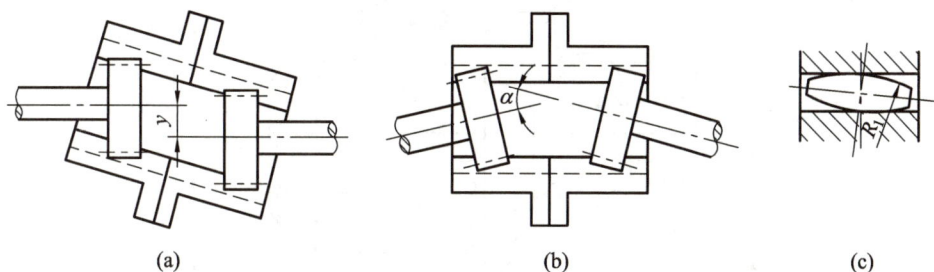

(a)　　　　　　　(b)　　　　　　　(c)

图 12-10　齿式联轴器补偿相对偏移的情况

4）滚子链联轴器

滚子链联轴器由两个具有相同齿数且类似链轮的半联轴器和包住链轮的双列滚子链所组成，如图 12-11 所示。这种联轴器可允许的角位移 $\alpha \leqslant 1°$，径向位移为 $0.2 \sim 1\ mm$。

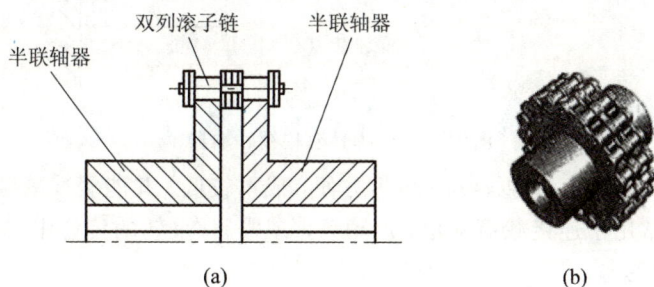

双列滚子链　半联轴器

半联轴器

(a)　　　　　　　　　(b)

图 12-11　滚子链联轴器

滚子链联轴器的特点是结构简单，装拆方便，尺寸较小，质量较轻，效率高，成本低，工作可靠，使用寿命长，在高温、潮湿、多尘、油污等恶劣工作环境下也能工作。但由于其缓冲、吸振能力差，反转时有空行程，因此不适用于冲击载荷大的逆向传动与启动频繁的垂直传动轴的连接。又由于其链条存在离心力，因此也不适用于高速传动。

2. 有弹性元件的挠性联轴器

有弹性元件的挠性联轴器由于装有弹性元件，因此它不仅能补偿两轴间的偏移，还具有缓冲、吸振的能力。弹性元件储存的能量越多，联轴器缓冲、吸振的能力就越强；弹性元件的弹性滞后性能越好，联轴器的减振性能就越好。因此，它常用在启动频繁、变载荷、高速及经常正/反转和两轴不能严格对中的场合。

1）弹性套柱销联轴器

弹性套柱销联轴器由两个半联轴器和带有弹性套的柱销组成（见图 12-12）。它的结构与凸缘联轴器相似，所不同的是前者用弹性套和柱销代替了连接螺栓。安装时柱销的一端与一个半联轴器上的圆锥孔相配合，另一端通过弹性套与另一个半联轴器上的圆柱孔相配合。对主、从动轴相对位移的补偿是靠弹性套的弹性变形来实现的，缓冲、吸振也是靠弹性套的弹性变形来实现的。

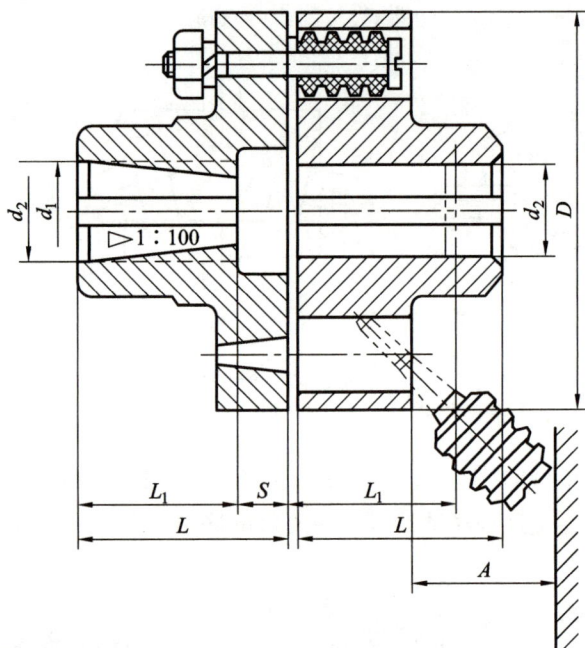

图 12-12　弹性套柱销联轴器

这种联轴器结构简单，制造容易，装拆方便，成本较低，并能缓冲减振；但是弹性套易磨损，寿命较短，常用于连接载荷平稳、启动频繁或需正/反转的传递中、小转矩的轴。

2）弹性柱销联轴器

弹性柱销联轴器与弹性套柱销联轴器十分类似，如图 12-13 所示。这种联轴器直接用弹性柱销将两个半联轴器连接起来，而不使用带弹性套的柱销。柱销一段为圆柱状，另一段为腰鼓状，以增大联轴器对两轴角位移的适应能力。柱销的两侧设有挡板，以防止柱销滑出。

弹性柱销联轴器耐磨性好，结构简单，装拆、更换方便，用于连接两轴具有一定的相对位移和一般减振要求、中等载荷、启动频繁的场合，如离心泵、鼓风机等。由于尼龙销对温度较敏感，故使用温度限制在 $-20 \sim 70 \, ℃$ 。

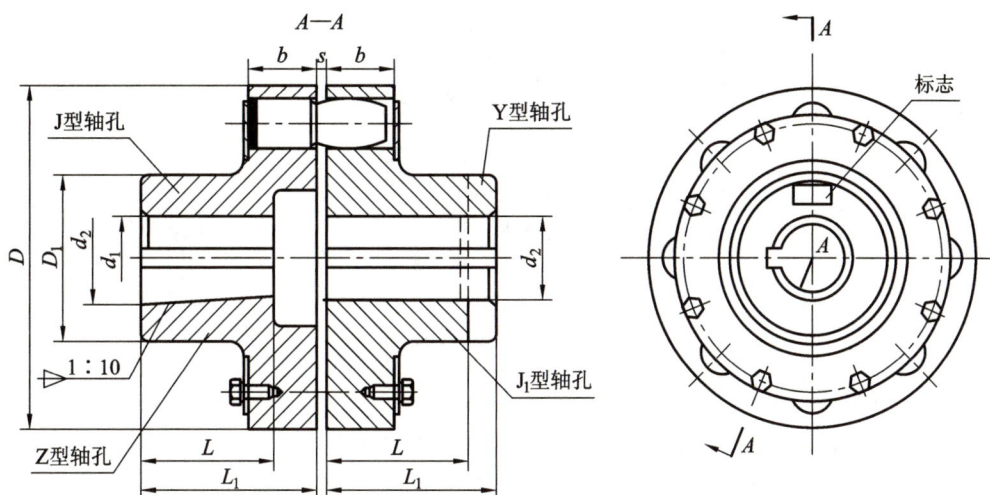

图 12-13　弹性柱销联轴器

3）梅花形弹性联轴器

梅花形弹性联轴器由两个端面开有轴向圆弧槽牙的半联轴器和梅花形弹性元件组成，如图 12-14 所示，半联轴器的牙分别与梅花形弹性元件嵌合。中间弹性元件可选择不同硬度的聚氨酯橡胶、铸型尼龙等材料制造，因而具有较强的补偿两轴相对偏移的能力。它允许的轴向位移 $x \leqslant 1.2$ mm，径向位移 $y \leqslant 0.5$ mm，角位移 $\alpha \leqslant 2°$。这种联轴器结构简单，耐磨性好，传递转矩较大，寿命长，工作温度为 $-35 \sim 80℃$，它的适用场合与弹性套柱销联轴器相似。

图 12-14　梅花形弹性联轴器

4）轮胎式联轴器

轮胎式联轴器如图 12-15 所示，中间是用橡胶或橡胶织物制成的轮胎状弹性元件，联轴器的两端凸缘用压板及螺钉分别连接两个半联轴器，工作时靠弹性元件的扭转变形来降低动载荷和补偿较大的轴向位移。

轮胎式联轴器的优点是弹性大、寿命长，运转时无噪声，无须润滑，可用于潮湿多尘、启动频繁的场合，圆周速度 $v \leqslant 30$ m/s，在起重机械上较多采用。当转矩较大时，轮胎式联轴器会产生附加轴向载荷，因此不适用于载荷较大、转速较高的场合。其径向尺寸大，轮胎为特制产品，不易自制。

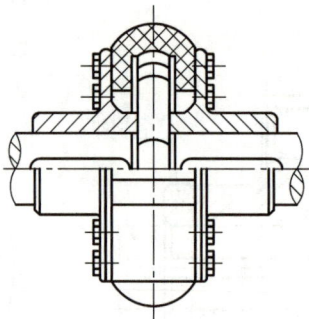

图 12-15　轮胎式联轴器

5）膜片联轴器

膜片联轴器的结构如图 12-16 所示，通过螺栓连接将多组金属膜片交错地安装在两个联轴器之间，通过膜片在两个半联轴器之间传递转矩，通过膜片的弹性变形实现对所连接的两轴相对位置误差的补偿。联轴器中每组膜片通常为 12 片，每片厚约 0.4 mm。这种补偿方式无工作间隙，无相对滑动，无工作噪声，无须润滑，承载能力大，工作寿命长。另外，通过改变每组膜片的数量可改变其承载能力。

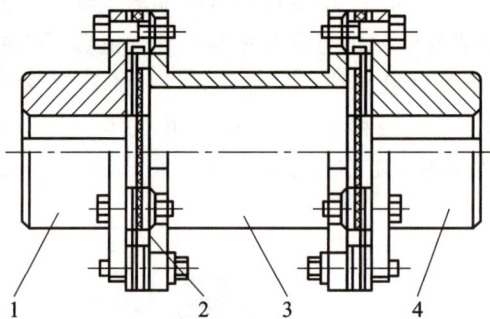

1、4—半联轴器；2—膜片；3—短节。

图 12-16　膜片联轴器

除膜片联轴器外，金属弹性元件挠性联轴器还有多种形式，如蛇形弹簧联轴器、径向弹簧片联轴器等，分别如图 12-17 和图 12-18 所示。

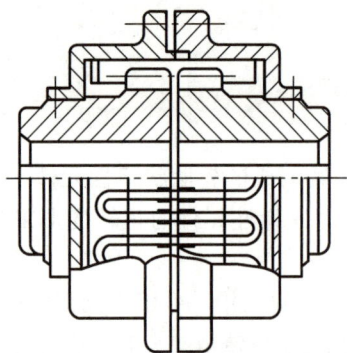

图 12-17　蛇形弹簧联轴器

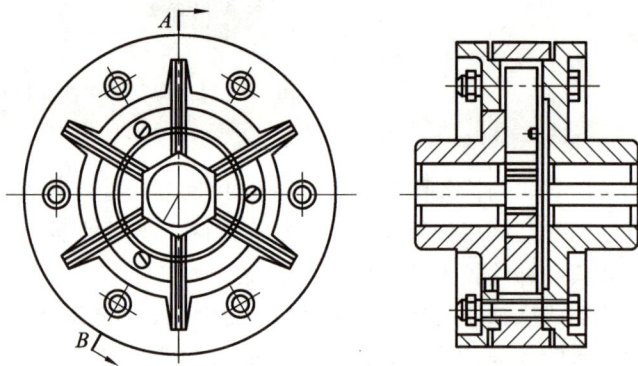

图 12-18　径向弹簧片联轴器

课程思政案例 12.1　从递东西的细节中体会换位思考（换位思考/人性修养）

【对应知识点】　挠性联轴器
【思政元素案例】　从递东西的细节中体会换位思考

12.2.4　安全联轴器

安全联轴器可分为挠性安全联轴器、刚性安全联轴器和永磁联轴器三类，在此仅介绍其中常用的刚性安全联轴器中的剪切销安全联轴器。

剪切销安全联轴器有单剪式和双剪式两种，如图 12-19 所示。单剪式的结构类似凸缘联轴器，用钢制剪切销钉连接。剪切销钉安装在组合式淬火套筒内，套筒被压入联轴器中，销钉有时在预定剪切处做成 V 形槽，材料一般为 45 钢。过载时剪切销钉被剪断。这类联轴器由于销钉材料机械性能的不稳定以及制造尺寸误差等原因，工作精度不高，而且销钉被剪断后，不能自动恢复工作能力，必须停车更换销钉。但由于它结构简单，因此在过载较少的机器中使用。

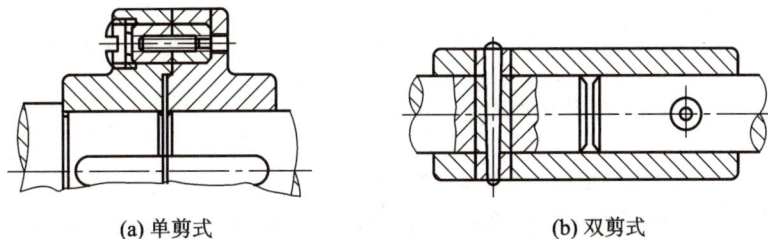

(a) 单剪式　　　　　　　　　　(b) 双剪式

图 12-19　剪切销安全联轴器

12.2.5　联轴器的选择

常用联轴器多已标准化，用户只需根据有关标准和产品样本选用即可，包括选择联轴器的类型、尺寸（型号）及联轴器与轴的连接方式等。

1. 联轴器类型的选择

选择联轴器的类型时主要考虑的因素有：被连接两轴的对中性、载荷的大小及特性、工作转速、工作环境及温度等。

一般来说，对载荷平稳、转速稳定、速度低、刚性大的短轴，可选用刚性联轴器，如凸缘联轴器；对低速、刚性小的长轴以及环境温度较高的轴，应选用无弹性元件的挠性联轴器以补偿温度引起的变形和安装误差，如十字滑块联轴器等；对传递转矩大的重型机械，则应选用齿式联轴器；对载荷有变化、启动频繁、高速、有振动的轴或对中性较差的高速轴，可选用有弹性元件的挠性联轴器，如弹性套柱销联轴器等；对不同轴线的两轴或角位移在运转中有变化的两轴,宜选用万向联轴器;对有过载保护要求的轴,可选用安全联轴器,如剪切销安全联轴器。

当使用场合比较特殊、无适当的标准联轴器可供选用时,则可按照实际需要自行设计。此外,联轴器所连接的两轴直径可以不相同,但所选联轴器的孔径范围、长度及孔的形式应分别能与两轴相配。

2. 联轴器的型号、尺寸的确定

选定合适的联轴器类型后,可按转矩 T、轴径 d 和转速 n 等确定联轴器的型号和结构尺寸。

考虑启动引起的动载荷及过载等现象,引入工作情况系数 K_A,联轴器的计算转矩 T_{ca} 为

$$T_{ca}=K_A T \tag{12-1}$$

式中:T 为联轴器所需传递的名义转矩(单位:N·m);T_{ca} 为联轴器所需传递的计算转矩(单位:N·m);K_A 为工作情况系数,见表 12-1。

根据计算转矩 T、转速 n 及所选的联轴器的类型、型号和结构尺寸校核,即

$$T_{cn}\leqslant [T] \tag{12-2}$$

$$n \leqslant n_{max} \tag{12-3}$$

式中:$[T]$ 为所选联轴器型号的许用转矩(单位:N·m);n 为被连接轴的转速(单位:r/min);n_{max} 为所选联轴器型号允许的最高转速(单位:r/min)。

表 12-1　工作情况系数 K_A

工作机		K_A			
		原 动 机			
类别	工作情况及示例	电动机、汽轮机	四缸和四缸以上内燃机	双缸内燃机	单缸内燃机
1	转矩变化很小,如发电机、小型通风机、小型离心泵	1.3	1.5	1.8	2.2
2	转矩变化小,如透平压缩机、木工机床、运输机	1.5	1.7	2.0	2.4
3	转矩变化中等,如搅拌机、增压泵、有飞轮的压缩机、冲床	1.7	1.9	2.2	2.6
4	转矩变化和冲击载荷中等,如织布机、水泥搅拌机、拖拉机	1.9	2.1	2.4	3.2
5	转矩变化和冲击载荷大,如造纸机、挖掘机、起重机、碎石机	2.3	2.5	2.8	2.8
6	转矩变化大并有极强烈冲击载荷,如压延机、无飞轮的活塞泵、重型初轧机	3.1	3.3	3.6	4.0

多数情况下,每种型号的联轴器适用的轴径均有一定的范围。标准中已给出轴径的最大值与最小值,或者给出适用轴径的尺寸系列,在确定两轴轴径时,应在适用范围内进行选择。

例 12-1　某带式运输机由电动机驱动，经联轴器带动齿轮减速器运输机工作。已知：电动机的额定功率 $P=10\,\text{kW}$，转速 $n=960\,\text{r/min}$，伸出轴径为 38 mm，减速器主动轴直径为 32 mm，载荷变化较小。试选择连接电动机与减速器的联轴器。

解　(1) 类型选择。

对转速较高、有振动的运输机，可选用结构简单的弹性套柱销联轴器。

(2) 载荷计算。

公称转矩

$$T=9550\frac{P}{n}=9550\times\frac{10}{960}\,\text{N}\cdot\text{m}=99.48\,\text{N}\cdot\text{m}$$

由表 12-1 选取工作情况系数，$K_A=1.5$，则计算转矩为

$$T_{ca}=K_A T=1.5\times99.48\,\text{N}\cdot\text{m}=149.22\,\text{N}\cdot\text{m}$$

(3) 选择型号。

查 GB/T 4323—2017，选用 LT6 型弹性套柱销联轴器，其许用转矩为 250 N·m，许用转速为 3800 r/min，轴径为 30～42 mm，符合要求。

12.3　离　合　器

离合器是一种可以通过各种操纵方式，使连接的两轴随时接合或分离的一种机械装置。对离合器的基本要求是：离合迅速可靠；调节和维修方便；外轮廓尺寸小，质量轻；接合时振动小，操作方便、省力；耐磨性好，有足够的散热能力等。

离合器可分为操纵离合器和自控离合器两大类。操纵离合器必须通过操纵才具有接合和分离的功能。自控离合器工作时在主动部分或从动部分的某些性能参数(如转矩、转速等)发生变化时，能自行接合或分离。

根据内部主、从动部分结合元件的工作原理不同，离合器又可分为牙嵌(嵌入式)离合器和摩擦离合器两大类。

此外，还有一些特殊用途的离合器，如安全离合器等。

课程思政案例 12.2　小青矿"2022.3.24"运输事故(安全意识)

【对应知识点】　离合器

【思政元素案例】　小青矿"2022.3.24"运输事故

12.3.1　牙嵌离合器

图 12-20 所示为牙嵌离合器，它由两个端面带牙的半离合器 1、2 组成。其中半离合器 1 固定在主动轴上，半离合器 2 通过导向键或花键与从动轴连接，并可由操纵机构的滑环

使其做轴向移动，以实现离合器的分离和接合。牙嵌离合器借助端面牙之间的嵌合来传递运动和转矩。

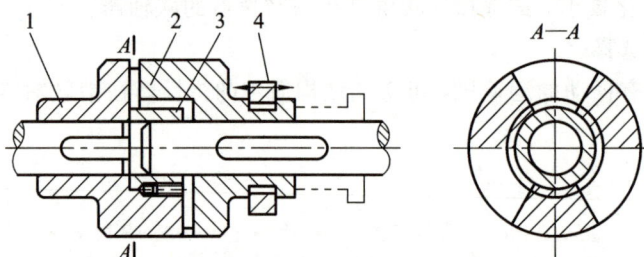

1、2—半离合器；3—对中环；4—滑环。

图 12-20 牙嵌离合器

为了使两个半离合器能够对中，对中环固定在左半离合器上，从动轴可以在对中环内自由移动。为防止端面牙因受冲击载荷而折断，牙嵌离合器的接合动作应在两轴转速差很小或停车时进行。

牙嵌离合器常用牙型有三角形、矩形、梯形和锯齿形，如图 12-21 所示。

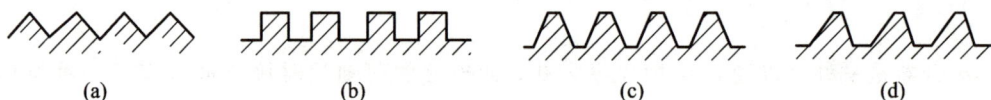

(a)　　　　　　　(b)　　　　　　　(c)　　　　　　　(d)

图 12-21 牙嵌离合器的常用牙型

三角形牙嵌离合器接合和分离容易，但齿的强度较弱，多用于传递小转矩的场合。梯形和锯齿形牙嵌离合器强度较高，接合和分离也较容易，多用于传递大转矩的场合。但锯齿形牙嵌离合器只能单向工作，反转时工作面将受较大的轴向分力，会迫使离合器自行分离，只能传递单向转矩，用于特定的工作场合。矩形牙嵌离合器制造容易，但必须在与槽对准后方能接合，因而接合困难；而且接合以后，与接触的工作面间无轴向分力作用，其分离也较困难，故应用较少。

牙嵌离合器的牙数一般取 3~60。传递大转矩时，牙数应取得少些；要求接合时间短时，牙数应取得多些。

牙嵌离合器的材料常用低碳钢表面渗碳，硬度为 56~62 HRC；或采用中碳钢表面淬火，硬度为 48~54 HRC；不重要的和静止状态接合的离合器，也允许用 HT200。

12.3.2　摩擦离合器

摩擦离合器依靠工作面上的摩擦力传递转矩，可将有角速度差的两轴连接起来，并具有操纵方便、接合平稳、分离迅速和能提供过载保护等优点，常用于频繁启动、制动或经常改变速度（大小和方向）的机械中，如汽车、机床等。

常用摩擦离合器分为单盘式和多盘式两种。

1. 单盘式摩擦离合器

图 12-22 所示为单盘式摩擦离合器。摩擦盘 1 固定在主动轴上，摩擦盘 2 用导向键与从动轴连接，它可以沿轴向滑动，工作时利用操纵环移动摩擦盘 2 向摩擦盘 1 施加轴向压

力,使两摩擦盘压紧,主动轴上的转矩即由两摩擦盘接触面产生的摩擦力传递给从动轴,为了增大摩擦因数,可在一个摩擦盘的表面贴上摩擦片。

　　单盘式摩擦离合器结构简单,散热性好,但传递的转矩较小。当需要传递较大转矩时,可采用多盘式摩擦离合器。

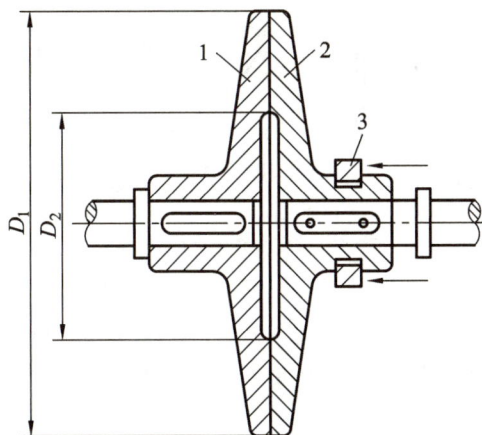

1、2—摩擦盘;3—操纵环。

图 12-22　单盘式摩擦离合器

2. 多盘式摩擦离合器

　　图 12-23 所示为多盘式摩擦离合器,其中,主动轴与鼓轮用键和紧定螺钉连接,从动轴与套筒用键连接。离合器内有两组摩擦盘:一组外摩擦盘(见图 12-24(a))和一组内摩擦盘(见图 12-24(b))。外摩擦盘的外圆与鼓轮通过花键连接,其孔壁不与任何零件接触,内摩擦盘的内圆通过花键与套筒连接,其外缘不与任何零件接触。滑环由操纵机构控制,当向左移动时,压下曲臂压杆,通过压板使内、外摩擦盘相互压紧,此时离合器处于接合状态;当滑环右移时,曲臂压杆被弹簧抬起,内、外摩擦盘松开,离合器处于分离状态。螺母用来调节摩擦盘间的间隙。内摩擦盘可制成碟形(见图 12-24(c)),承压时可被压平与外摩

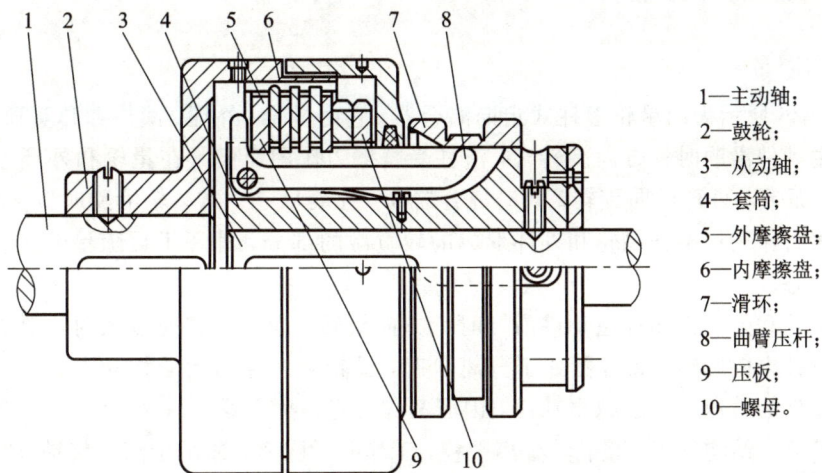

1—主动轴;

2—鼓轮;

3—从动轴;

4—套筒;

5—外摩擦盘;

6—内摩擦盘;

7—滑环;

8—曲臂压杆;

9—压板;

10—螺母。

图 12-23　多盘式摩擦离合器

擦盘贴紧，松开时摩擦盘能自行弹开。

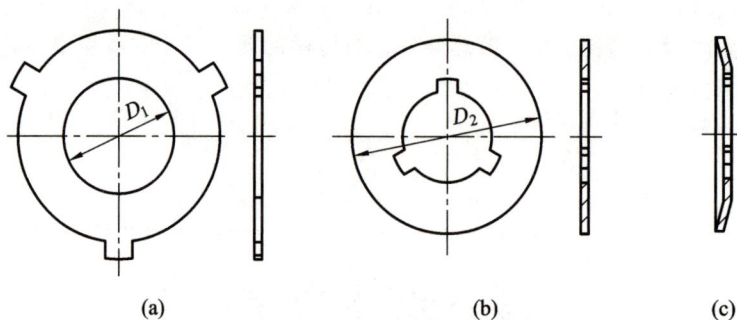

图 12-24　摩擦盘的结构

摩擦离合器工作时会产生滑动摩擦，引起发热并导致磨损。为了散热和减磨，可将摩擦离合器浸在油中工作。因此，摩擦离合器分为干式(不浸油)和湿式(浸入油中)两种类型。湿式摩擦离合器的摩擦片材料常选用淬火钢和青铜，干式摩擦离合器的摩擦片材料最好采用石棉基。

摩擦离合器的操纵方式有机械式、电磁式、气动式和液压式等多种形式，图 12-25 所示为气动(液压)式摩擦离合器。

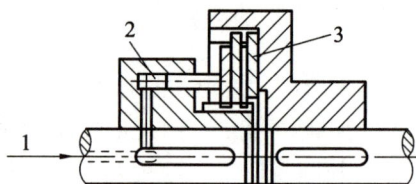

1—压力气体(液体)；2—活塞；3—摩擦片组。

图 12-25　气动(液压)式摩擦离合器

12.3.3　自控离合器

1. 定向离合器

图 12-26 所示为内星轮滚柱式定向离合器。它由星轮、外环、滚柱和弹簧顶杆等组成。当星轮为主动件沿顺时针方向旋转时，滚柱受摩擦力作用而楔紧在星轮和外环形成的狭窄空间内，从而带动外环同向旋转，此时离合器处于接合状态；当星轮沿逆时针方向旋转时，滚柱受摩擦力作用被推到星轮和外环形成的较宽敞的部分，外环不再随星轮旋转，离合器处于分离状态。

如果星轮和外环都作为主动件沿顺时针方向旋转，当外环转速较大时，则星轮相对于外环沿逆时针方向旋转，离合器处于分离状态，星轮和外环的运动相互不影响，由于这种离合器从动件的转速可以超越主动件，因而又称为超越离合器。

定向离合器结构紧凑，接合、分离平稳，工作时无噪声，适用于高速传动，但制造精度要求高，常用在汽车、拖拉机和机床设备中。

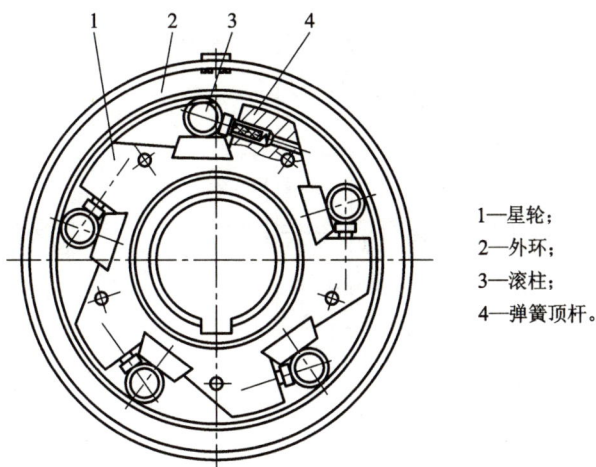

1—星轮；
2—外环；
3—滚柱；
4—弹簧顶杆。

图 12-26　内星轮滚柱式定向离合器

2. 安全离合器

当载荷达到某一数值时，离合器便自动脱开，从而防止机器中重要零件的损坏，这种离合器称为安全离合器。

1）摩擦式安全离合器

图 12-27 所示为摩擦式安全离合器的一种结构，它和圆盘式摩擦离合器相似，只是没有操纵机构，而是用弹簧将内摩擦盘与外摩擦盘压紧，并用螺钉调节压紧力的大小。过载时，摩擦盘将打滑，从而限制离合器传递的最大转矩。

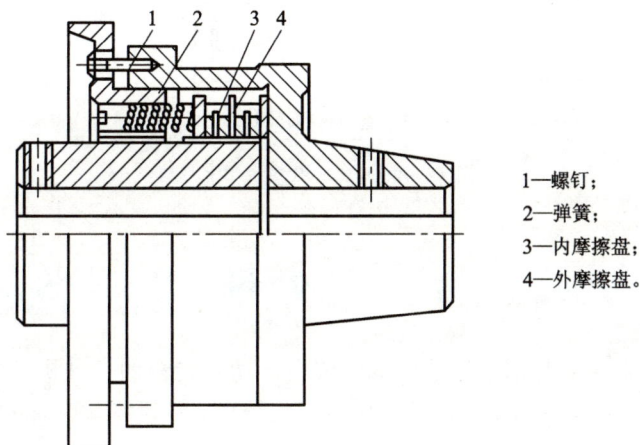

1—螺钉；
2—弹簧；
3—内摩擦盘；
4—外摩擦盘。

图 12-27　摩擦式安全离合器

2）牙嵌式安全离合器

图 12-28 所示为牙嵌式安全离合器，它和牙嵌式离合器很相似，工作时，靠弹簧的压紧力使两个半离合器嵌合以传递转矩。转矩超载后，牙斜面间产生的轴向推力超过了弹簧的压紧力和摩擦阻力，使半联轴器做轴向移动，两个半离合器的牙面打滑。当转矩降低到某一数值时，离合器靠弹簧弹力自动恢复接合。弹簧的压力可以通过螺母调节。

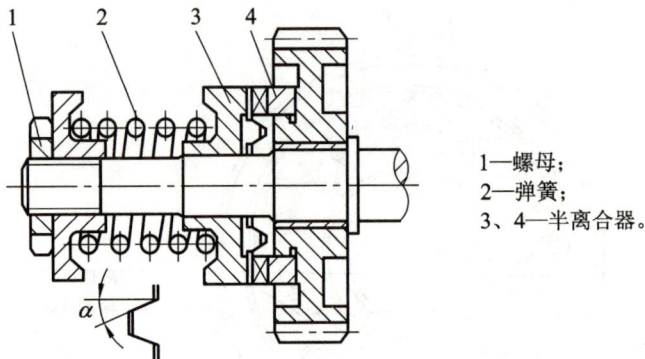

图 12-28 牙嵌式安全离合器

1—螺母;
2—弹簧;
3、4—半离合器。

3) 离心式安全离合器

离心式安全离合器是通过转速变化,利用离心力的作用来控制接合和分离的一种离合器。它有两种类型:一种是自动接合式(见图 12-29(a)),即当主动轴达到一定转速时,能自动接合;另一种是自动分离式(见图 12-29(b)),即当主动轴的转速超过一定值时,能自动分离。

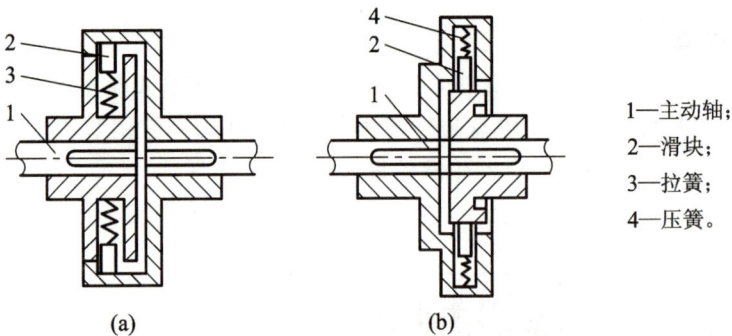

(a)   (b)

图 12-29 离心式安全离合器

1—主动轴;
2—滑块;
3—拉簧;
4—压簧。

本 章 小 结

联轴器和离合器主要是用来连接两轴以传递运动和转矩的一种机械装置。两者的不同之处是:用联轴器连接的两轴,在机器工作时不能分离,必须停车后通过拆卸才能分离;用离合器连接的两轴,在机器工作时能根据需要随时接合或分离。

由于联轴器和离合器大多已标准化,因此可以从手册或图册中查出它们的结构尺寸,通常只进行选择性计算,必要时可对其中的主要零件进行强度校核计算。

习   题

12-1 将本章介绍的联轴器和离合器归类,并简要注明各类特性。

12-2　举例说明弹性联轴器补偿位移的方法及原理。

12-3　举例说明离合器工作时离与合的工作过程。

12-4　对于启动频繁，经常正、反转，转矩很大的传动，可选用什么联轴器？

12-5　某机械设备电动机功率 $P=5.5 \text{ kW}$，转速 $n=1470 \text{ r/min}$，载荷为中等冲击，试选用该设备的联轴器。

第 13 章　　轴 的 设 计

　　轴是组成机器的重要零件之一，它的主要功用是支撑旋转零件并传递运动和动力。本章主要介绍轴的类型及功用，轴的材料选择，轴的结构设计、强度及刚度计算，其核心内容是轴的结构设计、计算简图和强度计算方法。

13.1　概　　述

13.1.1　轴的功用

　　轴是组成机器的重要零件之一，有两个主要功能：一是支承做回转运动的零件（如凸轮、齿轮、带轮及联轴器等），并保证其具有确定的工作位置；二是传递运动和动力。

13.1.2　轴的分类

　　常见的轴的分类方法主要有以下几种。

1. 根据轴的中心线形状分类

　　根据轴的中心线形状的不同，轴可分为直轴、曲轴和挠性轴。

　　（1）直轴。根据外形的不同，直轴可分为光轴（见图 13 - 1）、阶梯轴（见图 13 - 2）及特殊用途轴，如凸轮轴、齿轮轴（见图 13 - 3）和蜗杆轴等。

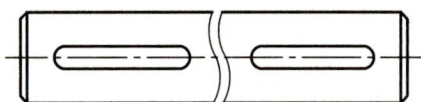

图 13 - 1　光轴

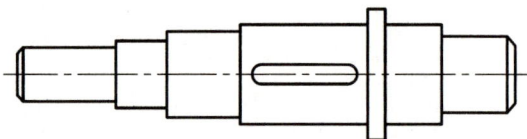

图 13 - 2　阶梯轴

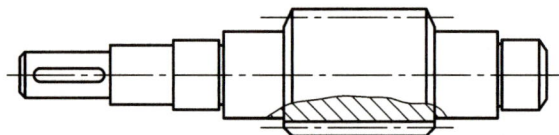

图 13 - 3　齿轮轴

　　光轴具有结构简单、设计加工方便、成本低和应力集中源少等优点,但安装于轴上的零件不易实现装配和定位,主要用作心轴和传动轴。阶梯轴由不同外径的轴段组成,便于实现轴上零件的装拆、定位与固定,受力也比较合理,因而应用得极为广泛,主要用作转轴。

　　直轴一般均为实心轴,但有时为了减轻轴的质量(如航空发动机)或满足机器的工作要求(如车床车削细长棒料时需穿过主轴中心),也可将直轴做成空心轴(见图 13-4),但设计时通常保证其内径与外径的比值在 0.5~0.6 范围内,以保证轴的扭转刚度及稳定性。

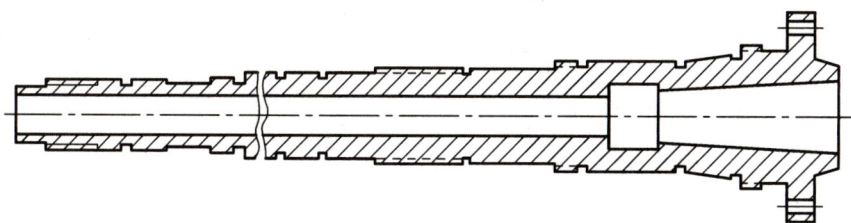

图 13-4　空心轴

　　(2)曲轴。曲轴常用于往复式运动机械中,以实现往复运动与旋转运动之间的转换,如发动机中的曲轴(见图 13-5)。

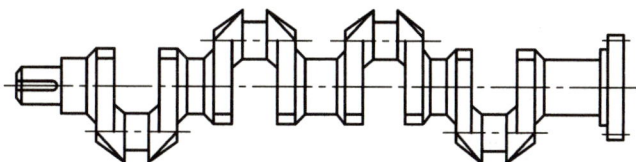

图 13-5　曲轴

　　(3)挠性轴。挠性轴主要用于轴线形状允许发生相对变化的特殊场合,图 13-6 所示的钢丝软轴由多层钢丝卷绕而成,其优点是可绕开障碍物,不但可将转矩和回转运动灵活地传递到任何需要的空间位置,而且具有良好的挠性和缓冲作用。

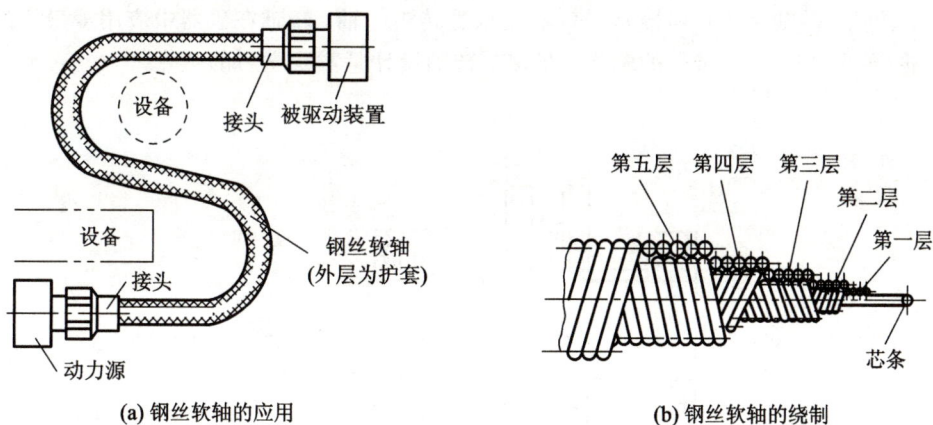

(a) 钢丝软轴的应用　　　　　　(b) 钢丝软轴的绕制

图 13-6　钢丝软轴

2. 根据轴所受载荷性质分类

根据轴所受载荷性质的不同,轴可分为心轴、传动轴和转轴三类。

（1）心轴。心轴是工作时只承受弯矩而不传递转矩的轴（见图 13-7）。根据轴转动与否，心轴又可分为转动心轴（图 13-7(a)）和固定心轴（见图 13-7(b)）两种。固定心轴工作时不随回转零件一起转动，如自行车的轮轴，其所受弯曲应力为静应力。转动心轴工作时随回转零件一起转动，如火车车轮轴和滑轮轴等，其所受弯曲应力为对称循环应力。

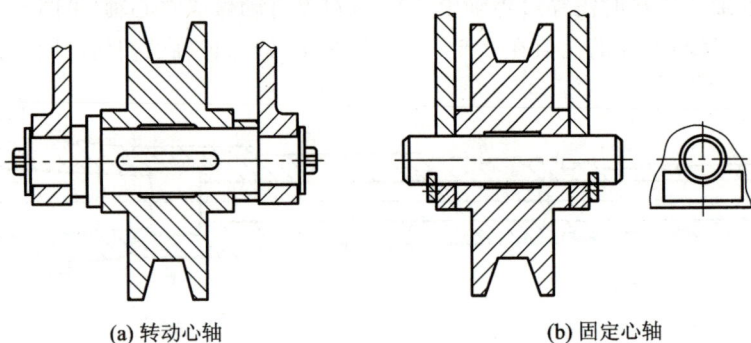

(a) 转动心轴   (b) 固定心轴

图 13-7   心轴

（2）传动轴。传动轴是工作时只传递转矩而不承受弯矩或弯矩很小的轴（见图 13-8），如连接汽车后桥的轴。

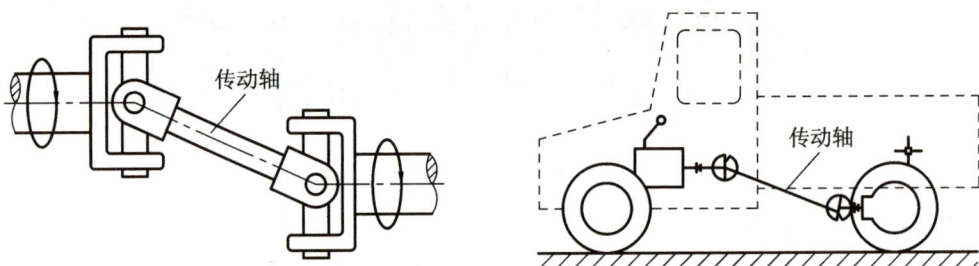

图 13-8   传动轴

（3）转轴。转轴是工作时既承受弯矩又承受转矩的轴。转轴在机器中应用得最广泛，如支承齿轮（见图 13-9）、带轮的轴均为转轴。转轴设计是本章学习的重点。

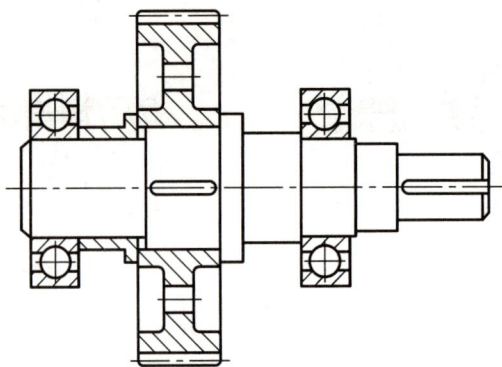

图 13-9   支承齿轮的转轴

13.1.3　轴的设计内容及步骤

1. 轴的设计内容

轴的设计主要包括结构设计和工作能力计算两方面的内容。轴的结构设计是通过合理确定轴的结构形式和尺寸,以满足轴上零件的正确安装、精确定位与固定以及轴的加工工艺性等方面的要求。若轴的结构设计不合理,则会影响到轴的工作能力和轴上零件的工作可靠性。因此,结构设计在轴的设计中占有非常重要的地位。

轴的工作能力计算通常是指对轴进行强度、刚度以及振动稳定性等方面的计算。为了保证所设计的轴能在规定的使用寿命内正常工作,必须根据轴的工作要求对其进行强度计算,以防止其发生断裂或塑性变形失效。对于刚度要求较高的轴(如车床主轴)和受力较大的细长轴(如蜗杆轴),还应进行刚度计算,以防止工作时产生过大的弹性变形。对于高速运转的轴,为避免产生共振现象,还应进行振动稳定性计算。

本章主要讨论轴的结构设计和强度计算问题。对于轴的刚度计算和振动稳定性计算,本章仅作简单介绍。

2. 轴的设计步骤

轴设计的一般步骤如图 13 - 10 所示。

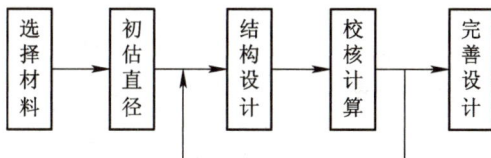

图 13 - 10　轴设计的一般步骤

13.2　轴 的 材 料

13.2.1　失效形式及对材料的性能要求

在多数情况下,轴在工作时产生的应力为循环变应力,故其主要失效形式为因疲劳强度不足而产生的疲劳断裂;有时还会产生塑性变形、脆性断裂、磨损和振动等失效形式。因此,当选择轴的材料时,首先应该满足强度要求,并具有较小的应力集中敏感性。同时,还应满足一定的韧性、耐磨性、加工工艺性以及经济性等要求。

13.2.2　常用材料及热处理

轴常用的材料主要有碳素钢、合金钢和铸铁。

1. 碳素钢

碳素钢具有较好的综合性能,尽管强度较合金钢低,但因其对应力集中不敏感、热处理和机械加工性能好、成本低等优点而应用得最为广泛。其中，最常用的是 45 钢，此外还有 30、40 和 50 钢等。通常，为了保证有较好的力学性能，一般应进行调质或正火等热处理。对低速、轻载或不重要的轴，也可选用 Q235、Q275 等普通碳素钢材料。

2. 合金钢

合金钢的机械性能和淬火性能高于碳素钢，但对应力集中的敏感性高、价格高，常用于重载、高速、重要的轴或有特殊性能要求（如耐高温、耐低温、耐腐蚀、耐磨损以及尺寸小、质量轻但强度高等）的轴。常用的合金钢主要有 40Cr、20CrMnTi、38CrMoAlA 等，通常采用调质、表面淬火以及渗碳淬火等热处理方法。

需要说明的是，各种碳素钢和合金钢在一般工作温度下的弹性模量值非常接近，因此，用合金钢替代碳素钢并不能提高轴的刚度。

3. 铸铁

铸铁的流动性能好，吸振性和耐磨性高，对应力集中敏感性低，价格低廉。但其缺点是强度和韧性低，且铸造质量不易控制，常用于形状复杂、尺寸较大的轴，如曲轴。常用铸铁材料为高强度铸铁和球墨铸铁。

表 13－1 所示为轴的常用材料及其主要力学性能。

表 13－1　轴的常用材料及其主要力学性能

材料牌号	热处理	毛坯直径 /mm	硬度 HBW	抗拉强度 R_m	屈服强度 R_{eL}	弯曲疲劳极限 σ_{-1}	剪切疲劳极限 τ_{-1}	许用弯曲应力 $[\sigma_{-1}]$	备 注
						MPa			
Q235	热轧或锻后空冷	≤100	—	400～420	225	170	105	40	用于不重要及受载荷不大的轴
		>100～250	—	375～390	215				
45	正火回火	≤100	170～217	590	295	255	140	55	应用最广泛
		>100～300	162～217	570	285	245	135		
	调质	≤200	217～255	640	355	275	155	60	
40Cr	调质	≤100	241～286	735	540	355	200	70	用于载荷较大，而无很大冲击的重要轴
		>100～300		685	490	335	185		
35SiMn	调质	≤100	229～286	785	510	355	205	70	性能接近 40Cr，用于中小型轴
		>100～300	219～269	735	440	335	185		
40CrNi	调质	≤100	270～300	900	735	430	260	75	用于很重要的轴
		>100～300	240～270	785	570	370	210		

续表

材料牌号	热处理	毛坯直径 /mm	硬度 HBW	抗拉强度 R_m	屈服强度 R_{eL}	弯曲疲劳极限 σ_{-1}	剪切疲劳极限 τ_{-1}	许用弯曲应力 $[\sigma_{-1}]$	备　注
				MPa					
38CrMoAl	调质	≤60	293～321	930	785	440	280	75	用于要求高耐磨性、高强度且热处理（氮化）变形很小的轴
		>60～100	277～302	835	685	410	270		
		>100～160	241～277	785	590	375	220		
20Cr	渗碳淬火回火	≤60	56～62 HRC	640	390	305	160	60	用于要求强度及韧性均较高的轴
30Cr13	调质	≤100	≥241	835	635	395	230	75	用于腐蚀条件下的轴
QT600-3	—	—	190～270	600	370	215	185	—	用于制造复杂外形的轴
QT800-2	—	—	245～335	800	480	290	250	—	

注：① 表中所列弯曲疲劳极限 σ_{-1} 值按以下关系式计算，供设计时参考。碳钢：$\sigma_{-1} \approx 0.43 R_m$；合金钢：$\sigma_{-1} \approx 0.2(R_m + R_{eL}) + 100$；不锈钢：$\sigma_{-1} \approx 0.27(R_m + R_{eL})$，$\tau_{-1} \approx 0.156(R_m + R_{eL})$；球墨铸铁：$\sigma_{-1} \approx 0.36 R_m$，$\tau_{-1} \approx 0.31 R_m$。

　　② 扭转屈服强度 $\tau_{eL} \approx (0.55 \sim 0.62) R_{eL}$。

13.3　轴的结构设计

　　轴的结构设计是根据轴上零件的安装、定位、固定和轴的制造工艺性等方面的要求，合理地确定轴的结构形式和结构尺寸，包括轴各段的长度和轴径的确定，以保证轴的工作能力和轴上零件工作可靠，减速器高速轴结构如图 13-11 所示。

　　轴的结构主要取决于以下因素：轴在机器中的安装位置及形式，轴上安装的零件的类型、尺寸、数量及与轴连接的方法，载荷的性质、大小、方向及分布情况，轴的加工工艺等。由于影响轴结构的因素很多，因此轴的结构没有标准的形式。设计时，必须针对不同的情况进行具体分析。下面讨论轴的结构设计中要解决的几个主要问题。

课程思政案例 13.1　重庆地铁"成长日记"（装备制造业的快速崛起／国力强盛）

【对应知识点】　轴的结构设计

【思政元素案例】　重庆地铁"成长日记"

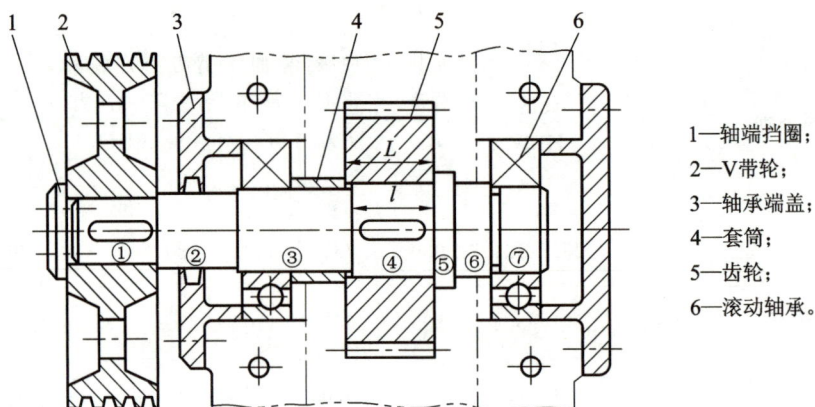

图 13-11　减速器高速轴结构

1—轴端挡圈；

2—V带轮；

3—轴承端盖；

4—套筒；

5—齿轮；

6—滚动轴承。

13.3.1　拟订轴上零件的装配方案

　　轴的结构合理性和装配工艺性与轴上零件的装配方案有关，拟订轴上零件的装配方案是进行轴的结构设计的前提，决定着轴的基本形式。所谓装配方案，就是考虑合理安排动力传递路线并预定出轴上主要零件的装配方向、顺序和相互关系。如图 13-12 所示的圆螺母，其装配方案是齿轮、套筒、右端轴承、轴承端盖、半联轴器依次从轴的右端向左安装，左端只装轴承及其端盖。这样就对各轴段的直径大小顺序作了初步安排。拟订装配方案时，一般应考虑几个方案，便于进行分析比较和选择。

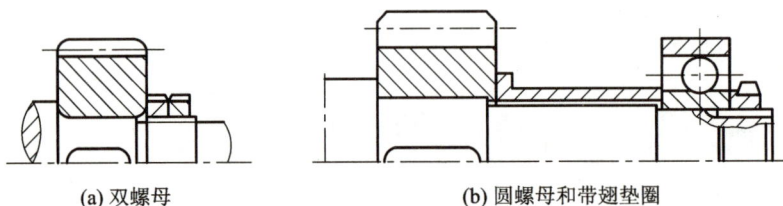

(a) 双螺母　　　　　　　　　(b) 圆螺母和带翅垫圈

图 13-12　圆螺母

13.3.2　轴上零件的轴向固定和轴向定位

　　轴上零件的轴向固定和轴向定位是两个完全不同的概念，极易引起混淆。轴上零件的轴向固定是为了防止轴上零件在轴向力作用下沿轴向移动；轴上零件的轴向定位是为了保证轴上零件具有准确的相对位置。两者既有区别又有联系，作为结构措施，有时某结构既起定位作用同时又起固定作用。下面分别介绍常用的轴向固定和轴向定位的方法。

1. 常用的轴向固定方法

　　(1) 轴肩和轴环。图 13-11 中的齿轮右侧由轴环固定，带轮右侧由轴肩固定。利用轴肩和轴环来固定，其结构简单可靠，可承受较大的轴向力，应用最广泛；其缺点是轴径突变处易产生应力集中，且轴肩过多使轴的加工工艺性变差。

　　(2) 套筒。套筒常用于轴的中间轴段，对两个零件起着相对固定的作用(参见图 13-11

中的套筒)。套筒结构简单、装卸方便、固定可靠,轴上无须钻孔和车螺纹。套筒常与轴肩或轴环配合使用,可使零件双向固定。

(3)圆螺母。圆螺母常用于与轴承相距较远处的零件轴向固定(参见图 13 - 12 (a)),可承受较大的轴向力,装拆方便。一般采用双圆螺母细牙螺纹或单圆螺母带翅垫圈,以防松脱(参见图 13 - 12(b))。

(4)弹性挡圈。弹性挡圈大多同轴肩联合使用(见图 13 - 13),其结构简单、装拆方便,但只能承受较小的轴向力,常用于滚动轴承的轴向固定或轴向力不大时轴上零件的轴向固定。

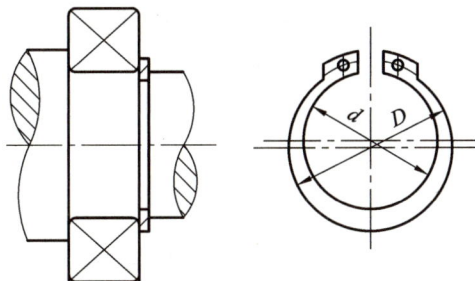

图 13 - 13　弹性挡圈

(5)轴端压板。轴端压板与轴肩或圆锥面联合使用(如图 13 - 14 所示),可使轴端零件得到双向固定。其结构简单、拆卸方便,为防止压板转动,应采用双螺钉将压板紧固在轴端。

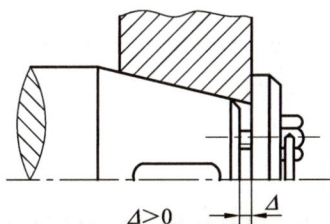

图 13 - 14　轴端压板

以上分别介绍了轴上零件轴向固定的几种常用方法,这些方法大多并不是单独使用的,而是组合在一起使用来实现轴上零件的双向固定。

2. 常用的轴向定位方法

(1)轴肩和轴环。图 13 - 11 中的齿轮右侧由轴环(同时此轴环也起轴向固定作用)定位,右轴承左侧由轴肩定位,带轮右侧也由轴肩(同时此轴肩也起轴向固定作用)定位。为了使零件紧靠定位面(见图 13 - 15),轴肩和轴环的圆角半径 r 应小于零件毂孔圆角半径 R 或倒角 C_1,轴肩和轴环高度 h 应比 R 或 C_1 稍大,通常可取 $h = (0.07 \sim 0.1)d$(d 为与零件相配处的轴径);滚动轴承所用轴肩的高度应根据设计手册中轴承的安装直径来确定。轴环的宽度一般可取为 $b = 1.4h$ 或 $b = (0.1 \sim 0.15)d$。轴肩分为定位轴肩和非定位轴肩两类。非定位轴肩是为了加工和装配方便而设置的,其高度没有严格的规定,一般取为 $1 \sim 2$ mm。

零件毂孔圆角半径和倒角的尺寸见表 13 - 2。

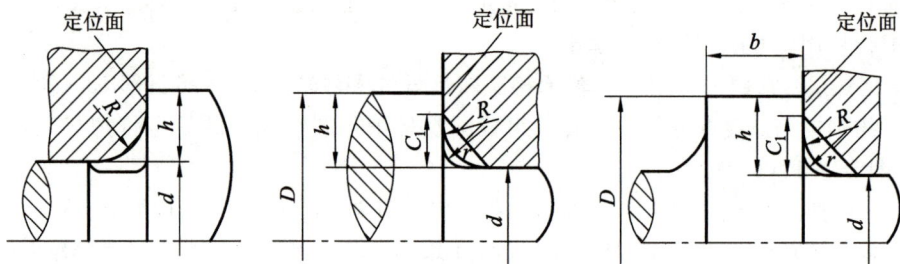

图 13-15　轴肩和轴环的定位

表 13-2　零件毂孔圆角半径 R 和倒角 C_1 的尺寸　　　单位：mm

轴的直径 d	10~18	18~30	30~50	50~80	80~120	>120
R	0.8	1.0	1.6	2.0	2.5	3.0
C_1	1.2	1.6	2.0	2.5	3.0	4.0

注：① 与滚动轴承相配合的轴及轴承座孔处的圆角半径可参考设计手册来确定。

② C_1 的数值可参见 GB 6403.4—2008，此处仅供参考。

（2）套筒。图 13-11 中的套筒（同时起轴向固定作用）对轴上齿轮、左轴承起相对定位作用。一般套筒适用于轴上两个零件之间的定位。但当两个零件之间的距离较大时，不宜采用套筒定位，以免增大套筒的质量及材料用量。而当轴的转速很高时，也不宜采用套筒定位。

（3）轴承端盖。图 13-11 中的左、右两轴承的外圈由轴承端盖定位。利用轴承端盖定位，其结构简单可靠，可承受较大的轴向力，常用于轴承外圈的定位。

13.3.3　轴上零件的周向固定

为了使轴上零件与轴同步转动并可靠地传递转矩，轴上零件与轴之间必须做到周向固定。目前周向固定的方法有许多，其中最常用的方法是采用键连接；当载荷较大时，可采用双键或花键连接；当载荷不大时，可采用销钉（见图 13-16）或紧定螺钉（见图 13-17）实现周向固定；当要求轴与零件对中性好且承载能力高时，可采用轴与零件毂孔间的过盈配合来实现周向固定。

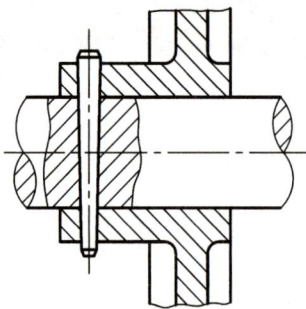

图 13-16　销钉

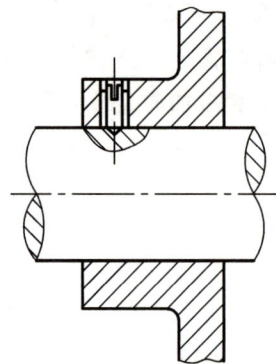

图 13-17　紧定螺钉

13.3.4　各轴段直径和长度的确定

1. 各轴段直径的确定

零件在轴上的定位和装拆方案确定后,可初步估算轴所需的最小直径。在进行轴的结构设计前,通常已求得轴所受的扭矩。因此,可按轴所受的扭矩初步估算轴所需的直径,将初步求出的直径作为轴段的最小直径 d_{min},再按轴上零件的装配方案和定位要求,从 d_{min} 处起根据装配与定位的要求逐一确定各段轴的直径。有配合要求的轴段,应尽量采用标准直径;安装标准件(如滚动轴承、联轴器、密封圈等)部位的轴径,应取为相应的标准值及所选配合的公差。此外,也可采用经验公式来估算轴的直径,例如,在一般减速器中,高速输入轴的直径可按与其相连的电动机轴的直径 D 估算,$d=(0.8\sim1.2)D$。

为了使齿轮、轴承等有配合要求的零件装拆方便,并减少配合表面的擦伤,在配合轴段前应采用较小的直径(参见图 13-11 轴段③的直径)。为了使与轴作过盈配合的零件易于装配,相配轴段的压入端应制出锥度,如图 13-18 所示;或在同一轴段的两个部位上采用不同的尺寸公差,如图 13-19 所示。

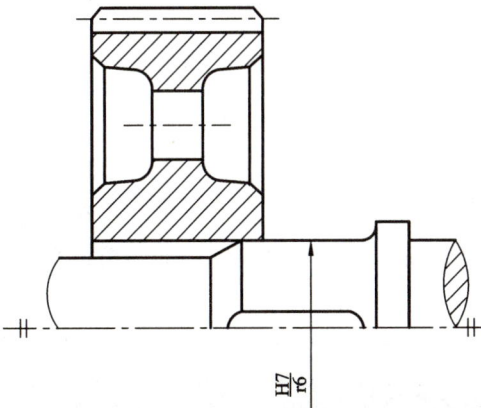

图 13-18　轴的装配锥度　　　　　　　图 13-19　采用不同的尺寸公差

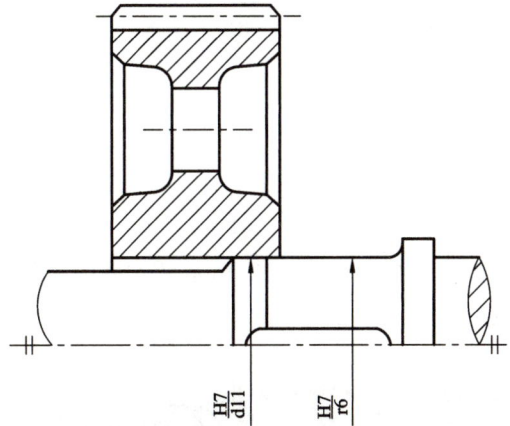

2. 各轴段长度的确定

确定各轴段长度常用的方法是由安装轮毂最粗轴段开始逐段向两端一段一段地确定。确定各轴段长度时,应尽可能使结构紧凑,同时还要保证零件所需的装配或调整空间。轴的各段长度主要是根据各零件与轴配合部分的轴向尺寸和相邻零件间必要的空隙来确定的。例如,为了保证轴向定位可靠,与齿轮和联轴器等零件相配合部分的轴段长度一般应比轮毂长度短 2~3 mm(参见图 13-11);为了防止运动干涉,旋转件与固定件之间应保持一定的距离,如联轴器要留出轴向装拆的距离;滚动轴承外圈端面到箱内壁的距离应保持 5~15 mm。

13.3.5　提高轴的强度的常用措施

轴和轴上零件的结构、工艺及轴上零件的安装布置等对轴的强度有很大的影响,所以应在这些方面进行充分考虑,以提高轴的承载能力,减小轴的尺寸和机器的质量,降低制造成本。

1. 合理布置轴上零件以减小轴的载荷

为了减小轴所承受的弯矩，传动件应尽量靠近轴承，并尽可能不采用悬臂的支承形式，力求缩短支承跨距及悬臂长度等。当动力由几个传动件输出时，应将输入件布置在中间，以减小轴上的转矩。如图 13－20 所示，输入转矩为 $T_1 = T_2 + T_3 + T_4$，轴上各轮按图 13－20(a)所示的布置方式，轴所受的最大扭矩为 $T_2 + T_3 + T_4$，如设计时按图 13－20(b) 所示的布置方式，最大扭矩仅为 $T_3 + T_4$。

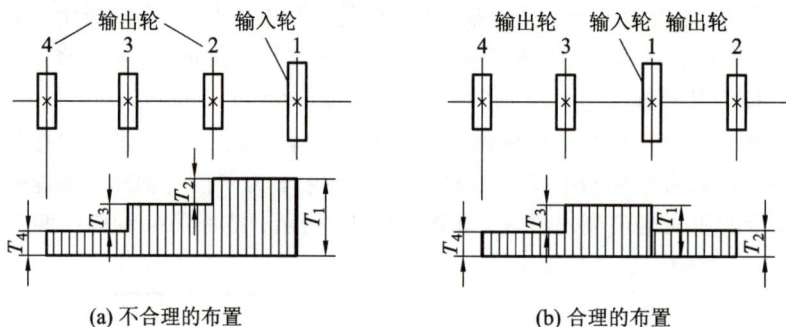

(a) 不合理的布置　　　　(b) 合理的布置

图 13－20　轴上零件的布置

2. 合理设计轴上零件的结构以减小轴的载荷

通过合理设计轴上零件的结构也可减小轴上的载荷。如图 13－21(a)所示的起重卷筒安装方案中，大齿轮和卷筒连在一起，转矩经大齿轮直接传给卷筒，卷筒轴只受弯矩而不受扭矩；如图 13－21(b)所示的方案中，大齿轮将转矩通过轴传到卷筒，因而卷筒轴既受弯矩又受扭矩。在同样的载荷 F 作用下，图 13－21(a)中的轴径可小于图 13－21(b)中的轴径。

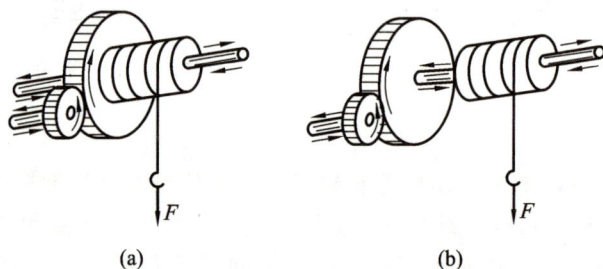

(a)　　　　　　　　(b)

图 13－21　起重卷筒的两种安装方案图

3. 改进轴的结构以减小应力集中的影响

轴通常是在变应力条件下工作的，轴的截面尺寸发生突变处会产生应力集中，轴的疲劳破坏往往在此处发生。为了提高轴的疲劳强度，应尽量减少应力集中源和降低应力集中的程度。为此，轴肩处应采用较大的过渡圆角半径来降低应力集中。但对定位轴肩，还必须保证零件得到可靠的定位。当靠轴肩定位的零件的圆角半径很小时，为了增大轴肩处的圆角半径，可采用内凹圆角或加装隔离环，如图 13－22 所示。

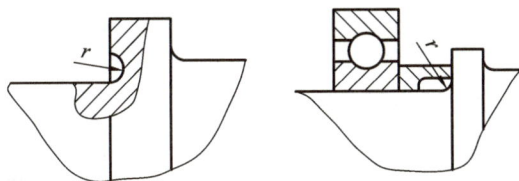

图 13 - 22　轴肩过渡结构

当轴与轮毂为过盈配合时，配合边缘处会产生较大的应力集中，如图 13 - 23(a)所示。在轮毂上或轴上开减载槽，如图 13 - 23(b)、图 13 - 23(c)所示，可减小应力集中；或者增大配合部分的直径，如图 13 - 23(d)所示，也可减小应力集中。由于配合的过盈量越大，引起的应力集中越严重，因此在设计时应合理选择零件与轴的配合。

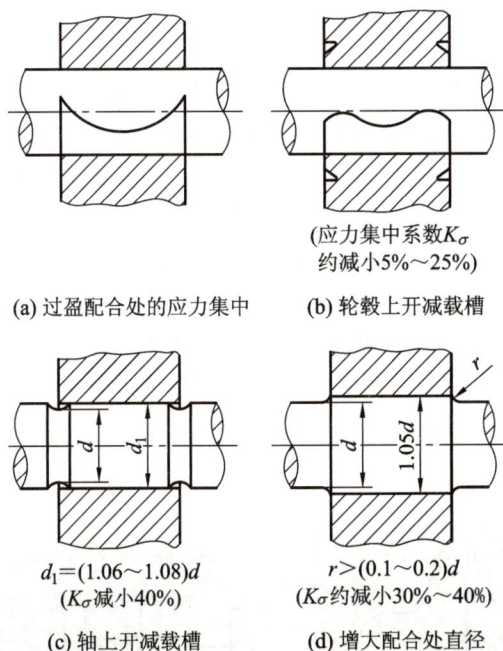

(应力集中系数K_σ约减小5%～25%)

(a) 过盈配合处的应力集中　　(b) 轮毂上开减载槽

$d_1 = (1.06 \sim 1.08)d$
(K_σ减小40%)

$r > (0.1 \sim 0.2)d$
(K_σ约减小30%～40%)

(c) 轴上开减载槽　　(d) 增大配合处直径

图 13 - 23　轴毂配合处的应力集中及其降低方法

对于安装平键的键槽，用盘铣刀加工出的要比用端铣刀加工出的应力集中小；渐开线花键比矩形花键在齿根处的应力集中小，这些在作轴的结构设计时应加以考虑。此外，由于切制螺纹处的应力集中较大，故应尽可能避免在轴上受载较大的区段切制螺纹。

4. 改进轴的表面质量以提高轴的疲劳强度

轴的表面粗糙度和表面强化处理方法也会对轴的疲劳强度产生影响。轴的表面愈粗糙，疲劳强度也愈低。因此，应合理减小轴的表面及圆角处的加工粗糙度值。当采用对应力集中甚为敏感的高强度材料制作轴时，表面质量尤应予以注意。表面强化处理的方法有：表面高频淬火等热处理，表面渗碳、氰化、氮化等化学热处理，碾压、喷丸等强化处理。通过碾压、喷丸进行表面强化处理时，可使轴的表层产生预压应力，从而提高轴的抗疲劳能力。

13.3.6 轴的结构工艺性

轴的结构工艺性是指轴的结构形式应便于加工和装配，能提高生产率，降低成本。一般地，轴的结构越简单，越容易加工。因此，在满足使用要求的前提下，轴的结构应尽量简化。为了便于装配零件并去掉毛刺，轴端应制出 45°的倒角；如图 13-24(a)所示，需要磨削加工的轴段，应留有砂轮越程槽；如图 13-24(b)所示，切制螺纹的轴段，应留有退刀槽。

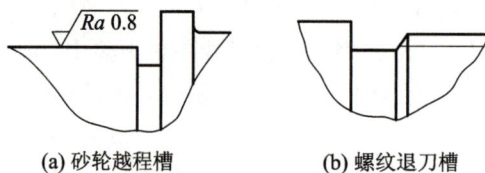

(a) 砂轮越程槽   (b) 螺纹退刀槽

图 13-24   砂轮越程槽与螺纹退刀槽结构

为了减少装夹工件的时间，同一轴上不同轴段的键槽应布置在轴的同一母线上。为了减少加工刀具种类和提高劳动生产率，轴上直径相近处的圆角、倒角、键槽宽度、砂轮越程槽宽度和退刀槽宽度等应尽可能采用相同的尺寸。

通过上面的讨论可知，轴上零件的装配方案对轴的结构形式起着决定性的作用。为了强调同时拟定不同的装配方案进行分析与选择的重要性，现以圆锥—圆柱齿轮减速器(见图 13-25)输出轴的两种装配方案(见图 13-26)为例进行对比。相比之下，图 13-26(b)比图 13-26(a)多用了一个轴向定位的长套筒，使得机器的零件增多，因此，设计时选用图 13-26(a)所示的装配方案较为合理。

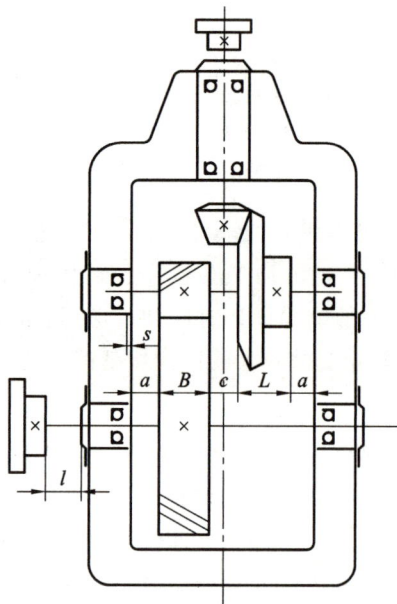

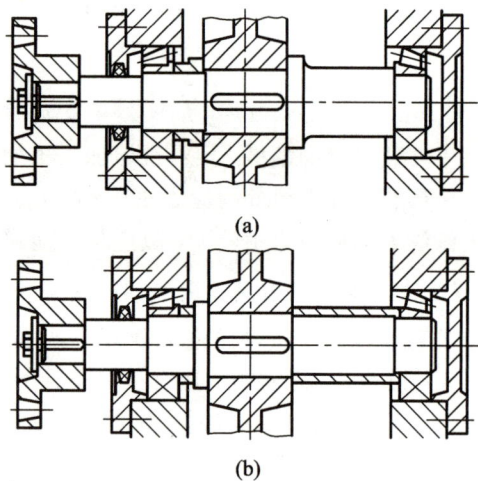

(a)

(b)

图 13-25   圆锥—圆柱齿轮减速器简图   图 13-26   输出轴的两种装配方案

13.4　轴的强度计算

对传递动力的轴，满足强度条件是最基本的要求，因此强度计算是设计轴的重要内容之一。它通常是在初步完成轴的结构设计后进行的。通过分析轴的受载情况，把实际受载情况简化成计算简图，然后应用材料力学的方法进行计算。

轴的强度计算应根据轴的承载情况，采用相应的计算方法。常见的轴的强度计算方法有以下四种。

◆ 课程思政案例 13.2　世界第一拱桥——重庆朝天门长江大桥(中国速度/民族自豪感)

【对应知识点】　轴的强度计算
【思政元素案例】　世界第一拱桥——重庆朝天门长江大桥

13.4.1　按扭转强度条件计算

按扭转强度条件计算即只按轴所受的扭矩来计算轴的强度，适用于只承受扭矩的传动轴的精确计算，也可用于既受弯矩又受扭矩的轴的近似计算，以估算轴的最小直径。对于不重要的轴，也可作为最终计算结果。

由材料力学得知，实心圆轴受扭矩 T 时产生的扭转应力为 τ_T，其强度条件为

$$\tau_T = \frac{T}{W_T} \approx \frac{9550 \times 10^3 P}{0.2 d^3 n} \leqslant [\tau_T] \tag{13-1}$$

式中：τ_T 为轴的扭转切应力(单位：MPa)；T 为转矩(单位：N·mm)；W_T 为抗扭截面系数(单位：mm³)，见表 13-4；P 为传递的功率(单位：kW)；n 为轴的转速(单位：r/min)；d 为轴的直径(单位：mm)；$[\tau_T]$ 为许用扭转切应力(单位：MPa)，见表 13-3。

由式(13-1)可得轴径的设计公式：

$$d \geqslant \sqrt[3]{\frac{9550 \times 10^3 P}{0.2 [\tau_T] n}} = \sqrt[3]{\frac{9550 \times 10^3}{0.2 [\tau_T]}} \cdot \sqrt[3]{\frac{P}{n}} = A_0 \sqrt[3]{\frac{P}{n}} \tag{13-2}$$

式中：A_0 为由轴的材料和承载情况确定的系数，见表 13-3。

表 13-3　常用材料的 $[\tau_T]$ 值和 A_0 值

材料牌号	Q235-A、20	Q275、35	45	40Cr、35SiMn、38SiMnMo
$[\tau_T]$/MPa	15～25	20～35	25～45	35～55
A_0	149～126	135～112	126～103	112～97

注：① 表中 $[\tau_T]$ 值是考虑了弯矩影响而降低了的许用扭转切应力。

　　② 当轴上的弯矩比传递的转矩小或只传递转矩、载荷平稳、轴向力较小、单向旋转时，$[\tau_T]$ 取较大值，A_0 取较小值。

由式(13-2)求出的 d 值一般作为轴端处的最小直径 d_{min}。若该轴端需要开键槽，则应将此处轴径加大以考虑键槽对轴的削弱。对于直径 $d>100$ mm 的轴，若开一个键槽，则轴径加大 3%～5%，若开两个键槽，则应将轴径加大 7%～10%；对于直径 $d \leqslant 100$ mm 的轴，若开一个键槽，则轴径加大 5%～7%，若开两个键槽，则应将轴径加大 10%～15%，然后将轴径圆整成标准直径。

13.4.2 按弯扭合成强度条件计算

当轴的结构设计完成后，已初步确定了轴的几何形状和尺寸，这时轴的支撑位置和轴所受载荷的大小、方向及作用点等均已确定，可按弯扭合成强度条件进行计算。它主要用于一般转轴和心轴的计算，具体步骤如下。

（1）作轴的空间受力简图。

轴所受的载荷是从轴上的零件传递过来的，简化计算时通常把分布载荷简化为轮毂宽度中点的集中载荷；轴与轴上零件的自重，除尺寸与质量很大时需考虑外，通常可以忽略不计。作用在轴上的扭矩，一般从传动件轮毂宽度中点算起。通常把轴当作置于铰链支座上的梁，支反力的作用点与轴承的类型和布置方式有关，可按图 13-27 确定。

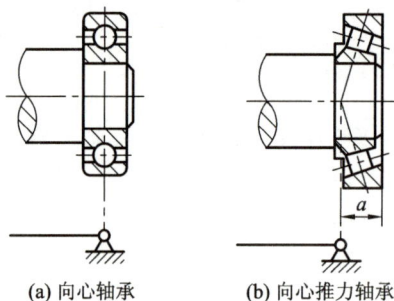

(a) 向心轴承   (b) 向心推力轴承

图 13-27 轴的支撑反力的作用点

将外载荷分解到水平面和垂直面内，求垂直面支撑反力 F_V 和水平面支撑反力 F_H。

（2）作垂直面弯矩 M_V 图和水平面弯矩 M_H 图。

（3）作合成弯矩 M 图。

$$M = \sqrt{M_V^2 + M_H^2} \tag{13-3}$$

（4）作转矩 T 图。

（5）按第三强度理论条件求弯扭合成强度。

$$\sigma_{ca} = \sqrt{\sigma_b^2 + 4\tau_T^2} \leqslant [\sigma_b] \tag{13-4}$$

式中：σ_{ca} 为轴的计算应力（单位：MPa），σ_b 为危险截面上弯矩 M 产生的弯曲应力，τ_T 为转矩 T 产生的扭转剪应力。

对于直径为 d 的实心圆轴，有

$$\sigma_b = \frac{M}{W} \approx \frac{M}{0.1d^3}, \quad \tau_T = \frac{T}{W_T} \approx \frac{T}{0.2d^3} = \frac{T}{2W} \tag{13-5}$$

式中：W、W_T 分别为轴的抗弯截面系数和抗扭截面系数，计算公式见表 13-4。

表 13 - 4　抗弯、抗扭截面系数计算公式

截面						
W	$\dfrac{\pi d^3}{32} \approx 0.1 d^3$	$\dfrac{\pi d^3}{32}(1-\beta^4) \approx 0.1 d^3(1-\beta^4)$ $\beta = \dfrac{d_1}{d}$	$\dfrac{\pi d^3}{32} - \dfrac{bt(d-t)^2}{2d}$	$\dfrac{\pi d^3}{32} - \dfrac{bt(d-t)^2}{d}$	$\dfrac{\pi d^3}{32}\left(1-1.54\dfrac{d_1}{d}\right)$	$\dfrac{[\pi d^4 + (D-d)(D+d)^2 zb]}{(32D)}$ 其中 z 为花键齿数
W_{T}	$\dfrac{\pi d^3}{16} \approx 0.2 d^3$	$\dfrac{\pi d^3}{16}(1-\beta^4) \approx 0.2 d^3(1-\beta^4)$ $\beta = \dfrac{d_1}{d}$	$\dfrac{\pi d^3}{16} - \dfrac{bt(d-t)^2}{2d}$	$\dfrac{\pi d^3}{16} - \dfrac{bt(d-t)^2}{d}$	$\dfrac{\pi d^3}{16}\left(1-\dfrac{d_1}{d}\right)$	$\dfrac{[\pi d^4 + (D-d)(D+d)^2 zb]}{(16D)}$ 其中 z 为花键齿数

注：近似计算时，单、双键槽一般可忽略，花键轴截面可视为直径等于平均直径的圆截面。

将 σ_b 和 τ_T 代入式(13-4)，则轴的弯扭合成强度为

$$\sigma_{ca} = \sqrt{\left(\frac{M}{W}\right)^2 + 4\left(\frac{T}{2W}\right)^2} = \frac{\sqrt{M^2 + T^2}}{W} \leqslant [\sigma] \qquad (13-6)$$

通常由弯矩所产生的弯曲应力是对称循环变化的，而由转矩所产生的扭转剪应力则常常不是对称循环变化的。考虑到弯矩和转矩的应力循环特性差异，在合成时引入将转矩折算成当量弯矩的折算系数 α 并加以相应的修正。对于不变的扭矩，取 $\alpha = 0.3$；对于受脉动循环变化的扭矩，取 $\alpha = 0.6$；对于受对称循环变化的扭矩，取 $\alpha = 1$，则式(13-6)可修正为

$$\sigma_{ca} = \sqrt{\left(\frac{M}{W}\right)^2 + 4\left(\frac{\alpha T}{2W}\right)^2} = \frac{\sqrt{M^2 + (\alpha T)^2}}{W} = \frac{M_{ca}}{W} = \frac{M_{ca}}{0.1 d^3} \leqslant [\sigma] \qquad (13-7)$$

式中：M_{ca} 为计算弯矩，$M_{ca} = \sqrt{M^2 + (\alpha T)^2}$；$[\sigma]$ 为轴的许用弯曲应力（单位：MPa）。

对称循环、脉动循环、静应力状态下的许用弯曲应力的值可查表13-1；对于转轴和转动心轴取 $[\sigma] = [\sigma_{-1}]$；对于固定心轴，取 $[\sigma] = [\sigma_0]$，$[\sigma_0] \approx 1.7[\sigma_{-1}]$。

应该说明，所谓不变的扭矩只是一个理论值，实际上机器运转时常有扭转振动的存在。为安全起见，单向回转的轴常按脉动扭矩计算，双向回转的轴常按对称循环扭矩计算。

轴径的计算公式为

$$d \geqslant \sqrt[3]{\frac{M_{ca}}{0.1[\sigma]}} \qquad (13-8)$$

若该截面有键槽，则会削弱轴的强度，可将计算出的轴径增大 4% 左右。计算出的轴径还应该与结构设计中初步确定的轴径比较，若初步确定的直径较小，则强度不够，应修改结构设计；若计算出的轴径较小，则一般以结构设计的轴径为准。

课程思政案例13.3　大坝的形状（民族自豪感/使命感/责任与担当）

【对应知识点】　轴的弯扭合成强度计算
【思政元素案例】　大坝的形状

13.4.3　按疲劳强度安全系数计算

上述按弯扭合成强度条件的计算方法，对于一般用途的轴已足够精确。但是按弯扭合成强度条件计算时没有考虑应力集中、轴径尺寸和表面状况等因素对轴的疲劳强度的影响。因此，对于重要的轴还要进行轴的危险截面处的疲劳强度安全系数的精确计算，且应该满足计算安全系数 S_{ca} 大于或至少等于设计安全系数 $[S]$，即

$$S_{ca} = \frac{S_\sigma S_\tau}{\sqrt{S_\sigma^2 + S_\tau^2}} \geqslant [S] \qquad (13-9)$$

式中：S_{ca} 为计算安全系数；$[S]$ 为许用安全系数，见表13-5；S_σ 为只受弯矩作用的安全系数；S_τ 为只受扭矩作用的安全系数。

当仅有法向力时，应满足

$$S_\sigma = \frac{\sigma_{-1}}{K_\sigma \sigma_n + \varphi_\sigma \sigma_m} \geqslant [S] \qquad (13-10)$$

当仅有扭转切应力时，应满足

$$S_\tau = \frac{\sigma_{-1}}{K_\tau \tau_n + \varphi_\tau \tau_m} \geqslant [S] \tag{13-11}$$

表 13 – 5　疲劳强度的许用安全系数

条　　件	$[S]$
载荷可精确计算，材质均匀，材料性能精确可靠	1.3～1.5
计算精度较低，材质不够均匀	1.5～1.8
计算精度很低，材质很不均匀，或尺寸很大的轴($d>200$ mm)	1.8～2.5

13.4.4　按静强度的安全系数校核计算

静强度计算用于评定轴对塑性变形的抵抗能力。轴受到的尖峰载荷，即使作用时间很短且出现次数很少，虽不足以引起疲劳破坏，却能使轴产生塑性变形。因此设计时，应按尖峰载荷进行静强度的安全系数校核。其计算公式为

$$S_0 = \frac{S_{0\sigma} S_{0\tau}}{\sqrt{S_{0\sigma}^2 + S_{0\tau}^2}} \geqslant [S_0] \tag{13-12}$$

$$S_{0\sigma} = \frac{\sigma_s}{\sigma_{max}} \tag{13-13}$$

$$S_{0\tau} = \frac{\tau_s}{\tau_{max}} \tag{13-14}$$

式中：S_0 为静强度安全系数；$S_{0\sigma}$ 为只受弯矩作用时的静强度安全系数；$S_{0\tau}$ 为只受扭矩作用时的静强度安全系数，若轴的材料塑性高($\sigma_s/\sigma_b \leqslant 0.6$)，则取$[S_0]=1.2\sim1.4$，若轴的材料塑性中等($0.6<\sigma_s/\sigma_b \leqslant 0.8$)，则取$[S_0]=1.4\sim1.8$；若轴的材料塑性较低($\sigma_s/\sigma_b>0.8$)，则取 $[S_0]=1.8\sim2$，对铸造的轴，取$[S_0]=2\sim3$；σ_s 为材料抗弯屈服极限（单位：MPa）；τ_s 为材料抗扭屈服极限（单位：MPa）；σ_{max} 为尖峰载荷所产生的弯曲切应力（单位：MPa）；τ_{max} 为尖峰载荷所产生的扭转切应力（单位：MPa）。

13.5　轴的刚度计算

轴受弯矩作用会产生弯曲变形（轴的挠度和偏转角见图 13-28），受转矩作用会产生扭转变形（轴的扭转角见图 13-29）。如果轴的刚度不够，变形量过大，就会影响轴上零件的正常工作，甚至会丧失机器应有的工作性能。例如：机床主轴变形过大将影响所加工零件的精度；安装齿轮的轴变形过大将影响齿轮的正确啮合，使齿轮沿齿宽和齿高方向接触不良，造成载荷在齿面上严重分布不均；轴上装有滚动轴承时，轴的变形过大，将引起轴承内、外圈相互倾斜，转动不灵活，甚至被卡住，降低轴承寿命。因此，对刚度要求较高的轴，必须进行刚度校核计算。轴的刚度有弯曲刚度和扭转刚度两种，下面分别讨论这两种刚度的计算方法。

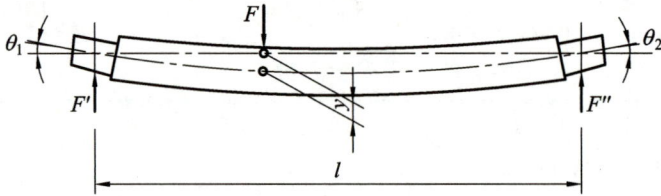

图 13-28　轴的挠度和偏转角

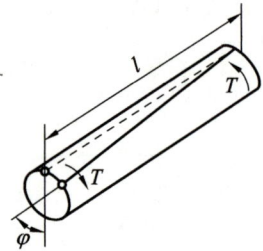

图 13-29　轴的扭转角

13.5.1　轴的弯曲刚度校核计算

弯曲刚度可用在一定载荷作用下的挠度 y 和偏转角 θ 来度量。常见的轴大多可视为简支梁，可按材料力学中计算梁弯曲变形的公式计算。对于光轴，可按挠度曲线的近似微分方程积分求解；对于阶梯轴，可采用变形能法。

轴的弯曲刚度条件如下：

挠度：

$$y \leqslant [y] \tag{13-15}$$

扭转角：

$$\theta \leqslant [\theta] \tag{13-16}$$

式中：$[y]$ 为轴的许用挠度（单位：mm），见表 13-6；$[\theta]$ 为轴的许用偏转角（单位：rad），见表 13-6。

表 13-6　轴的许用挠度 $[y]$、许用偏转角 $[\theta]$ 和许用扭转角 $[\varphi]$

变形种类	应用场合	许用值	变形种类	应用场合	许用值
挠度 /mm	一般用途的轴	$(0.0003 \sim 0.0005)l$	偏转角 /rad	滑动轴承	$\leqslant 0.001$
	刚度要求较高的轴	$\leqslant 0.0002l$		向心球轴承	$\leqslant 0.005$
	感应电机轴	$\leqslant 0.1\Delta$		调心球轴承	$\leqslant 0.05$
	安装齿轮的轴	$(0.01 \sim 0.03)m_n$		圆柱滚子轴承	$\leqslant 0.0025$
	安装涡轮的轴	$(0.02 \sim 0.05)m_a$		圆锥滚子轴承	$\leqslant 0.0016$
	l——支撑间跨距； Δ——电动机定子与转子间的气隙； m_n——齿轮的法向模数； m_a——蜗轮的端面模数			安装齿轮处轴的截面	$0.001 \sim 0.002$
			每米长的扭转角/ $[(°) \cdot m^{-1}]$	一般传动	$0.5 \sim 1$
				较精密的传动	$0.25 \sim 0.5$
				重要传动	$\leqslant 0.25$

13.5.2　轴的扭转刚度校核计算

扭转刚度可用其扭转角 φ 来度量。轴受扭矩作用时，其扭转角的计算公式如下：

光轴：

$$\varphi = 5.73 \times 10^4 \frac{T}{GI_{\mathrm{p}}} \qquad (13-17)$$

阶梯轴：

$$\varphi = 5.73 \times 10^4 \frac{1}{LG} \cdot \sum_{i=1}^{z} \frac{T_i l_i}{I_{\mathrm{p}i}} \qquad (13-18)$$

式中：T 为轴所受的扭矩（单位：N·mm）；G 为轴的材料的剪切弹性模量（单位：MPa），对于钢材，$G = 8.1 \times 10^4$ MPa；I_{p} 为轴截面的极惯性矩（单位：mm^4），对于圆轴，$I_{\mathrm{p}} = \frac{\pi d^4}{32}$；$L$ 为阶梯轴受扭矩作用的长度（单位：mm）；T_i 为阶梯轴第 i 段上所受的扭矩；l_i 为阶梯轴第 i 段上的长度；$I_{\mathrm{p}i}$ 为阶梯轴第 i 段上所受的极惯性矩；z 为阶梯轴受扭矩作用的轴段数。

计算得出的变形量应满足校核公式，才算扭转刚度合格，即

$$\varphi \leqslant [\varphi] \qquad (13-19)$$

式中：$[\varphi]$ 为轴每米长的许用扭转角，与轴的使用场合有关，一般传动的 $[\varphi]$ 值见表 13-6。

13.6　轴的振动和振动稳定性

大多数机器中的轴虽然不受周期性外载荷的作用，但由于零件的结构不对称、材质分布不均匀以及制造、安装误差等因素的影响，零件的重心偏移，不能精确地位于几何轴线上，回转时产生离心力，使轴受到周期性载荷的干扰。当轴受载荷作用引起的强迫振动频率与轴的固有频率相同或接近时，将产生共振现象，以至于轴或轴上零件乃至整个机器遭到破坏。发生共振时轴的转速称为临界转速。

如果轴的转速停滞在临界转速附近，轴的变形将迅速增大，以致轴甚至整台机器遭到破坏。因此，对于重要的轴，尤其是高转速的轴或受周期性外载荷作用的轴，在设计时，除了要进行前述强度和刚度计算以外，还必须计算其临界转速，并使轴的工作转速 n 避开临界转速 n_{c}。

轴的临界转速可以有许多个，最低的一个称为一阶临界转速，其余依次称为二阶、三阶临界转速等。在一阶临界转速下振动最激烈，轴也最容易被破坏，因此通常计算一阶临界转速。但在某些特殊情况下，还需计算高阶临界转速。关于各阶临界转速的计算方法，可参阅力学等方面的书籍。

工作转速低于一阶临界转速的轴称为刚性轴（工作于亚临界区）；工作转速超过一阶临界转速的轴称为挠性轴（工作于超临界区）。两者的临界转速条件分别如下：

刚性轴：

$$n < (0.7 \sim 0.8)n_{\mathrm{c1}} \qquad (13-20)$$

挠性轴：

$$1.4n_{\mathrm{c1}} \leqslant n \leqslant 0.7n_{\mathrm{c2}} \qquad (13-21)$$

式中：n_{c1} 为一阶临界转速，n_{c2} 为二阶临界转速。

例 13-1　某设备中的输送装置运转平稳，工作转矩变化很小，以二级圆柱齿轮减速器作为减速装置，试设计该减速器的输入轴。其二级减速器如图 13-30 所示。输入轴与电动

机相连,输出轴通过弹性柱销联轴器与工作机相连,输入轴单向旋转(从装有半联轴器的一端看为沿顺时针方向)。已知电动机功率 $P=5.2\ \mathrm{kW}$,输出轴直径为 25 mm,转速 $n_1=1440\ \mathrm{r/min}$,齿轮机构的参数列于表 13-7 中。

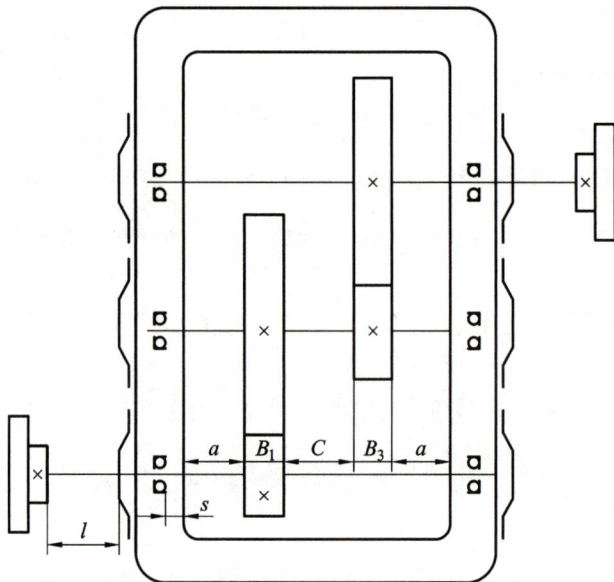

图 13-30　二级减速器

表 13-7　齿轮机构的参数

级别	z_1	z_2	m_n/mm	m_t/mm	$\beta/(°)$	$\alpha_n/(°)$	h_a^*/mm	齿宽/mm
高速级	31	140	1.5	1.556	15.21	20	1	$B_1=55,B_2=50$
低速级	39	126	2.5	2.5	0			$B_3=65,B_4=60$

解　(1)求输入轴上的功率 P_1、转速 n_1 和转矩 T_1。

若取弹性柱销联轴器的效率 $\eta=0.98$,每级齿轮传动的效率(包括轴承效率在内)$\eta=0.97$,则

$$P_1=P\eta_1=5.2\times0.98\ \mathrm{kW}=5.10\ \mathrm{kW}$$

$$n_1=1440\ \mathrm{r/min}$$

$$T_1=\frac{9.550\times10^3 P_1}{n_1}=\frac{9.550\times10^3\times5.10}{1440}\ \mathrm{N\cdot mm}=33\ 823\ \mathrm{N\cdot mm}$$

(2)求作用在高速级小齿轮上的力。

高速级小齿轮的分度圆直径为

$$d_1=m_1 z_1=1.556\times31\ \mathrm{mm}=48.24\ \mathrm{mm}$$

高速级小齿轮的受力情况如下:

$$F_{t1}=\frac{2T_1}{d_1}=\frac{2\times33.823}{48.24}\ \mathrm{N}=1402\ \mathrm{N}$$

$$F_{r1}=F_{t1}\cdot\frac{\tan\alpha_n}{\cos\beta}=1402\times\frac{\tan20°}{\cos15.21°}\ \mathrm{N}=528\ \mathrm{N}$$

$$F_{a1} = F_{t1} \tan\beta = 1402 \times \tan 15.21° \text{ N} = 381 \text{ N}$$

（3）初步确定轴的最小直径 $d_{\min}$。

选取轴的材料为 45 钢，调质处理。根据表 13-3 查取 $A_0 = 112$，于是

$$d_{\min} \geqslant A_0 \sqrt[3]{\frac{P_1}{n_1}} = 112 \times \sqrt[3]{\frac{5.10}{1440}} \text{ mm} = 17.1 \text{ mm}$$

由于最小直径处与联轴器配合，开有键槽，直径增大 5%，因此 $d_{\min} = 1.05 \times 17.1 \text{ mm} = 18.0 \text{ mm}$，为了使所选的轴径 $d_{\min}$ 与联轴器的孔径相适应，应同时选取联轴器的型号。

联轴器的计算转矩 $T_{ca} = K_A T_1$，考虑到转矩很小，通过查联轴器的相关手册，取 $K_A = 1.3$，则 $T_{ca} = K_A T_1 = 1.3 \times 33\,823 \text{ N} \cdot \text{mm} = 43\,970 \text{ N} \cdot \text{mm}$，按照计算转矩应小于联轴器的公称转矩的条件，查 GB/T 5014—2003 或相关手册，为了同时满足电动机轴径的要求，选用 LX2 型弹性柱销联轴器，其公称转矩为 560\,000 \text{ N} \cdot \text{mm}$，允许的最高转速为 6300 r/min，半联轴器的孔径 $d_1 = 24 \text{ mm}$，$d_{I-II} = 24 \text{ mm}$，半联轴器长度 $L = 52 \text{ mm}$，半联轴器与轴配合的毂孔长度 $L_1 = 38 \text{ mm}$。

（4）轴的结构设计。

① 拟定轴上零件的装配方案。

考虑轴上零件的固定和定位以及装配顺序，选用图 13-31 所示的装配方案。

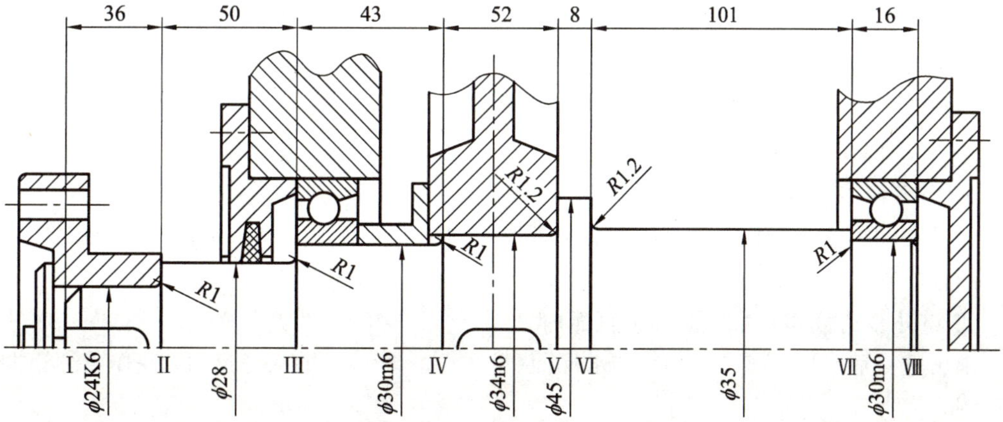

图 13-31 轴的结构设计

② 根据轴向定位的要求确定轴的各段直径和长度。

a. 为了满足半联轴器的轴向定位要求，Ⅰ-Ⅱ 轴段右端需制出一轴肩，故取 Ⅱ-Ⅲ 段的直径 $d_{II-III} = 28 \text{ mm}$，左端用轴端挡圈固定，其 $D = 29 \text{ mm}$。半联轴器与轴配合的毂孔长度 $L_1 = 38 \text{ mm}$，为了保证轴端挡圈只压在半联轴器上而不压在轴的端面上，Ⅰ-Ⅱ 轴段的长度应比 L_1 略短一些，取 $l_{I-II} = 36 \text{ mm}$。

b. 初步选择滚动轴承。此轴上安装的齿轮为斜齿轮，考虑存在轴向力，因此选用能承受轴向力的角接触球轴承。参照工作要求并根据 $d_{II-III} = 28 \text{ mm}$，确定选用 7206C 型轴承，其尺寸为 $d \times D \times B = 30 \text{ mm} \times 62 \text{ mm} \times 16 \text{ mm}$，故 $d_{III-IV} = d_{VI-VII} = 30 \text{ mm}$，$l_{VII-VIII} = 16 \text{ mm}$。右端的轴承依靠轴肩定位，因轴承为标准件，故其定位轴肩的高度应符合手册规定的安装尺寸，查相关手册，取 $d_{VI-VII} = 35 \text{ mm}$。

c. 取安装齿轮处的轴段 Ⅳ-Ⅴ 的直径 $d_{IV-V} = 34 \text{ mm}$，齿轮的左端与左轴承采用套筒定

位。已知齿轮轮毂的宽度为 55 mm，为了使套筒端面可靠地压紧齿轮，此轴段应略短于轮毂的宽度，故 $l_{\text{IV-V}} = 52$ mm，齿轮的右端采用轴环定位，则轴环处直径 $d_{\text{IV-V}} = 45$ mm。轴环宽度 $b \geqslant 1.4h$，取 $l_{\text{V-VI}} = 8$ mm。

d. 轴承端盖的总宽度由减速器及轴承端盖的结构设计而定，一般约为 20 mm，本例取为 20 mm，根据轴承端盖的装拆及便于对轴承添加润滑剂的要求，取端盖的外端面与半联轴器左端面间的距离 $l = 30$ mm，故取 $l_{\text{II-III}} = 50$ mm。

e. 根据经验(或手册提供)取齿轮距箱体内壁之间的距离 $a = 16$ mm，两齿轮之间的距离 $c = 20$ mm，同时，滚动轴承应距箱体内壁 $s = 8$ mm。已知滚动轴承的宽度 $B = 16$ mm，低速级小齿轮宽度 $B_3 = 65$ mm，因此

$$l_{\text{III-IV}} = B + s + a + (55 - 52) \text{ mm} = 16 + 8 + 16 + 3 \text{ mm} = 43 \text{ mm}$$

$$l_{\text{VI-VII}} = c + B_3 + a + s - l_{\text{V-VI}} = 20 + 65 + 16 + 8 - 8 \text{ mm} = 101 \text{ mm}$$

③ 轴上零件的周向定位。

齿轮、半联轴器与轴的周向定位均采用平键连接。按 $d_{\text{IV-V}}$ 查手册可得平键截面尺寸 $bh = 10 \text{ mm} \times 8 \text{ mm}$，键长为 45 mm。同时，为了保证齿轮与轴配合有良好的对中性，应参照手册确定采用过渡配合 H7/n6；半联轴器与轴连接，平键截面尺寸 $bh = 8 \text{ mm} \times 7 \text{ mm}$，键长为 30 mm，采用配合为 H7/k6。滚动轴承与轴的周向定位是通过过渡配合来保证的，此处轴的直径公差为 m6。

④ 确定轴上圆角和倒角。

轴端倒角为 C_2，各轴肩处的圆角半径如图 13-31 所示。

(5) 求轴上的载荷。

① 作出轴的受力简图(见图 13-32)。

在确定轴承的支点位置时，从手册中查取压力中心偏离值 $a = 14.2$ mm。因此，作为简支梁的轴的支撑跨距 $L_2 + L_3 = 53.3 + 138.3 \text{ mm} = 191.6 \text{ mm}$。

② 将外载荷分解到水平面和垂直面内。

求出垂直面(见图 13-32(b))和水平面(见图 13-32(c))的支撑反力，并作出弯矩图和扭矩图。

从轴的结构图以及弯矩图和扭矩图中可以看出截面 $a\text{-}a$ 是轴的危险截面。现将计算出的截面 $a\text{-}a$ 处的 M_H、M_V 及 M 的值列于表 13-8。

表 13-8　截面 $a\text{-}a$ 处的 M_H、M_V 及 M 的值

载　荷	水　平　面	垂　直　面
支反力	$F_{\text{NH1}} = 1012$ N，$F_{\text{NH2}} = 390$ N	$F_{\text{NV1}} = 430$ N，$F_{\text{NV2}} = 99$ N
弯矩 M	$M_H = 53\ 940$ N·mm	$M_{V1} = 22\ 935$ N·mm，$M_{V2} = 13\ 649$ N·mm
总弯矩	$M_1 = \sqrt{M_H^2 + M_{V1}^2} = 58\ 613$ N·mm	
	$M_2 = \sqrt{M_H^2 + M_{V2}^2} = 55\ 640$ N·mm	
扭矩 T	$T = T_1 = 33\ 823$ N·mm	

(6) 按弯扭合成应力校核轴的强度。

从图 13-32 可知 $a\text{-}a$ 截面最危险，取 $\alpha = 0.6$，则轴的计算应力为

$$\sigma_{ca} = \frac{\sqrt{M_1^2 + (\alpha T)^2}}{W} = \frac{\sqrt{58\,613^2 + (0.6 \times 33\,823)^2}}{0.1 \times 34^3} \text{ MPa} = 15.8 \text{ MPa}$$

轴的材料为 45 钢，调质处理，由表 13-1 查得 $[\sigma_{-1}] = 60$ MPa。因此 $\sigma_{ca} < [\sigma_{-1}]$，故安全。

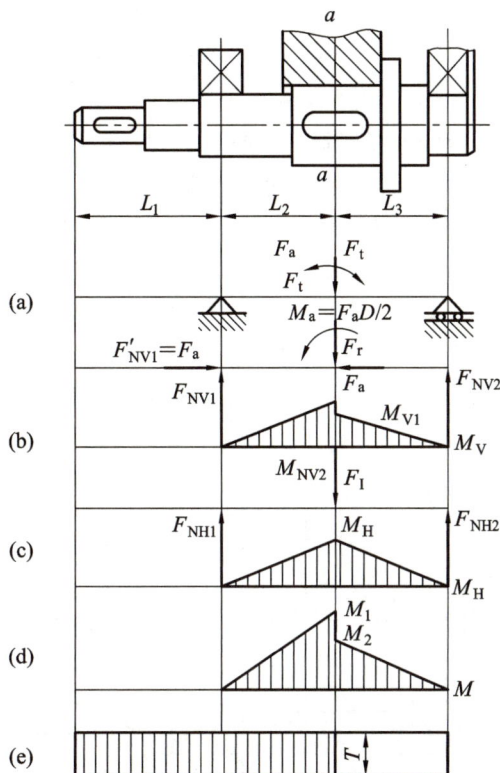

图 13-32　轴的载荷分析

（7）轴的其他设计及零件图（略）。

本 章 小 结

　　轴的功用是支撑轴上旋转零件，并传递转矩和运动。本章重点介绍了轴的结构设计和强度计算的方法。按轴受载荷的性质不同，可将轴分为传动轴、心轴和转轴。轴是机械中的重要零件，轴的设计直接影响整机的质量。轴的设计一般应解决轴的结构和承载能力两方面的问题。具体地说，轴的设计步骤是：选择轴的材料，初步估算轴的直径，进行轴的结构设计，精确校核（强度、刚度、振动等），绘制零件图。

　　轴的结构设计应从多方面考虑，应满足的基本要求有：轴上零件有准确的位置、固定可靠；轴具有良好的工艺性，便于加工和装拆；合理布置轴上零件，以减小轴的工作应力。

　　轴的强度计算主要有以下几种：按转矩初步计算轴的直径，仅根据转矩计算直径，忽略了弯矩，计算结果是粗略的；按弯扭合成的当量弯矩校核轴的强度，同时考虑弯矩和扭矩的作用，由于两者引起的应力性质可能不同，因此引入了折算系数；对于重要的轴，有时还要进行精确安全系数校核计算。

对刚度要求高的轴和受力较大的细长轴，应进行刚度计算，以防止工作时产生过大的弹性变形。对高速轴，应进行振动稳定性的计算，以防止产生共振。

习　　题

13-1　试说明心轴、传动轴和转轴工作时的受力特点及应力变化情况。

13-2　试举出三种实现轴上零件轴向定位的方法，并说明其优缺点。

13-3　画图说明阶梯轴的轴肩过渡圆角半径 r、轴肩高度 h 和轴上零件倒角高度 C 三者之间的关系。

13-4　试举出三种实现轴上零件周向固定的方法，并说明其优缺点。

13-5　试列出至少三种能提高轴的强度的方法。

13-6　指出图 13-33 中轴的结构有哪些错误之处，简要说明原因，并画出改进后的轴结构图。

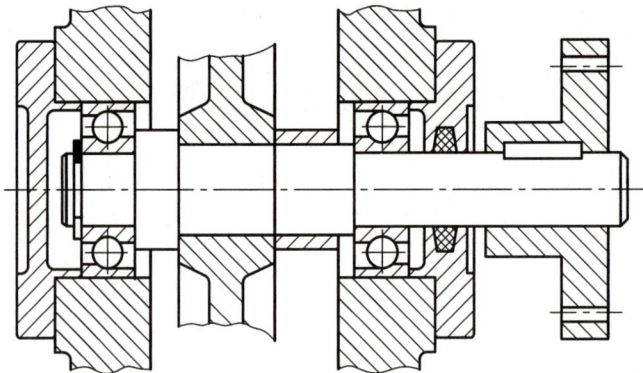

图 13-33

13-7　在轴的强度校核计算中，如何判断轴的危险截面？

13-8　图 13-34 所示为一用于带式运输机上的单级斜齿圆柱齿轮减速器简图。现已知：电动机额定功率 $P=5.5\text{ kW}$，转速 $n=1440\text{ r/min}$；两齿轮齿数分别为 $z_1=21$、$z_2=42$，法向模数 $m_n=2.5\text{ mm}$，螺旋角 $\beta=10°36'28''$，低速轴齿轮宽度 $B=55\text{ mm}$；减速器单向运转，转向如图所示。试设计该减速器的低速轴，并要求：

（1）完成轴的全部结构设计。

（2）根据弯扭合成法校核轴的强度。

（3）根据安全系数法校核轴的强度。

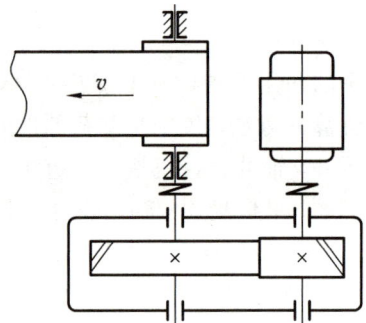

图 13-34

第14章 弹　簧

弹簧是重要的机械零部件之一，它具有控制运动、缓冲减振、储存及输出能量、测量力的大小等功能。本章以圆柱螺旋弹簧为例，着重介绍弹簧的类型、特点、材料、结构、制造、受力状态、强度分析及设计计算方法。本章的重点是圆柱螺旋压缩弹簧的设计计算。

14.1 概　述

弹簧是利用材料的弹性和结构特点，通过变形和储存能量来工作的一种机械零件，它在机械设备、仪器仪表、交通运输工具及生活用品中应用广泛。

为了满足不同的工作要求，弹簧具有不同的类型。按形状可分为圆柱螺旋弹簧、圆锥螺旋弹簧、碟形弹簧、板弹簧、平面涡卷弹簧及环形弹簧等；按所受载荷情况可分为压缩弹簧、拉伸弹簧、扭转弹簧、弯曲弹簧等；按弹簧丝剖面形状可分为圆形弹簧、方形弹簧等。

图 14-1 列出了几种形状的弹簧。螺旋弹簧由弹簧丝卷绕而成，制作容易，价格低廉，广泛应用的有圆柱螺旋压缩弹簧(见图 14-1(a))、圆柱螺旋拉伸弹簧(见图 14-1(b))和圆柱螺旋扭转弹簧(见图 14-1(c))；碟形弹簧(见图 14-1(d))的结构简单，刚度大，变形小，

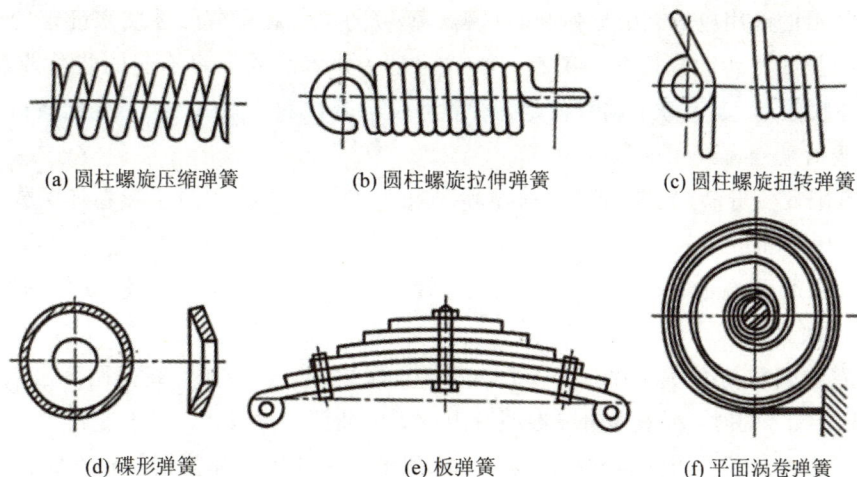

(a) 圆柱螺旋压缩弹簧　　　(b) 圆柱螺旋拉伸弹簧　　　(c) 圆柱螺旋扭转弹簧

(d) 碟形弹簧　　　(e) 板弹簧　　　(f) 平面涡卷弹簧

图 14-1　几种形状的弹簧

适合于轴向空间要求小的场合；板弹簧(见图 14-1(e))的质量和体积比较大，一般可以承受很大的载荷，维修方便；平面涡卷弹簧(见图 14-1(f))的刚度较小，一般在静载荷下工作，由于卷绕圈数可以很多，能在较小体积内储存很大的能量，因此可作为玩具的动力源或钟表发条。

本章以最常用的圆柱螺旋压缩弹簧和拉伸弹簧的设计计算为主，对其他类型的弹簧(如扭转弹簧)只做简单介绍。

课程思政案例 14.1 弹簧的发明和应用(科学探知/永无止境)

【对应知识点】 弹簧的概述
【思政元素案例】 弹簧的发明和应用

14.2 圆柱螺旋弹簧的材料、结构及制造

14.2.1 弹簧材料

弹簧的性能和寿命主要取决于弹簧的材料，因此要求弹簧的材料除应满足具有较高的抗拉强度和屈服强度外，还必须具有较高的弹性极限、疲劳极限、冲击韧性、塑性和良好的热处理工艺性等。

弹簧材料的选择必须充分考虑到弹簧的用途，重要程度与所受的载荷性质、大小、循环特性，工作温度，周围介质等使用条件，以及加工热处理和经济性等因素，以便使选择结果与实际要求相吻合。

常用的弹簧材料有冷拉碳素弹簧钢丝、合金弹簧钢丝、不锈弹簧钢丝及铜合金等。近年来，非金属弹簧材料也得到了很大的发展，如橡胶、塑料、软木及空气等。

弹簧材料的许用应力是根据弹簧的材料、弹簧的类型和载荷的性质来确定的。弹簧所受载荷分为静载荷和动载荷两种类型。静载荷是指弹簧承受恒定不变的载荷或载荷有变化，但循环次数 $N < 10^4$ 次；动载荷是指弹簧承受循环次数 $N \geqslant 10^4$ 次的变化载荷。根据循环次数动载荷又分为：

(1) 有限疲劳寿命：冷卷弹簧载荷循环次数 N 介于 $10^4 \sim 10^6$ 次，热卷弹簧载荷循环次数 N 介于 $10^4 \sim 10^5$ 次。

(2) 无限疲劳寿命：冷卷弹簧载荷循环次数 $N \geqslant 10^7$ 次，热卷弹簧载荷循环次数 $N \geqslant 2 \times 10^6$ 次。

当冷卷弹簧载荷循环次数介于 10^6 次和 10^7 次之间，热卷弹簧载荷循环次数介于 10^5 次和 2×10^6 次之间时，可根据情况参照有限或无限疲劳寿命设计。

表 14-1 列出了常用弹簧材料。表 14-2 列出了冷拉碳素弹簧钢丝和不锈弹簧钢丝的抗拉强度 R_m。表 14-3 中推荐了几种弹簧常用材料的 $[\tau]$ 和 $[\sigma_b]$ 值，可供设计时参考。

表 14-1 常用弹簧材料

材料名称	牌号(类型)	直径规格/mm	切变模量 G/GPa	弹性模量 E/GPa	推荐温度范围/℃	特性及用途
冷拉碳素弹簧钢丝 (GB/T 4357—2009)	SL 型 SM 型 SH 型 DL 型 DM 型 DH 型	SL 型: 1.00~10.00 SM 型、SH 型: 0.30~13.00 DM 型: 0.08~13.00 DH 型: 0.05~13.00	78.5	206	−40~150	SL 型为静载荷低抗拉强度级, DL 型为动载荷低抗拉强度级, 用于低应力弹簧; SM 型为静载荷中等抗拉强度级; DM 型为动载荷中等抗拉强度级, 用于中等应力弹簧; SH 型为静载荷高抗拉强度级; DH 型为动载荷高抗拉强度级, 用于高应力弹簧
合金弹簧钢丝 (YB/T 5318—2010)	50CrVA	0.5~14.0			−40~210	用于中应力和高应力弹簧
	55CrSiA 60Si2MnA				−40~250	
不锈弹簧钢丝 (GB/T 24588—2009)	A 组: 12Cr18Ni9 06Cr19Ni9 06Cr17Ni12Mo2 10Cr18Ni9Ti 12Cr18Mn9Ni5N	A 组, C 组: 0.2~10.0	70	185	−200~290	耐腐蚀, 耐高低温, 用于腐蚀或高低温工作条件下; D 组牌号不适于耐腐蚀较高的条件下
	B 组: 12Cr18Ni9 06Cr18Ni9N 12Cr18Mn9Ni5N C 组: 07Cr17Ni7AI D 组: 12Cr17Mn8Ni3Cu3N	B 组: 0.2~12.0 D 组: 0.2~6.0	73	195		

注：当工作温度大于 60℃ 时，切变模量应进行修正，具体可查手册。

表 14-2　弹簧钢丝的抗拉强度 R_m　　　　　　　　　单位：MPa

钢丝直径/mm	冷拉碳素弹簧钢丝 (CB/T 4357—2009)					不锈弹簧钢丝 (GB/T 24588—2009)				
	SL型	SM型	DM型	SH型	DH型	A组	B组	C组① 冷拉不小于	C组① 时效	D组
0.90		2010~2260	2270~2510			1550~1850	1850~2150	1800	2100~2410	1620~1870
1.00	1720~1970	1980~2220	2230~2470			1550~1850	1850~2150	1800	2100~2410	1620~1870
1.05	1710~1950	1960~2220	2210~2450			—	—			—
1.10	1690~1940	1950~2190	2200~2430			1450~1750	1750~2050	1750	2050~2350	1620~1870
1.20	1670~1910	1920~2160	2170~2400			1450~1750	1750~2050	1750	2050~2350	1580~1830
1.40	1620~1860	1870~2100	2110~2340			1450~1750	1750~2050	1700	2000~2300	1580~1830
1.60	1590~1820	1830~2050	2060~2290			1400~1650	1650~1900	1600	1900~2180	1550~1800
1.80	1550~1780	1790~2010	2020~2240			1400~1650	1650~1900	1600	1900~2180	1550~1800
2.00	1520~1750	1760~1970	1980~2200			1400~1650	1650~1900	1600	1900~2180	1550~1800
2.10	1510~1730	1740~1960	1970~2180			—	—			—
2.40	1470~1690	1700~1910	1920~2130			—	—			—
2.50	1460~1680	1690~1890	1900~2110			1320~1570	1550~1800	1550	1850~2140	1510~1760
2.60	1450~1660	1670~1880	1890~2100			—	—			—
2.80	1420~1640	1650~1850	1860~2070			1230~1480	1450~1700	1500	1790~2060	1510~1760
3.00	1410~1620	1630~1830	1840~2040			1230~1480	1450~1700	1500	1790~2060	1510~1760
3.20	1390~1600	1610~1810	1820~2020			1230~1480	1450~1700	1450	1740~2000	1480~1730
3.40	1370~1580	1590~1780	1790~1990			—	—			—
3.50	—	—	—			1230~1480	1450~1700	1450	1740~2000	1480~1730
4.00	1320~1520	1530~1730	1740~1930			1230~1480	1450~1700	1400	1680~1930	1480~1730
4.50	1290~1490	1500~1680	1690~1880			1100~1350	1350~1530	1350	1620~1870	1400~1650
5.00	1260~1450	1460~1650	1660~1830			1100~1350	1350~1600	1850	1620~1870	1330~1580
5.30	1240~1430	1440~1630	1640~1820			—	—			—
5.50	—	—	—			1100~1350	1350~1600	1300	1550~1800	1330~1580
5.60	1230~1420	1430~1610	1620~1800			—	—			—
6.00	1210~1390	1400~1580	1590~1770			1100~1350	1350~1600	1300	1550~1800	1230~1480
6.30	1190~1380	1390~1560	1570~1750			1020~1270	1270~1520	1250	1500~1750	—
6.50	1180~1370	1380~1550	1560~1740			—	—			—
7.00	1160~1340	1350~1530	1540~1710			1020~1270	1270~1520	1250	1500~1750	
7.50	1140~1320	1330~1500	1510~1680			—	—			—
8.00	1120~1300	1310~1480	1490~1660			1020~1270	1270~1520	1200	1450~1700	
9.00	1090~1260	1270~1440	1450~1610			1000~1250	1150~1400	1150	1400~1650	
10.0	1060~1230	1240~1400	1410~1570			980~1200	1000~1250	1150	1400~1650	

注：① 钢丝试样时，时效处理推荐工艺制度为：400℃~500℃，保温 0.5~1.5 h，空冷。

表 14 - 3　弹簧钢丝的许用应力

卷绕方式	材料	弹簧类型	许用切应力$[\tau]$/MPa			许用弯曲应力$[\sigma_b]$/MPa		
			静载荷	动载荷		静载荷	动载荷	
				有限疲劳寿命	无限疲劳寿命		有限疲劳寿命	无限疲劳寿命
冷卷	冷拉碳素弹簧钢丝	压缩	$0.45R_m$	$(0.38\sim 0.45)R_m$	$(0.33\sim 0.38)R_m$	—	—	—
		拉伸	$0.36R_m$	$(0.30\sim 0.36)R_m$	$(0.26\sim 0.30)R_m$	—	—	—
		扭转	—	—	—	$0.70R_m$	$(0.58\sim 0.66)R_m$	$(0.49\sim 0.58)R_m$
	不锈弹簧钢丝	压缩	$0.38R_m$	$(0.34\sim 0.38)R_m$	$(0.30\sim 0.34)R_m$	—	—	—
		拉伸	$0.30R_m$	$(0.27\sim 0.30)R_m$	$(0.24\sim 0.27)R_m$	—	—	—
		扭转	—	—	—	$0.68R_m$	$(0.55\sim 0.65)R_m$	$(0.45\sim 0.55)R_m$
热卷	60Si2Mn 60Si2MnA 50CrVA 55CrSiA 60CrMnA 60CrMnBA 60Si2CrA 60Si2CrVA	压缩	710～890	568～712	426～534	—	—	—
		拉伸	475～596	405～507	356～447	—	—	—
		扭转	—	—	—	994～1232	795～986	636～788

注：① 抗拉强度选取材料标准的下限值。

　　② 热卷拉伸、扭转弹簧的许用应力一般取下限值。

　　③ 热卷弹簧硬度范围为 42 HRC～52 HRC(392 HBW～535 HBW)，当硬度接近下限许用应力时取下限值，硬度接近上限许用应力时取上限值。

14.2.2　圆柱螺旋弹簧的结构形式

1. 圆柱螺旋压缩弹簧

如图 14 - 2 所示，圆柱螺旋压缩弹簧在自由状态时，各圈之间均应留有一定的间距 δ，以保证弹簧在受压时，有产生相应变形的可能。同时，为了保证弹簧在受载后还能保持一定的弹性，设计时还应考虑在最大载荷作用下，各圈之间仍应留有一定的间距 δ_1，δ_1 的大小一般推荐为

$$\delta_1 = 0.1d \geqslant 0.2\,\text{mm}$$

式中：d 为弹簧丝的直径(单位：mm)。

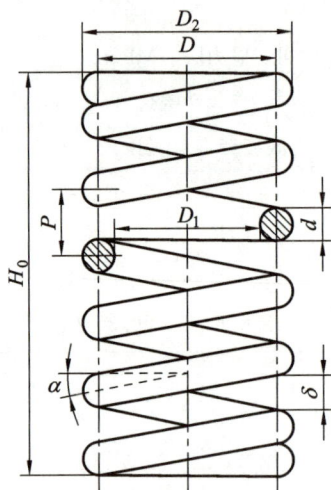

图 14-2 圆柱螺旋压缩弹簧

为使弹簧受压时不至于歪斜,通常压缩弹簧的两个端面圈应与邻圈无间隙并紧,工作时只起支承作用,不参与变形,故称为死圈。死圈的圈数取决于弹簧的工作(有效)圈数,当弹簧的工作圈数 $n \leqslant 7$ 时,弹簧每端的死圈约为 0.75 圈;当弹簧的工作圈数 $n > 7$ 时,每端的死圈为 $1 \sim 1.75$ 圈。

压缩弹簧的制造方法分冷卷和热卷两种,采用不同制造方法卷制的弹簧,其端部结构形式自然有所差异;即使采用同种制造方法卷制的弹簧,其端部结构也有所不同。以冷卷压缩弹簧为例,图 14-3 所示的 YⅠ型两个端面圈均与邻圈并紧且磨平,磨平部分不少于圆周长的 3/4,端头厚度一般不小于弹簧丝直径 d 的 1/8;YⅡ型两端圈并紧但不磨平。其他端部结构的形式和代号可参考有关国家标准。

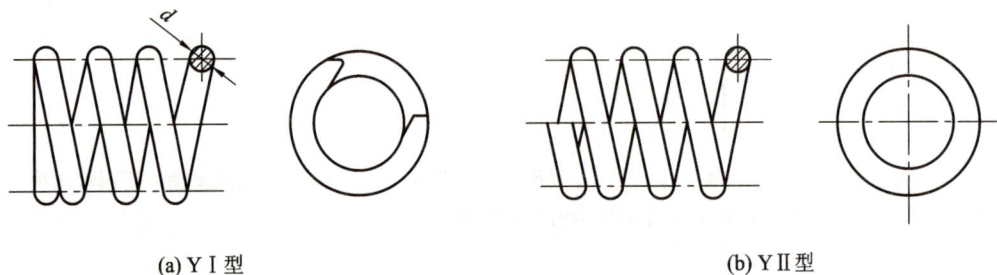

(a) YⅠ型　　　　　　　　　　　　　　　　　　(b) YⅡ型

图 14-3　圆柱螺旋压缩弹簧端部结构

2. 圆柱螺旋拉伸弹簧

如图 14-4 所示,拉伸弹簧卷制时已使各圈相互并紧,即自由状况时拉伸弹簧各圈之间的间距 $\delta = 0$。为了增强弹簧的刚性,同时节省轴向的工作空间,多数拉伸弹簧在卷制的过程中,同时使弹簧丝绕自身轴线扭转。这样制成的拉伸弹簧各圈相互之间具有一定的压紧力,可保证自由状况时各圈相互压紧,同时弹簧丝中也产生了一定的预应力,故称为有预应力的拉伸弹簧。只有当外加的拉力大于初拉力 F_0 时,有预应力的拉伸弹簧各圈之间才开始相互分离。

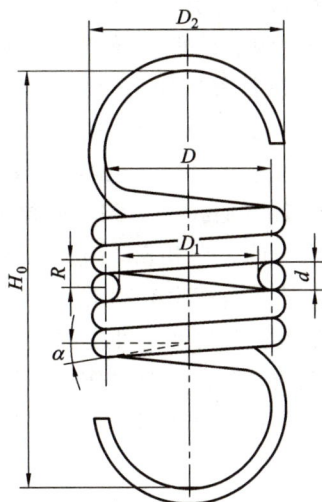

图 14-4　圆柱螺旋拉伸弹簧

拉伸弹簧端部制有挂钩，以便安装和加载。挂钩的形式有很多种，如图 14-5 所示。其中，半圆钩环型（LⅠ型，见图 14-5(a)）和圆钩环型（LⅡ型，见图 14-5(b)）的挂钩由弹簧丝直接制成，制造方便，但这两种挂钩过渡处弯曲应力较大，故只适用于弹簧丝直径 $d \leqslant 10$ mm 的弹簧；可调式拉伸挂钩（LⅢ型，见图 14-5(c)）具有带螺旋块的挂钩，不与弹簧丝连成一体，适用于受力较大的场合。此外，为减少挂钩过渡处的弯曲应力，可采用端部弹簧圈直径逐渐减小的方式来改进挂钩。更多拉伸弹簧端部结构形式可参考有关国家标准。

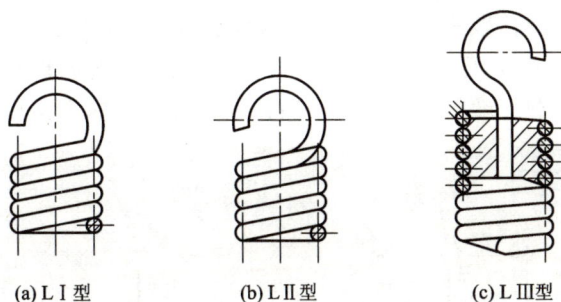

(a)LⅠ型　　　(b)LⅡ型　　　(c)LⅢ型

图 14-5　圆柱螺旋拉伸弹簧挂钩形式

▶ **课程思政案例 14.2　达・芬奇画鸡蛋的故事（蓄势待发）**

【对应知识点】　弹簧的结构形式

【思政元素案例】　达・芬奇画鸡蛋的故事

14.2.3　弹簧制造

弹簧由板材、棒材、线材或者管材经过各种塑性加工而成。螺旋弹簧的制造过程包括卷绕、端部加工或挂钩制作、热处理、工艺试验及强压处理等过程。

卷绕是指将合乎技术规范的弹簧丝卷绕在芯子上成型，分为冷卷和热卷两种。当弹簧丝直径 $d < 8\ mm$ 时，直接使用经过预热处理的弹簧丝在常温下卷制，称为冷卷。经冷卷后，弹簧一般需经低温回火处理，以消除内应力。当弹簧丝直径 $d > 8\ mm$ 时，在 $800\sim 1000\,℃$ 的温度下卷制，称为热卷。热卷后必须经过淬火及中温回火等热处理。对于重要的弹簧，还应进行工艺试验和冲击疲劳等试验。为了提高弹簧的承载能力，可采用强压处理，即将弹簧在超过工作极限载荷的条件下加载 $6\sim 48\ h$，使弹簧丝表面产生塑性变形和有利的残余应力。由于残余应力与工作应力的方向相反，因此可提高弹簧的静强度。为提高弹簧的疲劳强度，常采用喷丸处理，使其表面产生有利的残余应力。经过强压处理和喷丸处理的弹簧不得再进行热处理。弹簧的疲劳强度和抗冲击强度在很大程度上取决于弹簧的表面状况，所以弹簧材料的表面必须光洁，没有裂缝和伤痕等缺陷。表面脱碳会严重影响材料的疲劳强度和抗冲击性能，因此脱碳层深度和其他表面缺陷都应在验收弹簧的技术条件中详细规定。

14.3 圆柱螺旋压缩(拉伸)弹簧的设计计算

14.3.1 受力与应力分析、变形及稳定性

1. 受力与应力分析

圆柱螺旋弹簧受压及受拉时，弹簧丝的受力情况相同。现以圆柱螺旋压缩弹簧为例进行受力及应力分析。

图 14-6 所示为一圆柱螺旋压缩弹簧。弹簧丝直径为 d，弹簧中径为 D_2，螺旋升角为 α。通常，弹簧的螺旋升角 α 很小(一般为 $6°\sim 9°$)，进行受力分析时可忽略 α 的影响，近似地认为通过弹簧轴线的截面就是弹簧丝的法向截面。根据力的平衡可知，在该截面上作用有剪力 F 和扭矩 $T = \dfrac{FD_2}{2}$。

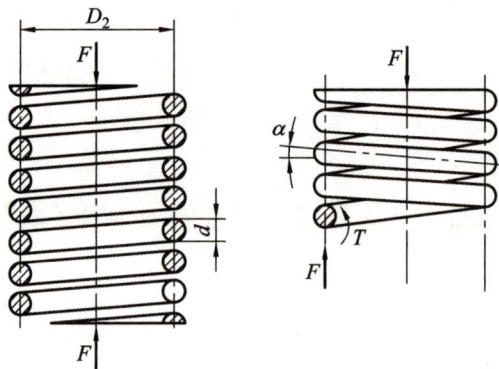

图 14-6 弹簧的受力分析

如果不考虑弹簧丝的弯曲，即按直杆计算，以 W_T 表示弹簧丝的抗扭截面系数，则扭矩 T 在截面上引起的最大扭转切应力(见图 14-7)为

$$\tau' = \frac{T}{W_{\mathrm{T}}} = \frac{\dfrac{FD_2}{2}}{\dfrac{\pi d^3}{16}} = \frac{8FD_2}{\pi d^3}$$

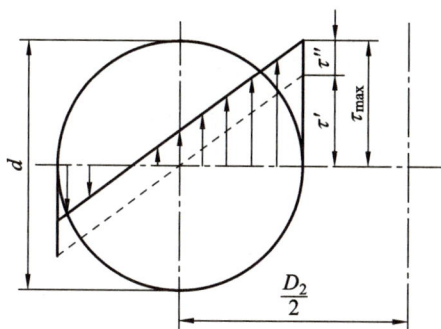

图 14-7　弹簧丝的切应力

若剪力 F 引起的切应力均匀分布，则切应力为

$$\tau'' = \frac{4F}{\pi d^2}$$

弹簧丝截面上最大切应力 $\tau_{\max}$ 发生在其内侧，也就是靠近弹簧轴线的一侧，其值为

$$\tau = \tau' + \tau'' = \frac{8F_{\max}D_2}{\pi d^3} + \frac{4F_{\max}}{\pi d^2} \tag{14-1}$$

令 $C = \dfrac{D_2}{d}$，则弹簧丝截面上的最大切应力为

$$\tau_{\max} = \frac{8F_{\max}C}{\pi d^2}\left(1 + \frac{0.5}{C}\right) \tag{14-2}$$

式中：$F_{\max}$ 为弹簧的最大工作载荷（单位：N）；C 为旋绕比，又称弹簧指数，是衡量弹簧曲率的主要参数。为了使弹簧本身较为稳定，不致颤动和过软，C 值不能太大；同时，为了避免卷绕时弹簧丝受到强烈弯曲，C 值又不应太小。通常取 $C=4\sim16$，常用值为 $C=5\sim8$。C 值的选取可参考表 14-4。

表 14-4　圆柱螺旋弹簧的常用弹簧指数 C

弹簧丝直径 d/mm	0.2~0.4	0.5~1	1.1~2.2	2.5~6	7~16	18~40
C	7~14	5~12	5~10	4~10	4~8	4~6

考虑到弹簧螺旋角和曲率对弹簧丝应力的影响而引入修正曲度系数 K，则弹簧丝截面内侧的最大切应力及其强度条件为

$$\tau_{\max} = K \cdot \frac{8F_{\max}C}{\pi d^2} \leqslant [\tau] \tag{14-3}$$

则弹簧丝直径的设计计算公式为

$$d \geqslant \sqrt{\frac{8KF_{\max}C}{\pi[\tau]}} = 1.6\sqrt{\frac{KF_{\max}C}{[\tau]}} \tag{14-4}$$

式中：$[\tau]$ 为许用切应力（单位：MPa），按表 14-3 选取；K 为弹簧的修正曲度系数，$K = \dfrac{4C-1}{4C-4} + \dfrac{0.615}{C}$，也可根据旋绕比 C 值直接从图 14-8 中查得。

$[\tau]$、K、C 都与 d 有关，故需采用试算法。求得的弹簧丝直径 d 应圆整为标准值，可从表 14-5 中查得。

表 14-5　弹簧丝直径 d 的标准系列

标准系列	弹簧丝直径 d/mm
第一系列	0.5、0.6、0.8、1.0、1.2、1.6、2.0、2.5、3.0、3.5、4.0、4.5、5、6、8、10、12、16、20、25、30、35、40、45、50、60、70、80
第二系列	0.7、0.9、1.4、1.8、2.2、2.8、3.2、3.8、4.2、5.5、7、9、14、18、22、28、32、38、42、55、65

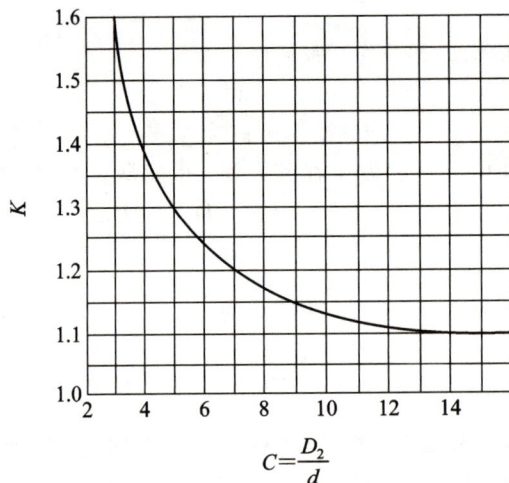

图 14-8　修正曲度系数 K

弹簧丝中径 D_2 的标准系列见表 14-6。

表 14-6　弹簧丝中径 D_2 的标准系列　　　　　　　　　　单位：mm

4、4.2、4.5、5、5.5、6、6.5、7、7.5、8、8.5、9、10、12、14、16、18、20、22、25、28、30、32、38、42、45、48、50、52、55、58、60、65、70、75、80、85、90、95、100、105、110、115、120、125、140、145、150、160、170、180、190、200、210、230、240、250、260、270、280、300、320、340、360、380、400、450

2. 变形

对于圆柱螺旋压缩（拉伸）弹簧，由于螺旋升角不大，因此受载后的轴向变形 λ 可以根据材料力学计算，即

$$\lambda = \frac{8FD_2^3 n}{Gd^4} = \frac{8FC^3 n}{Gd} \tag{14-5}$$

式中：n 为弹簧的工作圈数；G 为材料的切变模量，对于钢，$G=8\times10^4$ MPa，对于青铜，$G=4\times10^4$ MPa。

使弹簧产生单位变形量所需要的载荷称为弹簧刚度 k（也称为弹簧常数），即

$$k=\frac{F}{\lambda}=\frac{Gd^4}{8D_2^3 n}=\frac{Gd}{8C^3 n} \qquad (14-6)$$

弹簧刚度是表征弹簧性能的主要参数之一，它表示使弹簧产生单位变形量时所需要的力。弹簧刚度越大，弹簧变形所需要的力就越大。影响弹簧刚度的因素很多，从式(14-6)可以看出，k 与 C 的三次方成反比。当其他条件相同时，弹簧指数 C 越小，弹簧刚度越大，即弹簧越硬；弹簧指数 C 越大，弹簧刚度越小，即弹簧越软。此外，弹簧刚度 k 还与 G、d、n 有关，在调整弹簧刚度时，应综合考虑这些因素的影响。

设计时弹簧的工作圈数 n 是根据最大变形量 λ_{max} 决定的，即

$$n=\frac{Gd\lambda_{max}}{8F_{max}C_2^3}=\frac{Gd}{8C^3 k} \qquad (14-7)$$

当弹簧的有效工作圈数 $n\geq2$ 时，才能保证弹簧具有稳定的性能。为制造方便，当 $n<15$ 时，取 n 为 0.5 的倍数；当 $n>15$ 时，则 n 取为整数。

3. 稳定性

对于圈数较多的压缩弹簧，当长径比 $b=H_0/D_2$ 较大时，若轴向载荷达到一定程度，则会发生侧向弯曲（见图 14-9(a)）而失去稳定性，导致弹簧失效。

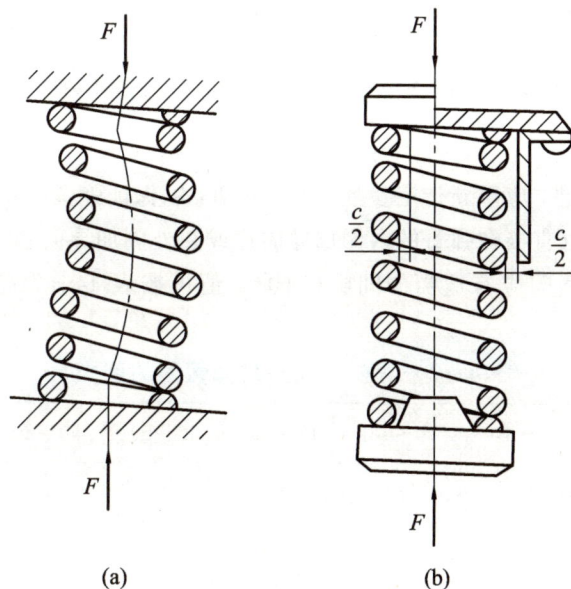

图 14-9　压缩弹簧的侧弯及其防止措施

为了保证压缩弹簧的稳定性，弹簧长径比 b 不应超过许用值。对于两端固定的弹簧，$b<5.3$；对于一端固定、另一端铰支的弹簧，$b<3.7$；对于两端均可自由转动的弹簧，$b<2.6$。当 b 大于许用值时，应进行稳定性验算，使弹簧的最大工作载荷小于失稳时的临

界载荷 F_c，即

$$F_c = C_u k H_0 > F_{max} \tag{14-8}$$

式中：F_c 为稳定时的临近载荷；C_u 为不稳定系数，其值可由图 14-10 查取；F_{max} 为最大工作载荷。

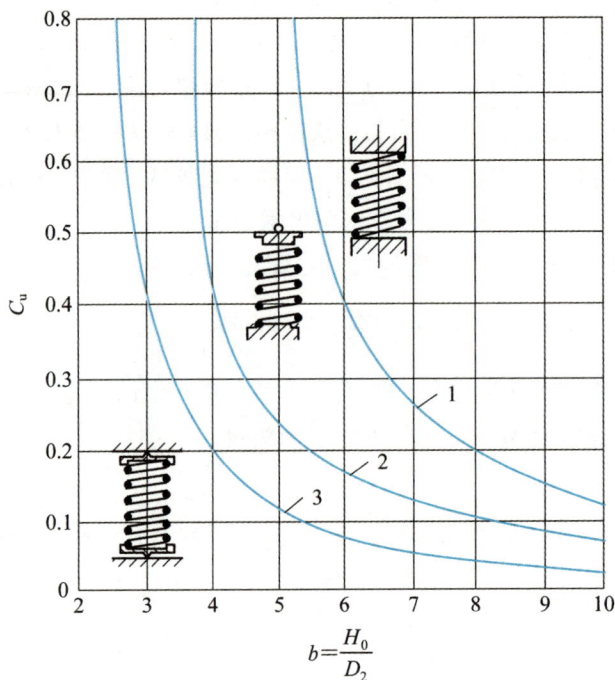

1—两端固定；2—一端固定、另一端自由；3—两端自由。

图 14-10 不稳定系数

如不满足上述条件，应重新选定参数，改变 b 值，以保证弹簧的稳定性。当受结构限制而不能改变参数时，可直接在弹簧的内侧加导向杆或在外侧加导向套，如图 14-9(b)所示。导向杆、导向套与弹簧间应有适当的间隙(间隙 c 值可按表 14-7 选取)，工作时需加润滑油。

表 14-7 导向杆(套)与弹簧间的间隙   单位：mm

中径 D_2	≤5	5～10	10～18	18～30	30～50	50～80	80～120	120～150
间隙 c	0.6	1	2	3	4	5	6	7

14.3.2 特性曲线

表示弹簧载荷 F 与变形量 λ 之间关系的曲线称为弹簧的特性曲线。

利用特性曲线可以很方便地分析弹簧在工作时受载与变形的关系，它也是弹簧质量检验或试验的重要依据，因此要求弹簧的特性曲线应绘制在弹簧工作图中。

1. 压缩弹簧的特性曲线

图 14-11 所示为圆柱压缩弹簧的特性曲线，H_0 表示不受外力时弹簧的自由长度。在安装弹簧时，通常预加一压力 F_1，以保证弹簧稳定在安装位置上。F_1 称为弹簧的最小工作载荷 F_{min}；F_{max} 为弹簧承受的最大工作载荷，在 F_{max} 的作用下，弹簧丝的最大应力 τ 不应超过材料的许用应力 $[\tau]$；F_{lim} 为弹簧的极限载荷，在该力的作用下，弹簧丝内应力达到材料的弹性极限。H_1、H_2、H_3 分别为对应于上述三种载荷作用时的弹簧长度，λ_{min}、λ_{max}、λ_{lim} 分别为对应于上述三种载荷作用时的弹簧变形量。对于压缩弹簧，为了在 F_{max} 作用时弹簧不致并紧，规定 $\lambda_{max} \leqslant 0.8 n\delta$。

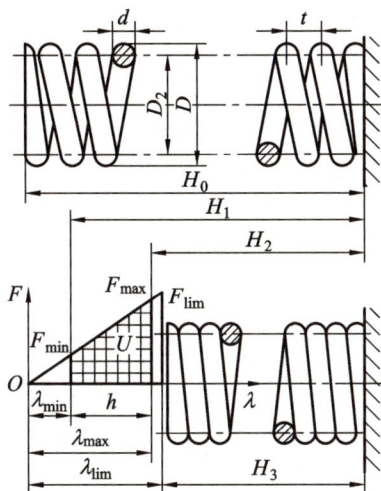

图 14-11 圆柱压缩弹簧的特性曲线

对于等节距的圆柱螺旋压缩弹簧，因载荷与变形量成正比，故其特性曲线为直线，即弹簧刚度 k 为

$$k = \frac{F_{min}}{\lambda_{min}} = \frac{F_{max}}{\lambda_{max}} = \frac{F_{lim}}{\lambda_{lim}} = 常数 \qquad (14-9)$$

在加载过程中，弹簧所储存的能量为变形能 U，即图 14-11 中网格线区域的面积。

设计弹簧时，最小工作载荷通常取 $F_{min} = (0.1 \sim 0.5) F_{max}$，最大工作载荷 F_{max} 由机构的工作要求决定，应使弹簧在弹性范围内工作，因此最大工作载荷 F_{max} 应小于极限载荷，通常应满足

$$F_{max} \leqslant 0.8 F_{lim}$$

2. 拉伸弹簧

拉伸弹簧的特性曲线分为无预应力(见图 14-12(a))和有预应力(见图 14-12(b))两种情况。无预应力弹簧的特性曲线与压缩弹簧完全相同。有预应力弹簧的特性曲线则不同，它在自由状态下就有预拉力 F_0 的作用。预拉力是由于卷制弹簧时使各圈弹簧并紧而产生的。利用三角形相似原理，在图 14-12 中增加一段假想的变形量 x，这样它的特性曲线又与无预应力的完全相同。有预应力的拉伸弹簧产生的变形要比无预应力的拉伸弹簧产生的变形小。

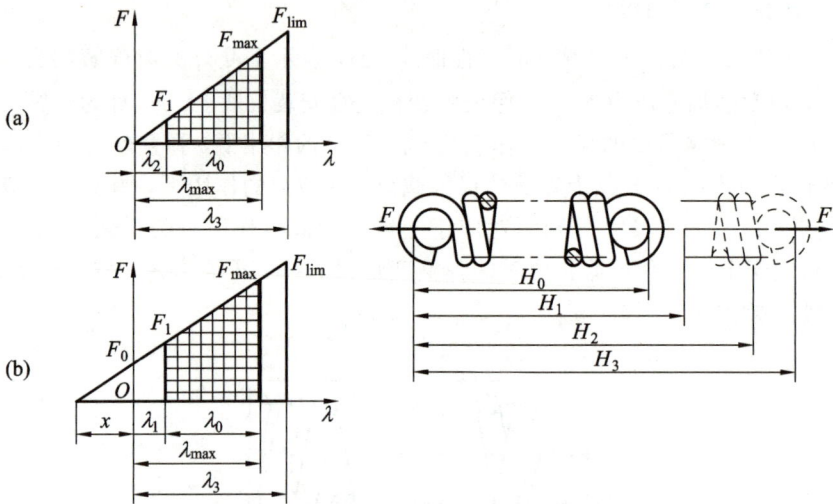

图 14-12　圆柱螺旋拉伸弹簧特性曲线

14.3.3　设计计算

设计圆柱螺旋压缩(拉伸)弹簧时，通常根据弹簧的最大载荷、最大变形量以及结构要求来确定弹簧丝直径、弹簧圈数、弹簧的螺旋角和长度等。对于一般弹簧，在设计时需要进行强度计算和刚度计算；对于高径比较大的压缩弹簧，还要进行稳定性校核；对于承受变载荷的重要弹簧，还应校核其疲劳强度。

具体的设计步骤和内容如下：

(1) 根据实际工作条件和要求选定弹簧的材料并由表 14-3 确定许用应力和切变模量 G。

(2) 选择旋绕比 C，并计算修正曲度系数 K。

(3) 根据旋绕比 C 估算弹簧丝直径 d。

(4) 对弹簧进行静强度计算，根据式(14-4)确定弹簧丝直径 d 和弹簧中径 D_2。

当弹簧材料选用非合金弹簧钢丝或 65Mn 弹簧钢丝时，因为钢丝的许用应力取决于它的 σ_p，而 σ_p 随钢丝直径 d 变化(见表 14-5)，所以计算时需先假设一个 d 值，然后进行试算。求得的 d 值应符合表 14-5 中的标准尺寸系列。

(5) 根据变形条件求出弹簧的工作圈数 n。

对于压缩弹簧或无预应力的拉伸弹簧：

$$n = \frac{Gd\lambda_{max}}{8F_{max}C^3} = \frac{Gd}{8C^3K}$$

对于有预应力的拉伸弹簧：

$$n = \frac{Gd\lambda_{max}}{8(F_{max} - F_0)C^3} \qquad (14-10)$$

(6) 弹簧的几何参数计算见表 14-4。

(7) 弹簧稳定性计算。

(8) 绘制弹簧工作图。

例 14 - 1　已知比较重要的圆柱螺旋压缩弹簧，两端可以自由转动，结构要求弹簧的外径不大于 30 mm，弹簧承受的最大工作载荷为 560 N，相应的压缩变形量为 15 mm，最小工作载荷为 410 N，相应的压缩变形量为 11 mm，试设计该压缩弹簧。

解　（1）根据工作条件选择材料并确定其许用应力。

该弹簧比较重要，属于 II 类弹簧。现选用 60Si2Mn 钢丝。由表 14 - 3 查得 $[\tau_{II}]=640$ MPa。

（2）根据强度条件计算弹簧丝直径 d、弹簧中径 D_2 及弹簧外径 D。

试选取旋绕比 $C=6$，则

$$K=\frac{4C-1}{4C-4}+\frac{0.615}{C}=\frac{4\times6-1}{4\times6-4}+\frac{0.615}{6}\approx1.25$$

由式（14 - 4）得

$$d\geqslant1.6\sqrt{\frac{KF_{max}C}{[\tau_{II}]}}=1.6\times\sqrt{\frac{1.25\times560\times6}{640}}\text{ mm}\approx4.00\text{ mm}$$

根据手册取弹簧丝直径 $d=4.2$ mm。

由表 14 - 5 得弹簧中径 $D_2=Cd=6\times4.2$ mm $=25.2$ mm，符合标准尺寸系列。

外径 $D=D_2+d=25.2+4.2$ mm $=29.4$ mm <30 mm，符合题目要求。

（3）根据刚度条件，计算弹簧有效圈数 n。

$$k=\frac{F_{max}}{\lambda_{max}}=\frac{560}{15}\text{ N/mm}=37.33\text{ N/mm}$$

取 $G=8\times10^4$ MPa，由式（14 - 7）可得

$$n=\frac{Gd}{8C^3k}=\frac{8\times10^4\times4.2}{8\times6^3\times37.33}=5.21$$

取 $n=5.5$ 圈，符合标准尺寸系列。

（4）计算弹簧的其他尺寸。

内径：

$$D_1=D_2-d=25.2-4.2\text{ mm}=21\text{ mm}$$

节距：

$$t=(0.28\sim0.5)D_2=(0.28\sim0.5)\times25.2\text{ mm}$$
$$=7.06\sim12.6\text{ mm}$$

取

$$t=8\text{ mm}$$

螺旋角 $\alpha=\arctan\dfrac{t}{\pi D_2}=\arctan\dfrac{8}{\pi\times25.2}=5.77°$（在 $5°\sim9°$ 之间），合适。

两端各并紧一圈并磨平，则得总圈数 $n_1=5.5+2=7.5$ 圈，弹簧丝展开长度为

$$L=\frac{\pi D_2 n_1}{\cos\alpha}=\frac{\pi\times25.2\times7.5}{\cos5.77°}=596.5\text{ mm}$$

自由高度：

$$H_0=nt+(1.5\sim2)d=5.5\times8+(1.5\sim2)\times4.2\text{ mm}$$
$$=50.3\sim52.4\text{ mm}（按冷卷考虑）$$

根据手册，取 $H_0=52$ mm。

（5）验算稳定性。

$$b = \frac{H_0}{D_2} = \frac{52}{25.2} = 2.06 < 2.6$$

满足不失稳要求。

（6）绘制弹簧工作图（略）。

14.4　其他弹簧简介

14.4.1　螺旋扭转弹簧

在机器中，扭转弹簧经常作为压缩弹簧、储能弹簧和传递扭矩的弹簧，如门上的铰链复位及电机中保持电刷的接触压力等。在工作时，扭转弹簧承受绕弹簧轴线的外加力矩，其变形为角位移。为了便于加载，其端部常做成如图 14-13 所示的结构形式。

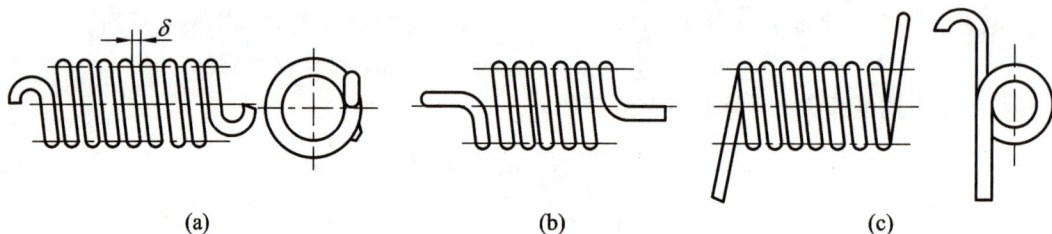

（a）　　　　　　　　　　（b）　　　　　　　　　　（c）

图 14-13　扭转弹簧端部结构

在自由状态下，扭转弹簧的弹簧圈之间应留少量间隙，以免弹簧工作时各圈彼此接触并产生摩擦和磨损。

14.4.2　碟形弹簧

碟形弹簧是用薄钢板冲制而成的，其外形像碟子，如图 14-14(a)所示。

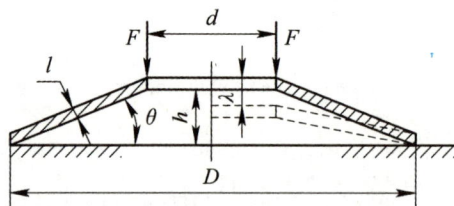

$\frac{D}{d} = 1.7 \sim 3$；$\frac{D}{l} = 18 \sim 28$；$\theta = 2° \sim 6°$；

$\lambda_{max} \le 0.75h$；$\lambda_0 = (0.15 \sim 0.2)h$，$\lambda_0$ 为安装压缩量。

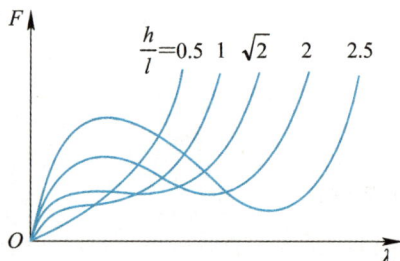

（a）　　　　　　　　　　　　　　　　（b）

图 14-14　碟形弹簧及其特性曲线

碟形弹簧根据截面形状的不同可以分为三类：普通碟形弹簧（其截面形状为矩形）、带径向沟槽的碟形弹簧、梯形截面碟形弹簧。普通碟形弹簧分为有支撑面和无支撑面两类；带径向沟槽的碟形弹簧是在普通碟形弹簧的基础上，沿径向开出若干均匀分布的槽，槽可以由内孔向外圆方向开出,也可以由外圆向内孔方向开出;梯形截面碟形弹簧可以分为内缘厚度大于外缘厚度型和内缘厚度小于外缘厚度型两类。与圆柱螺旋弹簧相比,碟形弹簧具有以下特点:

(1) 负载变形特性曲线呈非线性关系。

(2) 碟形弹簧为薄片状,易于形成组合件,可实行积木式装配与更换,因而给维修带来方便。

(3) 带径向沟槽的碟形弹簧具有零刚度特性,可以应用于在特定变形范围内要求弹簧力基本保持稳定的场合。

(4) 碟形弹簧的吸振性能不低于圆柱螺旋弹簧,当采用叠合组合时,碟形弹簧片之间因摩擦而具有较大的阻尼,可消散冲击能量。

碟形弹簧应用范围广泛,常用于重型机械(如压力机)和大炮、飞机等武器中作为强力缓冲和减振弹簧,还可作为汽车和拖拉机离合器及安全阀的压紧弹簧,也可作为机动器械的储能元件。其缺点是作为高精度控制弹簧时,对材料和制造工艺(加工精度、热处理)等要求比较严格,制造困难。

关于碟形弹簧的设计计算可参阅有关设计手册。

组合碟形弹簧的组合方式不同,弹簧特性曲线也不同。当要求变形量较大时,可采用对合式组合,即将几个碟形弹簧大端对大端、小端对小端地对合起来。它与单个碟形弹簧相比,在同样载荷下可得到较大的变形量,如图 14-15(a)所示。当要求承受的载荷较大时,可采用堆积式组合,即将几个碟形弹簧叠在一起,其刚度较大,承载能力强。它可通过各碟之间的摩擦作用使部分冲击能量转化成热能,因此能作为缓冲弹簧,如图 14-15(b)所示。

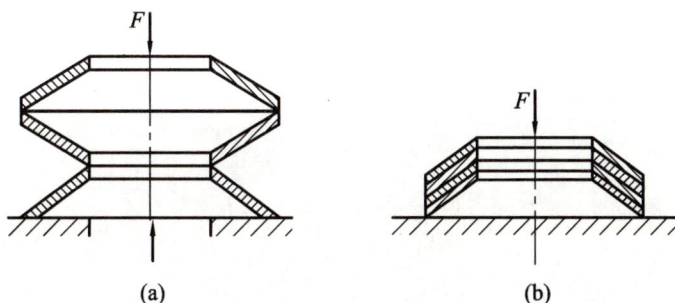

图 14-15 组合碟形弹簧

本 章 小 结

弹簧的类型和材料很多,为适应不同的工作条件,应合理选择。应熟悉圆柱螺旋弹簧的结构和几何尺寸计算。弹簧的设计主要应解决强度、刚度问题。强度计算可求得弹簧丝直径 d,其大小主要与弹簧所受的最大载荷及弹簧材料有关;刚度计算可求得弹簧的圈数,弹簧刚度越大,所需的圈数越少。同时,还要满足不失稳的条件。

习 题

14-1 旋绕比 C(弹簧指数)是如何定义的? 该值对弹簧性能有何影响? 其常用范围是多少? 设计时如何选取?

14-2 在螺旋拉压弹簧的应力计算中, 曲度系数反映了哪些因素的影响? K 值与哪些因素有关?

14-3 影响弹簧变形量的主要因素是什么? 工作时若发现弹簧太软, 欲获得较硬的弹簧, 应改变哪些设计参数?

14-4 何为弹簧刚度? 其大小对弹簧性能有何影响? 它与旋绕比 C 有何关系?

14-5 什么是弹簧的阻尼作用? 它在实际应用中有何意义?

14-6 在什么条件下要考虑弹簧的疲劳强度?

14-7 设计弹簧时, 进行强度计算和刚度计算的目的是什么?

14-8 设计一受静载荷并有初拉力的圆柱拉伸弹簧。已知: 当工作载荷 $F_1 = 180\text{ N}$ 时, 其变形为 $f_1 = 7.5\text{ mm}$; 当工作载荷 $F_2 = 340\text{ N}$ 时, 其变形为 $f_2 = 17\text{ mm}$。要求弹簧中径 $D = 12\text{ mm}$, 弹簧外径 $D_2 \leqslant 16\text{ mm}$; 载荷性质为静载荷。

14-9 设计一个在静载常温下工作的阀门压缩螺旋弹簧。已知最大工作载荷 $F_2 = 260\text{ N}$, 最小工作载荷 $F_1 = 100\text{ N}$, 工作行程 $f_0 = 10\text{ mm}$。要求弹簧外径不大于 16 mm, 工作介质为空气, 两端固定支撑, 循环次数 $N > 10^7$。

参 考 文 献

[1]　濮良贵，纪名刚. 机械设计[M]. 8 版. 北京：高等教育出版社，2006.

[2]　陆凤仪，钟守炎. 机械设计[M]. 北京：机械工业出版社，2007.

[3]　王为，汪建晓. 机械设计[M]. 武汉：华中科技大学出版社，2007.

[4]　吴宗泽. 机械设计[M]. 北京：高等教育出版社，2001.

[5]　孙志礼，冷兴聚，魏延刚，等. 机械设计[M]. 沈阳：东北大学出版社，2000.

[6]　郑江，许瑛. 机械设计[M]. 北京：北京大学出版社，2006.

[7]　程志红. 机械设计[M]. 南京：东南大学出版社，2006.

[8]　孔凌嘉，王晓力. 机械设计[M]. 北京：北京理工大学出版社，2006.

[9]　杨明忠. 机械设计[M]. 北京：机械工业出版社，2001.

[10]　彭文生，李志明，黄华梁. 机械设计[M]. 北京：高等教育出版社，2002.

[11]　濮良贵，纪名刚. 机械设计学习指南[M]. 4 版. 北京：高等教育出版社，2001.

[12]　张建中. 机械设计基础[M]. 北京：高等教育出版社，2007.

[13]　徐锦康. 机械设计[M]. 北京：高等教育出版社，2004.

[14]　潘风章. 机械设计[M]. 北京：机械工业出版社，2004.

[15]　郑甲红. 机械设计基础[M]. 西安：西安电子科技大学出版社，2008.

[16]　姜洪源. 机械设计试题精选与答题技巧[M]. 哈尔滨：哈尔滨工业大学出版社，2003.

[17]　彭文生，黄华梁. 机械设计教学指南[M]. 北京：高等教育出版社，2003.

[18]　钟毅芳，吴昌林，唐增宝. 机械设计[M]. 2 版. 武汉：华中科技大学出版社，2001.

[19]　杨可桢，程光蕴，李仲生，等. 机械设计基础[M]. 5 版. 北京：高等教育出版社，2006.

[20]　王良才，张文信，黄阳. 机械设计[M]. 北京：北京大学出版社，2007.

[21]　徐灏. 机械设计手册[M]. 2 版. 北京：机械工业出版社，2003.

[22]　齿轮手册编委会. 齿轮手册[M]. 2 版. 北京：机械工业出版社，2002.

[23]　吴宗泽，刘莹. 机械设计教程[M]. 北京：机械工业出版社，2003.

[24]　刘瑞堂. 机械零件失效分析[M]. 哈尔滨：哈尔滨工业大学出版社，2003.

[25]　陈立德. 机械设计基础[M]. 2 版. 北京：高等教育出版社，2008.

[26]　银金光. 机械设计[M]. 2 版. 北京：清华大学出版社，2016.

[27]　王进戈. 机械设计[M]. 重庆：重庆大学出版社，2013.

[28]　朱艳芳. 机械设计[M]. 大连：大连理工大学出版社，2012.

[29]　孔凌嘉. 机械设计[M]. 2 版. 北京：北京理工大学出版社，2013.

[30]　范元勋. 机械原理与机械设计（下册）[M]. 北京：清华大学出版社，2014.